石油化工职业技能培训教材

丙烯腈装置操作工

（第二版）

中国石油化工集团有限公司人力资源部　组织编写

中国石化出版社
·北京·

内 容 提 要

《丙烯腈装置操作工》为《石油化工职业技能培训教材》系列之一，内容涵盖了《国家职业标准》对石油化工生产人员初级工、中级工、高级工、技师、高级技师五个级别的专业理论知识和操作技能的要求。本书主要介绍了丙烯腈的基础知识，工艺原理及流程简述，原料、产品、副产物及公用工程，工艺操作，设备知识，主要仪表控制及联锁，设备异常处理，安全、环保与节能等。

本书是丙烯腈装置技能操作人员进行职业技能培训的必备教材，也是丙烯腈专业技术人员必备的参考书。

图书在版编目(CIP)数据

丙烯腈装置操作工 / 中国石油化工集团有限公司人力资源部组织编写. — 2 版. — 北京 : 中国石化出版社，2025. 5. —（石油化工职业技能培训教材）. — ISBN 978-7-5114-7773-6

Ⅰ. TQ325.8

中国国家版本馆 CIP 数据核字第 20255WY902 号

中国石化出版社出版发行

地址：北京市东城区安定门外大街 58 号

邮编：100011 电话：(010)57512500

发行部电话：(010)57512575

http://www. sinopec-press. com

E-mail：press@ sinopec. com. cn

北京科信印刷有限公司印刷

全国各地新华书店经销

*

787 毫米×1092 毫米 16 开本 22. 5 印张 550 千字

2025 年 5 月第 2 版　2025 年 5 月第 1 次印刷

定价：79. 00 元

《石油化工职业技能培训教材》

编审指导委员会

主　任：秦　都

委　员：许　毅　田宏斌　周娣红
　　　　王　欣　黄志华

编撰工作组

（以姓氏笔画顺序）

王瑾瑜　刘　野　杨　俊　李　强　汪　珺
张亚伟　胡金玉　赵旭飞　黄海峰

《丙烯腈装置操作工》(第二版)

编审人员

主编：龚荣庭(安庆石化)

参编：方　兵(上海赛科)　徐海涛(齐鲁石化)
申明星(上海赛科)　刘泽玮(齐鲁石化)
周春华(安庆石化)　许玉龙(安庆石化)
商　盼(安庆石化)　曹　斌(安庆石化)
何孙让(安庆石化)　程向东(安庆石化)
赵　苗(安庆石化)　时翔宇(安庆石化)
李　洋(安庆石化)　吕　军(安庆石化)
汪芳午(安庆石化)　李富国(安庆石化)
张劲松(安庆石化)　刘　峰(安庆石化)
苏　亚(安庆石化)　郭　敏(安庆石化)

审稿：牛克山(化工事业部)　吕涤非(安庆石化)
龚荣庭(安庆石化)　程学军(安庆石化)
江明亮(安庆石化)　汤中好(安庆石化)
胡　俊(安庆石化)　赵品元(安庆石化)
苏传才(安庆石化)　陈扬威(安庆石化)
姚　壹(安庆石化)　程险峰(安庆石化)

前　言

习近平总书记强调，要深入实施职工素质建设工程，引导广大劳动者终身学习、不断提高自身素质，努力建设一支知识型、技能型、创新型的劳动者大军。为进一步加强石油化工行业技能人才队伍建设，更好满足职业技能培训和等级认定的需要，在2007年组编出版的《石油化工职业技能培训教材》基础上，中国石油化工集团有限公司人力资源部开展了该丛书的修订增补工作。本次教材修编工作依照人力资源和社会保障部制定的石油化工生产人员《国家职业标准》的要求，坚持以企业发展、员工需求为导向，以实用好用、简明高效为原则，瞄准重点人才、关键岗位、主要专业、主体工种，紧密结合石油化工行业生产实际，以及技术进步、技术创新、新工艺、新设备、新材料、新操作方法等要求，力求为读者提供一套具有鲜明石油石化特色的高质量职业技能培训教材。

新版《丙烯腈装置操作工》在第一版的基础上，对整体框架结构进行了优化调整。第一章基础知识增加了丙烯腈工业生产方法、丙烯腈的主要用途、丙烯腈催化剂、流化床介绍，对我国丙烯腈生产现状全面进行了修订；第二章工艺原理及流程简述部分对工艺流程图、工艺条件进行了修改，增加了废水罐区、VOC、火炬系统的内容；第三章对原料丙烯氨的内容进行了扩充；第四章工艺操作中对开车准备内容进行大量修订，装置开车增加了VOC开车内容，装置停车增加了AOGC和AOGI停车内容、装置停车的安全和环保注意事项及装置停车后常规检修内容；第五章设备知识是本次修订增加的内容；第六章主要仪表控制及联锁增加了主要仪表控制回路及联锁逻辑图；对第七章装置异常及处理进行重新编排和修订；对第八章安全、环保、节能进行了全面修订。根据技能培训教材“简洁明了、通俗易懂”的编写原则，对第一版语言进行了梳理与优化，简化了专业术语、生僻词汇和理论公式，并通过增加图表提升内容的直观性和实用性，更贴合技能操作人员的学习与使用需求。

由于石油化工技能培训教材涵盖的职业(工种)较多，同工种不同企业的生产装置也存在差别，编写难度较大，加之编写时间紧迫，不足之处在所难免，故请各使用单位及个人对教材提出宝贵意见和建议，以便教材修订时补充更正。

《石油化工职业技能培训教材》编审指导委员会

二〇二五年五月

目　录

第 1 章　基础知识

1.1　丙烯腈的生产历史和发展 ……（ 1 ）
1.1.1　丙烯腈生产简史 ……（ 1 ）
1.1.2　我国丙烯腈生产现状 ……（ 2 ）
1.1.3　我国丙烯腈生产技术 ……（ 4 ）
1.1.4　丙烯腈的工业生产方法 ……（ 4 ）
1.1.5　丙烯腈的主要用途 ……（ 5 ）
1.2　基本知识简介 ……（ 6 ）
1.2.1　流化床 ……（ 6 ）
1.2.2　分离过程 ……（ 7 ）
1.2.3　焚烧 ……（ 9 ）
1.3　丙烯腈催化剂 ……（ 10 ）
1.3.1　催化剂的基本概念 ……（ 10 ）
1.3.2　丙烯氨氧化催化剂组成及活性影响因素 ……（ 10 ）
1.4　化工生产计算知识 ……（ 12 ）
1.4.1　转化率 ……（ 12 ）
1.4.2　收率 ……（ 13 ）
1.4.3　原料消耗 ……（ 13 ）
1.4.4　重时空速 ……（ 13 ）
1.4.5　线速度 ……（ 13 ）
1.4.6　硫酸消耗 ……（ 13 ）
1.4.7　装置系统的物料衡算 ……（ 14 ）

第 2 章　工艺原理及流程简述

2.1　丙烯、氨氧化制丙烯腈的反应机理 ……（ 15 ）
2.2　丙烯腈工艺原理简介 ……（ 18 ）
2.2.1　丙烯氨氧化反应 ……（ 18 ）
2.2.2　丙烯氨氧化反应条件 ……（ 19 ）
2.2.3　反应器的工艺原理 ……（ 22 ）
2.2.4　急冷塔的工艺原理 ……（ 24 ）

2.2.5 吸收塔的工艺原理 …………………………………………………………………………………… (25)
2.2.6 回收塔的工艺原理 …………………………………………………………………………………… (28)
2.2.7 乙腈塔的工艺原理 …………………………………………………………………………………… (31)
2.2.8 脱氢氰酸塔的工艺原理 ……………………………………………………………………………… (31)
2.2.9 成品塔的工艺原理 …………………………………………………………………………………… (32)
2.2.10 四效蒸发系统的工艺原理 ………………………………………………………………………… (33)
2.3 工艺流程简介 ……………………………………………………………………………………… (33)
2.3.1 反应器进料系统原则流程 …………………………………………………………………………… (33)
2.3.2 反应器系统原则流程 ………………………………………………………………………………… (33)
2.3.3 撤热水系统原则流程 ………………………………………………………………………………… (34)
2.3.4 催化剂加料系统原则流程 …………………………………………………………………………… (35)
2.3.5 急冷塔系统原则流程 ………………………………………………………………………………… (35)
2.3.6 吸收塔系统原则流程 ………………………………………………………………………………… (36)
2.3.7 回收塔系统原则流程 ………………………………………………………………………………… (38)
2.3.8 乙腈塔系统原则流程 ………………………………………………………………………………… (38)
2.3.9 脱氢氰酸塔系统原则流程 …………………………………………………………………………… (38)
2.3.10 成品塔系统原则流程 ……………………………………………………………………………… (40)
2.3.11 四效蒸发系统原则流程 …………………………………………………………………………… (41)
2.3.12 废水罐区系统原则流程 …………………………………………………………………………… (42)
2.3.13 废水罐区 VOC 系统流程简介 ……………………………………………………………………… (43)
2.3.14 火炬系统原则流程简介 …………………………………………………………………………… (43)
2.4 工艺指标简介 ……………………………………………………………………………………… (43)
2.4.1 原料质量控制指标 …………………………………………………………………………………… (43)
2.4.2 主要工艺控制指标 …………………………………………………………………………………… (44)
2.4.3 中控主要分析项目及指标 …………………………………………………………………………… (46)
2.4.4 丙烯腈产品质量指标 ………………………………………………………………………………… (47)
2.5 三废处理 …………………………………………………………………………………………… (48)
2.5.1 概况 …………………………………………………………………………………………………… (48)
2.5.2 工作原理 ……………………………………………………………………………………………… (49)
2.5.3 工艺流程 ……………………………………………………………………………………………… (53)
2.5.4 工艺控制指标 ………………………………………………………………………………………… (55)

第 3 章 原料、产品、副产物及公用工程

3.1 原 料 …………………………………………………………………………………………… (57)
3.1.1 丙烯 …………………………………………………………………………………………………… (57)
3.1.2 液氨 …………………………………………………………………………………………………… (61)

3.1.3 原料空气的来源及要求 …………………………………………………… (63)
3.1.4 其他化学品 ……………………………………………………………… (63)
3.2 产品及副产物 ……………………………………………………………… (67)
3.2.1 产品 ……………………………………………………………………… (67)
3.2.2 副产物 …………………………………………………………………… (68)
3.3 公用工程 …………………………………………………………………… (70)
3.3.1 蒸汽 ……………………………………………………………………… (70)
3.3.2 脱盐水 …………………………………………………………………… (70)
3.3.3 压缩空气 ………………………………………………………………… (70)
3.3.4 氮气 ……………………………………………………………………… (71)
3.3.5 循环冷却水 ……………………………………………………………… (71)
3.3.6 工业用新鲜水 …………………………………………………………… (71)
3.3.7 电 ………………………………………………………………………… (71)

第4章 工艺操作

4.1 开车准备 …………………………………………………………………… (72)
4.1.1 全面检查装置情况 ……………………………………………………… (72)
4.1.2 空气吹扫 ………………………………………………………………… (72)
4.1.3 公用工程准备 …………………………………………………………… (73)
4.1.4 电气、仪表、DCS、联锁系统调试合格 ………………………………… (74)
4.1.5 机泵设备试车 …………………………………………………………… (74)
4.1.6 水冲洗与水联运试车 …………………………………………………… (74)
4.1.7 装置气密试验 …………………………………………………………… (74)
4.1.8 检查确认消防安全系统 ………………………………………………… (75)
4.1.9 工艺管线按开车要求布置完毕 ………………………………………… (75)
4.2 装置开车 …………………………………………………………………… (75)
4.2.1 建立封水系统循环 ……………………………………………………… (75)
4.2.2 合成单元开车 …………………………………………………………… (75)
4.2.3 精制单元开车 …………………………………………………………… (83)
4.2.4 三废处理单元开车 ……………………………………………………… (93)
4.2.5 废水罐区 VOC 开车 ……………………………………………………… (100)
4.2.6 机组开车 ………………………………………………………………… (101)
4.3 装置的日常操作 …………………………………………………………… (109)
4.3.1 基本操作 ………………………………………………………………… (109)
4.3.2 负荷调整 ………………………………………………………………… (114)
4.3.3 日常生产运行管理 ……………………………………………………… (114)

4.4 装置停车 …………………………………………………………………… (116)
4.4.1 停车要求 ……………………………………………………………………… (116)
4.4.2 正常停车准备工作 ……………………………………………………………… (116)
4.4.3 停车注意事项 …………………………………………………………………… (116)
4.4.4 AOGC 单元停车 ………………………………………………………………… (117)
4.4.5 合成单元停车 …………………………………………………………………… (118)
4.4.6 精制单元停车 …………………………………………………………………… (121)
4.4.7 废水处理单元停车 ……………………………………………………………… (125)
4.4.8 丙烯氨系统处理 ………………………………………………………………… (125)
4.4.9 VOC 系统停车 …………………………………………………………………… (127)
4.4.10 机组的停车 …………………………………………………………………… (127)
4.4.11 停车处理交付检修应达到的要求 …………………………………………… (128)
4.4.12 装置停车安全注意事项 ……………………………………………………… (128)
4.4.13 装置停车环保注意事项 ……………………………………………………… (130)
4.4.14 装置停车后常规检修工作 …………………………………………………… (131)

第5章 设备知识

5.1 静设备 ……………………………………………………………………… (134)
5.1.1 压力容器基础知识 ……………………………………………………………… (134)
5.1.2 常压储罐 ………………………………………………………………………… (140)
5.1.3 管道管件 ………………………………………………………………………… (140)
5.1.4 阀门 ……………………………………………………………………………… (143)
5.1.5 塔 ………………………………………………………………………………… (146)
5.1.6 换热器 …………………………………………………………………………… (148)
5.1.7 锅炉 ……………………………………………………………………………… (151)
5.2 动设备 ……………………………………………………………………… (154)
5.2.1 泵 ………………………………………………………………………………… (154)
5.2.2 压缩机 …………………………………………………………………………… (175)
5.2.3 工业汽轮机 ……………………………………………………………………… (178)
5.3 主要设备的使用与维护 …………………………………………………… (183)
5.3.1 反应器 …………………………………………………………………………… (183)
5.3.2 开工加热炉 ……………………………………………………………………… (184)
5.3.3 废水焚烧炉 ……………………………………………………………………… (186)
5.3.4 空气压缩机 ……………………………………………………………………… (188)
5.3.5 制冷机 …………………………………………………………………………… (190)
5.3.6 反应气体冷却器 ………………………………………………………………… (192)

5.3.7 水环式真空泵 …… (193)
5.3.8 离心泵 …… (196)
5.3.9 屏蔽泵 …… (199)
5.3.10 磁力泵 …… (201)
5.3.11 计量泵 …… (205)

第6章 主要仪表控制及联锁

6.1 仪表概述 …… (209)
6.1.1 丙烯腈装置概述 …… (209)
6.1.2 生产装置对仪表及控制系统的要求 …… (209)
6.1.3 生产过程自动化水平 …… (209)
6.2 主要仪表控制回路介绍 …… (209)
6.2.1 系统简介 …… (209)
6.2.2 串级控制 …… (210)
6.2.3 分程控制 …… (217)
6.3 比例积分微分(PID)控制及调试 …… (218)
6.3.1 PID 原理 …… (218)
6.3.2 PID 参数调试 …… (218)
6.4 仪表联锁知识 …… (219)
6.4.1 系统介绍 …… (219)
6.4.2 SIS 系统功能介绍及使用说明 …… (219)
6.4.3 装置联锁逻辑图(以某公司 13 万 t/a 丙烯腈装置为例) …… (224)
6.5 现场控制系统(PLC)简介 …… (230)
6.5.1 PLC 的基本概念 …… (230)
6.5.2 PLC 的基本结构与作用 …… (230)
6.5.3 PLC 的特性 …… (231)
6.5.4 PLC 的应用实例 …… (231)
6.6 常用仪表原理及常见故障的判断与处理 …… (236)
6.6.1 压力仪表 …… (236)
6.6.2 流量仪表 …… (237)
6.6.3 液位仪表 …… (239)

第7章 装置异常及处理

7.1 公用工程系统故障 …… (241)
7.1.1 电力系统故障 …… (241)
7.1.2 蒸汽系统故障 …… (242)

7.1.3 水系统故障 …… (243)
7.1.4 风系统故障 …… (244)
7.2 设备故障 …… (245)
7.2.1 阀门常见故障 …… (245)
7.2.2 单向阀常见故障 …… (245)
7.2.3 轴承箱温度高 …… (246)
7.2.4 电机轴承温度高 …… (246)
7.2.5 仪表调节阀故障 …… (246)
7.2.6 压缩机轴头泵失效 …… (246)
7.2.7 急冷后冷器管程内漏 …… (247)
7.2.8 反应器撤热水管故障 …… (247)
7.2.9 吸收塔釜液泵跳车 …… (247)
7.2.10 脱氢氰酸塔釜液泵故障 …… (247)
7.2.11 大冰机跳车 …… (247)
7.2.12 丙烯、氨系统泄漏 …… (248)
7.2.13 脱氢氰酸塔氢氰酸泄漏 …… (248)
7.2.14 丙烯腈成品罐重大泄漏 …… (249)
7.2.15 重大设备泄漏 …… (249)
7.3 工艺操作异常及处理 …… (250)
7.3.1 反应器过热蒸汽温度低 …… (250)
7.3.2 蒸汽发生器压力超高 …… (250)
7.3.3 反应器催化剂失活 …… (250)
7.3.4 反应器催化剂异常跑损 …… (251)
7.3.5 反应器丙烯、氨进料波动大 …… (251)
7.3.6 反应器进料中断 …… (251)
7.3.7 开工加热炉热负荷不足 …… (251)
7.3.8 开工加热炉炉温超温 …… (251)
7.3.9 反应器径向温度分布不均 …… (252)
7.3.10 反应器超温 …… (252)
7.3.11 反应器压力高 …… (252)
7.3.12 尾氧含量高 …… (252)
7.3.13 反应气体冷却器冷后温度低 …… (253)
7.3.14 急冷塔上段循环液 pH 值波动大 …… (253)
7.3.15 吸收水温度高 …… (253)
7.3.16 吸收塔顶吸收水量低 …… (253)
7.3.17 吸收塔中段吸收水量中断 …… (254)

7.3.18 吸收塔液泛 …… (254)
7.3.19 回收塔塔釜液位超高 …… (254)
7.3.20 回收塔顶压高 …… (255)
7.3.21 回收塔釜温高 …… (255)
7.3.22 回收塔油水分层器界位超高 …… (255)
7.3.23 回收塔顶乙腈超标 …… (255)
7.3.24 贫水、溶剂水缓冲槽液位低 …… (256)
7.3.25 回收塔液泛 …… (256)
7.3.26 回收塔热负荷不足 …… (257)
7.3.27 丙烯醛含量异常 …… (257)
7.3.28 乙腈塔顶丙烯腈含量高 …… (257)
7.3.29 四效蒸发系统换热能力差 …… (257)
7.3.30 脱氢氰酸塔顶回流中断 …… (257)
7.3.31 脱氢氰酸塔冲塔 …… (258)
7.3.32 成品塔顶压波动大 …… (258)
7.3.33 成品塔侧线氢氰酸含量超标 …… (258)
7.3.34 成品塔侧线丙腈含量超标 …… (259)
7.3.35 脱氰氰酸塔侧线抽出系统故障 …… (259)
7.3.36 燃料气中断 …… (259)

第8章 安全、环保与节能

8.1 丙烯腈装置主要风险源及管控 …… (260)
8.1.1 丙烯腈装置主要风险源及管控 …… (260)
8.1.2 日常操作风险识别 …… (268)
8.1.3 现场特殊作业监护 …… (274)
8.1.4 装置主要风险及控制措施 …… (279)
8.1.5 危险化学品安全操作与急救措施 …… (284)
8.1.6 主要化学品的泄漏处理与灭火 …… (294)
8.2 安全 …… (299)
8.2.1 安全生产规定 …… (299)
8.2.2 季节性安全生产 …… (308)
8.3 安全设施及使用 …… (309)
8.3.1 丙烯腈装置安全设施 …… (309)
8.3.2 个体防护器材 …… (311)
8.3.3 消防设施 …… (319)
8.3.4 自救互救设施 …… (326)

8.4 环保 …………………………………………………………………… (329)
8.4.1 生态环境保护禁令 ………………………………………………… (329)
8.4.2 废水 ……………………………………………………………………… (329)
8.4.3 废气 ……………………………………………………………………… (330)
8.4.4 废渣 ……………………………………………………………………… (331)
8.4.5 噪声 ……………………………………………………………………… (332)
8.4.6 挥发性有机物泄漏检测(LDAR) …………………………………… (332)
8.5 应急处置原则及程序 ……………………………………………… (335)
8.5.1 应急处置原则 ……………………………………………………… (335)
8.5.2 应急处置程序 ……………………………………………………… (336)
8.5.3 各类处置卡编制原则 ……………………………………………… (337)
8.6 节能降耗 ………………………………………………………………… (338)
8.6.1 能源的合理利用 …………………………………………………… (338)
8.6.2 丙烯腈废气焚烧及余热回收技术(AOGI) ……………………… (339)
8.6.3 丙烯腈装置废水浓缩技术 ………………………………………… (340)
8.7 安全生产守则 ……………………………………………………… (340)
8.7.1 一般守则 …………………………………………………………… (340)
8.7.2 防火防爆规则 ……………………………………………………… (340)
8.7.3 防止中毒及化学烧伤规则 ………………………………………… (341)
8.7.4 化工投料前必须具备的安全条件 ………………………………… (341)
8.7.5 设备卫生规则 ……………………………………………………… (342)
8.8 清洁生产基础知识 ……………………………………………… (342)
8.8.1 清洁生产概述 ……………………………………………………… (342)
8.8.2 清洁生产的定义 …………………………………………………… (342)
8.8.3 清洁生产的目的、重点环节及措施 ……………………………… (343)
8.8.4 清洁生产审核的实施方法 ………………………………………… (343)

参考文献 ………………………………………………………………… (344)

第1章　基础知识

1.1　丙烯腈的生产历史和发展

1.1.1　丙烯腈生产简史

丙烯腈(AN)于1893年由法国人Moureu首先合成，由丙烯酰胺或3-羟基丙腈经脱水制得，但在很长时期内未得到工业上的应用。直到1935年上述方法才实现工业化，但产量甚小。第二次世界大战初期由于生产耐用橡胶的需要，开始大规模生产丙烯腈。1948年，美国Du Pont公司制成聚丙烯腈纤维，迅速成为畅销的合成纤维品种，市场需求激增，有力地促进了丙烯腈的工业生产，装置的生产能力也越来越大。

1940年，建立了以环氧乙烷与氢氰酸合成丙烯腈的工业生产装置。这种生产方法所得的丙烯腈纯度较高，但原料昂贵，操作过程繁杂。1952年，世界各国相继建立了由乙炔和氢氰酸合成丙烯腈的工厂，生产工艺简单，成本比环氧乙烷低。但丙烯腈分离提纯较困难，并需要大量电力来生产电石，生产发展受地区资源限制。

1959年，由美国Sohio公司首先成功开发丙烯氨氧化合成丙烯腈的方法，并于1960年建成了第一套工业化生产装置，这种新工艺被称为Sohio法。由于原料价格低，丙烯腈的生产得以迅速发展，从而引起丙烯腈生产工艺的巨大变革。英国Distillers公司、法国Ugine公司、意大利Montedison公司和奥地利OSW公司相继开发了自己的催化剂和氨氧化法工艺。中国氨氧化法制丙烯腈的研究始于1960年，目前已达到国际工业化技术水平。

世界上先进的生产工艺以Sohio法为代表，用此法生产的丙烯腈占丙烯腈总产量的90%。Sohio法的工艺特点是：①采用流化床反应器，反应温度容易控制，催化剂也容易装卸；②反应器结构简单，反应热得到充分回收利用；③工艺过程简单，副产物和三废处理协调配套，减少环境污染；④对原料无苛刻要求；⑤产品丙烯腈和副产品氢氰酸、乙腈的质量稳定。

现在，丙烷氨氧化法已受到人们的重视。由于丙烷与丙烯的价格差异较大，并且丙烷资源丰富，很多公司在研究用丙烷作原料生产丙烯腈的工艺。1997年，英国石油公司宣布丙烷氨氧化法生产丙烯腈示范装置运行成功，并称新工艺比丙烯法生产成本降低20%。由于丙烷的价格优势，预计不久将建成以丙烷为原料的生产装置。

2022年，全球丙烯腈产能为853万t/a，同比增长11.9%，产能主要分布在东南亚(66.37%)、北美(19.55%)和欧洲(9.91%)。2022年，全球范围内丙烯腈新增产能合计91万t/a，全部集中在中国，2022年中国产能占比达到44.7%，为全球丙烯腈最大产能地区。

1.1.2 我国丙烯腈生产现状

截至2023年12月，我国主要的丙烯腈生产厂家有16家，主要分布在华东、华南、华北、东北和西北地区，而西北地区只有兰州石化公司一套装置；根据这五个主要地区企业产能及占比情况看，华东地区占比最大，占52.05%，由于华东地区港口码头较多，对于丙烯腈产品来说，船运比汽车运输成本更低，也方便货物的出口。再加上华东处于全国的中间位置，交易更灵活，所以工厂多青睐于在华东地区附近的港口设厂。其次是东北地区，占比为21.91%，华南地区占比为7.50%，华北地区占比为17.73%。以往丙烯腈工厂基本都是隶属于中国石化和中国石油；这些丙烯腈生产企业设计合理，上下游装置一体化布局(丙烯-丙烯腈-腈纶、ABS等)为原料的采购、产品的生产和运输等带来方便。但随着炼化一体化产业的兴起，民营的丙烯腈工厂逐渐增多，部分没有竞争力的老旧装置也陆续淘汰。

从2014年—2023年12月投产时间与市场走势来看，丙烯腈装置的投产基本集中在2015年前后和2020年以后这两个阶段，2016—2019年是丙烯腈装置投产空白期。

近几年随着丙烯腈需求的提高，国内的产量也在逐年提升，1995年我国丙烯腈产量只有25.4万t，2005年产量提升到了90万t以上，2006年、2007年丙烯腈产量已经达100万t左右，到2023年12月中国丙烯腈产能约为439.9万t/a，目前已建立的主要丙烯腈生产企业及产能统计见表1-1。

表1-1 2023年12月中国主要丙烯腈生产企业及产能统计

项目	序号	企业名称	2023年12月产能/(万t/a)
华东地区	1	安庆石化公司	21.0
	2	上海赛科	52.0
	3	浙江石化公司	52.0
	4	江苏斯尔邦	104.0
华南地区	5	海南东方石化	20.0
	6	广东揭阳石化	13.0
华北地区	7	山东科鲁尔	26.0
	8	山东海力	13.0
	9	山东天辰齐翔	13.0
	10	山东利华益集团	26.0
西北地区	11	兰州石化公司	3.5
东北地区	12	抚顺石化公司	9.2
	13	吉林石化公司	45.2
	14	大庆石化公司	8.0
	15	大庆炼化公司	8.0
	16	辽宁金发科技	26.0
		总计	439.9

从市场供需来看，近年来我国丙烯腈产能增加较快，消费量逐年增长。2018—2022 年，我国丙烯腈产能复合增长率在 17.6%，同期产量复合增长率为 15.8%，消费量增长率为 6.5%，如图 1-1 所示。

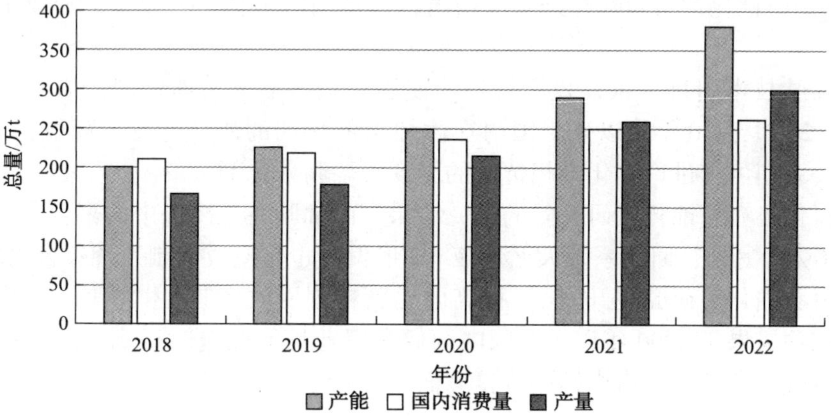

图 1-1　2018—2022 年我国丙烯腈产能产量及消费量对比

根据拟在建装置统计，2023—2027 年我国拟在建以及处于前期阶段的丙烯腈装置产能仍有 300 万 t/a 以上。我国丙烯腈拟在建装置情况统计见表 1-2。

表 1-2　我国丙烯腈拟在建装置情况统计

序号	企业名称	生产能力/(万 t/a)	计划投产时间/年
1	天津石化	13.0	2024
2	中化泉州	26.0	2024
3	镇海炼化	40.0	2024
4	山东万华	26.0	2025
5	江苏嘉宏新材料	26.0	2025
6	吉林石化	26.0	2025
7	山东裕龙岛	26.0	2025
8	浙江石化三期	66.0	2025
9	古雷石化	40.0	2026
10	安庆石化	26.0	2026
11	兰州石化	13.0	2027
12	恒力石化	26.0	2027
13	茂名南海新材料	26.0	2027
	合计	380.0	

随着下游需求逐年增长，丙烯腈的消费量也是逐年递增。近几年来，我国丙烯腈的表观消费量从 2001 年的 72.7 万 t 发展到 2023 年 12 月的 439.9 万 t。

1.1.3 我国丙烯腈生产技术

我国丙烯腈催化剂技术发展迅猛，代表之一为中国石化上海石油化工研究院开发的SANC系列丙烯腈催化剂与国际先进水平相当，并在国内多套装置投用，形成了一定的生产规模。

国内丙烯腈技术引进装置在投产初期均使用英国石油公司催化剂，如C-41、C-49及C-49MC等。20世纪80年代以来，国内在丙烯腈催化剂的研究开发方面取得了重大进展，相继开发出一系列可与进口催化剂相抗衡的国产丙烯腈催化剂。

据中国石化上海石油化工研究院的研究结果，丙烯腈在急冷塔中的聚合占了总丙烯腈损失的70%~80%；另外，回收系统大循环液pH值偏高也是造成精制系统聚合物增多的原因。中国石化上海石油化工研究院开发的“提高丙烯腈精制回收率”技术，使丙烯腈精制回收率得到提高。该项成果于2000年以后在国内丙烯腈行业扩能改造时得到了广泛的应用，技术的核心主要体现在急冷塔的塔内结构改良方面。

1.1.4 丙烯腈的工业生产方法

丙烯腈的工业生产方法主要有丙烯氨氧化法和丙烷氨氧化法两种方法。目前，全球90%以上的丙烯腈装置均采用丙烯氨氧化法生产，主要原料为丙烯及合成氨，副产物为氢氰酸、乙腈及硫酸铵等。

20世纪50年代以前，工业生产丙烯腈主要有以下几条途径：

① 以环氧乙烷为原料与氢氰酸在碱性催化剂作用下进行反应得到氰乙醇，而后脱水得到丙烯腈，其反应式如下：

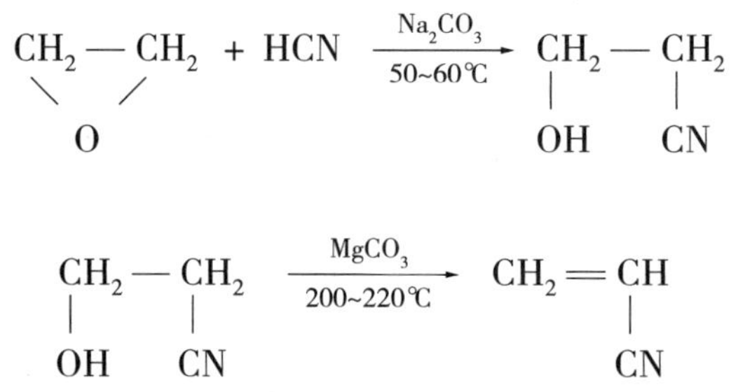

或在HCOOK即甲酸钾，250~350℃作用下脱水也可以。

② 以乙醛为原料在碱存在下，与氢氰酸反应生成氰醇，而后脱水，反应式如下：

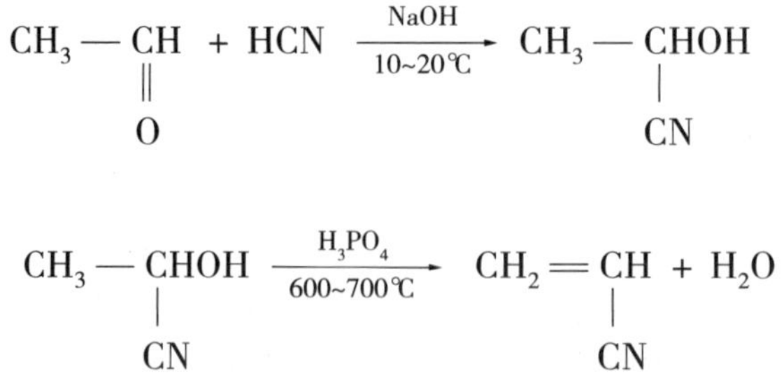

③ 以乙炔为原料，在盐溶液存在下与氢氰酸加成可直接得到丙烯腈，即：

$$CH\equiv CH + HCN \xrightarrow[80\sim90℃]{CuCl_2-NH_4Cl} CH_2=CHCN$$

上述方法均采用氢氰酸做原料，由于氢氰酸的成本高、毒性大，因此限制了上述方法的发展。

④ 以丙烯、氨、空气为原料，在催化剂作用下进行反应制得丙烯腈。反应式如下：

$$CH_2=CH-CH_3+NH_3+3/2O_2 \xrightarrow{\text{钼铋催化剂}} CH_2=CH-CN+3H_2O$$

1.1.5 丙烯腈的主要用途

丙烯腈的主要用途是作为三大合成材料(纤维、橡胶、塑料)的重要原料。我国丙烯腈下游消费集中在聚丙烯腈-丁二烯-苯乙烯(ABS)、腈纶以及丙烯酰胺三大领域，三者约占丙烯腈总消费量的80%以上，广泛应用于航空航天、风力发电、汽车、机械、电子等领域。近年来，丙烯腈主要用来生产聚丙烯腈纤维(腈纶)，腈纶的质地柔软，类似羊毛，故又称作人造羊毛，它具有强度高、密度小、保暖性能好、耐晒、耐酸、耐大多数有机溶剂等优点，因此常用作毛线、毛毯和其他毛纺织物以及人造毛皮等的原料。碳纤维作为丙烯腈下游的重要用途之一，是国内目前重点研发生产的新材料。碳纤维已成为轻量化材料的重要一员，并逐步取代以往的金属材料，在民用和军事领域已经成为核心应用材料。此外，丙烯腈还可用来生产合成橡胶、塑料。丙烯腈经过电解加氢，偶联而制得己二腈，是生产尼龙-66的原料。

目前，丙烯腈终端涉及领域包括服装纺织、家电及汽车行业、水处理及采油业等，应用前景广阔。丙烯腈的主要用途如图 1-2 所示。

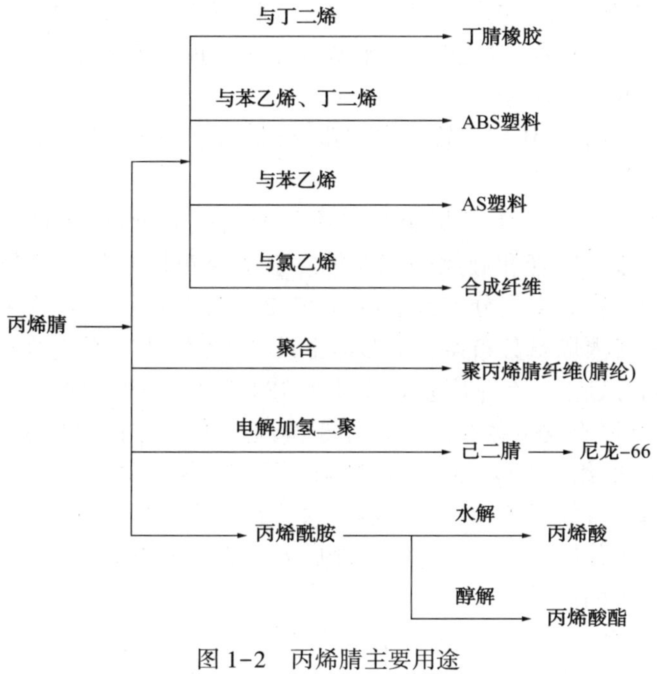

图 1-2 丙烯腈主要用途

1.2 基本知识简介

1.2.1 流化床

1.2.1.1 流化床的概念

流化床反应器是目前丙烯氨氧化反应应用最广泛的一种反应器。流化床反应器是指气体在催化剂构成的沸腾床层内进行化学反应的设备，又称沸腾床反应器。催化剂颗粒在气流作用下，在设备内呈悬浮运动状态(即流化状态)。气体在一定的流速范围内，将堆成一定厚度(床层)的催化剂细粒强烈搅动，悬浮的催化剂颗粒层像沸腾的液体一样能保持一定水平界面并具有静压力和浮力，具有液体的一些特性，如对器壁有流体压力的作用、能溢流和具有黏度等，此种操作状况称为“流化床”。

(1) 流化床反应器的优缺点

由于流化床中存在流化态这一运动形式，使这类反应器具有如下一些优点。

1) 因为催化剂在床层中上、下剧烈地搅动，使床层温度分布极为均匀，避免了催化剂的局部过热现象，产生的反应热也可通过气体和催化剂颗粒传给换热构件，效果比单纯的气体传热要好得多。

2) 流化床催化剂为多孔微球状颗粒，有很高的比表面积，有利于化学反应进行。

3) 催化剂颗粒很容易加入反应器或从反应器中取出，使反应过程及催化剂再生过程可以连续化。

4) 设备生产强度大，真正做到小设备大生产。

但是流化床也存在一些缺点：

1) 流化床流体流态属全返混流，转化率一般要比固定床低一些。

2) 在剧烈的翻搅中，催化剂与催化剂，催化剂与器壁和内部构件之间会发生碰撞，催化剂还会受到自下向上的原料气冲刷，因此易破碎或磨损，粉末又可能随气流飞走，因此，流化床反应器催化剂的损失比较大。

3) 由于固体颗粒的磨蚀作用，管子和容器(包括内部构件)的磨损比较严重。

(2) 流化床反应器

以某生产能力为 13 万 t/a 的丙烯腈装置流化床反应器为例，内部构件有空气分布板、丙烯氨分布器，U 形撤热水管和旋风分离器等。空气分布板、丙烯氨分布器均为管式分布管，空气分布板均匀开孔。空气分布板上设有 1352 小孔，小孔直径为 13.52mm；空气分布板上方分 4 个象限布置丙烯氨分布器，分布器上设有支管，与空气分布板小孔一一对应。在反应器催化剂床层内分别按 4 个象限垂直安装了 184 个 U 形的饱和蒸汽管、72 个 U 形的过热蒸汽管。其中 36 组用于发生蒸汽，12 组用于蒸汽过热。用于过热的 12 组盘管 6U 形；用于发生蒸汽的盘管由 20 组 6U 形、8 组 5U 形和 8 组 3U 形组成。反应器内装有 18 组二级旋风分离器，反应气体通过它后才离开反应器。这些旋风分离器分离出大部分随气流夹带出来的催化剂，催化剂落入每级分离器底部的料腿后返回到催化剂床层。

(3) 改进流化效果的措施

1) 气(流)体分布均匀且操作稳定，有利于流化床的流化效果。

2) 合适的颗粒尺寸、形状、密度以及粒度分布均有利于流化床的流化效果。

3）合适的特征流速。提高原料气的气速，使得流化速度是临界流化速度的 20～30 倍，可明显提高流化床的流化效果。

1.2.1.2 旋风分离器

（1）旋风分离器的工作原理

含有固体粒子的气体以很大的流速(20m/s)从旋风分离器上矩形入口沿切线方向进入旋风分离器的内外筒之间，由上向下做螺旋旋转运动，形成外涡旋，逐渐到达锥体底部，气流中的固体粒子在离心力的作用下被甩向器壁，由于重力的作用和气流带动而滑落到下料管中。向下的气流到达底部后，绕分离器的轴线旋转螺旋上升，形成内涡旋，由分离器的出口管排出。

（2）影响旋风分离器效率的主要因素

旋风分离器效率的主要影响因素有：入口风速、气体温度、气体湿度、粉尘的相对密度和粒度、含尘气体的浓度、旋风分离器的漏风率、旋风分离器的设计尺寸等。

1.2.2 分离过程

1.2.2.1 吸收

（1）平衡溶解度

气体吸收是利用不同气体在某种溶液中的溶解度不同，使气体混合物分离的单元操作，让容易溶解的组分溶于溶液中，和其他的组分分离。

在一定温度和压强下，气体在一定量溶剂中溶解的最高量称为气体的溶解度。常用定温下单位体积溶剂中所溶解的最多体积数来表示。如 20℃时 100mL 水中溶解 1.82mL 丙烯腈，则表示为 1.82mL/100mL 水等。气体的溶解度除与气体本性、溶剂性质有关外，还与温度、压强有关，其溶解度一般随着温度升高而减小，由于气体溶解时体积变化很大，故其溶解度随压强增大而显著增大。

一定温度和压力下，混合气体与其溶剂经充分接触或接触足够的时间，溶质组分在气液两相中的分配达到动态平衡，即达到相平衡，溶质组分在两相中的组成呈一定的对应关系，常以溶解度表示。溶解度曲线也是平衡关系表示方法。

溶解度：气液平衡时，溶质在液相中的浓度。

$$P_e = E \cdot f(x)\text{，（}t\text{，}P\text{ 恒定）}$$

式中 P_e——混合气中溶质组分的分压，Pa；

E——亨利系数，$Pa \cdot m^3/kmol$；

x——液相中溶质组分的摩尔分数。

（2）亨利定律

相平衡与体系的温度、压力以及本身物性密切相关，较准确地描述相平衡关系是复杂的，但当采用稀溶液吸收混合气中低浓度溶质组分时，其溶解度曲线通过原点，并为一直线。这样相平衡关系除用溶解度曲线表示外，多用亨利定律描述。

$$P_e = E \cdot X$$

式中 X——溶质组分在液相中的组成，kmol 组分/m^3溶液。

（3）吸收过程的分类

1）物理吸收和化学吸收。

在吸收过程中溶质与溶剂不发生显著化学反应，称为物理吸收。如果溶质与溶剂发生显著化学反应，则此吸收操作称为化学吸收。

2）单组分吸收与多组分吸收。

在吸收过程中，若混合气体中只有一个组分被吸收，其余组分可认为不溶于吸收剂，则称为单组分吸收；如果混合气体中有两种或多个组分进入液相，则称为多组分吸收。

3）等温吸收与非等温吸收。

气体溶于液体中时常伴随热效应，若热效应很小，或被吸收的组分在气相中的浓度很低，而吸收剂用量很大，液相的温度变化不显著，则可认为是等温吸收；若吸收过程中发生化学反应，其反应热很大，液相的温度变化明显，则该吸收过程为非等温吸收过程。

4）低浓度吸收与高浓度吸收。

通常根据生产经验，规定当混合气中溶质组分 A 的摩尔分数大于 0.1，且被吸收的数量多时，称为高浓度吸收；如果溶质在气液两相中摩尔分数均小于 0.1，称为低浓度吸收。

低浓度吸收有两个特点：①气液两相流经吸收塔的流率为常数；②低浓度的吸收可视为等温吸收。

（4）影响吸收操作的因素

1）操作压力。

吸收压力高，其优点为：提高吸收过程的推动力，减少了气体的体积流量，可以减少塔径。缺点为：降低了吸收剂的选择性，吸收塔的造价升高。吸收压力低则相反。

一般应该从过程的经济角度出发，兼顾吸收和解析以及整个工艺的操作条件，选择合适的操作压力。

2）吸收温度。

物理吸收的吸收温度低，其优点为：溶质的溶解度增大，减少溶剂用量，推动力增大，降低塔的高度，减轻解析塔的负荷。缺点为：低于常温的操作会增加操作费用。

化学吸收的吸收温度高，其优点为：化学反应速度快。缺点为：传质推动力降低。

一般情况下，常温下的吸收和解析操作过程的操作费用最低。

（5）吸收剂

吸收剂的选择是吸收操作的关键，吸收剂的选择与吸收方法的选择有一定联系。选择吸收剂时，首先要考虑吸收过程在整个生产流程中的作用和前后工序所提供的工艺条件和要求；其次从吸收过程的基本原理出发，按照各项技术经济要求加以分析和选择。

选择吸收剂的基本要求为：

1）溶解度要大。减少吸收剂用量，降低输送与再生的能耗。

2）选择性好。吸收剂的选择性好可以减少惰性组分的溶解损失，提高解析后所得溶质的纯度。选择性以选择性系数表示：

$$\text{选择性系数}=\frac{\text{溶质组分溶解度}}{\text{其余组分溶解度}}$$

3）易于再生。再生性能的优劣和再生过程的经济性是评价吸收剂乃至整个吸收过程的重要技术经济指标。

4）挥发性小。对应一定温度，其蒸气压要低。这样可以减少吸收剂的损耗，并提高溶质气体纯度。

5）具有较好的化学稳定性及热稳定性，以减少吸收剂的降解和变质，尤其在使用化学吸收剂时，更需注意。

6）黏度低。以利于传质与输送；不易发泡，以利于实现高效、稳定操作。

7）安全性能好。无毒，不易燃烧和爆炸。

8）经济，易得。

1.2.2.2 精馏

（1）拉乌尔定律(理想溶液)

分子间相互吸引力不因混合而有所变化，形成的混合溶液无容积效应，也无热效应，这种溶液称为理想溶液。气液相平衡是指溶液与其上方蒸气达到平衡时气液两相间各组分组成的关系。理想溶液的气液相平衡服从拉乌尔定律。拉乌尔定律是指一定温度下，气相中任一组分的分压等于此纯组分在该温度下的蒸气压乘以它在溶液中的摩尔分数。

（2）精馏原理

精馏时利用混合物中各组分挥发能力的差异，通过液相和气相的逆向流动，使气、液两相逆向多级接触，在热能驱动和相平衡关系的约束下，使得易挥发组分(轻组分)不断从液相往气相中转移，而难挥发组分却由气相向液相中迁移，使混合物不断分离的过程。

（3）精馏设备

精馏操作所用的设备，主要包括精馏塔及再沸器和冷凝器。精馏塔是完成精馏操作的主体设备，塔体为圆筒形，塔内设有供气液接触传质用的塔板或填料。再沸器将塔底液体部分汽化后送回精馏塔，使塔内气液两相间的接触传质得以进行。冷凝器将塔顶蒸气冷凝成液体，部分冷凝液作塔顶产品，其余作回流液返回塔顶，使塔内气液两相间的接触传质得以进行。

（4）精馏操作

对于现有的精馏装置和特定的物系，精馏操作的基本要求是使设备具有尽可能大的生产能力，达到预期的分离效果，操作费用最低。

影响精馏装置稳态、高效操作的主要因素包括操作压力、进料组成和热状况、塔顶回流量、全塔的物料平衡和稳定、冷凝器和再沸器的传热性能、设备散热情况等。

精馏操作的基本控制方法遵循物料平衡、能量平衡、塔内气液传质平衡。

（5）恒沸精馏和萃取精馏

对于具有恒沸点的非理想溶液，通过加入质量分离剂(即挟带剂)与原溶液其中一个或几个组分形成更低沸点的恒沸物，从而使原溶液易于采用蒸馏进行分离的方法，称为恒沸精馏。

组分的相对挥发度非常接近1，但不形成共沸物的混合物，不宜采用常规蒸馏方法进行分离。而通过加入质量分离剂(或称萃取剂)，其本身挥发性很小，不与混合物形成共沸物，却能显著地增大原混合物组分间的相对挥发度，以便采用精馏方法加以分离，此精馏称为萃取精馏。

1.2.3 焚烧

焚烧是一个燃烧过程，可将废水中有机物和部分无机物在高温条件下进行剧烈的氧化反应。焚烧可以有效破坏废物中的有毒、有害、有机废物，是实现危险废物减量化、无害化的最快捷、最有效的技术，它适用于处理不能回收利用其有用组分并具有一定热值的危险废物。

对丙烯腈吸收塔顶尾气进行处理，在环保以及节能方面都有实际的意义。其中对尾气进行焚烧是常用的方法之一。以某丙烯腈装置为例，该装置将吸收塔顶尾气处理工艺由直排法改为热焚烧烟气热量回收系统，不但使排放尾气中有毒、有害物质浓度达到国标

GB 16297—2015要求，而且使装置能耗明显下降。吉林某丙烯腈装置，应用催化氧化处理技术处理吸收塔顶尾气，不仅解决了低纯度丙烯腈的吸收塔顶尾气污染治理问题，还为无燃料处理丙烯腈尾气积累了经验。

1.3 丙烯腈催化剂

1.3.1 催化剂的基本概念

催化剂是指在化学反应中能改变化学反应速率而本身成分及质量在反应前后均没有改变的物质。在工业生产中，催化剂俗称触媒。

催化剂的活性是指催化剂使反应速率增加的程度，一般用单位表面积的催化剂的反应速率系数表示：

$$a=k/S$$

式中 k——催化反应的速率系数；

S——催化剂的表面积，m^2。

在生产中还常用单位时间单位体积的催化剂上所得产物的质量或反应物的转化率和产物的收率表示。

催化选择性是催化剂的重要性质之一，指在能发生多种反应的反应系统中，同一催化剂促进不同反应进行程度的比较。在工业上利用催化选择性使原料向指定的方向转化，减少副反应。

选择性实质上是反应系统中目的反应与副反应间反应速率竞争的表现，它们与反应的特性、促成反应的活性中心的活性、反应条件等有关。

1.3.2 丙烯氨氧化催化剂组成及活性影响因素

目前，丙烯腈主要通过丙烯氨氧化合成工艺(Sohio 法)进行生产，该技术最初由美国标准石油公司于 1960 年左右开发成功，由于此法具有原料廉价易得、工艺安全、工序简单、产品精制方便等特点，在全世界迅速推广。而同一时期，英国 Distillers 公司、法国吉 Ugine 公司、意大利 Montedision 公司和 SNAM 公司及奥地利 OSW 公司虽然也分别开发出了各自的丙烯氨氧化催化剂和工艺，但由于技术和经济性无法和 Sohio 工艺竞争，已完全淘汰。

催化剂是丙烯腈生产的关键。一般来说，丙烯氨氧化法的催化剂主要分为钼铋系和锑铁系两类。目前居先进水平的有英力士公司的 C 系列催化剂、旭化成公司的 S-催化剂以及上海石化院的 SANC 系催化剂。各种方法的定额消耗见表 1-3。

表 1-3 丙烯腈主要催化剂的原料消耗、产品收率比较

公司名称	催化剂	丙烯/[t/(t·AN)]	氨/[t/(t·AN)]	丙烯腈单程收率/%
英力士公司	C-41	1.20	0.55	70
	C-49	1.12	0.53	75
	C-49MC	1.04	0.505	78
	C-57	1.025	0.50	81

续表

公司名称	催化剂	丙烯/[t/(t·AN)]	氨/[t/(t·AN)]	丙烯腈单程收率/%
旭化成公司	S	1.05	0.46	78
上海石油化工研究院	MB-98	1.04	0.50	78
	SANC-08	1.04	0.505	79.5
	SANC-11	1.030	0.50	80.5
	SANC-11⁺	1.020	0.50	81.5

注：AN 为丙烯腈缩写。

英力士公司开发的催化剂从最初的磷钼酸铋催化剂，丙烯腈收率约60%，到20世纪70年代的C-41催化剂，收率提高到70%，之后又相继推出了C-49和C-49MC催化剂，近年来推出了C-57催化剂，将丙烯腈的收率进一步提高至81%以上水平，目前英力士正在积极推动C-57催化剂的工业应用。

旭化成的S-催化剂在工业装置上都取得了不俗的业绩，丙烯腈收率都达约79%，但使用S-催化剂需对反应器作必要的改造，因此造成了这种催化剂推广应用难度大，目前仅在自己公司的丙烯腈装置上使用。

上海石化院成功开发的MB及SANC系列催化剂被广泛应用于丙烯腈装置，丙烯腈收率达到80%的国际先进水平。2008年开发的SANC-08已成功应用到产能为8万t/a丙烯腈装置和13万t/a丙烯腈装置，该催化剂具有丙烯腈收率高、三氰（丙烯腈、乙腈和氢氰酸）收率高（约89%）及系统清洁等特点。其最新开发的SANC-11⁺催化剂，目前已应用于13万t/a丙烯腈装置，丙烯腈收率达到81%~82%，三氰收率高达90%。另外，高效丙烯腈新型补加催化剂也完成实验室开发，并在工业化装置取得良好的效果。

就单台反应器而言，固定床生产能力比流化床小得多，流化床反应器单台生产能力可达18万t/a，而固定床反应器单台生产能力一般只有5kt/a，再扩大生产能力不仅设备显得过于庞大，而且反应温度也很难控制。流化床反应器能用自控装置控制操作，使反应在最优化的条件下进行，而固定床很难办到。考虑到设备投资、操作、消耗定额、产品质量等因素，可以看出Sohio法具有明显的优越性。

Sohio法不仅在催化剂的研制上不断翻新，而且在反应器结构的改进、节能和防止污染方面也做了大量的工作，使其生产工艺更趋成熟。

近年来催化剂的新进展已使丙烯腈的收率提高了20%。英国石油公司、旭化成和杜邦公司均拥有该技术专利权。BOS公司开发了生产丙烯腈的Petrox工艺可提高收率20%，减少二氧化碳排放50%，降低投资费用20%，减少操作费用10%~20%。现有丙烯腈生产工艺中，丙烯与氨在氨氧化反应器中转化率很高，能最大量地提高收率，但是，反应在高转化率下进行，会大量生成二氧化碳和一氧化碳副产物而降低了选择性。反应物通过反应器并回收产品后，未反应的烃类原料和副产物被送去焚烧，导致来自装置的大量二氧化碳和一氧化碳排放污染。在Petrox工艺中，采用烃类选择性分子筛设施将废弃物料中未反应的烃类原料分出，送回反应器，所有二氧化碳和氮气不从循环物流中除去，而是增加氧以平衡气体混合物。该工艺使反应在较低速率下进行，降低了丙烯腈的转化率，但尽可能地提高了烃类选择性，减少了二氧化碳生成。

丙烯腈催化剂实现了丙烯、氨和空气在多相催化下于流化床反应器中直接制造丙烯腈的工艺，目前用于此类反应的工业化催化剂都是多组分复合金属氧化物体系。

丙烯氨氧化所采用的催化剂主要有两类，即Mo系和Bi(Sb)系催化剂。Mo系催化剂由Sohio公司开发，由C-A型已发展到第四代的C-49、C-49MC。Sb系催化剂由英国酿酒公司首先开发，在此基础上日本化学公司又相继开发成功第三代的NS-733A和第四代的NS-733B。下面对这两类催化剂进行简单的介绍[7,8]。

（1）Mo系催化剂

工业上最早使用的Mo系催化剂是P-Mo-Bi-O(C-A)催化剂，其代表组成为$PBi_9Mo_{12}O_{52}$。单一的MoO_3虽有一定的催化活性，但选择性甚差。单一的Bi_2O_3对生成丙烯腈无催化活性，只有MoO_3和Bi_2O_3的组合才表现较好的活性、选择性和稳定性。P在催化剂中起提高催化剂选择性的作用。实际上在Mo-Bi-O催化剂中加入P_2O_5后，催化剂的活性有所下降，选择性提高，热稳定性也得到改善。

20世纪60年代以来，以P-Mo-Bi-O催化剂为基础，进行了许多改进配方的研究，以改善催化剂的活性和选择性，提高丙烯腈的收率，减少乙腈的生成量。所研究的催化剂通常以下列形式描述：

$$M_a^{2+}F_{eb}^{3+}Bi_c^{3+}M_o^{6+}Q_cR_fT_gO_x$$

其中，M^{2+}为金属离子Ni^{2+}、Co^{2+}；Q为碱金属离子K^+等；R_f为碱土金属离子；T为磷、砷或锑等。

20世纪70年代初，在研究成功的P-Mo-Bi-Fe-Co-O五组分催化剂基础上，成功开发了P-Mo-Bi-Fe-Co-Ni-K-O七组分催化剂(C-41)，它是前联邦德国Knapsack公司在Mo-Bi中引入Fe后再经改良研制而成的。Fe的加入可以帮助Bi输送氧，使$Mo^{6+} \Longleftrightarrow Mo^{5+}$变得更易进行。Ni和Co的加入起抑制生成丙烯醛和乙醛副反应的作用。K的加入可改善催化剂表面酸度，抑制深度氧化反应。

（2）Sb系催化剂

Sb系催化剂在20世纪60年代中期用于工业生产，包括Sb-U-O、Sb-Sn-O和Sb-Fe-O等。初期使用的Sb-U-O催化剂活性很好，丙烯转化率和丙烯腈收率都较高，但由于具有放射性、废催化剂处理困难，使用几年后已不再采用。SbFe混合氧化物催化剂由日本化学公司成功开发，对丙烯氨氧化的催化效率好，丙烯腈收率可达75%左右，副产物乙腈生成量甚少，价格也较便宜，添加V、Mo、W等氧化物可改善它的耐还原性能。

除上述两类催化剂外，工业上也有采用以MoO_3为主的Mo-Te-O系催化剂，例如Mo-Te-Ce-O系催化剂的效率也较好，但氧化碲易挥发。

丙烯氨氧化催化剂的活性组分本身机械强度不高，受到冲击、挤压就会碎裂，价格也比较高，为增强催化剂的机械强度和合理使用催化剂活性组分，通常需使用载体。各类催化剂所用载体与所用反应器形式有关。流化床反应器对催化剂的强度要求甚高，耐磨性能要求高，一般均用粗孔微球形硅胶作载体，活性组分和载体的比为1∶1(质)，采用喷雾干燥成型。Sohio法是采用流化床反应器，催化剂是以微球形硅胶为载体。

1.4 化工生产计算知识

1.4.1 转化率

转化率是表示反应物经过反应后的转化程度，转化率越大，说明反应物中参加反应的数量越多。

丙烯腈装置的丙烯转化率可表示为：

$$丙烯转化率=\frac{参加反应的丙烯量}{丙烯进料量}\times100\%$$

1.4.2 收率

收率表示转化成目的产物的物质量与反应物进料的物质量的百分数。

丙烯腈装置丙烯腈的收率可表示为：

$$丙烯腈收率=\frac{转化为丙烯腈的丙烯量}{丙烯进料量}\times100\%$$

1.4.3 原料消耗

丙烯腈装置液氨单耗可表示为：

$$液氨消耗=\frac{纯液氨消耗量}{丙烯腈产量}$$

丙烯腈装置丙烯单耗可表示为：

$$丙烯消耗=\frac{纯丙烯消耗量}{丙烯腈产量}$$

1.4.4 重时空速

重时空速（*WWH*）是指单位时间内通过单位质量（或体积）催化剂的丙烯的质量（或体积）。

丙烯腈装置重时空速可表示为：

$$WWH=\frac{单位时间内丙烯投料量}{反应器内催化剂质量}[t_{丙烯}/(t_{催化剂}\cdot h)]$$

1.4.5 线速度

气体流经反应器的速度称为线速度。空塔线速是指原料混合气在反应温度、压力下，通过空床反应器的速度，可表示为：

$$空塔线速(m/s)=\frac{反应条件下单位时间进入反应器的混合气体量(Nm^3/s)}{反应器横截面积(m^2)}$$

而实际操作线速与空塔线速有一定区别。可表示为：

$$操作线速(m/s)=\frac{反应条件下单位时间进入反应器的混合气体量(Nm^3/s)}{反应器有效横截面积(m^2)}$$

其中，反应器有效横截面积=反应器横截面积-旋风分离器料腿截面积-冷却盘管总截面积。

1.4.6 硫酸消耗

丙烯腈装置硫酸单耗可表示为：

$$硫酸的消耗=\frac{纯硫酸的消耗量}{丙烯腈产量}$$

反应气体在急冷塔下段急冷后通过升气管上升至塔的上段，反应气体中未反应的氨与加入急冷塔上段的浓硫酸中和生成硫酸铵。硫酸的消耗量主要根据未反应氨的量来调整，一般控制单耗在95~115kg/(t·AN)。

1.4.7 装置系统的物料衡算

成品塔侧线出料量可表示为：

$$F=\frac{\text{丙烯进料量}\times\text{丙烯转化率}\times\text{丙烯腈选择性}\times\text{丙烯腈精制回收率}\times\text{丙烯腈相对分子质量}}{\text{丙烯相对分子质量}}$$

第2章　工艺原理及流程简述

2.1　丙烯、氨氧化制丙烯腈的反应机理

丙烯氨氧化反应是一个典型的有晶格氧参与并按氧化-还原机理(Redox机理)进行的反应，具体历程见图2-1。

如图2-1所示，丙烯和氨首先在催化剂表面吸附形成活性物种，然后丙烯脱去α-H生成烯丙基中间体，烯丙基中间体和由NH_3活化来的═NH经过两次1，4-氢迁移，形成丙烯腈。在生成丙烯腈的同时，催化剂的活性组分已由最初氧化态转变为还原态，还原态催化剂通过氧化，重新恢复活性。

丙烯氨氧化Redox循环反应机理如下：

对于丙烯氨氧化反应的催化剂要求为：需要催化剂有双功能活性中心。

需要承担丙烯分子的活化：夺取α-H从而使丙烯分子发生活化；反应中心：Bi^{3+}-O。

需要承担化学吸附和氧氮的插入：将已活化的丙烯(烯丙基)化学吸附在催化剂表面，并向烯烃中心引入氮和氧；反应中心：Mo^{6+}=O(NH)。

钼酸铋催化剂的催化活性与其表面组成、催化剂的晶相结构有至关重要的联系；其中，α晶相[α-$Bi_2(MoO_4)_3$]较多晶格缺陷提供吸附位，β晶相(β-$Bi_2Mo_2O_9$)催化活性最佳，γ晶相(γ-Bi_2MoO_6)氧流动性强提供晶格氧，不同晶相结构之间协同作用，增加催化剂催化活性。

Bi元素负责控制步骤α-H原子的脱除，而Mo元素负责将氧原子嵌入催化剂表面形成晶格氧结构。两者之间的氧化还原循环过程通过催化剂晶体内晶格氧的传递进行，晶格氧在该催化反应过程中扮演着至关重要的角色。

含MoO_3结构较多的催化剂具有相对较高的活性，而Bi的加入形成了电子空穴，使得活化后的烯丙基结构可以在Mo^{6+}上形成π键吸附，两种金属离子相互协同，达到最优的催化效果。

晶格氧与变价金属，伴随变价金属的引入，通过改性后的钼酸铋会为晶格氧的转移提供反应中心，同时会与传统的钼铋系催化剂形成新的晶相结构，即形成扭曲的晶体结构或造成晶格缺陷。晶格缺陷在反应中具有稳定控制步骤中丙烯α-H原子的脱除，形成稳定的π-烯丙基中间体的作用。

伴随变价金属的引入和晶格缺陷的形成，会提升催化剂的催化效果：一是晶格缺陷带来的电子空穴能够提供更多的电子带，有助于晶格氧在催化剂中的流动；二是一方面从催化剂的形态上增加了催化剂的比活性，另一方面添加的组分提供了更多的反应活性位如$Fe_2(MoO_4)_3$、α-$Ce(MoO_4)_2$等，即在反应的过程中，$Fe^{2+}\longrightarrow Fe^{3+}$、$Ce^{3+}\longrightarrow Ce^{4+}$为$O_2$的活化提供了反应活性位，进一步增加了催化剂的催化活性。同时还有研究表明，在引入变价金属Fe后，新形成的晶相结构能够有效提高晶体之间的电导率。同时，Fe^{2+}与Fe^{3+}之间的相互转化增加了电子转移的能力，从而增加了活性氧物种的流动，最终增加了催化剂的活性。

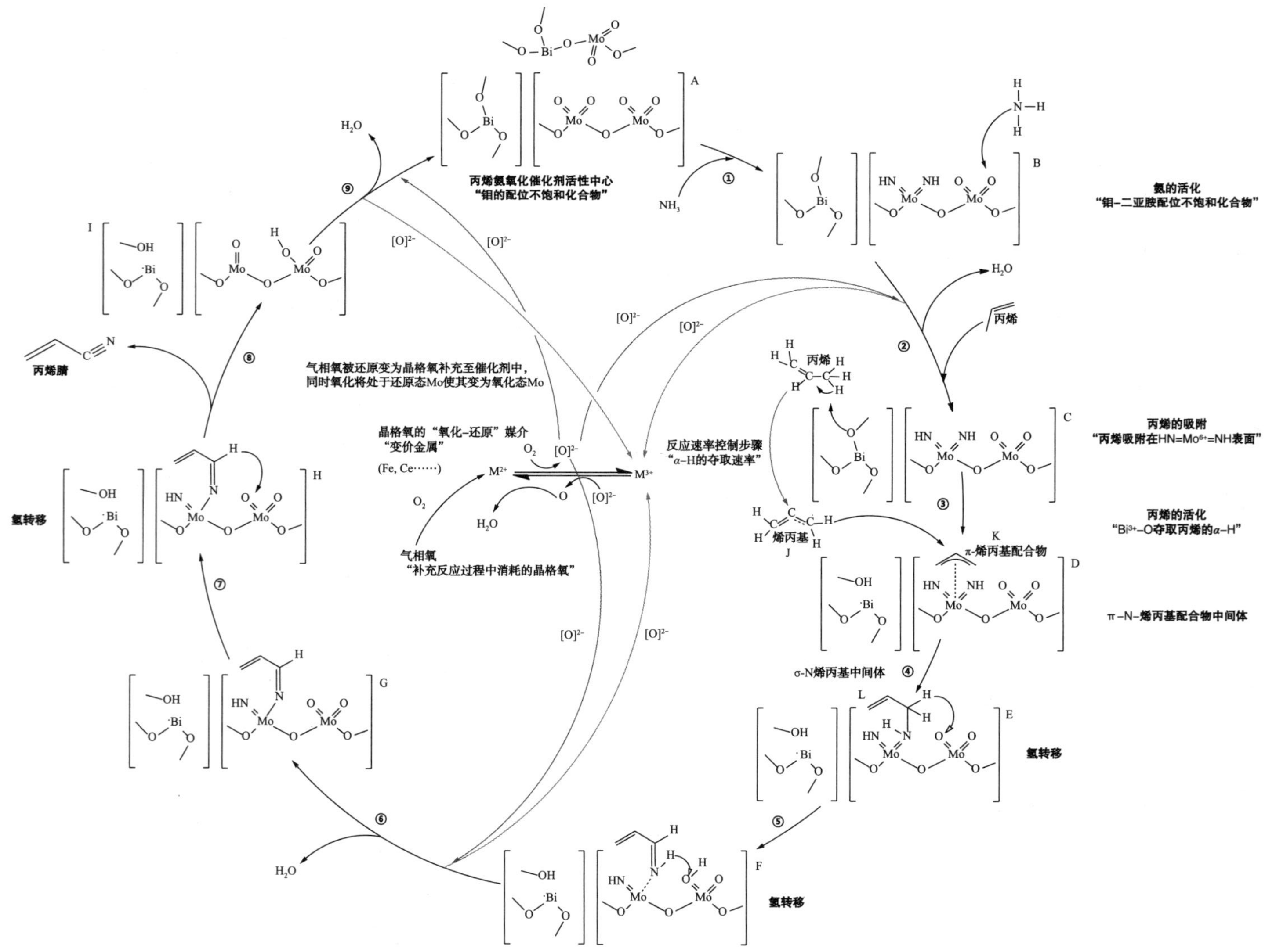

图2-1　在Mo–Bi催化体系中丙烯氨氧化反应机理

在反应器中，催化剂颗粒的表观特征为流化态。

对于丙烯氨氧化反应催化剂，其活性中心为钼的配位不饱和化合物(A)，在反应气氛中，化合物 A 可以将 NH_3活化，形成钼-二亚胺配位不饱和物(B)，如过程①→②所示。

具有空 *d* 轨道的 Mo 是 Lewis 酸中心，氨比丙烯的碱性强，易发生氨的活化吸附。氨的活化机理即为氨的氢解机理。吸附在催化剂表面的氨发生氧化反应，即表现为脱氢氨解，生成 NH_2 ·(氨基)进而生成 NH:(亚氨基)。其反应方程式如下：

$$NH_3+O_2 \longrightarrow NH_2\cdot(NH:)+H_2O$$

在催化剂表面进行的氨氢解活化过程中，其产生的亚氨基，与化合物 A 表面的钼原子结合形成化合物 B，同时生成水，此反应在晶格氧的参与下进行。

从反应动力学角度，Bi^{3+}-O 夺取吸附态丙烯的 α-H 从而使丙烯分子发生活化生成烯丙基是反应速率的控制步骤，丙烯腈的形成速率对丙烯是一级、对氧和氨是零级。

在反应气氛中，丙烯在催化剂表面 $NH═Mo^{6+}═NH$ 上吸附，氨氧化的过程是 Bi^{3+}-O 夺取化学吸附在催化剂表面 $NH═Mo^{6+}═NH$ 位上的 α-H，形成 π-N-烯丙基配合物中间体(D)，过程②→③。

丙烯的活化：由于丙烯分子中 C—H 键键能最弱的 α-H 原子与催化剂表面活性位 Bi^{3+}-O 结合后脱除，生成烯丙基中间体 J。在一定的反应温度下，反应速率的控制步骤是丙烯上的 α-H 原子的脱除。随着丙烯的氧化脱氢反应，丙烯会生成 π-烯丙基配合物 K。

$$CH_2═CH-CH_3+O_2 \longrightarrow CH_2═CH-CH_2\cdot+H_2O$$
$$CH_2═CH-CH_2\cdot+O_2 \longrightarrow CH_2═CH-CH_2:+H_2O$$

π-烯丙基属缺电子，催化剂中与 Mo 相连的亚氨基氮对其进行亲核进攻生成 σ-N 烯丙基中间体(L)同时，Mo^{6+}被还原为 Mo^{5+}。

NH ═Mo ═O 比 NH ═Mo ═NH 有更快的 N 插入速度，在形成化合物 D 后，随着催化剂表面的 σ-N 烯丙基中间体在氢转移、氧化反应进行下，会生成丙烯腈分子和水，并生成化合物 I，此间反应在晶格氧的参与下进行。化合物 E→化合物 F→化合物 G→化合物 H→化合物 I，过程为④→⑤→⑥→⑦→⑧。

$$CH_2═CH-CH_2:+NH:+O_2 \longrightarrow CH_2═CH-CN+H_2O$$

在催化剂表面，在脱去生成的丙烯腈分子和水分子得到化合物 I 后，会经氧化过程复原为化合物 A，即催化剂催化活性位中已经被还原的金属离子，会被来自其他活性位的晶格氧所氧化，晶格氧从体相迁移到表面相，而其产生的氧空穴被反应气氛中的氧气填补。化合物 I→化合物 A，过程为⑨。

为保证丙烯氨氧化反应进行，催化剂需提供双功能活性中心，同时，氨氧化过程还需通过催化剂中晶格氧的迁移完成氧化步骤(过程为⑥，化合物 F→化合物 G)，以实现所需电子的转移以及使还原态的活性中心复原(过程为⑨，化合物 I→化合物 A)。

丙烯氨氧化反应所需的氧来自晶格氧，相比气相组分中的氧气，金属氧化物中的晶格氧被认为是更具有选择性氧化作用的氧化剂，即真正参与反应的是催化剂中的晶格氧，反应原料中的气相氧只起间接氧化作用，或者对生产含双碳的副反应有利，在反应过程中消耗掉的晶格氧由气相氧进行补充，通过气相氧的氧化使处于还原态的催化剂再生，由此完成一个氧化-还原循环过程。

晶格氧的传递与催化剂的再生：当 M^{2+}/M^{3+} 作为氧化/还原对引入催化剂后，会加速电子和晶格氧的传递，其中变价金属 M 与活性中心 Mo 的协同效应：

1）M^{2+}将气相氧转化为催化剂中的晶格氧，自身被氧化为 M^{3+}；

2）M^{3+}传递晶格氧，自身被还原为 M^{2+}，并使处于还原态的 Mo^{4+}(Mo^{5+})氧化再生为 Mo^{6+}。

由上述机理可见，该反应所用催化剂应该具备下列性能：

① 一个脱 α-H 的活性中心，如 Bi^{3+}通过氧桥和丙烯的 α-H 相连；

② 一个 N 原子的插入中心，这个中心必须是配位不饱和的，如催化剂中的 Mo^{6+}；

③ 一对氧化还原组分，如 Fe^{3+}/Fe^{2+}、Ce^{4+}/Ce^{3+}等，在反应中起到转移电子的作用；

④ 一个均匀混合各催化组分和助催化组分的体系，并且该体系能够使氧离子迅速扩散，补充催化剂中的晶格氧。

伴随着产物的生成，氧化型催化剂被还原，同时消耗催化剂中部分晶格氧，因而催化剂失去活性。此时需要催化剂组成中存在辅助的变价元素，将催化剂由还原态转变为氧化态，同时将外界的气相氧传递到催化剂晶格中去，使催化剂重新恢复活性。也就是说，反应产物中的氧并非直接来自气相氧，而是来自催化剂中的晶格氧，气相中的氧只是用来补充催化剂在反应中消耗的氧。因此助催化剂中要存在氧化-还原对，如 Fe^{3+}/Fe^{2+}、Ce^{4+}/Ce^{3+}等，来完成上述任务：

$$Fe^{2+} \xrightarrow{O_2} Fe^{3+}$$

$$Mo^{4+}(Mo^{5+}) + Fe^{3+} \xrightarrow{[O]} Mo^{6+} + Fe^{2+}$$

O_2 为氧气，[O]为氧离子，可见 Fe^{2+}将气相氧转变为晶格氧，Fe^{3+}传递晶格氧并使处于还原态的 Mo^{4+}(Mo^{5+})氧化为 Mo^{6+}。因此在丙烯氨氧化催化剂中，为了传递电子和晶格氧，引入氧化/还原对是必不可少的。

2.2 丙烯腈工艺原理简介

2.2.1 丙烯氨氧化反应

丙烯、氨氧化是一个复杂的选择性氧化过程，丙烯腈的合成是一个非均相催化氧化反应，除生成目的产物丙烯腈外，还有副产物丙烯醛、乙腈、氢氰酸、一氧化碳、二氧化碳等。其反应可概括如下：

主反应：

$$CH_2{=}CHCH_3 + NH_3 + 3/2O_2 \xrightarrow{催化剂} CH_2{=}CHCN + 3H_2O \qquad +519kJ/mol$$

丙烯、氨、氧在一定条件下发生反应，除生成丙烯腈外，同时伴有其他副反应发生，主要副反应有：

1）生成氢氰酸(HCN)：

$$CH_2{=}CHCH_3 + 3NH_3 + 3O_2 \longrightarrow 3HCN + 6H_2O \qquad +941kJ/mol$$

2）生成乙腈(ACN)：

$$CH_2{=}CHCH_3 + 3/2NH_3 + 3/2O_2 \longrightarrow 3/2CH_3CN + 3H_2O \qquad +522kJ/mol$$

3）生成丙烯醛(ACL)：

$$CH_2{=}CHCH_3 + O_2 \longrightarrow CH_2{=}CHCHO + H_2O \qquad +351kJ/mol$$

4）生成二氧化碳(CO_2)：

$$CH_2{=}CHCH_3 + 9/2O_2 \longrightarrow 3CO_2 + 3H_2O \qquad +1925kJ/mol$$

5）生成一氧化碳（CO）：

$$CH_2═CHCH_3+3O_2 \longrightarrow 3CO+3H_2O \qquad +1067kJ/mol$$

6）生成氮气：

$$NH_3+3/4O_2 \longrightarrow 1/2N_2+3/2H_2O \qquad +317kJ/mol$$

7）除上述副反应外，还有生成微量丙腈（PN）、丙烯酸（AA）、丙酮（ACO）等副反应。

$$CH_2═CHCH_3+NH_3+O_2 \longrightarrow CH_3CH_2CN+2H_2O$$

$$CH_2═CHCH_3+3/2O_2 \longrightarrow CH_2═CHCOOH+H_2O$$

$$CH_2═CHCH_3+1/2O_2 \longrightarrow CH_3COCH_3 \qquad +236.59kJ/mol$$

反应网络如图 2-2 所示。

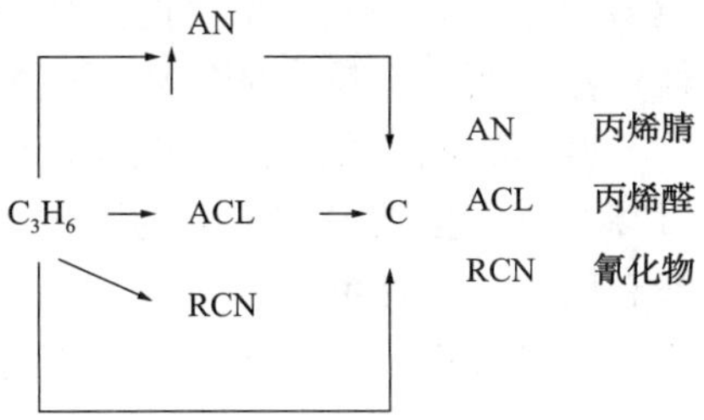

图 2-2　丙烯氨氧化反应网络

上述副产品可分为三类，第一类为氰化物，主要是 HCN、CH_3CN 和少量的 CH_3CH_2CN；第二类为含氧有机化合物，主要是 $CH_2═CHCOOH$，$CH_2═CHCHO$ 和 CH_3COCH_3；第三类为深度氧化物，主要是 CO_2 和 CO。

上述所有反应均为放热反应，从热力学角度上看，撤去反应热，降低反应温度似乎对上述反应有利，但是，任何一个化学反应都受反应动力学和反应热力学两方面因素的制约。反应动力学讲的是化学反应速度，速度快，则转化率高；速度慢，则转化率低。提高反应温度对增强反应速度有利。反应热力学讲的是化学平衡，平衡向产物方向移动则转化率高，平衡向原料方向移动则转化率低，化学反应一旦达到平衡，转化率将不再变化了。

对于丙烯氨氧化反应，要想使它达到平衡，则需要很长的时间，这样化学反应速度的快慢成了矛盾的主要方面，因此要想使此反应尽快达到化学平衡，从中获得较高的转化率，就必须想办法提高化学平衡。通过加入催化剂以后，提高了化学反应的速度，节约了反应平衡到达的时间，同时也提高了目的产物的选择性。因此，丙烯氨氧化反应采用活性强、选择性好的催化剂和 420～445℃ 的反应温度。

2.2.2　丙烯氨氧化反应条件

（1）原料纯度和配比

原料丙烯是由烃热裂解所得裂解气或石油催化裂化所得裂化气经分离得到的，一般纯度都较高，但仍有 C_2、C_3、C_4 等杂质存在，有时还可能存在微量硫化物。在这些杂质中，丙烷和其他烷烃（乙烷、丁烷等）对氨氧化反应没有影响，只是稀释了丙烯的浓度，因含量较少，反应后能及时排出系统，不会在系统内积累，因此对反应器的生产能力影响不大。乙烯没有丙烯活泼，一般情况下少量乙烯的存在对氨氧化反应无不利影响。丁烯及高碳烯烃化学性质比丙烯活泼，会给丙烯氨氧化反应带来不利影响，不仅消耗原料混合气中的氧和氨，而且生成的少量副产物混入丙烯腈中，给分离过程增加难度。因此应严格控制原料丙烯的质量。

原料氨的纯度达到肥料级就能满足工业生产的需要；原料空气一般需经过除尘、酸-碱洗涤，除去空气中的固体粉尘、酸性和碱性杂质后就可在生产中使用。

原料配比是指反应器中各物料（丙烯、氨、空气）的摩尔比。原料的最佳比例与催化剂的性质有关。目前，SANC-08 催化剂的原料配比为：丙烯：氨：空气＝1：（1.10～1.25）：（8.5～10.5）。

空比为空气和丙烯的配比，除满足氨氧化反应的需要外，还应考虑副反应要消耗一些氧，以及保证催化剂活性组分处于氧化状态。为此，要求反应后尾气中有剩余氧气存在，一般控制尾气中氧含量为0.5%~2.0%。但氧的加入量也不宜太多，过量的氧(意味着带入大量的氮气)使丙烯浓度下降，影响反应速度，并使反应器的生产能力下降。过量的氧能促进反应产物离开催化剂床层后继续发生气相深度氧化反应，使反应选择性下降。此外，过量的氧不仅增加空气净化的负荷，而且稀释了产物，给产物的吸收增加困难。

氨和丙烯配比，除满足氨氧化反应外，还需考虑副反应(例如生成乙腈、丙腈及其他腈类等)的消耗及氨在催化剂上分解或氧化成氮气、一氧化氮和二氧化氮等的消耗。另外，过量氨的存在对抑制丙烯醛的生成有明显的效果。但氨的用量也不能太多，这不仅增加氨的消耗定额，而且未反应的氨要用硫酸中和，将它从反应气中除去，也增加了硫酸消耗量。

氨烯比的变化主要影响羰基化合物的生成量，氨烯比低则羰基化合物生成量高。氨烯比过高对反应虽然没有重大的影响，但是多消耗氨和硫酸是不经济的。羰基化合物主要是丙烯醛和丙酮，虽然丙烯醛的生成量比丙酮大得多，但比较容易除去，而丙酮是饱和羰基化合物，不易分离，虽然生成量少但在精制系统循环积累，最终影响丙烯腈产品质量。

空比对SANC-08催化剂，其影响主要是二氧化碳的生成量，空比在8.5~10.5变化，丙烯腈单程收率基本没有变化，但二氧化碳生成量随空气比的增加明显上升。空比对反应能力有很大的影响，因此应尽量降低空比值。但是，为保证催化剂不被还原，应使空比的数值能保证反应尾气中尾氧的含量为0.5%~2.0%。

尾氧含量的高低也对催化剂的活性有着重要的影响；尾氧含量低，催化剂局部缺氧，导致催化剂还原率上升；尾氧含量过高会有过氧化和二次反应的发生，影响催化剂的选择性以及反应器内温度的分布。

因原料配比极为重要，各流量计、计量仪表必须准确，各流量表应当在孔板处对温度和压力进行校正，空气、丙烯和氨的流量表应当每季度校正零点至少一次。进料时应注意丙烯组分的变化。

(2) 反应温度

反应温度对丙烯的转化率、生成丙烯腈的选择性和催化剂的活性都有明显的影响，对初期的P-Mo-Bi-O催化剂研究表明，丙烯氨氧化反应在350℃就开始进行，但转化率甚低，随着反应温度的递增，丙烯转化率明显上升。但在升到一定的温度后，丙烯腈的单程收率随着温度的上升反而下降。这是因为在过高的温度下，丙烯深度氧化成一氧化碳和二氧化碳的量急剧增加。同时在此温度下，催化剂表面氨的分解和氧化反应也明显加剧，生成大量的氮气、一氧化氮和二氧化氮气体(氮氧化物)。

实际操作中反应温度通过变更撤热水管投用的数量来进行控制，另外原料的温度及投料量也能调节反应温度。反应温度过高会导致催化剂过热劣化，缩短催化剂的使用寿命。因此，应该采取有效的措施实时监控反应温度。

改变某一个反应器操作参数，相应要调整反应条件，否则反应器的其他条件将会变化。例如，提高反应器的压力，催化剂的选择性会降低，同时生成更多的一氧化碳和二氧化碳，产生更多的热量，这将导致氧浓度下降，反应器温度上升。压力上升，反应线速度会下降，催化剂床层高度会下降，使撤热水管的催化剂覆盖率下降，传热效率降低，从而引起反应温度上升。

(3) 反应压力

丙烯氨氧化的主、副反应化学反应平衡常数 K 的数值都很大，故可视为不可逆反应。

此时，反应压力的变化对反应的影响仅表现在动力学上。由于丙烯氨氧化反应对丙烯是一级反应，反应速度和丙烯的分压呈正比，提高丙烯的分压，对反应是有利的，而且还可以提高反应器的生产能力，但加快反应速度的同时，反应热也在激增，过高的丙烯分压使反应温度难以控制。实验表明，增加反应压力，催化剂的选择性会降低，从而使丙烯腈的收率下降，故丙烯氨氧化反应不宜在加压下进行。结合 SANC-08 催化剂本身的特点，反应器顶压正常应控制在 0.04~0.06MPa。

(4) 反应线速

反应线速有两种基准，即以空塔或有效截面积来计算。空塔线速是指反应气体在反应温度、反应压力下，通过空床反应器的线速度。某装置设计的平均线速度为 0.7m/s，通常采取 0.5~0.85m/s 线速。从流化角度来看，线速过低则反应气体和催化剂不能很好地接触仅仅是气体通过催化剂床层起泡形成沟流，使催化剂的流化状态恶化，丙烯腈单收降低。线速高一些则对反应有利，应当采用较高线速，但是线速过高，导致催化剂床层高度增加，反应气体中夹带的催化剂量过大，超出旋风分离器回收能力，造成催化剂损耗上升。因此，反应线速应控制在一定的范围内。

反应线速可根据如下的经验公式计算求得：

$$u=\frac{1.05\times M\times T_r\times P_n}{S\times T_n\times P_r}$$

式中 u——反应气体平均线速度，m/s；

M——反应器进料量，Nm^3/h；

S——空床(未计内部构件)截面积，m^2；

T_r——反应实际温度，K；

T_n——273.15K；

P_r——反应压力(绝压)，MPa；

P_n——0.101MPa；

1.05——流出物物质的量与进料物质的量之比。

(5) 接触时间

丙烯氨氧化反应是气-固相催化反应，反应在催化剂表面进行，由于反应不可能瞬间完成，因此，保证反应原料气在催化剂表面停留一定的时间是很必要的。该停留时间与原料气在催化剂床层中的停留时间有关，停留时间越长，原料气在催化剂表面的停留时间也越长。因此，确定一个适宜的停留时间是很重要的。原料气在催化剂床层中的停留时间常称接触时间。

接触时间与主、副反应产物单程收率以及丙烯转化率的关系见表 2-1。对主反应而言，增加接触时间，对提高丙烯腈单程收率是有利的；对副反应而言，增加接触时间除生成二氧化碳外，其余的收率均没有明显增长，即接触时间的变化对它们的影响不大。由此可知，适当增加接触时间对丙烯氨氧化生成丙烯腈的主反应是有利的，随着丙烯转化率的提高，丙烯腈的单程收率也会增加，但过分地延长接触时间，丙烯深度氧化生成二氧化碳的量会明显增加，导致丙烯腈收率降低。同时，由于氧的过分消耗，缺氧状态容易使催化剂由氧化态转变为还原态，降低了催化剂活性，并缩短催化剂使用寿命。这是因为长期缺氧，会使$Mo^{5+}\longrightarrow Mo^{4+}$，而$Mo^{4+}\longrightarrow Mo^{5+}$则相当困难，即使通氧再生催化剂，也难恢复原有的活性。另外，接触时间的延长，降低了反应器的生产能力，对工业生产也是不利的。

表 2-1　接触时间对丙烯氨氧化反应的影响

接触时间/s	单程收率/%					丙烯转化率/%
	丙烯腈	氢氰酸	乙腈	丙烯醛	二氧化碳	
2.4	55.1	5.25	5	0.61	10	76.7
3.5	61.6	5.05	3.88	0.83	13.3	83.8
4.4	62.1	5.91	5.56	0.93	12.6	87.8
5.1	64.5	6	4.38	0.69	14.6	89.8
5.5	66.1	6.19	4.23	0.87	13.7	90.9

适宜的接触时间与催化剂的活性、选择性以及反应温度有关，对于活性高、选择性好的催化剂，接触时间应短一些，反之则应长一些；反应温度高时，接触时间应短一些，反之应长一些。

接触时间和空塔线速有关，对于一定床层的催化剂而言，空塔线速与接触时间呈反比。在接触时间相同的情况下，增加空塔线速允许增加催化剂用量和原料气投料量，从而达到增加产量的目的。而且空塔线速的增加还有利于传热，所以工业生产中都倾向采用较高的空塔线速操作。但空塔线速不宜过高，过高虽然接触时间仍可满足，但原料气在催化剂表面的停留时间会明显减少，导致丙烯转化率和丙烯腈单程收率下降。对流化床反应器而言，空塔线速还受到催化剂密度、反应器高度和旋风分离器回收催化剂能力限制。空塔线速过高，吹出的催化剂量增加，不仅造成催化剂的损失，而且还会影响反应后气体的处理。在丙烯腈生产中，一般流化床反应器的空塔线速采用 0.4~0.6m/s。

反应器催化剂的管理在反应中也是非常重要的，催化剂的装载量与丙烯的投料量有一定的关系。催化剂的装载量按照重时空速 *WWH* 来决定。由于催化剂能够在 *WWH* 一定范围内操作，所以催化剂装载量不会经常调整，除非生产安排在低负荷下操作。

(6) 尾氧含量及指标控制

尾氧含量是一个重要控制指标，用急冷后冷器下游出口处在线氧分析仪连续指示气体中氧含量或通过反应气体冷却器出口取样测定。由于丙烯氨生产丙烯腈是一种氧化-还原反应，在反应过程中，催化剂的金属元素并不全是最高氧化态，而是具有一定的还原度，气体中的氧含量实际上是气体中氧气的分压，对催化剂的还原有直接关系，而气体中氧含量的高低又与空比、反应温度、接触时间等因素有关。为防止催化剂被过度还原，通常要求尾氧含量控制在 0.5%~2.0%。

正常运转时，尾氧含量不变，故根据正常运转状态时的尾氧含量就能发现反应是否正常。当原料配比不正常时，反应温度便不正常，尾氧含量就随之变化。通常空气比过大或降低反应温度，或减少催化剂量都会增大尾氧含量。尾氧含量增加过多，则会支持有机物的燃烧，使单收下降。尾氧含量不得超过 4.0%。

2.2.3　反应器的工艺原理

图 2-3 所示以某公司 13 万 t/a 丙烯腈装置流化床反应器为例。内部构件由空气分布板、丙烯氨分布器、撤热水管和旋风分离器组等组成。空气分布板、丙烯氨分布器均为管式分布管，空气分布板均匀开孔，丙烯氨分布器的开孔可以是等距的，也可以是不等距的，空气分布板、丙烯氨分布器之间有一定距离。在反应器浓相段内设有 U 形撤热水管；稀相段有回

收被气体夹带的催化剂颗粒的作用，内置旋风分离器将分离出来的催化剂颗粒经下料管返回反应部分。

丙烯腈工艺以丙烯、氨、空气为原料，在催化剂作用下，在气固相流化床反应器中进行丙烯氨氧化反应生成丙烯腈，同时还生成乙腈、氢氰酸、丙烯醛、丙烯酸、一氧化碳、二氧化碳、水、丙酮、丙腈、乙醛等物质。某丙烯腈装置以生成丙烯腈为目的，乙腈、氢氰酸为副反应，其他反应虽也称为副反应，但都作为杂质而去除。

从反应热力学的角度来看，反应温度高有利于反应进行。反应温度的高低对丙烯腈收率有着极为明显的影响：反应温度越高，丙烯转化率上升，但选择性却会下降。从反应生成焓可以看到，高温容易导致丙烯腈深度氧化，温度越高，越易生成二氧化碳、一氧化碳及氢氰酸等副产物；但温度过高会导致催化剂过热劣化，缩短催化剂的使用寿命。反应温度低，丙烯转化率下降，丙烯腈收率也会下降。使用 SANC-08 催化剂时，420～445℃的反应温度是比较理想的。

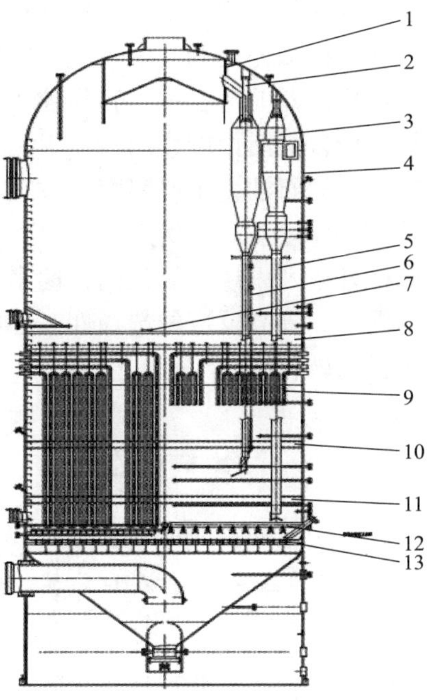

图 2-3　流化床反应器结构

1—内集气室；2—旋风分离器吊架；3—旋风分离器；4—壳体；5—料腿；6—料腿吹扫管；7—梁罩；8—顶梁；9—撤热水管；10—中梁；11—底梁；12—丙烯氨分布器；13—空气分布板

流化床中的空气分布板有三个作用：

1）支撑床层上的催化剂。

2）使气体均匀分布在床层的整个截面上，创造良好的流化条件。

3）导向作用。气流通过分布板后，造成一定的流动曲线轨迹，加强了气-固系统的混合和搅动，可抑制气-固系统“聚式”流化的原生不稳定性的恶性引发(“聚式”流化也称鼓泡流化，是床层中出现组成不同的两个相，即含固体颗粒甚少的不连续气泡相，以及含固体颗粒较多、分布较均匀的连续乳化相，乳化相内的气固运动状况和空隙率接近初始流化状态)，有利于床层保持良好的起始流化条件和稳定操作。

检查流化床状态的一种方法是检查料位密度记录仪的波动状况。波动小，表示流化状态较好，但这种方法不是很可靠，需取样分析催化剂的粒径分布。典型的情况，如果细颗粒(小于 44μm)大于 30%，那么说明流化状况是较好的，当然要在适合的线速度下操作。

丙烯氨分布器与空气分布板之间有适当的氧化距离，形成一个催化剂的再生区，可使催化剂处于高活性的氧化状态。丙烯和氨与空气分别进料，可使原料混合气的配比不受爆炸极限的限制，比较安全，因而不需要用水蒸气作稀释剂，对保持催化剂活性和延长催化剂寿命，以及对后处理过程减少含氰污水的排放量都有好处。

U 形撤热水管不仅移走了反应热，维持适宜的反应温度，而且还起到破碎流化床内气泡，改善流化质量的作用。

在流化床反应器稀相段设置的旋风分离器，一级旋风分离器回收的催化剂颗粒较大，数量较多，沿下料管通到催化剂层底部，下料管末端有挡板。二级旋风分离器的下料管通到催化剂层的上部，在下料管末段设置翼阀，以防止气体倒吹。当下料管内催化剂积累到一定数量，其重量超出翼阀外部所施加的压力时，翼阀便自动开启，让催化剂自动排出。为了防止下料管被催化剂堵塞，在各下料管上、中、下段，需测量料位高度，并向下料管中通入适量空气以松动催化剂。由于反应后的气体中含氧量很少，催化剂从稀相段进入旋风分离器最后流回反应器的过程中，容易被还原而降低活性，因此，在下料管中通入空气也起到再生催化剂，恢复其活性的作用。

上海石油化工研究院开发的细粒子流化床反应器具有处理能力大、操作平稳、结构简单、经济效益高等优点，但也存在一些问题，例如气相返混影响反应的选择性。从氧化-还原机理以及丙烯氨氧化的特性来看，要求床层下部处于低空烯比状态，在获得一定的转化率的同时，提高反应的选择性，在床层的上部处于高空烯比状态，让剩余丙烯继续反应，进一步提高转化率。

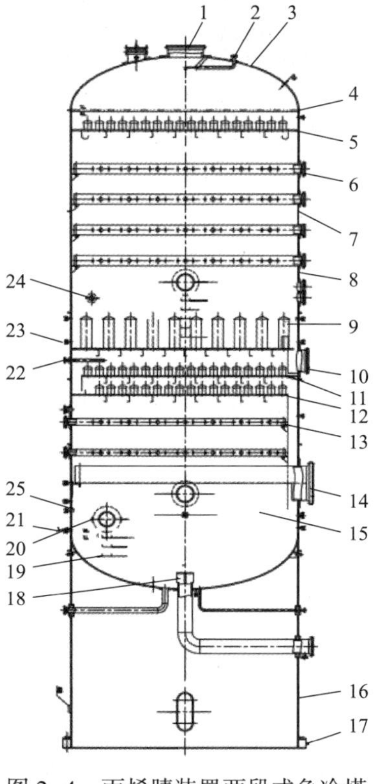

图 2-4　丙烯腈装置两段式急冷塔

1—工艺气出口；2—上段补充水入口；3—椭圆封头；4，7—C 形保温圈；5—上段除沫塔盘；6—上段喷淋组件；8—筒体；9—升气塔盘；10—上段循环液抽出口；11—下段除沫塔盘Ⅰ；12—下段除沫塔盘Ⅱ；13—下段喷淋组件；14—工艺气入口；15—塔釜内件；16—裙座；17—接地板；18—防涡流挡板；19—梯棍；20—把手；21—磁性液位计；22—下段补加水入口；23—磁性液位计；24—加硫酸口；25—缓冲板

2.2.4　急冷塔的工艺原理

反应气体进入急冷塔，在急冷塔中处理后送入吸收塔。急冷塔是吸收过程的预处理，对吸收、回收和精制的正常运转都有影响。图 2-4 所示为某 13 万 t/a 丙烯腈装置两段式急冷塔。内部构件由上下段喷淋、上段升气管、除沫器、塔釜箱体等组成。

急冷塔的主要作用为：

1）对反应气体起到增湿作用。

绝热增湿过程：急冷塔绝热增湿过程是反应生成气降温加湿(等压绝热增湿)的过程。在整个过程中，用物理方法将循环液打成很小的液滴，喷入生成气中，从而使生成气含湿量增加，相对湿度增大，同时循环液由小液滴变成水蒸气，吸收了生成气中的热量，从而使生成气温度降低。此过程是生成气在加湿前后系统焓值保持不变的加湿过程。当达到反应气体的饱和湿度后，温度不再下降。

2）对反应气体进行冷却。

3）在塔的下部，分离夹带的催化剂和高沸物。

4）在塔的上部中和未反应的氨。急冷是通过水喷淋实现的，用的是四效蒸发系统的凝液。

脱氢氰酸塔分离器的水相和成品塔釜液也被加入急冷塔中，其中的丙烯腈被蒸发到反应气体中而被回收。这些物料中的醋酸与氨中和反应生成醋酸铵。醋酸铵和成品塔釜液中的聚合物都在急冷液中作为急冷塔釜液被处理掉，并且四效蒸发残液中聚合物也在急冷塔下段被排出。

丙烯、氨、氧通过流化床催化氧化反应生成了丙烯腈、乙腈、氢氰酸、丙烯醛、丙烯酸、丙酮，以及一氧化碳、二氧化碳、水等物质，除了上述物质以外，反应器出口气体中还含有未反应的氨、氮气、氧等。

氨极易溶于水形成水合物 $NH_3 \cdot H_2O$(氨水)，氨水容易电离生成铵根离子和氢氧根离子，因此，氨水是呈弱碱性的。

反应器出口气体如果直接用水来吸收其中的氧化物和其他有机物的话，氨也必然溶解到吸收液中，这样就可能使吸收液呈碱性。而产物丙烯腈水溶液在碱性条件下容易发生水解生成酰胺，进一步水解则生成丙烯酸。

$$CH_2{=}CHCN+H_2O \xrightarrow{OH^-} CH_2{=}CHCONH_2+H_2O \xrightarrow{OH^-} CH_2{=}CHCOOH+NH_3\uparrow$$

这样将造成产品丙烯腈的损失，另外物料呈碱性还会导致副产物氢氰酸、丙烯醛的自身聚合，从而使后面的产品精制受到影响。因此，在将反应器出口气体进行吸收以前必须对反应气体进行除氨处理，方法是向氨中和设备——急冷塔的上段循环液中加入硫酸，以中和未反应的氨形成硫酸铵。硫酸铵可回收制取化学肥料，方程式如下：

$$2NH_3 \cdot H_2O+H_2SO_4 = (NH_4)_2SO_4+2H_2O$$

氨中和过程中要控制循环液中呈酸性($pH<7$)，否则，说明氨中和得不完全，反应气体中还存有未中和的氨，此时就应保持适宜加酸量，使未反应的氨在急冷塔中完全除掉，因此急冷塔循环液应保持酸性。硫酸加入量是根据急冷塔上段循环喷淋液的 pH 值控制的，pH 值控制在 3.0~5.0 之间。硫酸铵浓度通过上段加入水量控制，如果在急冷塔中硫酸铵浓度太高，会发生相分离。发生相分离时，聚合物的含量与硫酸铵浓度有关，因为聚合物在硫酸铵溶液中的溶解度随着硫酸铵浓度的提高而降低。一旦聚合物相形成并长大，会在设备及相关的管道中结垢。所以，硫酸铵浓度的控制非常重要。

由于反应气体经冷却器冷却以后，温度仍然在 200℃以上，不利于反应气体中目的产物(丙烯腈、乙腈、氢氰酸)的吸收。因为气体在液体中的溶解度随温度的升高而下降，温度越高，气体就越难溶于液体中，正如夏天所喝的汽水一样，温度越高，溶于汽水中的二氧化碳逸出的就越多，甚至会使瓶子爆炸。因此，在对反应尾气中的产物进行吸收前应将反应气体降温至 35℃左右，便于吸收。

2.2.5 吸收塔的工艺原理

图 2-5 为某 13 万 t/a 丙烯腈装置吸收塔，内部构件由筒体、散堆填料、规整填料、液体分布器、除沫器、气体分布器等组成。

吸收塔分为三段，上段为冷量回收段，中段是吸收段，下段为冷却段。

吸收是利用液体处理气体混合物，利用气体混合物各组分的溶解度不同而达到分离的目的的传质过程。

吸收就是以适当的液体溶剂去处理气体混合物，使其中的一种或几种组分溶于溶剂，达到分离气体混合物的目的。被吸收的气体组分称为溶质或吸收质，不被吸收的组分称为惰性气体，所用的液体称为溶剂或吸收剂。

吸收塔的作用是将反应气体中能溶解于水的丙烯腈、乙腈、氢氰酸和其他有机物吸收在水溶剂里，不能溶解的二氧化碳、一氧化碳、氮气，未反应的丙烯及部分有机物等在塔顶排放至吸收塔顶尾气处理技术(AOGC)或吸收塔尾气焚烧技术(AOGI)进行处理。

在化工生产中无论是原料的净制，还是产品的分离都常常遇到从气体混合物中分出一种或几种组分的问题，因此，吸收操作得到广泛的应用，就其目的而言，可分为以下四种情况：

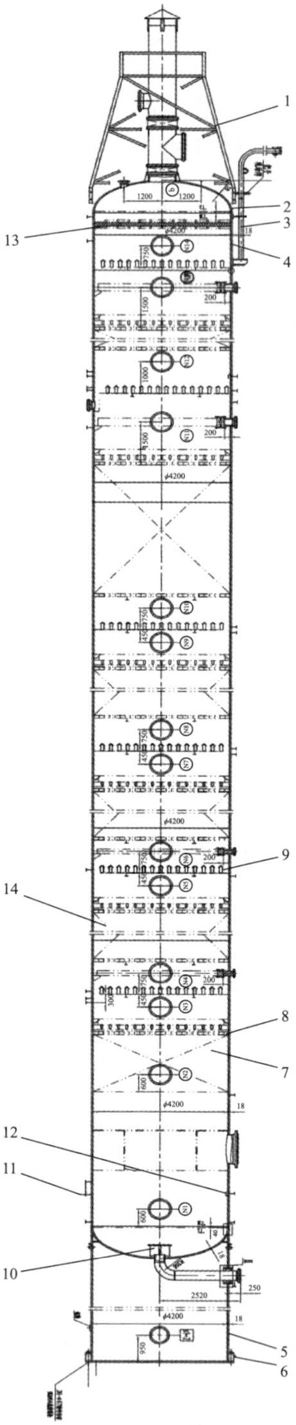

图 2-5　丙烯腈装置吸收塔

1—排气装置；2—椭圆形封头；3—塔顶吊柱；4—筒体；5—裙座；6—接地板；7—散堆填料；8—液体分布器；9—气体分布器；10—防涡流挡板；11—磁性浮子液位计；12—缓冲板；13—丝网除沫器；14—磁性浮子液位计

1）净化气体以除去其中的有害组分。例如：从原料气体中脱除硫，从石油裂解气中脱除乙炔等。

2）从气体混合物中回收某些组分。例如：从丙烯氨氧化反应合成气中吸收目的产物丙烯腈、乙腈、氢氰酸等。

3）将气体产品制成溶液。例如：用水吸收氯化氢制盐酸，吸收甲醛蒸气制成40%的甲醛溶液——福尔马林等。

4）除去放空尾气中对人体有害的物质。

在一定压力下用水吸收丙烯腈、乙腈和氢氰酸的过程并没有发生化学反应，因此，这个吸收过程可看作物理吸收或简单吸收。有的吸收过程中还伴随着化学反应，这样的吸收便称为化学吸收。例如：急冷塔中用硫酸中和未反应的氨就属于化学吸收。

同温同压下，不同气体在同一种溶剂中的溶解度是不同的，溶解度大的气体称为易溶气体，如：丙烯腈、乙腈、氢氰酸、丙烯醛、丙烯酸、丙酮等。溶解度小的气体称为难溶气体，如：氧气、氮气、一氧化碳、二氧化碳等。

在一定温度下，某种气体在溶液中的浓度与液面上该气体的平衡压力呈正比。亨利定律对于稀溶液中挥发性溶质也同样有用。实验表明，只有当气体在液体中的溶解度不很高时该定律才是正确的，此时的气体实际上是稀溶液中的挥发性溶质，气体压力则是溶质的蒸气压。所以亨利定律还可表述为：在一定温度下，稀薄溶液中溶质的蒸气分压与溶液浓度呈正比。

一般来说，气体在溶剂中的溶解度很小，所形成的溶液属于稀溶液范围。气体B在溶剂A中溶液的组成无论是由B的摩尔分数x_B、质量摩尔浓度b_B，浓度c_B等表示，均与气体溶质B的压力近似呈正比。用公式表示时亨利定律可以有多种形式。如：

$$P_B = K_x,\ B \cdot x_B$$

$$P_B = K_b,\ B \cdot b_B$$

$$P_B = K_c,\ B \cdot c_B$$

式中　P_B——稀薄溶液中溶质的蒸气分压；

x_B——溶质的摩尔分数；

K——亨利常数。

其值与温度、压力以及溶质和溶剂的本性有关。由于亨利定律中溶液组成表示的不同，亨利系数的单位不同，一定温度下同一溶质在同一溶剂中的数值也不一样，上式中的 x_B、b_B(质量摩尔浓度)或 c_B(物质的量浓度)等表示时 K 值将随之变化。K_x、K_b、K_c的单位分别为 Pa、Pa/(mol·kg)、Pa/(mol·m^3)。

只有溶质在气相中和液相中的分子状态相同时，亨利定律才能适用。若溶质分子在溶液中有离解、缔合等，则上式中的 x_B(或 b_B、c_B等)应指与气相中分子状态相同的那一部分的含量。在总压力不大时，若多种气体同时溶于同一个液体中，亨利定律可分别适用于其中的任一种气体；一般来说，溶液越稀，亨利定律越准确，在 $x_B \to 0$ 时溶质能严格服从该定律。

从上面的公式可以看出：

1) 如果温度不变(K_x、K_b、K_c恒定)，随着压力的升高(P_B升高)，溶剂中的溶质浓度增大，也即气体溶质的溶解度增大(x_B、b_B、c_B增大)。

2) 如果压力不变(P_B恒定)，随着温度的降低，K_x、K_b、K_c将减小，溶剂中的溶质浓度增大，也即气体溶质的溶解度增大(x_B、b_B、c_B增大)。

由此可见，高压和低温环境有利于反应气体的吸收。丙烯氨氧化反应合成丙烯腈装置的吸收塔之所以在常压下操作，是出于对原料空气压缩机及反应器出口压力的考虑而定的。

本吸收过程所用的溶剂称为吸收水(贫水)，吸收后所得的溶液称为吸收液(富水)，未被吸收的气体为吸收塔尾气。

温度越低，气体在液体中的溶解度越高，吸收效率越高。吸收水温度的控制受吸收水自身性质的限制，温度过低容易凝固，因而选在 4~8℃。操作中吸收水温度与多台换热器有关：急冷后冷却器、吸收水冷却器、吸收塔侧线冷却器、丙烯蒸发器、氨蒸发器，任何一台换热器不正常都会影响吸收水温度。

在一定温度下，稀溶液中挥发性溶质在气相中的平衡分压与该物质在溶液中的摩尔分数呈正比，提高塔内总压，即相应提高各组分的分压，从而使各组分的溶解度提高，最终提高各组分的吸收率。本吸收过程中，由于吸收塔与反应器作为一个系统，吸收塔的压力决定了反应器的压力，从而决定了反应器内的线速、停留时间，从而影响反应效果。因此，吸收塔应在反应器良好操作的前提下操作。

通过水平衡优化计算，减少了吸收水用量，以 13 万 t/a 丙烯腈装置为例，其吸收水量的设计值为 17.5t/t AN(进吸收塔顶部的吸收水量与吸收塔进料中的丙烯腈质量比)。吸收水量过大不仅动力消耗增大，而且增大回收塔的负荷，浪费蒸汽。

吸收塔内装的填料，为气液交换提供了较好的条件。吸收塔的主要控制点之一是吸收水量的控制，增加水量，有助于吸收。吸收塔的另一个主要控制点是侧流的回流温度，它由冷却器的盐水流量控制。温度高了，丙烯腈会损失；温度低了，丙烯、氨蒸发器会有管程冻结风险。

吸收塔操作压力高对吸收是有利的，但提高压力对吸收效果提高并不明显。同时，吸收塔的操作压力与反应器的压力有关，反应器压力低，有利于提高丙烯腈选择性。吸收塔顶调节阀控制压力，这是反应器顶压的直接控制方法。

影响吸收塔的温度控制的因素有：

(1) 急冷后冷却器出口气体温度

急冷后冷却器出口气体温度高，吸收塔就必须移走更多的热量。另外，吸收塔进料温度高导致气体中的水蒸汽量大，冷凝这些多余的水也需要冷量。

(2) 急冷后冷却器凝液冷却器出口温度

从急冷后冷却器来的工艺凝液，在急冷后冷却器凝液冷却器中被进一步冷却，然后送到吸收塔底部填料层的上部。急冷后冷却器凝液冷却器出口温度影响吸收塔的釜液温度。

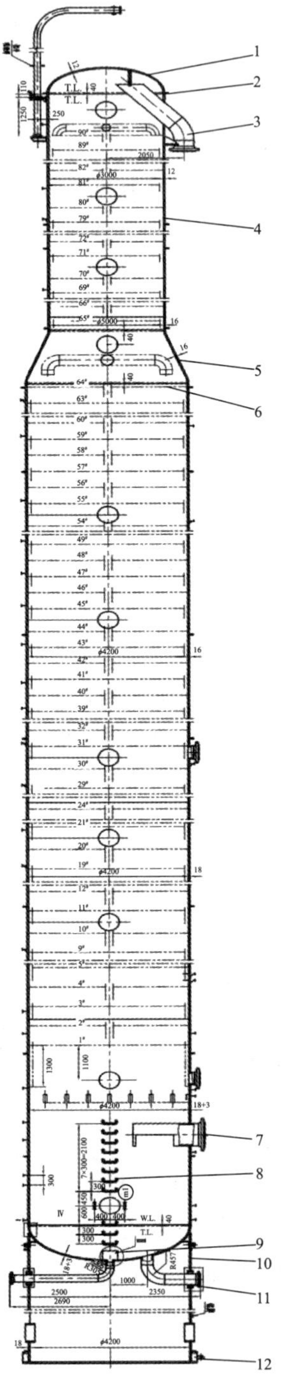

图 2-6　丙烯腈装置回收塔

1—椭圆形封头；2—保温圈；3—塔顶气相出口；4—筒体；5—锥壳；6—浮阀塔盘；7—再沸器物料返回口；8—梯棍；9—防漩涡挡板；10—裙座；11—筋板；12—接地板

(3) 吸收水冷却器出口温度

吸收水冷却器出口温度低，对吸收塔吸收操作是有利的，但是系统中的水量会增多，进入尾气中的水量会减少。

(4) 吸收水量

增加水量，有助于吸收，水量增加将使回收塔的蒸汽消耗上升，如果吸收水量少，吸收效果降低，丙烯腈会损失。

2.2.6　回收塔的工艺原理

回收塔是采用萃取技术的萃取精馏塔。回收塔作用是在回收塔中将乙腈从丙烯腈中分离出去。丙烯腈回收塔是一座有 90 块双溢流浮阀塔板的塔。图 2-6 所示为某 13 万 t/a 丙烯腈装置回收塔，内部构件由筒体、浮阀塔盘、挡板、降液槽、气体分配盘等组成。

回收塔的主要作用是萃取分离丙烯腈和乙腈。由于回收塔处理量较大，故一般装置都采用双溢流堰的高效浮阀塔作为回收塔，提高了接触效果和改善了停留时间。丙烯腈的沸点(77.3℃)和乙腈的沸点(81.6℃)仅相差 4.3℃，它们的相对挥发度为 1.09，用普通的蒸馏方法很难分离，故用水作为溶剂进行萃取精馏。

萃取精馏就是向被分离的混合物中加入第三组分(在萃取精馏中常称之为溶剂)，以改变原有两组分的相对挥发度，从而使沸点差较小的两组分可采用普通的精馏方式加以分离。

萃取精馏能否实现，实现的效果如何，溶剂的选择是关键。溶剂的选择主要遵循以下几条：

1) 选择性要大。所谓的选择性就是指在溶剂存在下欲分离的两个组分的相对挥发度和无溶剂存在时该两组分的相对挥发度之比。

2) 不与任一组分形成共沸物或发生化学作用。

3) 应比欲分离组分中的任一组组分的沸点高。

4) 溶解度大且不易分层。

5) 对热稳定，不受热分解。

6) 无毒性、无腐蚀性。

7) 价格便宜，来源丰富。

8) 容易回收。

在实际选择溶剂时，能够全面满足上述要求是不大可能的，因此要抓住主要矛盾，根据具体情况加以确定。

一般来说，溶剂的选择性是最主要的。以分离丙烯腈和乙腈工艺为例：如果把丙烯腈-乙腈溶液看成是理想溶液，根据拉乌尔定律：

$$P_A = P_{A0} \cdot x_A,\ P_B = P_{B0} \cdot x_B(\text{A—丙烯腈，B—乙腈})$$

根据道尔顿定律：

$$P_A = P \cdot y_A,\ P_B = P \cdot y_B$$

所以，丙烯腈的挥发度为：

$$V_A = y_A / x_A = (P_A / P) / (P_A / P_{A0}) = P_{A0} / P$$

式中 P——系统总压；

P_{A0}——丙烯腈的饱和蒸气压。

乙腈的挥发度为：

$$V_B = y_B / x_B = (P_B / P) / (P_B / P_{B0}) = P_{B0} / P$$

式中 P——系统总压，kPa；

P_{B0}——乙腈的饱和蒸气压。

因此，丙烯腈和乙腈的相对挥发度为：

$$d_{A,B} = V_A / V_B = P_{A0} / P_{B0}$$

一般情况下任何溶液都要对拉乌尔定律产生偏差，这种偏差可以用活度系数 r 来修正，即 $P_A = P_{A0} \cdot r_A$（r_A——A 组分的活度系数，无单位）。

对于丙烯腈-乙腈系统：

$$P_A = P_{A0} \cdot r_A \cdot x_A$$

$$P_B = P_{B0} \cdot r_B \cdot x_B$$

由上式可得 $x_A = P_A / P_{A0} \cdot r_A x_B = P_B / P_{B0} \cdot r_B$

代入道尔顿定律得：

$$V_A = y_A / x_A = (P_A / P) / [P_A / (P_{A0} \cdot r_A)] = P_{A0} \cdot r_A / P$$

$$V_B = y_B / x_B = (P_B / P) / [P_B / (P_{B0} \cdot r_B)] = P_{B0} \cdot r_B / P$$

这样，丙烯腈-乙腈系统的相对挥发度为：

$$d_{A,B} = V_A / V_B = P_{A0} \cdot r_A / P_{B0} \cdot r_B$$

式中 P_{A0}/P_{B0}在一般温度下是一个常数。如果要改变丙烯腈和乙腈的相对挥发度只有想办法增大 r_A/r_B的比值。

丙烯腈和乙腈的萃取精馏经过多次的反复实验证明，最合适的溶剂是价廉易得的水，r_A/r_B值的改变主要受下面两个因素的制约：

（1）溶剂的形式

采用不同形式的溶剂，可改变被分离的两组分同溶剂之间，以及被分离的两组分直接的交互作用参数，确切地说，由于溶剂的存在改变了被分离的两组分分子间相互作用力使作用力减小，提高了两组分间的相对挥发度，有利于两者的分离。

（2）溶剂的量

提高溶剂的量可提高 r_A/r_B的比值，因而提高了被分离两组分间的相对挥发度，但是溶剂的量也不能过大，过量的溶剂会造成系统溶剂回收困难，导致能量的浪费。

由于丙烯腈、乙腈沸点十分接近（仅差 4.3℃），丙烯腈和乙腈的相对挥发度很小，用普通精馏方法需要的理论塔板数太多，难以实现工业化。利用萃取精馏方法可以增大丙烯腈、乙腈的相对挥发度使之较容易分离。

在回收塔中，由于水的加入改变了丙烯腈、乙腈、氢氰酸的相平衡关系，计算结果表明，当水含量大于0.93(摩尔分数)时，这四个组分的轻重顺序发生变化，为：丙烯腈>氢氰酸>乙腈>水，同时丙烯腈和氢氰酸的相对挥发度随水含量的增大而增大，见表2-2，造成了萃取精馏时，乙腈中总是含有一定量的氢氰酸的结果。如果氢氰酸浓度超过4%，粗乙腈中氢氰酸在碱性条件下容易发生聚合，因此限制了乙腈塔顶只能得到50%的粗乙腈。

表2-2 四元系统中水含量(摩尔分数)与相对挥发度的关系

水(H_2O)	0.196	0.69	0.90	0.93	0.94	0.95	0.978
α_1，AN/HCN	0.2	0.38	0.81	1.016	1.09	1.2	1.533
α_2，AN/ACN	1.42	2.12	2.98	3.293	3.38	3.624	3.88

在丙烯腈、乙腈的萃取精馏中，水与丙烯腈以最低共沸物的形式由回收塔塔顶引出并冷凝，由于丙烯腈在共沸物中的组成大于其在水中的溶解度，故共沸物经冷凝后，在油水分层器中自动分为上下两层，下层为丙烯腈的水溶液(水相)，上层为水的丙烯腈溶液(油相)，分层器内设一挡板，油相溢过挡板被送往精制单元进一步处理，水相则返回回收塔64#板进料。

萃取剂与被分离组分的浓度比影响到各组分的相对挥发度，从而影响到塔内丙烯腈、乙腈的分离效率，同时溶剂水的用量也会影响某些微量杂质(例如噁唑)在塔顶的丙烯腈中的含量，故萃取剂量应严格控制。一般溶剂水的用量是进料丙烯腈质量的7~9倍。在回收塔的操作中，萃取剂相当于普通精馏的回流，故萃取剂温度对塔内操作影响较大，必须严格控制。

乙腈由回收塔30#板(或36#板)抽出去乙腈汽提塔进一步浓缩后送往乙腈装置；作为溶剂的水由1#板抽出循环利用，回收塔釜液由釜液泵送往四效蒸发处理。

回收塔侧线乙腈出料量的大小直接影响回收塔塔顶及塔釜出料质量。当侧线出料量大时，侧线乙腈浓度低，丙烯腈、氢氰酸含量高会给乙腈精制带来困难，同时氢氰酸含量的增大也增加了粗乙腈液的不稳定性。当侧线出料量小时，乙腈不能及时从回收塔中抽出，造成乙腈在回收塔内的累积而引起回收塔塔顶产品乙腈含量不合格。因此，实际操作中，回收塔侧线乙腈抽出出料量要严格控制。

由于回收塔采用回收塔1#板抽出的水循环利用，其中丙烯腈、乙腈含量直接影响到塔顶出料中丙烯腈的纯度，生产中要严格控制贫水中的乙腈含量。

本装置设计采用贫水循环利用，不仅节约了大量水源，而且为脱氢氰酸塔、成品塔提供了热源，节省了蒸汽，同时又降低了冷却的热负荷，可谓一举三得。而贫水由1#板抽出使贫水中聚合物较回收塔塔釜减少了一倍，减少了聚合物对大循环系统的污染。

在回收塔中，采用水作为溶剂从丙烯腈中分离乙腈。丙烯腈作为丙烯腈-水共沸物从塔顶蒸出，但有时带出的水比形成共沸物的水要多一些。乙腈从回收塔下部气相侧线抽出。大部分的氢氰酸与丙烯腈一起从塔顶采出，其余的从侧线进入乙腈塔。

影响回收塔操作的参数及它们之间的相互关系如下：

(1) 塔的操作温度分布

塔的操作温度分布是非常重要的，塔的工艺控制必须有一个合理的温度分布，当馏出物中的杂质以百万分之一数量级超标时，可以从回收塔馏出物中的有机物分析值反映出来，其中乙腈塔进料中的丙烯腈和粗乙腈的含量非常重要。

塔内温度分布受较多因素的影响，包括溶剂水温度、溶剂水量、进料温度和蒸汽量。塔的压力变化也能改变温度分布。

如果塔的灵敏层温度太高，会有较多的乙腈从塔顶馏出；如果温度太低，会有较多的丙烯腈和氢氰酸从侧线馏出，最后进入粗乙腈中。同时温度太低会使塔釜液中乙腈含量上升，随着溶剂水到达回收塔顶。

(2) 溶剂水量和温度

溶剂水量太低会导致乙腈与丙烯腈分离困难；溶剂水量太高，会导致塔的负荷增加。溶剂水量和水温是相互影响的，水温低，所要求的水量可以低些。

(3) 进料量和组分

回收塔各种进料的加入或停止，会引起进料量的变化，操作上要求这个变化要缓慢进行。在加入或减少配料期间，进料组分和流量会变化，应该及时调整回收塔的操作。

(4) 溶剂水中的乙腈含量

回收塔塔顶馏出物中乙腈含量受溶剂水中的乙腈量影响。应控制好回收塔灵敏层温度，通过溶剂水中乙腈含量分析及时进行调整。

(5) 回收塔塔顶馏出物

回收塔塔顶馏出物冷凝、冷却后，在分层器中出现两相分离，分离出富丙烯腈的有机相和富水相。有机相中含大量氢氰酸。富水相返回回收塔进料线，回收有机物。

回收塔分层器水相 pH 值控制在 6.5~7.2。加入碳酸钠溶液来调整回收塔分层器水相 pH 值。pH 值高会使丙烯醛和丙酮与氢氰酸反应生成氰醇，从而有利于丙烯腈产品合格。

阻聚剂(对苯二酚)加到回收塔顶冷凝器气相入口处，以阻止丙烯腈的聚合。

分散剂加到吸收塔釜液泵的入口和四效第一效进料线上。

2.2.7 乙腈塔的工艺原理

乙腈塔其实质是一个只有精馏段、无提馏段的操作塔。由回收塔侧线抽出的含有少量丙烯腈的低浓度乙腈气相混合物，从乙腈塔塔釜进入，回收塔侧线气相混合物同时向乙腈塔提供热源，乙腈塔釜液回到回收塔，从塔顶得到含乙腈 50%左右的粗乙腈溶液，粗乙腈溶液送往乙腈装置。

塔顶粗乙腈的浓度可以通过回流比来调节。回流比大，粗乙腈浓度高；回流比低，粗乙腈浓度低。塔顶粗乙腈被浓缩的同时，其中氢氰酸也被浓缩，氢氰酸达到 4%以上时，会引起料液聚合，因此粗乙腈中氢氰酸须控制在 3%以下。乙腈塔是系统中脱除乙腈的主要设备，太低的脱除率会导致过多的乙腈回到回收塔中，使丙烯腈不合格。

有部分丙烯腈和氢氰酸与乙腈一起进入乙腈塔中，最后出现在粗乙腈中。乙腈塔并没有分离丙烯腈和氢氰酸的能力，需要通过回收塔的操作来调节粗乙腈中的丙烯腈和氢氰酸的含量。

消泡剂由乙腈塔回流线上加入，防止塔内起泡。

2.2.8 脱氢氰酸塔的工艺原理

脱氢氰酸塔是一座有 62# 板单溢流浮阀塔板的塔，其作用是脱除丙烯腈中的氢氰酸和水，同时获得高纯度的氢氰酸副产品。

脱氢氰酸塔分为上、下两段。上段用普通精馏的原理分离氢氰酸与丙烯腈、水的混合物，在脱氢氰酸塔塔顶得到纯度为99.5%的氢氰酸；下段用共沸精馏的原理分离丙烯腈、水的共沸物与丙烯腈，在脱氢氰酸塔塔釜得到含水量很低的粗丙烯腈。

该塔塔顶馏出物是浓度为99.5%以上的氢氰酸，还含有微量水和丙烯腈或其他有机物。氢氰酸送到后续装置或事故状态下送到焚烧炉焚烧。

脱氢氰酸塔也和一般的精馏塔一样，它的工艺条件的确定包括顶温、顶压、灵敏点温度、釜温、釜压，因为这些都是影响脱氢氰酸塔正常操作的参数。

（1）顶温和顶压

因为从脱氢氰酸塔顶蒸出的是纯度比较高(99.5%)的氢氰酸，因此脱氢氰酸塔顶温和顶压的关系遵循氢氰酸的温度和饱和蒸气压的关系，如果脱氢氰酸塔在常压下操作则对应的顶温应在25~27℃(氢氰酸的沸点为25.7℃)，若脱氢氰酸塔在负压下操作[0.075MPa(绝)]时，则对应的顶温应在17℃左右。

在顶压恒定时，温度过高则塔中的丙烯腈的重组分就向塔顶移动，导致塔顶氢氰酸不合格和浪费，温度过低时，塔顶的轻组分氢氰酸将压向塔釜，造成脱氢氰酸塔中氢氰酸的积累，从而使丙烯腈产品因总氰含量过高而不合格。

当顶温恒定时，顶压过高(脱氢氰酸塔真空度下降)，则塔中的氢氰酸不能完全拔出而在塔中积累，因而影响产品的质量。顶压过低(脱氢氰酸塔真空度升高)，则塔中的丙烯腈也会向塔顶移动而从塔顶拔出，影响了氢氰酸的质量，同时也造成产品丙烯腈的损失。

（2）灵敏点温度

灵敏点温度不能过低，温度低，氢氰酸不能顺利蒸出。温度高损失丙烯腈，灵敏点温度高低对塔顶、塔釜的产品质量影响较大。控制好灵敏点温度非常关键。

（3）脱氢氰酸塔的釜温和釜压

脱氢氰酸塔的釜温和釜压的关系遵循丙烯腈的温度和饱和蒸气压的关系。

当釜温恒定时，釜压的升高，会导致塔釜丙烯腈沸点的升高。这种情况下，为了保证塔中上升蒸汽量的稳定，就必须增大再沸器的热负荷。当釜压恒定时，温度的升高将导致丙烯腈移向塔顶而蒸出，从而使氢氰酸产品不合格，同时也造成丙烯腈的损失。温度降低，则全塔温度均降低，氢氰酸将压向塔釜，因而造成产品丙烯腈不合格。

阻聚剂(对苯二酚)加到塔中，防止丙烯腈聚合；阻聚剂醋酸加到塔顶冷凝器入口管线上，防止液态氢氰酸的聚合。设计中，也有将二氧化硫气体作为气相氢氰酸阻聚剂加入气相氢氰酸管线上，防止气相氢氰酸聚合。

2.2.9 成品塔的工艺原理

成品塔是一座有50#板单溢流浮阀塔板的塔，成品塔的作用是将从脱氢氰酸塔来的粗丙烯腈中的重组分和轻组分进一步分离出去，得到纯度99.5%的丙烯腈成品。

成品塔为真空操作，塔釜分离出高沸物，塔顶分离出低沸物，成品丙烯腈从侧线采出。因为整个塔中几乎都是丙烯腈，因此塔的温度直接反映压力变化，而压力不能作为控制产品质量依据。成品塔侧线成品分析数据和塔釜液分析数据作为塔操作的依据。

在成品塔釜分离出反应生成的高沸物和在精制部分形成的聚合物。为了除去固体颗粒，塔釜液经过滤后经泵送到急冷塔回收丙烯腈。

成品塔操作经常分析回流罐的质量指标，如氰根和丙酮含量高，增大成品塔塔顶外送量。再者就是控制侧线出料的水的含量，水含量少，丙烯腈容易聚合，所以用塔釜补充水来控制水含量，成品塔侧线水含量控制应小于等于0.45%。

阻聚剂(对苯二酚甲基醚)加到侧线上，最后进入中间罐成品中。也有一些对苯二酚甲基醚加到塔顶馏出管线上，最后也进入成品中。控制对苯二酚甲基醚的加入量对保证成品合格非常重要。

成品塔釜液pH值控制在3~4，保证了氰醇的稳定性，并从成品塔塔釜排出。

成品塔采用真空操作是为了降低塔的操作温度，有利之处是：首先降低了高沸物的形成量；其次是进料中氰醇稳定性增大，保证氢氰酸不超标。对丙烯腈等有害物质采用真空操作，可减少因泄漏而引起的人员中毒的危险。

2.2.10　四效蒸发系统的工艺原理

(1) 四效蒸发器的工艺原理

四效蒸发器的作用是通过分级、加热处理回收系统的废水，回收其中的有机物，循环利用水和热量。四效蒸发器的残液经急冷塔再送到废水焚烧炉焚烧。

(2) 轻有机物汽提塔的工作原理

四效蒸发器的凝液送至轻有机物汽提塔以除去微量的游离氨和轻有机物。塔顶馏出蒸汽送硫酸铵溶液汽提塔、急冷塔釜液汽提塔或者急冷塔，再沸器的蒸汽量控制塔顶馏出量。塔釜液一部分作为泵封水进入封水罐，另一部分加入双氧水除去微量的氢氰酸后送去生化处理，同时加入碳酸钠用来分解氰醇。

2.3　工艺流程简介

2.3.1　反应器进料系统原则流程

原料丙烯自界外丙烯储罐经丙烯泵直接送入丙烯蒸发器壳程，通过管程贫水加热汽化。汽化后丙烯气经过设置在丙烯蒸发器上部的丝网除沫器，进入丙烯过热器，用低压蒸汽加热，气态丙烯在此加热至66℃与氨混合进入反应器丙烯氨分布器。

原料氨自界外液氨储罐经氨泵直接送入氨蒸发器壳程，通过管程贫水加热汽化。汽化后的氨气经过设置在氨蒸发器上部的丝网除沫器，进入氨过热器，用低压蒸汽加热至66℃与过热后的丙烯在管道中混合后进入反应器丙烯氨分布器。

原料空气取自大气，经空气压缩机加压后，经过开工空气加热炉进入反应器底部，然后通过空气分布板向上流动进入催化剂床层，与丙烯、氨分布器来的原料丙烯、氨汇合，使反应器内催化剂床层流化并进行反应。反应器刚开车升温时，开工加热炉用丙烯气或其他燃料气作为燃料，将空气压缩机来的原料空气加热，给反应器床层升温。

丙烯腈装置反应器进料系统原则流程图如图2-7所示。

2.3.2　反应器系统原则流程

在反应器中，丙烯、氨和空气在催化剂作用下，以一定温度进行氧化反应。反应后的气体进入反应器内设置的旋风分离器，夹带的催化剂大部分被旋风分离器分离后经料腿返回催化剂床层。反应气体经集气室汇集后进入反应气体冷却器管程，在此同除氧水间接换热冷却，然后进入急冷塔下段。

反应器系统原则流程图如图 2-8 所示。

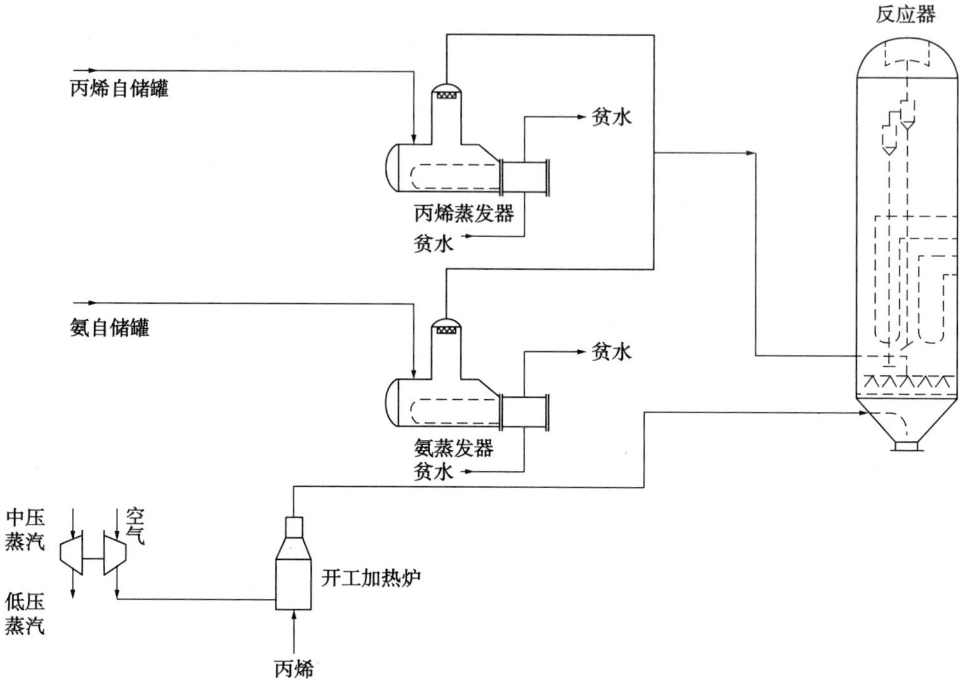

图 2-7 丙烯腈装置反应器进料系统原则流程图

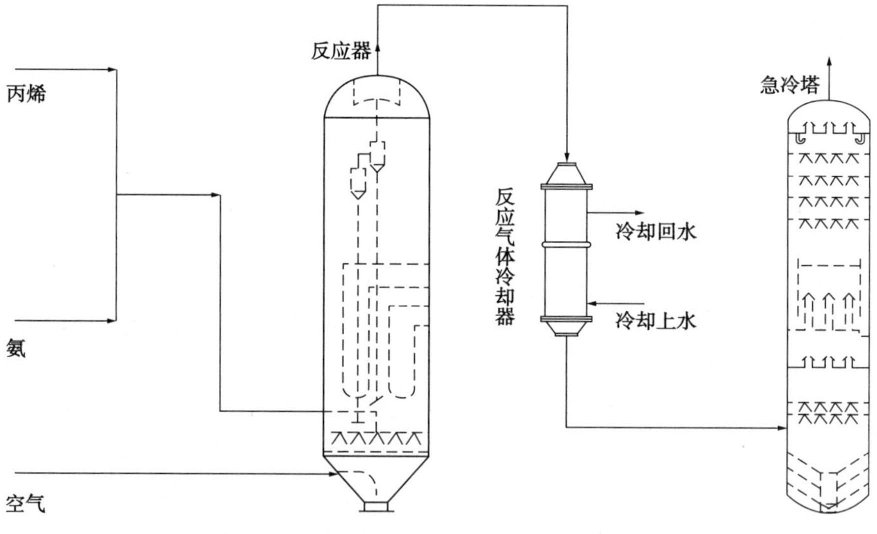

图 2-8 丙烯腈装置反应器系统原则流程图

2.3.3 撤热水系统原则流程

反应器反应过程中放出的热量由垂直安装在反应器内 U 形撤热水管中撤热水引出，并产生一定温度、压力的过热蒸汽，供空气压缩机、制冷机驱动蒸汽透平。装置开车时，透平的驱动蒸汽由外界提供。驱动蒸汽进入透平前要经过凝液分离罐以除去蒸汽中夹带的液体。蒸汽透平排出的背压蒸汽进入装置低压蒸汽管网。

产生蒸汽的脱盐水来自界外，经过排污冷却器与排污罐来的锅炉排污水换热后进入脱盐水罐；装置的蒸汽冷凝液也进入脱盐水罐。脱盐水由脱盐水泵送入除氧器的上部，在除氧器中用低压蒸汽吹脱盐水中溶解的氧。除氧水由供水泵送入反应气体冷却器与反应气体换热后进入蒸汽发生器。

蒸汽发生器底部饱和水经反应器冷却水泵大部分送至反应器 U 形撤热水管部分汽化产生饱和蒸汽，然后返回蒸汽发生器。蒸汽发生器顶部出来的饱和蒸汽去反应器过热盘管过热，然后与未过热的一部分饱和蒸汽混合，经调节混合成一定温度、压力的过热蒸汽，供空气压缩机及制冷机做动力用，多余蒸汽外送。为了保证蒸汽发生系统的水质稳定，定期取样分析水质并添加化学药品。磷酸三钠和联氨分别在化学品配制槽中用脱盐水配制成水溶液后，由化学品注入泵分别加到供水泵出口和入口管线上。

装置撤热水系统原则流程图如图 2-9 所示。

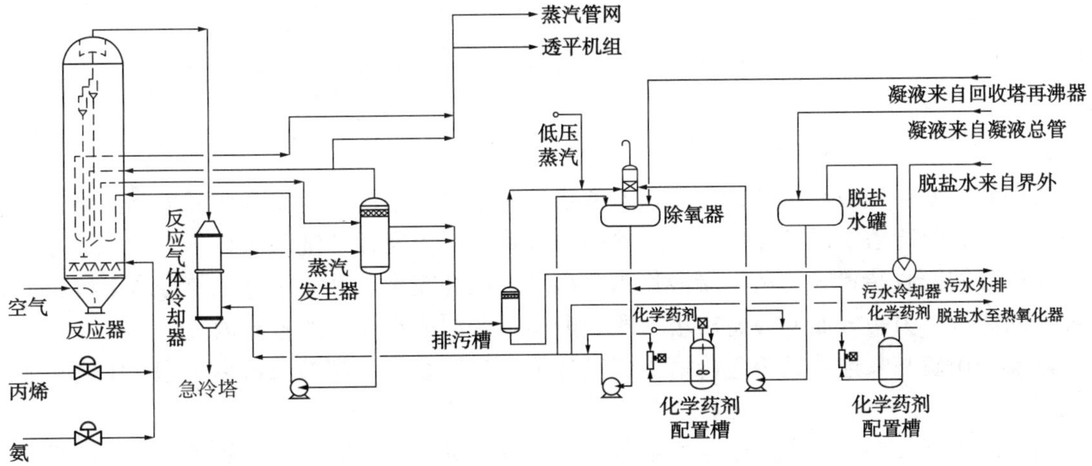

图 2-9　丙烯腈装置撤热水系统原则流程图

2.3.4　催化剂加料系统原则流程

催化剂加料输送系统在开车时，由催化剂料斗喷射泵将催化剂储罐抽真空，然后将催化剂从桶中吸入催化剂储罐内，催化剂储罐抽真空带出的催化剂经旋风分离器分离后返回罐内，未被分离的催化剂进入催化剂分离器，经加水洗涤和沉降分离后，水相排入雨水系统，淤泥定期清理。催化剂储罐内催化剂通过加压风加压后由工艺空气输送至反应器内。

由于反应生成气体夹带旋风分离器不能回收的催化剂细颗粒，以及长期运转造成催化剂活性下降，因而设有催化剂自动补加系统，又称小型加料系统。启用催化剂料斗喷射泵后将催化剂补充料斗抽真空，补充催化剂吸入催化剂补充料斗内，补充催化剂从料斗底部流出经自动加料阀按设定程序进行连续补加，输送动力为仪表风。同样催化剂补充料斗顶部也装有旋风分离器，以回收抽真空时顶部带出的催化剂。

装置催化剂加料系统原则流程图如图 2-10 所示。

2.3.5　急冷塔系统原则流程

反应生成的气体流出物进入急冷塔下段。急冷塔釜液由急冷塔下段循环泵打循环，经过下段二层喷嘴喷淋将气体骤冷，从该泵出口分支将部分废水连续送往急冷塔釜液汽提塔。经急冷塔下段骤冷后的反应生成气体通过升气管上升到塔的上段，气体中残留的氨与加到急冷塔上段循环液中的硫酸中和生成硫酸铵。急冷塔上段液由急冷塔上段循环泵抽出循环，四层喷嘴对上升气体逆向均匀喷淋，部分经泵出口支路连续地送往硫酸铵溶液汽提塔。

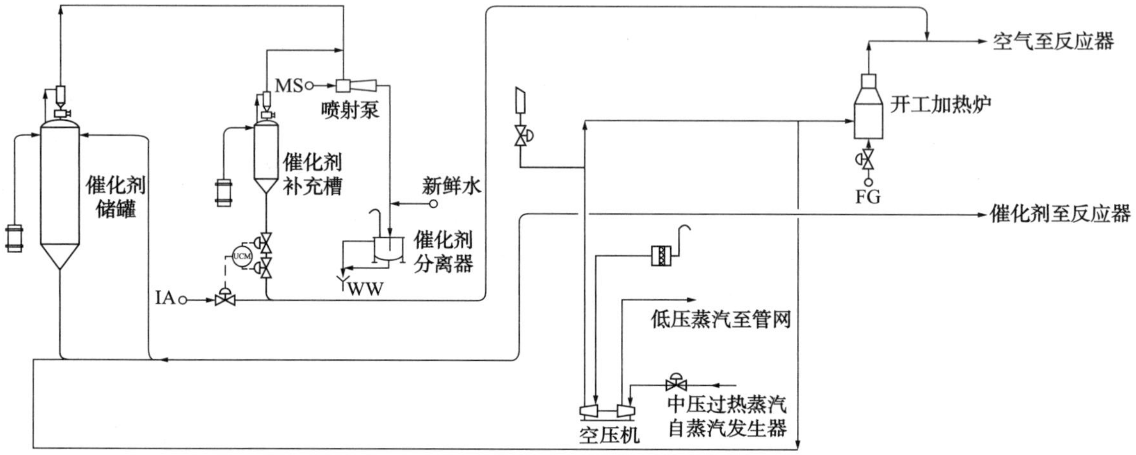

图 2-10　丙烯腈装置催化剂加料系统原则流程图

第四效蒸发器残液经缓冲槽、脱氢氰酸塔回收水泵送来的水相以及成品塔釜液泵送来的釜液一起作为急冷塔下段补充水进入急冷塔下段除沫板上方并冲洗除沫板。

由硫酸铵回收装置来的蒸发凝液作为急冷塔上段补充水。补充水进入急冷塔上段，一方面冲洗除沫板，另一方面调节急冷塔上段硫酸铵溶液浓度在要求的范围内。

浓硫酸用硫酸泵连续送至急冷塔上段循环泵出口管线上，调节急冷塔上段 pH 值在要求的范围内。

由急冷塔下段循环泵支路送来的部分急冷塔釜液进入急冷塔釜液汽提塔，塔底部采用轻有机物汽提塔顶部来的蒸汽或直接蒸汽进行汽提，急冷塔釜液中的有机物自急冷塔釜液汽提塔顶部蒸出后返回急冷塔下段，经汽提后的釜液由下段汽提塔釜液泵抽出送入催化剂沉降槽。

由上段循环泵支路送来的硫酸铵溶液进入硫酸铵溶液汽提塔，其底部也采用轻有机物汽提塔顶部来的蒸汽或直接蒸汽进行汽提，硫酸铵溶液中的有机物从硫酸铵溶液汽提塔顶部蒸出后返回急冷塔上段，经汽提后的硫酸铵溶液由硫酸铵溶液汽提塔釜液泵抽出送至硫酸铵回收装置。

急冷塔顶部出来的气体进入急冷塔塔顶除沫器除去气体中夹带的少量硫酸铵液，分离出来的硫酸铵液靠重力自流至急冷塔上段循环泵入口。除沫后的气体进入急冷后冷却器，用循环水冷却、冷凝，冷凝液由急冷后冷却器泵部分打回到急冷后冷却器顶部喷淋以冲洗管板，其余部分送至吸收塔。

急冷塔系统原则流程图如图 2-11 所示。

2.3.6　吸收塔系统原则流程

从急冷后冷却器出来的反应生成物气体进入吸收塔底部，在吸收塔中用贫水逆流吸收，吸收丙烯腈、氢氰酸、乙腈等反应产物，一氧化碳、二氧化碳、氮气以及未反应的氧和烃类从吸收塔塔顶排出。

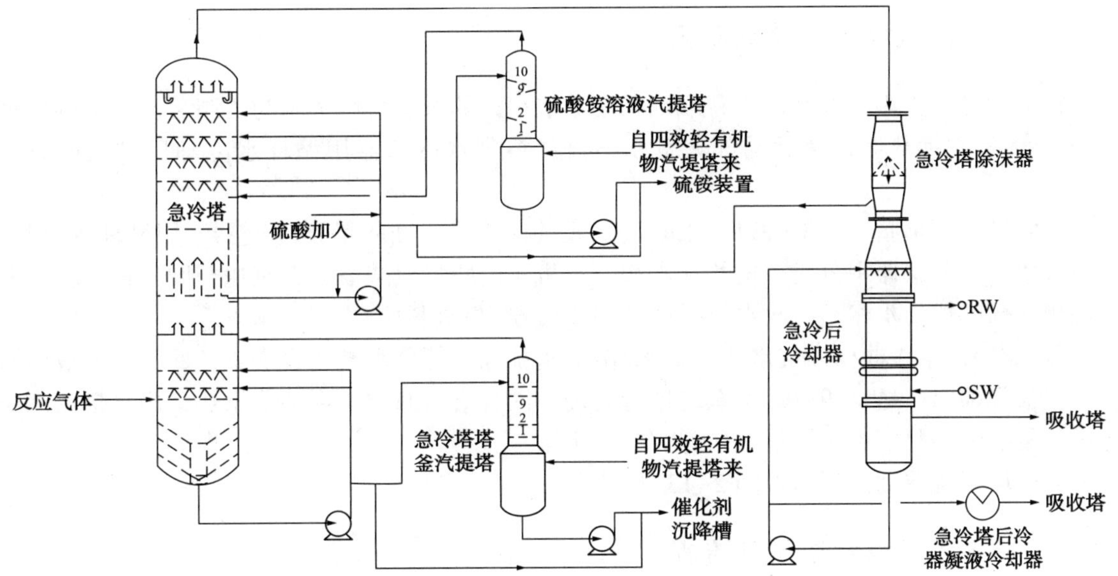

图 2-11　丙烯腈装置急冷塔系统原则流程图

贫水/溶剂水自回收塔第一层塔板引出，进入贫水/溶剂水缓冲槽，经贫水/溶剂水泵抽出，依次去脱氢氰酸塔再沸器和成品塔釜再沸器作为热源，然后经贫水/富水换热器与吸收塔塔釜抽出的富水换热后，作为吸收水的部分贫水再经吸收水冷却器用循环水冷却后进入吸收塔顶部。在吸收塔上段填料层中贫水与上升的气体换热冷却，用吸收塔侧线循环泵抽出，经吸收塔侧线冷却器、氨蒸发器和丙烯蒸发器，使贫水降至一定温度后返回吸收塔吸收段填料的顶部作为吸收水。吸收塔塔釜含有丙烯腈和其他有机物的富水用吸收塔釜液泵送入贫水/富水换热器换热，换热后的富水送入回收塔作为进料。

吸收塔系统原则流程图如图 2-12 所示。

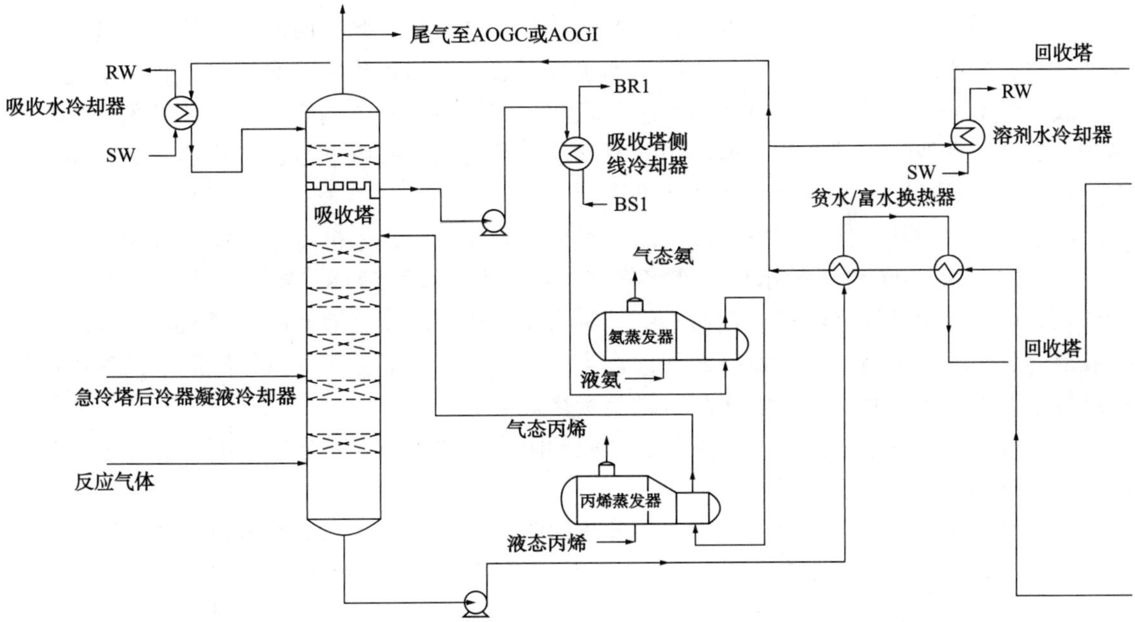

图 2-12　丙烯腈装置吸收塔、回收塔系统原则流程图

2.3.7 回收塔系统原则流程

在回收塔中，用溶剂水作为萃取剂采用萃取精馏的方法将丙烯腈与乙腈分离。溶剂水来自经贫水/富水换热器换热后的部分贫水，再经溶剂水冷却器用循环水冷却后进入回收塔顶部。

回收塔顶丙烯腈、氢氰酸以及水蒸气三元共沸物进入回收塔顶冷凝器，用循环水冷却，在回收塔油水分层器中分成有机相和水相。有机相由脱氢氰酸塔进料泵送至脱氢氰酸塔或者送往粗丙烯腈槽。水相经回收水泵打回到回收塔 64#板进料中。

贫水/溶剂水缓冲槽内贫水通过贫水/溶剂水泵抽一部分水进回收塔釜，回收塔釜液用回收塔釜液泵抽出，送至四效蒸发系统进行处理。回收塔由回收塔再沸器供热，用直接蒸汽作热源，凝液由回收塔再沸器凝液泵送往脱盐水罐。

回收塔系统原则流程图如图 2-13 所示。

2.3.8 乙腈塔系统原则流程

含有乙腈、水及少量氢氰酸的气相从回收塔第 30#板(或 36#板)侧线抽出，进入乙腈塔塔釜。在乙腈塔中，粗乙腈从塔顶采出，经乙腈塔顶冷凝器用循环水冷凝，凝液一部分由乙腈塔回流泵送回乙腈塔顶作回流液，另一部分直接送至乙腈精制装置或在事故状态下送废水罐进行焚烧处理。乙腈塔釜液由泵送回回收塔第 30#板(或 36#板)。

乙腈塔冷凝器的尾气经尾气真空泵抽至吸收塔或含氰总管。原则流程图如图 2-14 所示。

2.3.9 脱氢氰酸塔系统原则流程

由脱氢氰酸塔进料泵送来的粗丙烯腈进入脱氢氰酸塔。富含丙烯腈的侧线液由脱氢氰酸塔侧线抽出泵从脱氢氰酸塔侧线抽出，经换热器与脱氢氰酸塔侧线回流液换热后，进入侧线冷却器用循环水冷却，再进入脱氢氰酸塔油水分层器。经静置分层，水相由回收水泵送往急冷塔或回收塔回收丙烯腈，有机相作为脱氢氰酸塔侧线回流液由侧线泵抽出，经脱氢氰酸塔侧线换热器与侧线抽出液换热，返回脱氢氰酸塔，在脱氢氰酸塔下段进一步蒸馏后，在塔釜得到脱水后的丙烯腈，由釜液泵送往成品塔。

高浓度氢氰酸从脱氢氰酸塔塔顶采出，经顶冷凝器冷凝，未被冷凝气体进入脱氢氰酸塔排气冷凝器，用-10℃冷冻盐水尽可能将气体中氢氰酸冷凝为液体，剩下的少量不凝气通过水环式真空泵抽出送往吸收塔或含氰总管。脱氢氰酸塔冷凝器凝液及脱氢氰酸塔排气冷凝器凝液混合后由回流泵将部分氢氰酸送回顶作为回流液，另一部分作为氢氰酸副产品送后续装置进行精加工。事故状态下，氢氰酸可送至焚烧炉焚烧。

自醋酸泵送来的醋酸溶液作为液相氢氰酸的阻聚剂加入脱氢氰酸塔冷凝器及脱氢氰酸塔排气冷凝器的气相入口。

脱氢氰酸塔由再沸器供热，再沸器热源为回收的贫水。脱盐水经脱氢氰酸塔再沸器加入塔釜中，塔釜液水含量控制在 0.5%左右以防止丙烯腈聚合。原则流程图如图 2-15 所示。

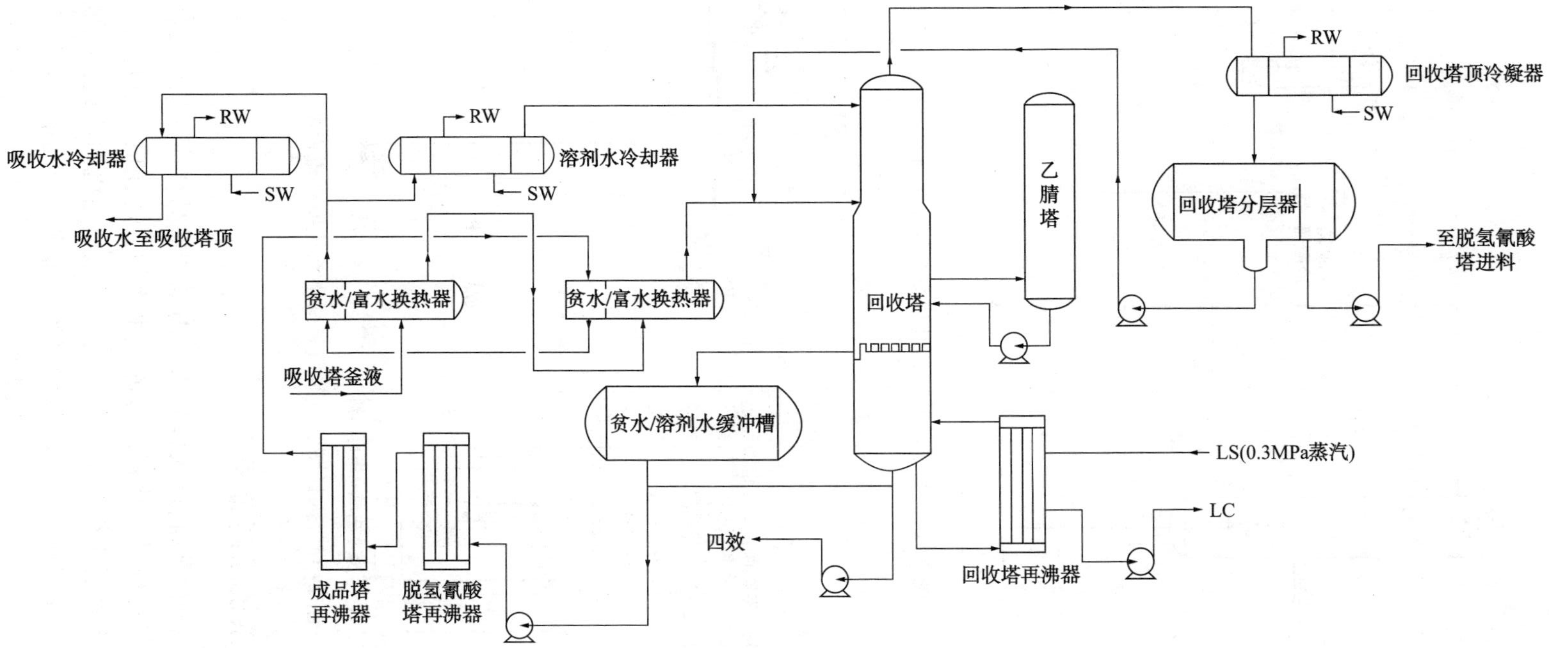

图2-13　丙烯腈装置回收塔系统原则流程图

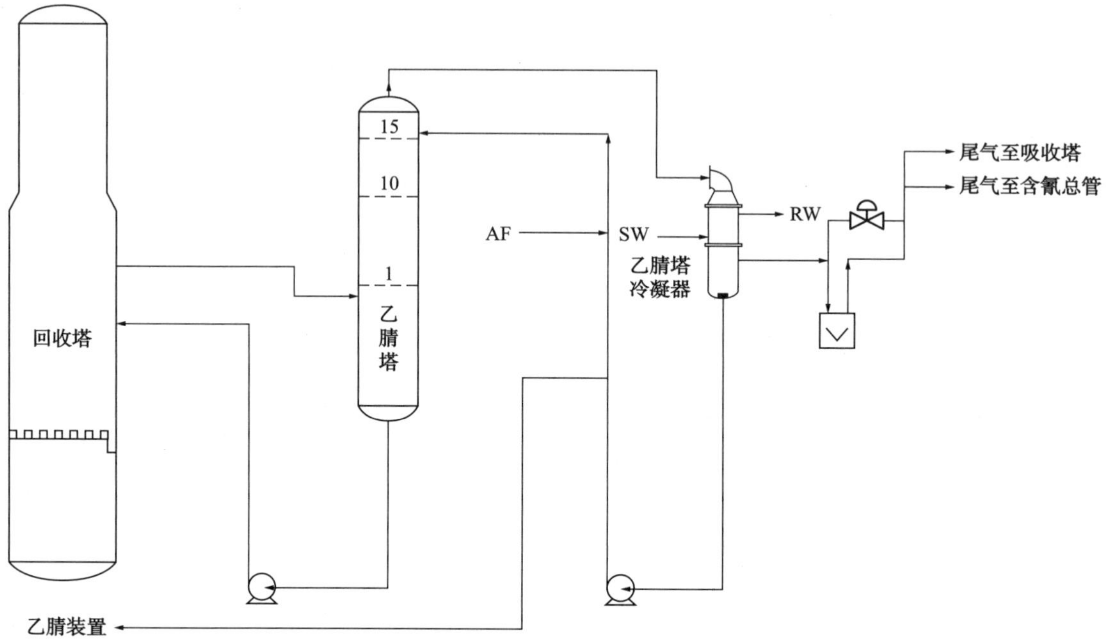

图 2-14　丙烯腈装置乙腈塔系统原则流程图

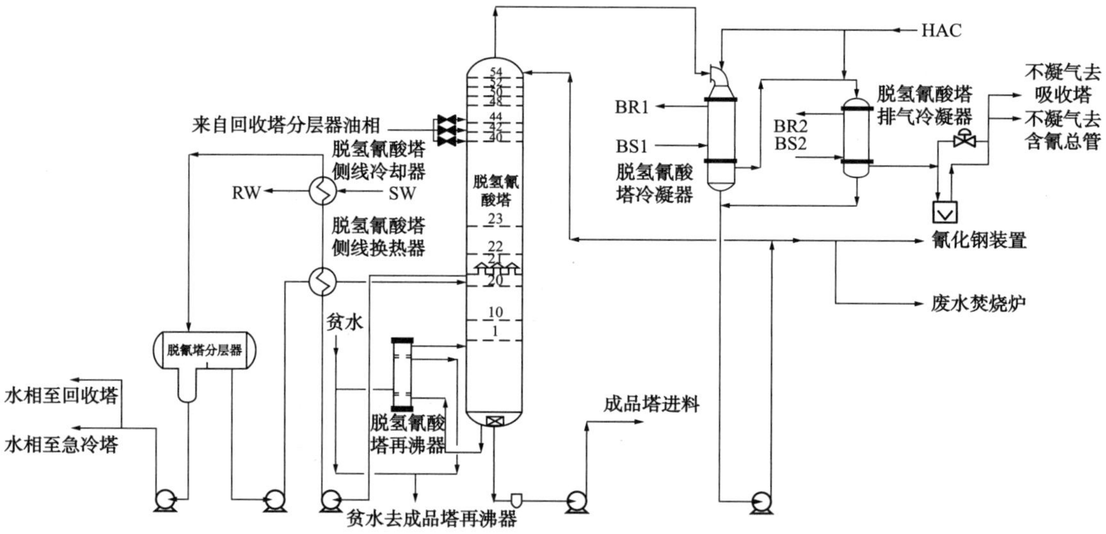

图 2-15　丙烯腈装置脱氢氰酸塔系统原则流程图

2.3.10　成品塔系统原则流程

来自脱氢氰酸塔釜液的丙烯腈进入成品塔，丙烯腈成品从成品塔侧线抽出，经成品冷却器用循环水冷却，然后经过成品后冷器用冷冻盐水冷却，送往成品中间槽。塔顶丙烯腈、水及易挥发组分经成品塔冷凝器用循环水冷却，凝液进入成品塔回流罐，由成品塔回流泵打回流至成品塔顶，少部分送往回收塔，将积累的轻组分排出。成品塔冷凝器中未冷凝的气相经成品塔排气冷凝器用冷冻盐水冷却，凝液汇入成品塔回流泵入口，不凝气经成品塔水环式真空泵抽至吸收塔或含氰总管。

成品塔塔釜中高沸点有机物由成品塔釜液泵送至回收塔或急冷塔下段。为防止塔中丙烯腈聚合，往成品塔加入阻聚剂对苯二酚。成品塔侧线管及塔顶汽相管加入对苯二酚甲基醚作阻聚剂。

成品塔由成品塔再沸器供热，该再沸器用经过脱氢氰酸塔再沸器的贫水加热。原则流程图如图 2-16 所示。

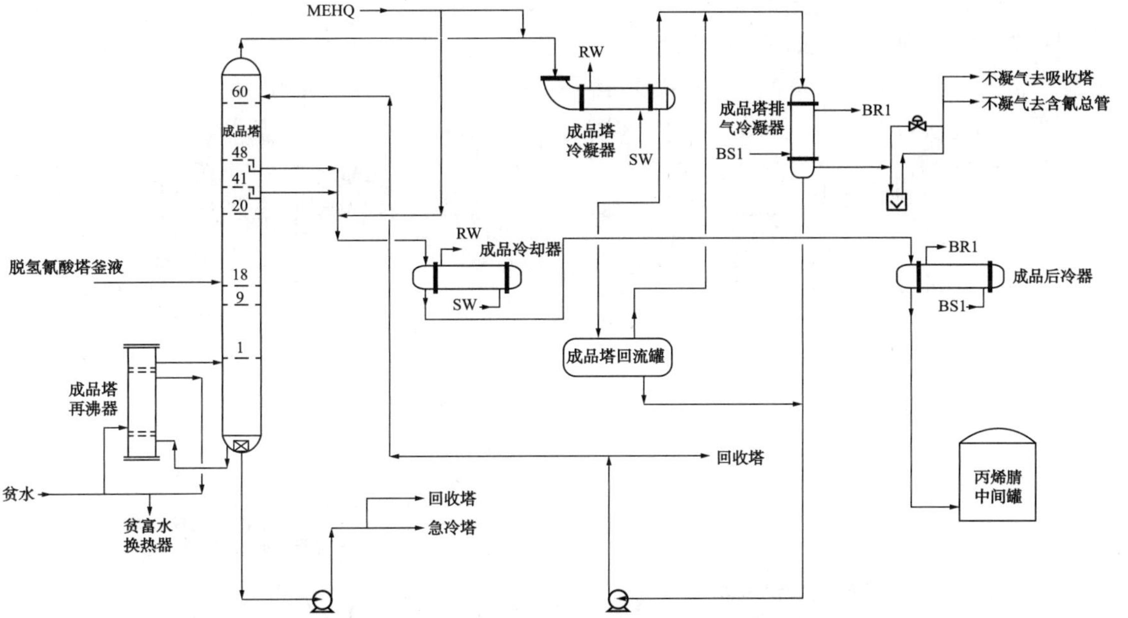

图 2-16　丙烯腈装置成品塔系统原则流程图

2.3.11　四效蒸发系统原则流程

由回收塔釜液泵送来的回收塔釜液进入第一效蒸发器上部，壳程由直接蒸汽加热。第一效蒸发器壳程的蒸汽凝液由第一效蒸发器凝液泵送至脱盐水罐，管程液体由第一效蒸发器循环泵从上部抽出，大部分返回该蒸发器底部循环，小部分送至第二效蒸发器上部进料，第一效蒸发器顶部蒸出气体则进入第二效蒸发器的壳程作热源。第二效蒸发器壳程的凝液由第二效蒸发器凝液泵送出，管程液体由第二效蒸发器循环泵从上部抽出，大部分返回该蒸发器底部循环，小部分送至第三效蒸发器上部进料，其顶部蒸出气体进入第三效蒸发器壳程作热源。第三效蒸发器壳程凝液由第三效蒸发器凝液泵送出，管程液体由第三效蒸发器循环泵从上部抽出，大部分返回该蒸发器底部循环，小部分送至第四效蒸发器上部进料，其顶部蒸出气体进入第四效蒸发器壳程作热源。第四效蒸发器壳程凝液由第四效蒸发器凝液泵送出，管程液体由第四效蒸发器循环泵从上部抽出，返回该蒸发器底部循环，小部分作为残液由残液泵送往缓冲槽，经进水泵送往急冷塔下段作补充水。其顶部蒸出气体进入第四效蒸发器蒸出物冷凝器用循环水冷凝，不凝气经第四效蒸发器排气冷凝器用冷冻盐水部分冷凝，剩余少量不凝气由蒸发器水环式真空泵抽出送至急冷塔釜或含氰总管。第四效蒸发器蒸出物冷凝器和第四效蒸发器排气冷凝器的冷凝液由第四效蒸发器馏出物泵抽出，同第二、三、四效送来的蒸发器凝液汇合，混合液经轻有机物汽提塔进料/釜液换热器换热后进入轻有机物汽提塔顶部，部分混合液也可根据需要送至急冷塔上段作补充水。轻有机物汽提塔大部分有机物及氨从塔顶蒸出，该塔热源由轻有机物汽提塔再沸器供给，热源为直接蒸汽，蒸汽冷凝液由轻有机物汽提塔凝液泵送往脱盐水罐。轻有机物汽提塔顶蒸汽一部分送至硫酸铵溶液汽提塔和急冷塔釜液汽提塔作汽提蒸汽，另一部分送至急冷塔上段。轻有机物汽提塔釜液由轻有机物汽提塔釜液泵抽出，经轻有机物汽提塔进料/釜液换热器与进料换热后再经釜液冷却器用循环水冷却后，一部分送往封水槽作为补充水，其余部分在装置内经与加入的双氧水进行化学处理后送污水处理厂进行生化处理。

四效系统原则流程图如图 2-17 所示。

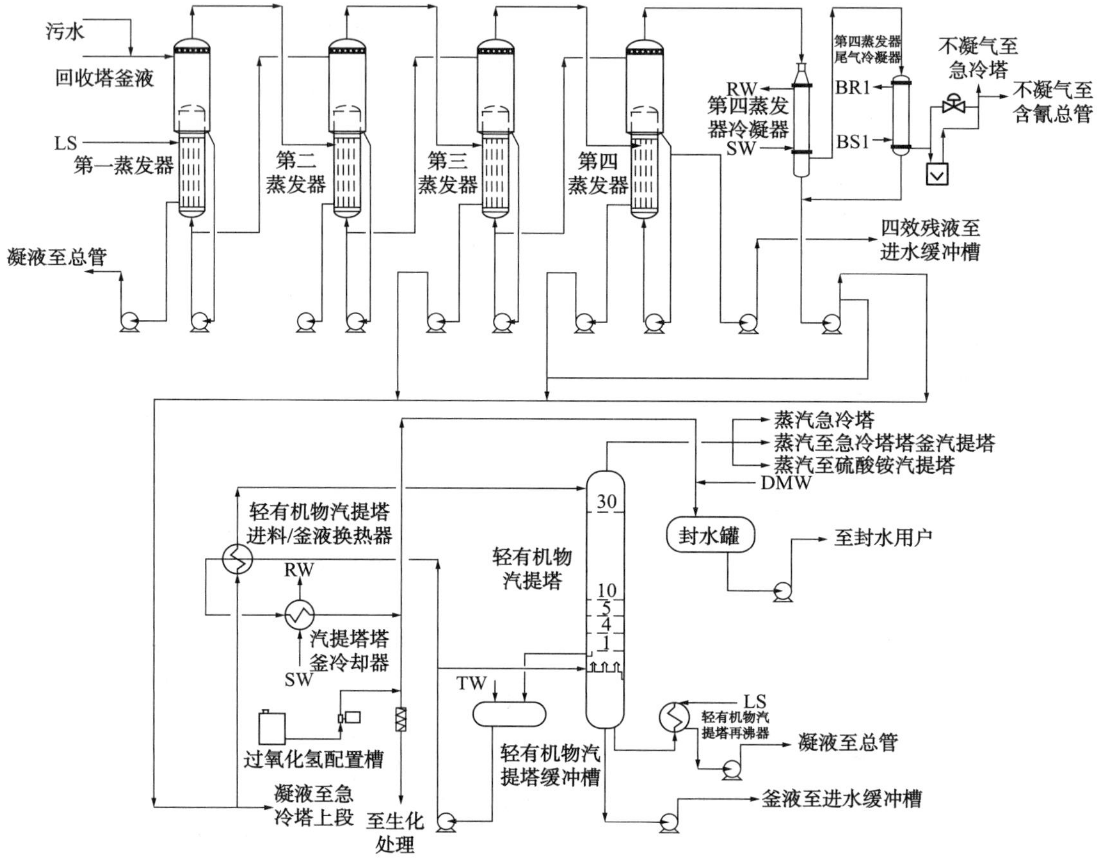

图 2-17　丙烯腈装置四效系统原则流程图

2.3.12　废水罐区系统原则流程

由丙烯腈装置内工艺、设备排到密排系统的含毒有机物料的化学污水自流入污水收集槽。该槽设有两台污水收集泵，当液面升高至 60%时，第一台泵启动，如液面继续升高到 65%则第二台泵也自动启动，将有机物和污水送至污水槽。在污水槽中，有机物和水静置分层。根据分析结果，用泵间断地将有机层物料送至不合格罐，水层物料则送至回收塔作进料或送至第一蒸发器进料、急冷塔上、下段作补充水，多余的废水也可送往废水/废有机物槽。

由急冷塔釜液汽提塔釜液送来的含有重组分及废催化剂的废水进入催化剂沉降槽。来自乙腈塔顶冷凝器釜液粗乙腈经泵也可进入该沉降槽。废催化剂在沉降槽中沉降分离，沉积物根据累积程度进行清理，装桶后送往有资质处理固废单位进行处理。澄清后的废水及废有机物由催化剂沉降槽泵送入废水/废有机物槽，然后由废水泵送至废水焚烧炉进行焚烧处理。

或直接进入节油蒸发器，通过低压蒸汽加热，低压蒸汽凝液由凝液泵送入脱盐水罐，蒸发器顶蒸出气体直接进入废水炉中段焚烧，在蒸发器内废水由废水循环泵强制循环，增强换热效果，浓缩后的废水由废水泵送往废水焚烧炉焚烧处理。

污水槽、废水/废有机物槽及催化剂沉降槽的放空尾气均进入气体洗涤器，由真空泵抽至急冷塔。原则流程图如图 2-18 所示。

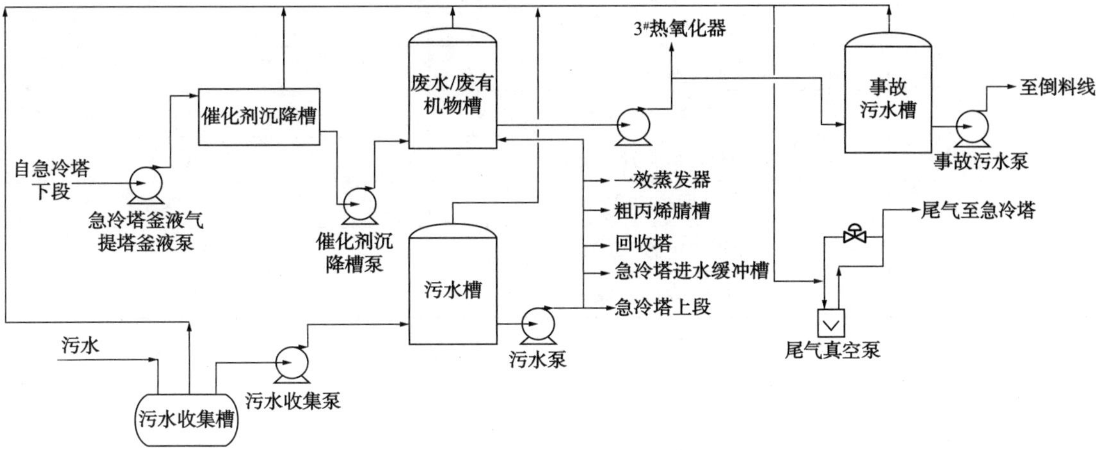

图 2-18　丙烯腈装置废水罐区原则流程图

2.3.13　废水罐区 VOC 系统流程简介

丙烯腈污水槽、废水/废有机物槽、催化剂沉降槽等顶部尾气一起经原有气体洗涤器洗涤后，经调节阀将尾气收集到精制尾气收集器中，再用尾气真空泵将尾气送到急冷塔下段，并在泵的出口管线上增加一条调节回路至泵的入口管线，控制尾气收集器压力在 0~0.8kPa（表）。当尾气进入尾气收集器前管线压力低于-0.2kPa（表）或高于 0.9kPa（表）时，则洗涤器顶部放空切断阀打开，关闭进真空泵阀。

2.3.14　火炬系统原则流程简介

丙烯腈装置精制工段在事故状态时，安全阀启跳进丙烯腈装置含氰总管。脱氢氰酸塔真空泵、成品塔真空泵、回收塔尾气真空泵、四效系统真空泵、乙腈装置真空泵异常情况下可进丙烯腈装置含氰总管，乙腈装置洗涤塔顶洗涤后尾气进含氰总管。

丙烯腈装置排放的含氰根的气相物料送入装置尾气水封罐，然后排入工艺火炬焚烧。含氰根物料主要来自精制工段安全阀启跳后气体及真空泵抽出的不凝气。

火炬水封罐液位一般维持在 30%~45%，为防止火炬水封罐内有机物浓度积累，安排定期加水置换一次，加入的水自流入污水收集槽内。丙烯系统安全阀起跳及异常情况下丙烯排往丙烯火炬。氨系统安全阀起跳及异常情况下氨排往氨火炬。

2.4　工艺指标简介

2.4.1　原料质量控制指标

原料质量控制指标见表 2-3。

表 2-3　原料质量控制指标

名称	质量项目	指标
丙烯	纯度/%(质)	≥95
	甲基乙炔/(mg/kg)	≤10
	乙烯/%	≤0.1
	丁烯或丁二烯/%(质)	≤0.1
	丙二烯/(mg/kg)	≤50
	硫(以 H_2S 计)/(mg/kg)	≤10
	硫(以燃灯试验)/(mg/kg)	≤50
液氨	纯度/%(质)	≥99.7
	残留物含量/%(质)	≤0.3
	油含量/(mg/kg)	≤10

2.4.2　主要工艺控制指标

以国内某设计丙烯腈生产能力为 13 万 t/a 的装置为例，介绍主要工艺控制指标(100%负荷)。

(1) 反应器工艺控制指标

反应器工艺控制指标见表 2-4。

表 2-4　反应器工艺控制指标

序号	控制项目	设计值	序号	控制项目	设计值
1	丙烯、氨入口温度/℃	66	5	线速度/(m/s)	0.60~0.85
2	空气入口温度/℃	160	6	WWH/[$t_{丙烯}$/($t_{催化剂}$·h)]	0.065~0.085
3	反应器压力/MPa(表)	0.045~0.065	7	氨烯比	1.0~1.35
4	反应温度/℃	420~445	8	空烯比	8.8~11.0

(2) 急冷系统工艺控制指标

急冷系统工艺控制指标见表 2-5。

表 2-5　急冷系统工艺控制指标

序号	控制项目	设计值	序号	控制项目	设计值
1	急冷塔塔顶压力/MPa(表)	0.039	7	急冷后冷却器 pH 值	5.5~7.2
2	急冷塔塔釜压力/MPa(表)	0.043	8	硫酸铵溶液汽提塔操作压力/MPa(表)	0.048
3	急冷塔塔顶温度/℃	83±3	9	硫酸铵液汽提塔操作温度/℃	115
4	急冷塔塔釜温度/℃	82.7	10	急冷塔釜液汽提塔操作压力/MPa(表)	0.049
5	急冷塔进塔气体温度/℃	200~232	11	急冷塔釜液汽提塔操作温度/℃	110.0
6	急冷塔上段 pH 值	3.0~5.0			

(3) 吸收塔工艺控制指标

吸收塔工艺控制指标见表2-6。

表2-6　吸收塔工艺控制指标

序号	控制项目	设计值	序号	控制项目	设计值
1	塔顶压力/MPa(表)	0.020	4	塔釜温度/℃	26.0
2	塔釜压力/MPa(表)	0.030	5	吸收水温度/℃	4~8
3	塔顶温度/℃	≤36	6	吸收水量/[t/(t AN·h)]	17.5

(4) 回收塔工艺控制指标

回收塔工艺控制指标见表2-7。

表2-7　回收塔工艺控制指标

序号	控制项目	设计值	序号	控制项目	设计值
1	塔顶温度/℃	71.6	6	塔釜温度/℃	116.5
2	溶剂水温度/℃	40~50	7	塔顶压力/MPa(表)	0.01
3	溶剂水量/[t/(t AN·h)]	6.0~9.0	8	塔釜压力/MPa(表)	0.069
4	吸收液进料温度/℃	61.0~71.0	9	灵敏点温度/℃	85.0~95.0
5	回收塔侧线抽出温度/℃	108.5			

(5) 乙腈塔工艺控制指标

乙腈塔工艺控制指标见表2-8。

表2-8　乙腈塔工艺控制指标

序号	控制项目	设计值	序号	控制项目	设计值
1	塔顶温度/℃	92.0	4	塔顶压力/MPa(表)	0.010
2	塔釜温度/℃	104.0	5	塔釜压力/MPa(表)	0.02
3	进料温度/℃	108.5			

(6) 脱氢氰酸塔工艺控制指标

脱氢氰酸塔工艺控制指标见表2-9。

表2-9　脱氢氰酸塔工艺控制指标

序号	控制项目	设计值	序号	控制项目	设计值
1	塔顶温度/℃	17.0~21.0	3	塔顶压力/MPa(绝)	0.070~0.080
2	塔釜温度/℃	71.0~81.0	4	塔釜压力/MPa(绝)	0.094

(7) 成品塔工艺控制指标

成品塔工艺控制指标见表2-10。

表2-10　成品塔工艺控制指标

序号	控制项目	设计值	序号	控制项目	设计值
1	塔顶温度/℃	41.0~51.0	3	回流罐压力/MPa(绝)	0.030~0.040
2	塔釜温度/℃	59.0~69.0	4	塔釜压力/MPa(绝)	0.067

2.4.3 中控主要分析项目及指标

丙烯腈装置常规中控主要分析项目及指标见表2-11。

表2-11 丙烯腈中控主要分析取样点、项目及指标

取样点	分析项目	控制指标
排污器出口锅炉水	pH值	8.0~11.0
	N_2H_4/(mg/kg)	0.01~0.05
	PO_4^{3+}/(mg/kg)	5.0~15
急冷塔上段液	硫酸铵/%(质)	18.0~25.0
	pH值	3.0~5.0
急冷后冷却器	pH值	5.0~7.5
	对苯二酚/(mg/kg)	100~150
回收塔分层器油相	乙腈/(mg/kg)	≤300
	丙烯醛/(mg/kg)	≤40
	丙酮/(mg/kg)	≤500
回收塔油水分层器水相	pH值	6.5~7.2
吸收水冷却器出口	pH值	6.5~7.5
	丙烯腈/(mg/kg)	≤50
	乙腈/(mg/kg)	≤50
乙腈塔塔顶馏出物	氢氰酸/%(质)	≤3.0
	丙烯腈/(mg/kg)	≤5000
	乙腈/%(质)	≥50±5
	pH值	9.1~9.5
脱氢氰酸塔釜液	氢氰酸/(mg/kg)	≤500
	水分/%(质)	0.5~1.0
	对苯二酚/(mg/kg)	100~200
	pH值	4.0~5.0
脱氢氰酸塔分层器油相	氢氰酸/%(质)	0.5~2.0
成品塔塔顶馏出物	氢氰酸/(mg/kg)	≤100
成品冷却器出口	pH值	6.0~7.5
	氢氰酸/(mg/kg)	≤5
	乙腈/(mg/kg)	≤150
	对苯二酚/(mg/kg)	无
	水分/%(质)	≤0.45
	丙烯醛/(mg/kg)	≤10
	丙酮/(mg/kg)	≤50
	丙腈/(mg/kg)	≤50

续表

取样点	分析项目	控制指标
四效系统外排污水	CN^-/(mg/kg)	≤10
	COD_{Cr}/(mg/kg)	≤3200
	pH 值	6.0~9.0

2.4.4 丙烯腈产品质量指标

工业用丙烯腈产品质量指标符合 GB/T 7717.1—2022，见表 2-12。

表 2-12 工业用丙烯腈第 1 部分：规格(GB/T 7717.1—2022)

序号	项 目	质量指标		试验方法
		Ⅰ型	Ⅱ型	
1	外观	透明液体，无悬浮物		目测
2	色度(Pt-Co)/号	≤5		GB/T 3143b GB/T 6324.6
3	密度(20℃)/(g/cm^3)	0.800~0.808		GB/T 4472b GB/T 2013—2010 方法 Bb
4	pH 值(5%的水溶液)	6.0~7.5		GB/T 7717.5
5	酸度(以乙酸计)/(mg/kg)	≤20		
6	滴定值(5%的水溶液)/mL	≤2.0		
7	水分/%(质)	≤0.45		GB/T 6283b GB/T 6324.8
8	总醛(以乙醛计)/(mg/kg)	≤20		GB/T 7717.8
9	总氰(以氢氰酸计)/(mg/kg)	≤5		GB/T 7717.9
10	过氧化物(以过氧化氢计)/(mg/kg)	≤0.20		GB/T 7717.10
11	铁/(mg/kg)	≤0.10		GB/T 7717.1 GB/T 7717.11b
12	铜/(mg/kg)	≤0.10		
13	丙烯醛/(mg/kg)	≤10		GB/T 7717.12b
14	丙酮/(mg/kg)	≤50		
15	乙腈/(mg/kg)	≤150		
16	丙腈/(mg/kg)	≤50		
17	噁唑/(mg/kg)	≤30	≤100	
18	甲基丙烯腈/(mg/kg)	≤200		
19	丙烯腈/%	≥99.5		
20	沸程(在 0.10133MPa 下)/℃	74.5~79.0		GB/T 7534
21	阻聚剂，对羟基苯甲醚/(mg/kg)	35~45		GB/T 7717.15

2.5 三废处理

2.5.1 概况

(1) 废水处理概况

废水处理是对丙烯腈、乙腈装置所产生的废水进行处理。

丙烯腈生产过程中产生的废水，大致上分为两种，即急冷塔下段的废水及回收系统的废水。前者直接送至废水焚烧炉进行焚烧；后者废水经过四效蒸发后，馏出液送到污水处理厂进行处理。

乙腈生产过程中的废水来自脱氢氰酸塔、洗涤塔等，进入废水焚烧炉焚烧。

废水浓缩装置是利用低压蒸汽在换热器内将进废水焚烧炉焚烧的废水先进行提浓，并将蒸发器内产生的蒸汽送至废水焚烧炉烟道高温段直接进行混合分解排出，从而达到降低废水焚烧炉废水烧量实现节省燃料气的目的。

(2) 吸收塔尾气焚烧技术(AOGI)概况

丙烯腈装置吸收塔顶尾气(简称 AOG)主要成分为氮气(约 90%)和微量的丙烯腈(简称 AN)及氢氰酸等。AOG 中的氢氰酸、丙烯腈分别为极度和高度危害有毒物质，对人畜有致命危害。其所含的烃类，对环境也有一定的污染。

丙烯腈装置废气处理采用吸收塔尾气焚烧技术，将 AOG 中有毒介质在焚烧炉内分解成无毒成分，焚烧炉产生的高温烟气进入余热锅炉进行余热回收，产出一定温度、压力的蒸汽，余热利用后的烟气排放达到 GB 18484—2020《危险废物焚烧污染控制标准》允许排放值。AOGI 装置还采用水热媒(省煤器)技术，以充分回收烟气中的余热，同时为了防止锅炉尾部低温酸露点腐蚀，排气温度控制在规定值。

以国内某设计丙烯腈生产能力为 8 万 t/a 的丙烯腈装置 AOGI 为例介绍。该装置 AOGI 技术为环保节能示范项目，采用直接燃烧法，以一定的过剩空气与被处理的废气在焚烧炉中进行氧化反应，废物中的有害物质在高温下氧化分解而被破坏，使有害物质转化成无害物质后放空，避免了环境污染，同时可利用焚烧的高温烟气的余热产生蒸汽。

丙烯腈装置排出的废物组分复杂，有丙烯腈、乙腈、氢氰酸、丙烯醛、水蒸汽、一氧化碳、二氧化碳、氮气等，该项目将废气通入焚烧炉内焚烧，其工艺技术具有如下特点：

1) 能够焚烧有机物含量很低的废气。

2) 采用多级分段低温燃烧方法，废气中的可燃成分能完全燃烧并且可降低助燃用的燃料量。

3) 利用氰根的还原性，还原燃烧过程产生的氮氧化物，减少了氮氧化物排放量。

4) 充分利用燃烧后高温烟气的热能产生一定温度、压力的蒸汽，节约了能源。

该装置的工艺流程如下：

从吸收塔顶排出的尾气，首先通过流控阀，在流控阀前后均设有管道上导淋，将尾气中凝液排入排污桶中，在排污桶补充新鲜水，废液排入 PS 系统。然后尾气进入水封罐，通过补加新鲜水建立水封，废液经底部液封管溢流至 AOG 排污罐中，排到装置 PS 系统。尾气经水封罐顶部由 AOG 加热器加热至 170℃，并和节油装置的废水蒸汽混合后，按一定比率通过 AOG 喷嘴进入炉膛。

在焚烧炉里，为了防止氮氧化物的产生，采用了多分路的燃烧方法，并且 AOG、烟气和燃烧空气的混合对于减少氮氧化物的生成是非常重要的。从焚烧炉出来的 860℃的烟气将依次通过遮蔽段节油装置、过热段、蒸发段以及锅炉给水预热段后，经烟囱排入大气。

除氧水经锅炉给水泵加压后，进入锅炉给水预热器和烟气进行换热，加热到 208℃的除氧水进入汽包。

汽包的水通过铠装锅炉和烟气锅炉自循环和高温烟气换热，以产生 4.2MPa（表）、258℃的饱和蒸汽。

产生的饱和蒸汽经过热器和减温器后控制过热温度 380℃，过热蒸汽通过压控阀送往界外或放空。

（3）吸收塔顶尾气处理技术（AOGC）概况

丙烯腈吸收塔顶尾气处理技术以某 13 万 t/a 丙烯腈装置 AOGC 处理为例，由上海凯鸿公司总成，采用意大利 ITAS 公司的催化氧化（CO）、选择性还原（SCR）技术，选用德国 BASF 公司催化剂，将丙烯腈装置吸收塔排放尾气引入 AOGC 系统，通过催化氧化及脱硝处理，将有害的挥发性有机物（VOC）无害化，同时控制尾气中的 NO_x 含量，处理后的尾气排放符合 GB 31571—2015《石油化学工业污染物排放标准》的要求。反应热通过废热锅炉回收产生 4.2MPa（表）、380℃蒸汽。

2.5.2 工作原理

（1）废水焚烧炉作用原理

废水焚烧炉是焚烧处理生产过程中产生的废水，主要是来自丙烯腈装置反应系统以及乙腈装置的废水。

焚烧处理不仅对废水中的可燃物，而且也对燃料，要求燃烧速度快、燃烧完全、热效率高。因此，需要有适当的燃烧时间、燃烧温度、较充分的氧气，此外还得有良好的雾化状态。

雾化是液体燃质分散成微细粒子，增大受热表面积和氧气接触的表面积，造成有利于氧化反应进行的条件。废水或燃料燃烧的过程如图 2-19 所示。

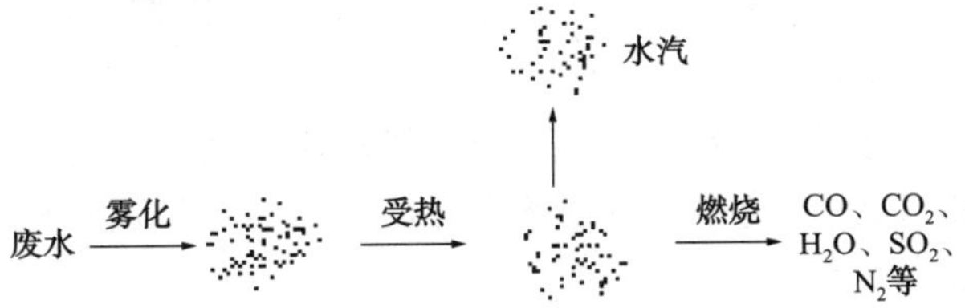

图 2-19 废水或燃料燃烧过程

由于雾化增大了受热面积和氧接触的机会，从而提高了燃烧速度和促进了燃烧完全。可见雾化对废水焚烧过程是很重要的，为了获得良好的雾化状态，需有结构优良的喷枪，雾化剂（蒸汽）压力要适当，废水水质（如黏度、固体物、温度等）对雾化也有很大影响。

废水浓缩工作原理是先将废水送入废水蒸发器换热段进行循环加热，废水被加热后，轻组分蒸发产生蒸发蒸汽，产生的蒸汽直接进入焚烧炉还原段与高温烟气混合，氢氰酸等有害组分被分解后随高温烟气一起排至大气；经蒸发浓缩后的废水再经泵送至焚烧炉进行焚烧。通过不断地补充废水以及提供热源的换热蒸汽，废水实现了一个循环蒸发浓缩的过程。废水经过蒸发器产生的废水蒸汽的主要成分为水蒸气，其中含有微量轻组分，经与高温烟气混合分解后，其含量远低于排放标准，能达到环保要求。

（2）AOGI 系统

1）焚烧机理。

在焚烧炉内发生的焚烧反应路线如图 2-20 所示。

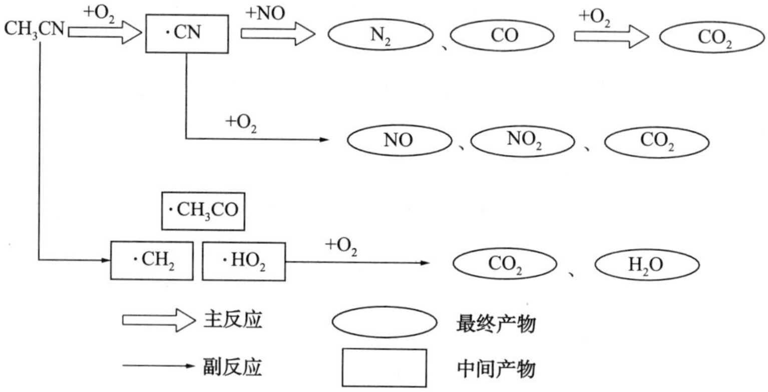

图 2-20　气相氧化还原反应路线图

氮氧化物（NO_x）的生成机理：

在 AOGI 焚烧工艺中，辅助燃料气燃烧和 AOG 焚烧过程都可能生成 NO_x。在通常燃烧温度下生成的 NO_x 中，一氧化氮（NO）占绝大部分，二氧化氮（NO_2）含量较少。此外燃烧产物中还有少量的氧化亚氮（N_2O）。

NO_x 的生成一般通过三种途径：

① 吸收塔顶尾气中的氮气在高温下氧化生成 NO_x。

② 燃料中含有的氮化物在燃烧过程中热分解接着氧化生成 NO_x。

③ 燃烧时空气中的氮和燃料中的碳氢离子团，如 CH 等，反应生成 NO_x。

2）废热锅炉。

废热锅炉的操作原理是利用焚烧产生的高温烟气来产生 4.2MPa（表）蒸汽。其结构主要由汽包、给水预热段炉管、蒸发炉管、过热炉管、蒸汽减温器、压控装置（送出蒸汽调节阀）和声波吹灰系统等部分组成。

其中，废锅Ⅰ段是炉水蒸发段的一小部分，其作用是将炉水蒸发以产生 4.2MPa（表）、258℃的饱和蒸汽，同时烟气温度由 860℃降低为 821℃。将其安排在最前段，主要是为了降低烟气温度以保护过热段炉管。

过热段的主要作用是将 4.2MPa（表）、258℃的饱和蒸汽过热成 4.2MPa（表）、343℃的过热蒸汽，同时烟气温度由 821℃降低为 769℃。

废锅Ⅱ、Ⅲ段是主要蒸发段，其作用是将炉水蒸发以产生 4.2MPa（表）、258℃的饱和蒸汽，同时烟气温度由 769℃降低为 418℃。

锅炉给水预热段的主要作用是将锅炉进水预热由 140℃预热至 207℃，同时烟气温度由 418℃降低至 345℃。

蒸汽减温器是将产生的 4.2MPa（表）的过热蒸汽经过喷水减温以控制过热温度 343℃，送往界外或放空。

压控装置是将产生的 4.2MPa（表）的过热蒸汽稳定控制在 4.2MPa（表），送往界外或放空。

激波吹灰器的作用是用燃气与仪表空气混合发出激波将锅炉各换热段炉管在运行过程中截留的烟气灰尘振落，并随烟气排出，以保证各换热炉管的换热效果和烟气流经各段的压降，保证AOGI系统的正常稳定运行。

3）水介质系统。

水介质系统主要由烟气换热器、空气预热器、AOG预热器、给水预热器和热水循环泵组成，利用5.5MPa(表)除氧水作为热介质，建立一个闭式循环系统。水介质系统主要是为了防止锅炉给水预热段和烟气换热段发生低温酸露点腐蚀，在烟气换热器出口与热水循环泵之间设置一套旁通调节回路，同时在给水预热器的热媒水出口也设置一套调节阀，使进入废锅的锅炉给水预热段和烟气换热器的给水温度保持在140℃，保证烟气换热器、废锅的锅炉给水预热段炉管的最低壁温远高于酸露点温度(120℃)，从而避免了炉管的低温腐蚀；同时使烟气温度降低到175℃，最大限度地回收了余热。另外，水介质将AOG、空气的温度预热到170℃左右，起到了节能降耗的效果。

（3）AOGC系统

1）预处理。

吸收塔顶排放的尾气中主要含有一氧化碳、丙烯、丙烷、氮氧化物、丙烯腈等有害物质，如果直接排放，将会对环境造成污染。AOGC系统能够通过催化氧化、选择性还原等方法，将这些有害物转化为无害物质。吸收塔顶尾气(AOG)在进入催化氧化(CO)反应器、选择性还原(SCR)反应器前，要先进行预处理。

吸收塔采用水作为吸收剂，尾气中会夹带水分，设置一个气液分离罐，采用一进一出结构，入口管为半开管，管道出口处设置除沫网，将液体分离下来，排入密排系统。

为使AOG中的有机物完全氧化，需要鼓入一定量的空气。正常运行时，由助燃风机引入的环境空气经过滤，与AOG按比例混合后进入板式换热器，被SCR反应器出口烟气预热到催化氧化反应器反应所需温度。该板式换热器由框架和板片两大部分组成，冷侧采用多通道方式并设置旁通，充分考虑压力降，可以通过调节旁通调节阀的开度来控制催化氧化反应器入口温度。

AOGC系统开工时，需要先利用助燃风机建立风循环，再通过电加热器加热至催化氧化反应器反应所需温度。该电加热器为无段分区(6区)式，采用PID和SCR的控制方式。正常运行后，电热器关闭。

2）催化氧化。

为了防止出现偏流，造成催化剂表面温度分布不均，影响催化剂寿命，催化氧化反应器前端设置了分配扩张器，确保烟气均匀通过催化氧化反应器。AOG在催化氧化反应器中进行催化氧化反应，将大部分有机物氧化生成二氧化碳和水，主要发生如下反应：

$$CO+1/2O_2 \longrightarrow CO_2$$

$$C_3H_8+5O_2 \longrightarrow 3CO_2+4H_2O$$

$$C_3H_6+9/2O_2 \longrightarrow 3CO_2+3H_2O$$

$$2C_3H_3N+15/2O_2 \longrightarrow 6CO_2+3H_2O+N_2$$

催化氧化反应器为固定床式反应器，采用德国BASF贵金属陶瓷蜂窝催化剂。该催化剂是以陶瓷蜂窝为载体，利用蜂窝较大的比表面积，将活性强的贵金属涂敷在陶瓷蜂窝表面，增大了活性组分与反应物的接触面积，能有效提高丙烷、丙烯和一氧化碳等有机物的转化效率。陶瓷蜂窝还具有较多孔隙，当尾气通过时，阻力较小。VOCat™5050催化剂系列与传统的催化氧化催化剂相比，具有催化活性高、丙烷转化率高、机械强度大、热稳定性好、压降小、易于清洗、使用寿命长等特点。

随着运行时间变长，催化剂的活性也会下降，运行后期需适当提高反应器温度。要严格控制反应温度，为防止超温损坏催化剂，当催化氧化反应器的进口温度大于350℃或出口温度超出650℃时，都会触发紧急停车联锁。

要注意催化剂床层的压差变化，以防止催化剂堵塞。若压差超过联锁值，仪表风电磁阀将自动打开，对催化氧化反应器催化剂床层进行吹扫。也可以通过DCS上的气冲吹扫软按钮，对反应器床层进行吹扫。

3）废热回收。

根据高温气体通过管内还是管外，废热锅炉可分为火管锅炉和水管锅炉。AOGC系统烟气较为洁净，采用管壳式火管废热锅炉。

AOGC废热锅炉主要由过热段和蒸发段组成。

过热段是废热锅炉的重要组成部分，其作用是将汽包来的饱和蒸汽过热到一定的温度。过热段由22组U形管组成，沿烟气方向纵向排列，每组为5个U，饱和蒸汽由总管分配分别进入22组U管，通过过热蒸汽总管汇集排出。出口还设有混合式减温器，将锅炉给水直接喷入过热蒸汽中，以达到降温的目的。

蒸发段为固定管板式换热器，烟气从管程进入，与壳程的锅炉水换热。将锅炉水蒸发，产生4.2MPa(表)、253℃的饱和蒸汽，同时降低烟气温度。

锅炉水进入汽包后，通过下降管进入蒸发器，与高温烟气换热，水吸收热量后，成为汽水混合物，其密度减小，通过上升管进入汽包。利用下降管与上升管中介质密度差产生的压差作为推动力，推动介质从汽包→下降管→蒸发器→上升管→汽包循环流动，形成自然循环。

汽包是锅炉的主要部件之一，它与下降管、上升管连接组成自然循环回路，向过热器输送饱和蒸汽，是锅炉内加热、蒸发、过热这三个过程的连接枢纽。汽包内还设置有一次分离装置(带孔罩、多孔板)、二次分离装置(波形板分布器、均汽槽)，能达到较好的气液分离效果。

汽包液位是锅炉运行中的一个重要监控参数，它反映了锅炉负荷与给水的平衡关系。汽包液位过高会造成蒸汽带水影响过热器运行，影响汽水分离效果；水位过低会破坏锅炉自然水循环，容易使水全部汽化烧坏锅炉甚至爆炸。这就要求汽包液位在一定范围内，适应各种工况的运行。影响汽包液位的因素除了加热汽化外，还有蒸汽负荷和给水流量的波动。当负荷突然增大，汽包压力突然降低时，水就会急剧汽化，出现大量气泡，形成“虚假液位”。采用三冲量控制能及时克服产汽量和给水流量的干扰，调节精度高。

锅炉还设置旁通管线，可根据SCR反应器入口处温度控制锅炉旁通管线阀门的开度，使SCR反应器的进口温度约为380℃。

4）选择性还原。

为了防止出现偏流，造成催化剂表面温度分布不均，使NO_x转换效率降低，影响催化剂寿命，SCR反应器前端同样设置了分配扩张器，以确保氨气与烟气均匀混合通过SCR反应器。混合烟气在SCR催化剂床层发生选择性还原反应，NO_x被还原成N_2和H_2O，减少NO_x的排放。在SCR反应器中会发生如下主要反应：

$$4NO+4NH_3+O_2 \longrightarrow 4N_2+6H_2O$$

$$4NH_3+2NO_2+O_2 \longrightarrow 3N_2+6H_2O$$

$$NO_2+NO+2NH_3 \longrightarrow 2N_2+3H_2O$$

SCR 反应器选用德国 BASF 公司生产的 V/Ti 陶瓷蜂窝 SCR 催化剂处理尾气中的氮氧化物。催化剂活性高，比表面积大，能与 NO_x 充分接触，具有较高的转化率。

5）排放。

AOG 经处理后通过烟囱排入大气。烟囱高度为 60m，设置有多段鼠笼式直爬梯，每段高度为 9m，中间设置休息平台。烟囱中央部位设置在线分析仪，主要分析烟气中的 NO_x、丙烷、丙烯腈以及氢氰酸。烟囱底部设置有排凝阀。

2.5.3 工艺流程

（1）废水焚烧炉处理系统

装置内反应系废水含有丙烯腈、乙腈、氢氰酸、硫酸铵及其他有机物、聚合物，并含有带出的催化剂等。这部分废水经硫酸铵装置回收后，送至反应系废水槽。反应系废水槽中的废水不但含有反应系废水而且还有乙腈废气洗涤塔和脱氢氰酸塔塔釜液废水，氨蒸发器来的废水以及装置清洗产生的废水等。槽中废水用废水泵送至焚烧炉焚烧，其流量根据反应系废水槽的液位由液位调节阀来控制，尽可能使废水槽液面保持在一定范围内，使焚烧炉正常运转，如图 2-21 所示。

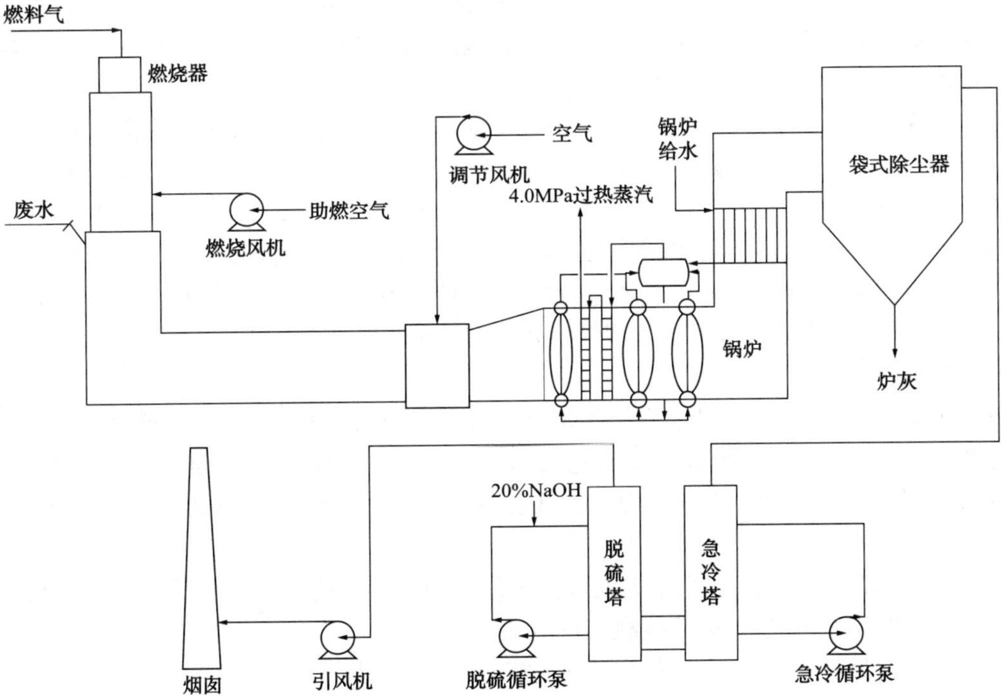

图 2-21　丙烯腈装置废水焚烧炉原则流程图

（2）AOGI 系统

从吸收塔塔顶压控阀排出的 AOG 首先进入 AOG 汽液分离罐，凝液从底部经液封管溢流至地下化学排水管线（简称 PS 管线），AOG 气体从顶部经预热器加热至 170℃ 左右。加热温度由水热媒至AOG预热器出口截止阀开度初调，然后按一定比例分成三股，分别通过第一排、第二排、第三排的AOG喷嘴进入炉膛，分别由蝶阀调节流量。其中第一排、第二排各有11只喷嘴，第三排有8只喷嘴，合计有AOG喷嘴30个(开工前AOG汽液分离罐应通入纯水至溢流为止)。

AOG需要和燃烧空气按一定比例进入AOG喷嘴，燃烧空气由空气鼓风机供给，出口风压由风机吸入口压控阀控制。空气进入空气加热器中，被加热至170℃左右。加热温度由水热媒至空气预热器出口截止阀开度初调，后按比例分成五支。其中三支分别到第一排，第二排和第三排的AOG烧嘴，第四支进入焚烧炉第四排空气环形风道，内设8个空气喷嘴。

在焚烧炉里，为了抑制NO_x的产生，采用了多分路的燃烧方法。AOG、烟气和燃烧空气的均匀混合对于减少NO_x的生成是非常重要的。

从焚烧炉出来的860℃的烟气将依次通过废锅Ⅰ段(蒸发段)、蒸汽过热段、废锅Ⅱ段(蒸发段)、废锅Ⅲ段(蒸发段)、锅炉给水预热段、烟气换热器后，冷却至175℃经烟囱排入大气。

锅炉给水用丙烯腈装置5.5MPa(表)、104℃的除氧水，经锅炉给水预热器加热至140℃，给水流量由调节阀(进水量、汽包液位及高压蒸汽流量)三冲量控制，加热温度由水热媒出口调节阀控制。然后进入废锅的锅炉给水预热段与烟气进行换热，加热到207℃后进入汽包。

汽包的水通过废锅Ⅰ、Ⅱ、Ⅲ段和高温烟气换热，产生4.2MPa(表)、258℃的饱和蒸汽。产生的饱和蒸汽经过热段和减温器后控制过热温度343℃，过热蒸汽通过压控阀控制在4.2MPa(表)后送往界外。

水热媒系统主要由烟气换热器、空气预热器、AOG预热器、给水预热器和热水循环泵组成，利用锅炉除氧水作为热媒——中间载热体，建立一个闭式循环系统。热媒水经热水循环泵进入烟气换热器吸收余热锅炉烟气的热量后成为188℃的热水，然后分三路，分别进入空气预热器、AOG预热器、给水预热器，经换热后的循环水温度降为140℃返回热水循环泵入口再进入烟气换热器，如此不断地进行循环。回路中的除氧水损失由接自除氧水母管的*DN*50管线补充。循环泵入口水温由烟气换热器旁路调节阀控制。

(3) AOGC系统

以国内某13万t/a丙烯腈装置AOGC为例介绍。来自丙烯腈装置吸收塔顶AOG进入气液分离罐，气液分离后液体进入工艺污水系统(PS)，AOG与来自助燃风机的空气混合，混合气经电加热器进入板式换热器，板式换热器设置旁路用来调节催化氧化反应器入口温度。

换热后的混合气经分配扩张器进入催化氧化反应器经催化氧化反应后进入废热锅炉，废热锅炉设置旁路用来调节SCR反应器入口温度。

余热回收后烟气与来自反应单元的气氨混合后经分配扩张器进入SCR反应器，经脱硝处理后的烟气经板式换热器换热，换热后的烟气经烟囱排放大气。

设置仪表风反吹系统，来自管网的仪表风经仪表风缓冲罐分别去空气过滤器、催化氧化反应器、SCR反应器。

环境空气经空气过滤器由助燃风机送入系统，板式换热器出口烟气也可经开工循环线进入助燃风机入口。

由反应单元供水泵来的除氧水进入汽包，锅炉水经下降管进入蒸发器与烟气换热，水汽混合物通过上升管进入汽包，饱和蒸汽进入过热器，过热蒸汽经集汽箱进入减温器，减温水来自锅炉给水管线。减温器出口的4.2MPa、380℃过热蒸汽进入中压蒸汽管网。

锅炉的连续排污进入反应单元排污罐，定期排污以及紧急排放污水进入定期排污罐，闪蒸汽高点放空，污水排入污水提升池，如图2-22所示。

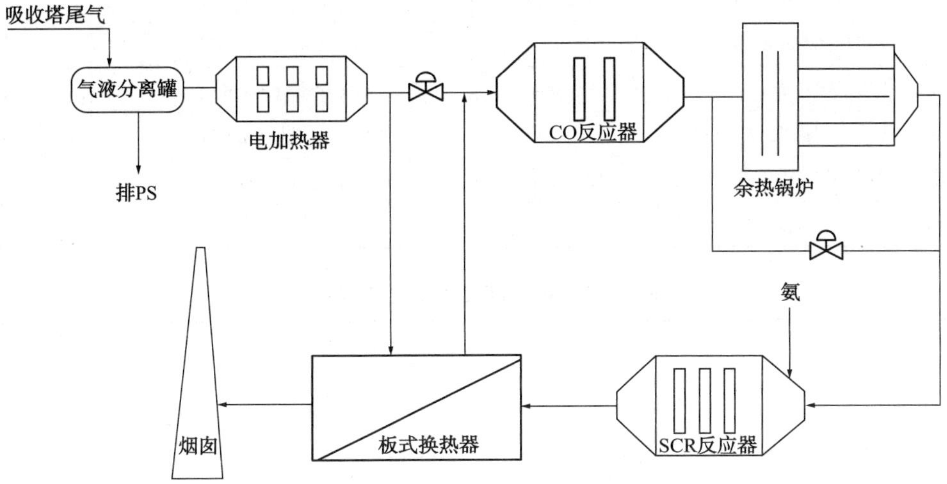

图2-22　丙烯腈装置AOGC系统原则流程图

2.5.4　工艺控制指标

（1）废气排放指标

AOGI尾气焚烧炉尾气排放条件按GB 16297—1996《大气污染物综合排放标准》允许排放值：颗粒物≤20mg/m^3；SO_2≤50mg/m^3；NO_x≤100mg/m^3。

（2）工艺控制指标

废水焚烧炉、AOGI尾气焚烧炉工艺控制指标见表2-13、表2-14。

（3）主要环保指标

丙烯腈装置主要环保指标见表2-15。

表2-13　废水焚烧炉工艺控制指标

项目	指标	项目	指标
还原段温度/℃	900~1538	过热蒸汽压力/MPa	4.2±0.5
氧化段温度/℃	900~1150	废水雾化空气压力/MPa	0.45~0.60
Ⅰ级调节段温度/℃	580~650	一、二组袋式除尘差压/kPa	0.3~3.0
锅炉给水预热后温度/℃	160~180	三、四组袋式除尘差压/kPa	0.3~3.0
过热蒸汽温度/℃	380±10	凝液闪蒸罐压力/MPa	0.3~0.35
袋式除尘器入口温度/℃	210~240	汽包液位/mm	-100~100
急冷后烟气温度/℃	65~80	急冷水流量/(t/h)	60~75
脱硫污水冷后温度/℃	40~60	洗涤塔循环量/(t/h)	240~280
氧化段压力/kPa	-1.0±0.5	氧化罐工业风流量/(Nm^3/h)	500~800

表 2-14　AOGI 尾气焚烧炉工艺控制指标

项目	指标	项目	指标
废锅 I 段烟气温度/℃	700~760	汽包液位/%	30~60
HP 温度/℃	313~373	鼓风机轴承温度/℃	<80
HP 压力/MPa(表)	3.95~4.45	NO_x 含量/(mg/m^3)	≤100
雾化蒸汽设定压力/MPa(表)	≥0.4	SO_2 含量/(mg/m^3)	≤50
炉内压力/MPa(表)	≤0.004	CO 含量/(mg/m^3)	≤80
给水预热段进口温度/℃	130~150	丙烯腈含量/(mg/m^3)	≤0.5
水热媒循环泵进口温度/℃	130~150	烟尘含量/(mg/m^3)	≤150
鼓风机出口压力/MPa(表)	0.006~0.010	尾氧含量/%	3~5

表 2-15　丙烯腈装置主要环保指标

指标名称	单位	控制范围	指标名称	单位	控制范围
AOGI 烟气			一氧化碳	mg/Nm^3	≤80
颗粒物	mg/Nm^3	≤20	SO_2	mg/Nm^3	≤80
SO_2	mg/Nm^3	≤50	NO_x	mg/Nm^3	≤250
NO_x	mg/Nm^3	≤100	AN	mg/Nm^3	≤0.5
AN	mg/Nm^3	≤0.5	HCN	mg/Nm^3	≤1.9
HCN	mg/Nm^3	≤1.9	氟化氢(HF)	mg/Nm^3	≤2.0
非甲烷总烃去除率	%	去除率>97	氯化氢(HCl)	mg/Nm^3	≤50
AOGC 烟气			汞及其化合物(以 Hg 计)	mg/Nm^3	≤0.05
颗粒物	mg/Nm^3	≤20	镉及其化合物(以 Cd 计)	mg/Nm^3	≤0.05
NO_x	mg/Nm^3	≤100	铊及其化合物(以 Ti 计)	mg/Nm^3	≤0.05
SO_2	mg/Nm^3	≤50	铅及其化合物(以 Pb 计)	mg/Nm^3	≤0.5
AN	mg/Nm^3	≤0.5	铬及其化合物(以 Cr 计)	mg/Nm^3	≤0.5
HCN	mg/Nm^3	≤1.9	砷及其化合物(以 Cr 计)	mg/Nm^3	≤0.5
非甲烷总烃		去除率>97%	锡、锑、铜、锰、镍、钴及其化合物	mg/Nm^3	≤2.0
废水焚烧炉烟气					
烟尘	mg/Nm^3	≤20	二噁英类	ng TEQ/Nm^3	≤0.5

注：TEQ 为污染物排放单位，国际毒性当量。

第 3 章　原料、产品、副产物及公用工程

3.1 原　　料

3.1.1 丙烯

（1）丙烯的物理性质

丙烯(propylene，$CH_2=CHCH_3$)常温下为无色、无臭、稍带有甜味的气体。丙烯属于单烯烃，分子式为 C_3H_6，相对分子质量为 42.08，密度为 0.5139g/cm³(4~20℃)，冰点-185.3℃，沸点-47.4℃，临界温度为 91.8℃，临界压力为 4.619MPa，临界密度为 233kg/m³，临界摩尔体积为 181cm³/mol，临界压缩因子为 0.275。易燃，爆炸极限为 2%~11%。不溶于水，溶于有机溶剂，是一种低毒类物质。丙烯是三大合成材料的基本原料，主要用于生产聚丙烯、丙烯腈、异丙烯、丙酮和环氧丙烷等。

1）丙烯的汽化潜热。

丙烯压缩制冷利用丙烯的汽化潜热。丙烯的汽化潜热越大，则循环的量越小，运行越经济。丙烯在不同温度下的汽化潜热见表 3-1。

表 3-1　丙烯在不同温度下的汽化潜热

温度/℃	-180	-160	-140	-120	-100	-80	-60
汽化热/(kJ/mol⁻¹)	23.664	22.994	22.290	21.549	20.762	19.921	19.016
温度/℃	-40	-20	0	20	40	60	80
汽化热/(kJ/mol⁻¹)	18.032	16.952	15.742	14.356	12.698	10.567	7.264

随着温度的升高，丙烯的汽化潜热不断减小。这是因为温度越高，液态丙烯分子之间的热运动越剧烈，相互之间的作用力越小，液相中的丙烯分子挣脱到气相中需要提供给的热量越少，因此汽化潜热越小。

2）丙烯的饱和蒸气压。

丙烯的饱和蒸气压对丙烯压缩制冷至关重要。按压力和温度的不同排列的饱和蒸气压见表 3-2、表 3-3。

表 3-2　丙烯的饱和蒸气压(按压力排列)

压力/kPa	0.1	0.2	0.4	0.7	1.0	2.0	4.0	7.0
温度/℃	-133.1	-129.6	-124.9	-120.2	-115.9	-108.3	-100.5	-93.5

续表

压力/kPa	10	20	40	70	101.3	200	400	700
温度/℃	-88.7	-78，8	-66.5	-55.5	-47.7	-31.4	-11.7	-6.7
压力/kPa	1000	1500	2000	2500	3000	3500	4000	5000
温度/℃	19.3	36.6	48.9	60.1	69.3	77.4	84.3	

表 3-3　丙烯的饱和蒸气压(按温度排列)

温度/℃	-100	-80	-60	-40	-20	0
压力/kPa	4.021	17.53	55.80	142.00	307.31	588.29
温度/℃	20	40	60	80	91.9	
压力/kPa	1025.4	1660.7	1545.2	3738.8	4599	

3）液态丙烯的密度。

液态丙烯在不同温度下的密度见表 3-4，可以看出，随着温度的升高，液态丙烯的密度不断减小。

表 3-4　液态丙烯的密度

温度/℃	-180	-160	-140	-120	-80	-60	-40
密度/(g/cm^3)	0.751	0.733	0.713	0.691	0.646	0.623	0.600
温度/℃	-20	0	20	40	60	80	
密度/(g/cm^3)	0.574	0.547	0.517	0.478	0.435	0.371	

4）液态丙烯的黏度

液态丙烯的黏度见表 3-5，可以看出，随着温度的升高，黏度不断降低。到 90℃时黏度出现波动，最后又随着温度的升高而降低。

表 3-5　液态丙烯的黏度

温度/℃	-180	-160	-140	-120	-100	-80	-60	-40	-20
黏度/mPa·s	8.56	1.96	0.91	0.54	0.37	0.271	0.21	0.167	0.136
温度/℃	0	20	30	40	50	60	80	90	100
黏度/mPa·s	0.109	0.086	0.076	0.066	0.055	0.046	0.031	0.012	0.045
温度/℃	110	120	130	140	150	160	170		
黏度/mPa·s	0.226	0.449	0.102	0.721	0.550	0.448	0.371		

5）丙烯的热导率。

① 气态丙烯的热导率。

气态丙烯的导热率与温度的关系见表 3-6。气态丙烯导热率随着温度的升高而增大。

② 液态丙烯的导热率。

液态丙烯的导热率与温度的关系见表 3-7，可以看出，液态丙烯的导热率随着温度的升高而降低。

表 3-6　气态丙烯的热导率

温度/K	150	200	250	300	350	400	450	500	550
导热率/[mW/(m·K)]	5.439	9.079	13.51	18.54	24.18	30.25	36.65	43.51	50.21
温度/K	600	650	700	750	800	850	900	950	1000
导热率/[mW/(m·K)]	57.32	64.43	71.55	78.66	85.77	92.88	100.0	107.1	113.8

表 3-7　液态丙烯的热导率

温度/℃	-180	-160	-140	-120	-100	-80	-60
热导率/[mW/(m·K)]	359.0	294.6	47.3	210.5	181.7	157.7	138.1
温度/℃	-40	-20	0	20	40	60	80
热导率/[mW/(m·K)]	122.2	109.6	99.58	91.63	85.77	79.91	70.71

6）液态丙烯的表面张力。

液态丙烯的表面张力与温度的关系见表 3-8，可以看出，液态丙烯的表面张力随着温度的升高而降低。

表 3-8　液态丙烯的表面张力

温度/℃	-180	-160	-140	-120	-100	-80	-60
表面张力/(Mn/m)	37.43	34.15	30.92	27.74	26.63	21.57	18.59
温度/℃	-40	-20	0	20	40	60	80
表面张力/(Mn/m)	15.69	12.87	10.16	7.558	5.101	2.832	0.851

（2）丙烯的化学性质

丙烯的化学性质活泼，能发生加成反应和聚合反应等许多化学反应，是一种重要的化工原料。

丙烯的化学性质主要体现在碳碳双键（$>C=C<$）和 α-碳原子即分子中的甲基。丙烯属链烯（烯）系列烃。链烯是不饱和烃，因含有碳碳双键（$>C=C<$）可以进行多种加成反应。常见反应如下：

1）加成反应：

即双键中的 π 键断裂，分别与其他的原子结合。例如：丙烯在酸作用下与水加成生成异丙醇。

$$CH_3—CH=CH_2+H_2O \xrightarrow{H^+} CH_3—\underset{\underset{OH}{|}}{CH}—CH_3$$

链烯与卤化氢的加成反应，生成烷基卤化物。正常的加成遵循 Markownikoff 规则，即卤素原子与具有最少氢原子的碳原子结合。过氧化物会逆转溴化氢加成到烯烃的方向。氯化氢和碘化氢按正常方式加成。高碳链烯与氯化氢的加成反应较慢，需要催化剂。

在有适合催化剂(铂、钯或骨架镍)存在的情况下，烯烃加氢生成相应烷烃。

2）氧化反应：

用氢过氧化叔丁烷作氧化剂可将丙烯氧化成环氧丙烷。

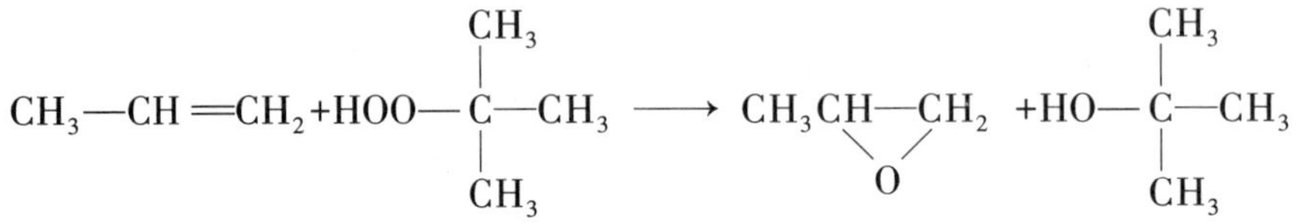

3）聚合反应：

在适当条件下，链烯可以聚合为聚烯烃。聚合反应可以用氯化铝或三氟化硼催化。

例如：丙烯用烷基铝和三氯化钛作催化剂在约 50℃、2.0MPa 下，以汽油为添加剂进行聚合得到聚丙烯。

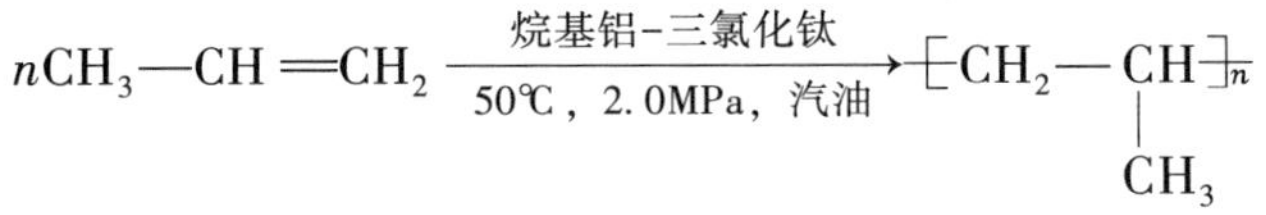

4）α-碳原子上发生的化学反应主要有：

① 取代反应。

链烯与卤素(氯、溴、碘)可发生加成反应。高温下，在双键碳原子相邻的碳原子上可发生取代反应。例如：丙烯与氯在 500℃左右反应主要生产 3-氯-1-丙烯(氯丙烯、丙烯酰氯)。

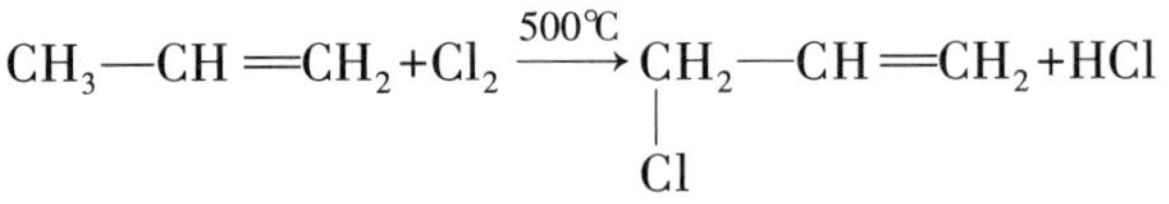

② 氧化反应。

工业上以金属氧化物(如 Cu_2O)为催化剂，用空气氧化丙烯，生成丙烯醛。

$$CH_3—CH=CH_2+O_2 \xrightarrow[350℃,\ 0.25MPa]{Cu_2O} CH_2=CH—CHO+H_2O$$

丙烯腈装置中也正是利用丙烯的 α-碳原子上的氢的活泼性质用氨氧化的方法制得丙烯腈。丙烯的化学性质是比较活泼的，除了发生上述反应以外，还可发生下列反应：

A. 烯烃与浓硫酸化合生成烷基氢硫酸酯，后者水解生成醇，此法为双键水合的便利方法。

B. 与像 *N*-溴代琥珀酰亚胺一样的正卤素化合物反应，链烯在 α 碳上卤化。

C. 链烯与次氯酸反应生成氯代醇。

D. 在氯化铝存在的条件下，链烯与卤化酰基化合生成卤代酮。

E. 在钴存在时，链烯与一氧化碳和氢在高压下化合生成醛。

F. 链烯易被多种氧化剂氧化，如高锰酸钾、过氧化氢、过硼酸等。

G. 在存在硫酸或其他催化剂时，链烷可以在升温和加压条件下与链烯加合。

H. 链烯可以在单独加热或在有催化剂存在的条件下发生异构化反应。

5）丙烯的用途：

丙烯主要用于有机合成下列产品：丙烯腈、酮、异丙苯、异丙醇、异丙基卤和环氧丙烷，也用于生产聚丙烯。

6）原料丙烯的规格及要求：

丙烯氨氧化反应合成丙烯腈的装置中，对丙烯的要求关键在于丙烯馏分中 C_4 烯烃及相对分子质量更大的烯烃的含量，烷烃基本不发生反应，一般不要求。限制 C_4 烯烃的原因在于它们在丙烯、氨、氧化的条件下，能发生化学反应，如异丁烯，可生成 α-甲基丙烯腈。

$$CH_3-\underset{\displaystyle\overset{|}{CH_3}}{C}=CH_2+NH_3+\frac{3}{2}O_2\longrightarrow CH_2=\underset{\displaystyle\overset{|}{CH_3}}{C}-CN+3H_2O$$

正丁烯氧化生成甲基乙基酮：

$$2CH_2=CH_2CH_3+O_2\longrightarrow 2CH_3CH_2COCH_3$$

C_4 烯烃反应不断消耗氧，而且生成的产物的沸点与丙烯腈沸点很接近，不易分离，甲基乙基酮的沸点是 79℃，所以要求 C_4 烯烃含量<0.1%（质）。

乙烯也会发生氧化，造成缺氧，一般控制乙烯含量在 0.1%以下。

丙烯馏分中往往含有少量的硫化物，会使催化剂中毒，生产中要求硫<10mg/kg。

3.1.2　液氨

（1）氨的物理性质

氨在标准状况下为无色、有刺激性气味的气体，密度比空气小，极易溶于水，易液化，液氨可作制冷剂。化学分子式为 NH_3，相对分子质量为 17.031，氨气的密度为 0.771g/L（标准状况下）。标准状态下沸点为-33.35℃，临界温度为 132.4℃，临界压力为 1127kPa，临界比容为 4.130L/kg，标准状态下凝固温度为-77.7℃。

氨在空气中可燃，但一般难以着火，如果连续接触火源就燃烧，有时也能引起爆炸。如果有油脂或其他可燃物质，则更容易着火。在氧中燃烧时发出黄色火焰，并生成氮和水。爆炸极限为 16%~28%（体），自燃点为 780℃。

氨气极易溶于水，以 700∶1 的溶解度溶于水。氨在 20℃水中的溶解度为 34%。水溶液呈碱性，1%水溶液 pH 值为 11.7，相对密度为 0.60。

一水合氨或称氨水是氨的水溶液，氨的水溶液是一种弱碱（干燥的氨气是没有碱性的），氨溶于水中生成的水合物进一步电离生成了铵根离子和氢氧根离子，正是由于氢氧根离子的存在才使氨水溶液呈现碱性。NH_3 能使湿润的红色石蕊试纸变蓝。

$$NH_3+H_2O\longrightarrow NH_3\cdot H_2O\rightleftharpoons NH_4+OH^-$$

氨水（一水合氨，$NH_3\cdot H_2O$）可腐蚀许多金属，一般若用铁桶装氨水，铁桶应内涂沥青。氨还有一种特殊的性质是可以腐蚀铜，在有水存在时，氨与铜反应生成铜氨络合物，因此，凡是与氨接触的设备和管线不能用铜材质，所用的仪器仪表必须使用氨用仪表。

液氨又称为无水氨，是一种无色液体。液氨在工业上应用广泛，具有腐蚀性，且容易挥发，所以其化学事故发生率相当高。液氨的饱和蒸气压及密度见表 3-9 及表 3-10。

表 3-9　液氨的饱和蒸气压(压力为绝压)

温度/℃	蒸气压/kPa	温度℃	蒸气压/kPa	温度/℃	蒸气压/kPa	温度/℃	蒸气压/kPa	温度/℃	蒸气压/kPa
-40	71.77	-20	190.23	0	429.42	20	857.06	40	1554.20
-38	79.79	-18	207.71	2	462.45	22	913.19	42	1642.40
-36	88.54	-16	226.45	4	497.40	24	972.11	44	1734.00
-34	98.04	-14	246.50	6	534.49	26	1033.90	46	1829.50
-32	108.37	-12	267.93	8	573.60	28	1098.70	48	1929.00
-30	119.55	-10	290.83	10	614.89	30	1166.50	50	2032.50
-28	131.64	-8	315.24	12	658.46	32	1237.40	52	2140.10
-26	144.70	-6	341.23	14	704.41	34	1311.40	54	2251.80
-24	158.79	-4	368.87	16	752.74	36	1389.00	56	2368.20
-22	173.93	-2	398.24	18	803.61	38	1469.90	58	2488.70

表 3-10　液氨的密度

温度/℃	密度/(kg/L)	温度/℃	密度/(kg/L)	温度/℃	密度/(kg/L)	温度/℃	密度/(kg/L)	温度/℃	密度/(kg/L)
-40	0.690	-20	0.665	0	0.639	20	0.610	40	0.579
-38	0.688	-18	0.662	2	0.636	22	0.607	42	0.576
-36	0.685	-16	0.660	4	0.633	24	0.604	44	0.573
-34	0.683	-14	0.657	6	0.630	26	0.601	46	0.570
-32	0.680	-12	0.655	8	0.627	28	0.598	48	0.566
-30	0.678	-10	0.652	10	0.625	30	0.595	50	0.563
-28	0.675	-8	0.649	12	0.623	32	0.592		
-26	0.673	-6	0.647	14	0.619	34	0.589		
-24	0.670	-4	0.644	16	0.616	36	0.586		
-22	0.668	-2	0.641	18	0.613	38	0.583		

(2) 氨的化学性质

1) 氨的中和反应：

氨属于Ⅳ级毒物，是化学性质较活泼的物质，它与酸作用生成铵盐。NH_3(挥发性)遇HCl(挥发性)气体有白烟产生，反应生成铵盐：$NH_3+HCl═══NH_4Cl$。氨用稀硫酸溶液吸收制得硫酸铵：$2NH_3+H_2SO_4═══(NH_4)_2SO_4$。

2) 氨的氧化反应：

NH_3分子中氮为-3 价，在适当条件下可被氧化为 N_2或更高价氮化合物。如 NH_3在纯氧中燃烧时发出黄色火焰，并生成氮和水：

$$4NH_3+3O_2═══2N_2+6H_2O+1267.9kJ$$

在铂催化下可氧化生成水与一氧化氮，是工业制硝酸的重要反应，生产过程由氨的氧化、一氧化氮氧化和二氧化氮吸收三步完成。

$$4NH_3+5O_2═══4NO+6H_2O+906.5kJ$$

在其他条件下还可发生如下反应：

$$4NH_3+4O_2 = 2N_2O+6H_2O+1103.9kJ$$

常温下 NH_3 可与强氧化剂(如氯气、过氧化氢、高锰酸钾)直接反应:

$$2NH_3+3Cl_2 = N_2+6HCl \text{ 或 } 8NH_3+3Cl_2 = 6NH_4Cl+N_2$$

另外，含有甲基($R-CH_3$ 型)的脂肪族或芳香族有机物在催化剂存在下用空气和氨可氧化为相应的腈类。反应条件一般为气相、300℃以上以及金属氧化物催化。工业上应用这个反应的例子有：丙烯通过氨氧化制取丙烯腈，以磷钼酸铋为催化剂(Sohio 法)。

3）氨的还原反应：

氨可将 CuO 还原为 Cu：$2NH_3+3CuO = N_2+3H_2O+3Cu$

4）氨的分解反应：

氨在常温下稳定，但是在高温下可分解成氢和氮。一般在一个大气压下、450~500℃时分解，如果有铁、镍等催化剂存在，可在300℃时分解：$2NH_3 = 3H_2+N_2$。

（3）氨的用途

氨气加压到0.7~0.8MPa 时就变成液氨，同时放出大量的热，相反液态氨蒸发时要吸收大量的热，所以氨可作致冷剂，接触液氨可引起严重冻伤，因其价廉的特点在制冰和冷藏行业得到广泛使用。液氨在工业上应用广泛，具有腐蚀性，且容易挥发，所以其化学事故发生率相当高。NH_3 用于制氨水、液氨、氮肥(尿素、碳铵等)、HNO_3、铵盐、纯碱，广泛应用于化工、轻工、化肥、制药、合成纤维、塑料、染料、制冷剂等。

（4）原料氨的规格及要求

丙烯氨氧化反应生成丙烯腈的工业装置中对氨的要求是不含硫，纯度>99.7%(质)，残留物含量≤0.3%(质)，油分≤10mg/kg。

3.1.3 原料空气的来源及要求

丙烯氨氧化反应生成丙烯腈装置中所用的氧气取自空气中的氧，对原料空气的要求是不含硫、无油分、不含对催化剂、工艺或产品及副产品有不良影响的化学品。

空气通常条件下是呈无色、无臭和无味的气体，密度为1.429g/L，1.419/cm^3(液)，1.426g/cm^3(固)，熔点为-218.4℃，沸点为-182.962℃，在-182.962℃时液化成淡蓝色液体，在-218.4℃时凝固成雪状淡蓝色固体。临界点为-118.56℃(5.043MPa)。氧气在水中的溶解度是4.89mL/100mL 水(0℃)，干燥空气中含有20.946%体积的氧气。

3.1.4 其他化学品

（1）硫酸(H_2SO_4)

1）硫酸的性质。

硫酸是三大无机强酸(硫酸、硝酸、盐酸)之一，分子式为 H_2SO_4，相对分子质量为98.08，相对密度及凝固点也随其含量的变化而不同，相对密度为1.841(含量96%~98%)。凝固点为10.35℃(100%)、3℃(98%)，沸点为290℃，蒸气压为0.13kPa(145.8℃)。硫酸纯品为透明、无色、无嗅的油状液体，有杂质时颜色变深，甚至发黑。硫酸对水有很大亲和力，可从空气和有机物中吸收水分，一旦与水、醇混合将产生大量的热，并伴随体积缩小。硫酸被加热到340℃时可分解成三氧化硫和水。

2）硫酸的健康危害。

硫酸对皮肤、黏膜等组织有强烈的刺激和腐蚀作用。硫酸蒸气或雾溅入眼内可引起结膜炎、结膜水肿、角膜混浊，以致失明；刺激呼吸道，严重者发生呼吸困难和肺水肿；高浓度硫酸引起喉痉挛或声门水肿而窒息死亡。口服后引起消化道烧伤以致形成溃疡；严重者可能会胃穿孔、腹膜炎、肾损害、休克等。皮肤灼伤轻者出现红斑，严重者形成溃疡，愈后斑痕收缩影响功能。

慢性影响：牙齿酸蚀性、慢性支气管炎、肺气肿和肺硬化。

3）硫酸的主要作用。

浓硫酸用来中和反应器气体中过剩氨，调节急冷塔上段 pH 值在 3.0~5.0 范围内。浓硫酸从储运站间断送至装置硫酸储罐，经静置沉淀后，用硫酸泵连续送至急冷塔上段循环泵出口管线。消耗定额为 95~110kg/t AN。

（2）对苯二酚(HQ)

1）对苯二酚的性质。

对苯二酚的分子式为 $C_6H_6O_2$，相对分子质量为 110.11，可燃，高毒，熔点为 170.5℃，沸点为 285℃，相对密度(水=1)为 1.33，相对蒸气密度为(空气=1)3.81，饱和蒸气压为 0.13kPa(132.4℃)，燃烧热为 2849.8kJ/mol，临界温度为 549.9℃，临界压力为 7.45MPa，引燃温度为 499℃，溶于水，易溶于乙醇、乙醚。

2）对苯二酚的健康危害。

对苯二酚毒性比酚大，成人误服 1g 对苯二酚即可出现头痛、头晕、耳鸣、面色苍白、紫绀、恶心、呕吐、腹痛、窒息感、呼吸困难、心动过速、震颤、肌肉抽搐、惊厥、谵妄和虚脱等症状；严重者可出现呕血、血尿和溶血性黄疸，尿呈青色或棕绿色。皮肤可因原发性刺激和变态反应而致皮炎，引起皮肤色素脱失。眼部接触本品粉尘或蒸气，可引起结膜和角膜炎。

3）对苯二酚的主要作用。

对苯二酚主要是防止系统中丙烯腈和氢氰酸聚合，系统中需要补加对苯二酚阻聚剂。对苯二酚溶液由 HQ 泵送至回收塔顶冷却器、急冷后冷却器、脱氰塔、成品塔(目前只加入回收塔顶冷却器、急冷后冷却器)。消耗定额为 0.4kg/t AN。

（3）对苯二酚甲基醚(MEHQ)

1）对苯二酚甲基醚的性质。

对苯二酚甲基醚是白色至淡褐色的片状晶体，相对密度为 1.55(20℃)，沸点为 243℃，微溶于水，溶于乙醇、丙酮、乙酸乙酯和苯，能吸收部分紫外光，化学性质稳定。

2）对苯二酚甲基醚的健康危害。

刺激上呼吸道、眼睛，使皮肤发红、肿胀。

3）对苯二酚甲基醚的作用。

对苯二酚甲基醚可防止成品丙烯腈聚合。

（4）醋酸(CH_3COOH)

1）醋酸性质。

醋酸，别名乙酸，分子式为 CH_3COOH，相对分子质量为 60.05，熔点为 16.6℃，沸点为 117.9℃，相对密度为 1.0492。当温度低于它的熔点时，会凝结成冰状晶体，所以又叫冰醋酸。醋酸易溶于水、乙醇及其他有机溶剂。

2）醋酸的健康危害。

醋酸是一种有机化合物，是典型的脂肪酸。纯的无水乙酸(冰醋酸)是无色的吸湿性液体，凝固点为 16.7℃，凝固后为无色晶体。尽管乙酸是一种弱酸，但是它是具有腐蚀性的，其蒸气对眼和鼻有刺激性作用。

3）醋酸主要用途。

冰醋酸是最重要的有机酸之一，主要用于合成醋酸乙烯、醋酐、醋酸纤维、醋酸酯和金属醋酸盐等，也用作农药、医药和染料等工业的溶剂和原料，在照相、药品制造、织物印染和橡胶工业中都有广泛用途。

醋酸可防止脱氢氰酸塔顶气相氢氰酸聚合，调整脱氢氰酸塔釜 pH 值。主要加到脱氢氰酸塔顶冷凝器气相入口，还加到脱氢氰酸塔排气冷凝器，以及氢氰酸密排系统。

（5）联氨（N_2H_4）

1）联氨的性质。

联氨，又称肼，分子式为 N_2H_4，相对分子质量为 32.05，常温下为无色油状液体，有刺激性氨臭，剧毒。熔点为 1.4℃，沸点为 113.5℃，闪点为 32℃，黏度为 0.90（25℃），相对密度为 1.011（15℃）、1.0045（25℃），不溶于乙醚、氯仿和苯，能与水、甲醇、乙醇等混溶。有吸湿性，在空气中发烟，燃烧时呈紫色火焰。液体中分子以二聚体形成存在，有强还原性和腐蚀性。高温加热时分解为氮气、氢气和氨气：$2N_2H_4 = 2NH_3\uparrow + N_2\uparrow + H_2\uparrow$。联氨是一种无色的高度吸湿性的可燃液体。

2）联氨的健康危害。

联氨极毒，对眼睛有刺激作用，能引起延迟性发炎，对皮肤和黏膜也有强烈的腐蚀作用，对肝脏有损害作用，可完整地经皮肤吸收，同时是一种可疑致癌物。

3）联氨的作用。

联氨是一种强还原剂，可用来去除锅炉水和热水加热系统中的氧，以减轻设备腐蚀。

在化学品配制槽中用脱盐水配制成水溶液后由化学品注入泵注入供水泵入口管线上。

（6）磷酸三钠（Na_3PO_4）

1）磷酸三钠的性质。

磷酸三钠的分子式为 Na_3PO_4，相对分子质量为 164，白色或微黄色结晶，相对密度为 1.62，熔点为 73.4℃，溶于水。

2）磷酸三钠的作用

工业级磷酸三钠主要用作软水剂、锅炉清洗和洗涤剂、非金属防锈剂、织物丝光增强剂等；食品级磷酸三钠用作品质改良剂、乳化剂、营养增补剂、面食碱水剂等。

磷酸三钠主要是用来调节原料系统（锅炉水）的水质，以及焚烧锅炉的水质，防治设备、管线的腐蚀。为了除去循环水中的二氧化碳，须在循环水中添加磷酸三钠，并控制其在循环水中含量。

在化学品配制槽中用脱盐水配制成水溶液后由化学品注入泵注入供水泵出口管线中。

（7）过氧化氢（H_2O_2）

1）过氧化氢的性质。

过氧化氢的水溶液即双氧水，其分子式为 H_2O_2，相对分子质量为 34.01，熔点为-2℃（无水），沸点为 158℃（无水），折射率为 1.4067（25℃），相对密度（水=1）为 1.46（无水），饱和蒸气压为 0.13kPa（15.3℃），水溶液为无色透明液体，有微弱的特殊气味。纯过氧化氢是淡蓝色的油状液体，能与水、乙醇或乙醚以任何比例混合，不溶于苯、石油醚。

2）过氧化氢的健康危害。

吸入过氧化氢蒸气或雾对呼吸道有强烈刺激性；眼直接接触其液体可致不可逆损伤甚至

失明；口服中毒出现腹痛、胸口痛、呼吸困难、呕吐、一时性运动和感觉障碍、体温升高、结膜和皮肤出血等症状，个别病例出现视力障碍、癫痫性痉挛、轻瘫，长期接触本品可致接触性皮炎。

3）过氧化氢的作用。

过氧化氢在不同的情况下有氧化作用或还原作用，可用作氧化剂、漂白剂、消毒剂、脱氯剂，可供火箭做燃料，制造有机或无机过氧化物、泡沫塑料和其他多孔物质等。在生产中过氧化氢加到四效外排污水线中。

（8）碳酸钠（Na_2CO_3）

1）碳酸钠的性质。

碳酸钠 Na_2CO_3，工业俗名纯碱或小苏打，相对密度为 2.532，熔点为 851℃，粉体袋装，易溶于水，水溶液呈强碱性，可作调整 pH 值之用，不溶于乙醇、乙醚，吸湿性强。无水纯品为白色粉末或细颗粒，味涩。

2）碳酸钠的健康危害。

碳酸钠具有刺激性腐蚀性，直接接触可引起皮肤和眼灼伤坏死。生产中吸入其粉尘和烟雾可引起呼吸道刺激和结膜炎，还可造成鼻黏膜溃疡、萎缩及鼻中隔穿孔。长时间接触本品溶液可发生湿疹、皮炎、鸡眼状溃疡和皮肤松弛。接触本品的作业工人呼吸器官发病率升高，误服可造成消化道灼伤、黏膜糜烂、出血和休克。

3）碳酸钠的作用。

碳酸钠用于制作化学品、洗涤剂、清洗剂，也用于照相术和制医药品。

碳酸钠在碳酸钠储槽内配制成 10%（质）的水溶液，用碳酸钠泵将其加入回收塔分层器、轻有机物汽提塔第 5#板或第 10#板。

实际操作中，碳酸钠根据大循环 pH 值（6.5～7.5）情况和回收塔油层分析丙烯醛（≤0.004%）是否超标，而决定是否加入。如大循环水 pH 值低可将碳酸钠加入回收塔第 4#板。如回收塔分层器油层中丙烯醛高，可将碳酸钠加入回收塔分层器水层中。注意随时严格控制相关系统 pH 值在正常范围内。

（9）聚醚多元醇（聚丙二醇甘油醚，简写为 AF）

1）聚醚多元醇性质。

聚醚多元醇为无色至淡黄色黏稠液体，非离子表面活性剂，有较强的消泡能力，能溶于苯、甲苯等芳香族溶剂及氯仿、二氯乙烷、乙醇、异丙醇等，略溶于水，在冷水中更易溶解，化学稳定性好。

2）聚醚多元醇的作用。

消泡剂用桶泵加入消泡剂槽中，由消泡剂泵将消泡剂定量分别加入吸收塔吸收水线中、乙腈塔顶回流线中，防止系统起泡。

（10）氢氧化钠（NaOH）

1）氢氧化钠的性质。

氢氧化钠是无色无味的黏稠液体，相对密度为 1.5250（20℃），熔点 12℃，易溶于水、乙醇、甘油，不溶于丙酮。

2）氢氧化钠的健康危害。

急性影响：灼伤皮肤，对黏膜和上呼吸道、眼睛和皮肤有极强的损伤。吸入可导致痉挛、发炎、咽喉支气管浮肿、化学性肺炎和肺水肿，暴露可产生灼伤、咳嗽、呼吸困难、喉炎、呼吸短缺、头痛、恶心和呕吐等症状。皮肤反复接触可导致皮炎。

3）氢氧化钠的作用。

由储运送来的氢氧化钠溶液浓度为48%，需在碱液储罐中加入脱盐水配制成20%的溶液，倒入碱液计量罐，再通过泵一部分加入脱硫塔，另一部分送入乙腈反应器，调pH值及脱除粗乙腈中丙烯腈、氢氰酸。

3.2 产品及副产物

3.2.1 产品

3.2.1.1 丙烯腈

（1）丙烯腈的性质

丙烯腈的分子式为C_3H_3N，结构简式为CH_2CHCN，相对分子质量为53.006，是无色透明液体，易燃、有毒、有刺激性。其相对密度为0.806，熔点为-82℃，沸点为77.3℃。微溶于水，易溶于有机溶剂。闪点为-5℃，自燃点为481℃，遇火种、高温、氧化剂有爆炸的危险，蒸气与空气混合物有爆炸性，爆炸极限为3.1%~17.0%(体)。与水互溶，溶解度见表3-11。丙烯腈在室内最大允许浓度为0.002mg/L，丙烯腈和水的共沸点为71℃，共沸物中丙烯腈的含量为88%(质)。

表3-11 丙烯腈与水的相互溶解度

温度/℃	水在丙烯腈中的溶解度/%(质)	丙烯腈在水中溶解度/%(质)
0	2.10	7.15
10	2.55	7.17
20	3.08	7.30
30	3.82	7.51
40	4.85	7.90
50	6.15	8.41
60	7.65	9.10
70	9.21	9.90
80	10.95	11.10

丙烯腈分子中含有腈基和C—C不饱和双键，因此化学性质极为活泼，能发生聚合、加成、腈基和氰乙基化等反应。丙烯腈对光极为灵敏，光照后变为暗色而聚合，聚合反应是丙烯腈的重要反应。纯丙烯腈是完全热稳定的，但是丙烯腈单体在少量过氧化物或光的引发下，能迅速发生聚合。为防止丙烯腈的聚合反应，在生产过程中添加少量的阻聚剂。

（2）丙烯腈的健康危害

丙烯腈有强烈刺激性。吸入蒸气损害呼吸道，出现咽喉炎、胸部压迫感、支气管炎；大量吸入可致肺炎、肺水肿，甚至出现休克、肾炎及心力衰竭，可致死，液体及蒸气损害眼睛；皮肤接触可致灼伤，口服引起口腔及胃刺激或灼伤。

（3）丙烯腈的用途

丙烯腈主要用于制造聚丙烯腈、丁腈橡胶和其他合成树脂等，也用于电解制己二腈和水解成丙烯酸酰胺。

3.2.1.2 氢氰酸

（1）氢氰酸的性质

氢氰酸的分子式为 HCN，相对分子质量为 27，别名氰化氢，是一种具有苦杏仁特殊气味的无色液体。氰化氢易溶于水、酒精和乙醚，易在空气中均匀弥散，在空气中可燃烧，在空气中的含量达到 5.6%~40.0%(体)时，具有爆炸性。氰化氢为气体，其水溶液称氢氰酸。氢氰酸属于剧毒类。

（2）氢氰酸的健康危害

氰化物的毒性主要由其在体内释放的氰根而引起。氰根离子在体内能很快与细胞色素氧化酶中的三价铁离子结合，抑制该酶活性，使组织不能利用氧。氰化物对人体的危害分为急性中毒和慢性影响两方面。氰化物所致的急性中毒分为轻、中、重三级。轻度中毒表现为眼及上呼吸道刺激症状，有苦杏仁味，口唇及咽部麻木，继而可出现恶心、呕吐、震颤等；中度中毒表现为叹息样呼吸，皮肤、黏膜常呈鲜红色，其他症状加重；重度中毒表现为意识丧失，出现强直性和阵发性抽搐，血压下降，尿、大便失禁，常伴发脑水肿和呼吸衰竭。

氢氰酸对人体的慢性影响表现为神经衰弱综合症，如头晕、头痛、乏力、胸部压迫感、肌肉疼痛、腹痛等，并有眼和上呼吸道刺激症状。皮肤长期接触后，会引起皮疹，表现为斑疹、丘疹，极痒。

（3）氢氰酸的用途

氢氰酸主要应用于电镀业(镀铜、镀金、镀银)、采矿业(提取金银)、船舱、仓库的烟熏灭鼠，制造各种树脂单体如丙烯酸树脂、甲基丙烯酸树脂等，此外也用于制备氰化物。

3.2.1.3 乙腈

（1）乙腈的性质

乙腈的分子式为 C_2H_3N，结构简式为 CH_3CN，相对分子质量为 41.05，是无色透明液体，微有醚样臭气，易燃。乙腈与水或乙醇能任意混合，熔点为-45.7℃，沸点为 81.6℃，相对密度(水=1)为 0.79，相对蒸气密度(空气=1)为 1.42，饱和蒸气压为 13.33kPa(27℃)，燃烧热为1264.0kJ/mol，临界温度为274.7℃，临界压力为4.83MPa，闪点为2℃，引燃温度为524℃，爆炸极限为3.0%~16.0%(体)。

（2）乙腈的健康危害

乙腈急性中毒发病较氢氰酸慢，可有数小时潜伏期，主要症状为衰弱、无力、面色灰白、恶心、呕吐、腹痛、腹泻、胸闷、胸痛；严重者呼吸及循环系统紊乱，呼吸浅、慢而不规则，血压下降，脉搏细而慢，体温下降，阵发性抽搐，昏迷，可有尿频、蛋白尿等。

（3）乙腈的用途

乙腈主要作溶剂，大量用于 C_4 馏分中组分的分离，以及从植物油和鱼肝油中分离提纯脂肪酸，还可以用于合成乙胺、乙酸等，并在织物染色、照明工业等方面也有很多用途。

3.2.2 副产物

丙烯、氨和空气在催化剂作用下生成丙烯腈，同时还生成氢氰酸、乙腈、一氧化碳、二氧化碳、水、丙烯醛、丙烯酸、乙醛、丙腈等。下面对丙烯醛、丙烯酸、乙醛、丙腈作简要说明。

（1）丙烯醛

1）丙烯醛的性质。

丙烯醛的分子式为 C_3H_4O，结构简式为 CH_2CHCHO，外观为无色或淡黄色液体，有恶臭，相对分子质量为 56.06，饱和蒸气压为 28.53kPa（20℃），闪点为 -26℃，熔点为 -87.7℃，沸点为 52.5℃，溶于水，易溶于醇、丙酮等多数有机溶剂，液态相对密度（水 = 1）为 0.84，气态相对密度（空气 = 1）为 1.94，为不稳定有机物。

2）丙烯醛的健康危害。

本品有强烈刺激性，吸入蒸气会损害呼吸道，出现咽喉炎、胸部压迫感、支气管炎；大量吸入可致肺炎、肺水肿，还可出现休克、肾炎及心力衰竭，可致死。液体及蒸气损害眼睛；皮肤接触可致灼伤，口服引起口腔及胃刺激或灼伤，属高毒类。

3）丙烯醛用途。

丙烯醛是化工中很重要的合成中间体，广泛用于树脂生产和有机合成。

（2）丙烯酸

1）丙烯酸的性质。

丙烯酸的分子式为 $C_3H_4O_2$，结构简式为 $CH_2CHCOOH$，相对分子质量为 72.06，无色液体，有刺激性气味。熔点为 14℃，沸点为 141℃ 相对密度（水 = 1）为 1.05，蒸气相对密度（空气 = 1）为 2.45，饱和蒸气压为 1.33（39.9℃）kPa，燃烧热为 1366.9kJ/mol，辛醇/水分配系数的对数值为 0.36（计算值），闪点为 50℃，引燃温度为 438℃，爆炸范围为 8.0%~2.4%（体），与水混溶，可混溶于乙醇、乙醚。

2）丙烯酸的健康危害。

丙烯酸对鼻、喉有刺激性；高浓度接触可能引起肺部病变。对皮肤有刺激性，可致灼伤。眼睛接触可致灼伤，造成永久性损害。

3）丙烯酸的用途。

丙烯酸用于树脂制造、合成橡胶乳液制造等领域；丙烯酸在工业上主要用来生产丙烯酸酯类（树脂），占丙烯酸总消费量的 60% 左右，应用于建筑、造纸、皮革、纺织、塑料加工、包装材料、日用化工、水处理、采油、冶金等领域。丙烯酸在精细化工领域占有相当重要的地位。用丙烯酸生产的聚丙烯酸，被用作分散剂、絮凝剂和增稠剂等。到 20 世纪 70 年代后期，聚丙烯酸又应用于高吸水树脂和助洗涤剂。

（3）乙醛

1）乙醛的性质。

乙醛的分子式为 C_2H_4O，结构简式为 CH_3CHO。为无色易流动液体，有刺激性气味。熔点为 -121℃，沸点为 20.8℃，相对密度为 0.7834，可溶于水、乙醇、乙醚、丙酮和苯。乙醛易燃，易挥发，蒸气与空气能形成爆炸性混合物，爆炸极限为 4.0%~57.0%（体），易氧化而成醋酸，在少量酸存在下很易聚合成三聚乙醛（液体，熔点 124℃），低温时生成多聚乙醛。以上两种聚合体能在少量硫酸作用下分解为乙醛。

2）乙醛的健康危害。

乙醛对人的毒性作用主要是刺激皮肤和黏膜，长期低浓度接触可引起类似慢性酒精中毒的表现。乙醛存在可诱发机体损伤和发生癌症的风险。

3）乙醛的用途。

乙醛主要用于生产乙酸、乙酸乙酯和乙酸酐，也用于制备季戊四醇、巴豆醛、巴豆酸和水合三氯乙醛。

（4）丙腈

1）丙腈的性质。

丙腈的分子式为 C_3H_5N，相对分子质量为 55.08，纯品外观与性状为无色液体，有醚样气味。熔点为-92.9℃，沸点为 97.1℃，相对密度(水=1)为 0.7720，蒸气相对密度(空气=1)为 1.9，饱和蒸气压 5.95kPa(25℃)，燃烧热为 1907.8kJ/mol，临界温度为 291.2℃，临界压力为 4.18MPa，辛醇/水分配系数的对数值为 0.1，闪点 2.0℃，爆炸下限 3.1%(体)，溶于水、乙醇等多数有机溶剂。

2）丙腈的健康危害

丙腈在体内析出氰离子，抑制呼吸酶，造成缺氧。急性中毒时轻症有头痛、头晕、乏力、胸闷、呼吸困难、心悸、恶心、呕吐等。重度中毒出现时前驱期：上呼吸道刺激、呼吸加快、头痛、头晕、胸闷；呼吸困难期：血压上升、脉速、心悸、皮肤呈鲜红色、胸部压迫感、呼吸困难、紫绀、昏迷等；麻痹期：持续昏迷、全身肌肉松弛、呼吸心跳停止而死亡。眼和皮肤接触可致灼伤，吸收后可引起中毒。

3）丙腈的用途

丙腈可作为分离烃类和精制石油馏分的选择性溶剂；用作有机合成原料、溶剂和树脂添加剂，少量用作医药原料，主要合成解痉药 2,4,6-三羟基苯丙酮、磺胺异噁唑等药物；也用作色谱分析标准物质；还用作农药除草剂的中间体。

3.3 公用工程

3.3.1 蒸汽

根据丙烯腈装置蒸汽能级使用情况，可分为高压 4.2MPa(表)、中压 1.3MPa(表)和低压 0.30MPa(表)蒸汽。

高压蒸汽用于驱动机组透平运转，在装置开车初期，反应器未正常运转时，高压蒸汽由界外供应；当反应器在一定投料负荷下运行时，高压蒸汽由撤热水管撤热产汽直供。

中压蒸汽用于蒸汽喷射泵、废液的喷雾，还用于补充到低压 0.30MPa 蒸汽管网。

低压蒸汽用作回收塔再沸器加热蒸汽、丙烯氨过热器加热蒸汽、除氧器汽提蒸汽、氨排污槽加热蒸汽、四效一效加热蒸汽、轻有机物汽提塔再沸器加热蒸汽、化学药剂管线伴热蒸汽等。低压蒸汽的蒸汽凝水作为冷凝水而被回收，然后作为凝液回到除氧器。

3.3.2 脱盐水

脱盐水主要用作撤热水系统锅炉、废水焚烧炉的锅炉及 AOGC(或 AOGI)的锅炉补充水，同时产生蒸汽供机组使用，其他还可用作泵的封水、化学药剂配制等。

如脱盐水的使用量大幅改变时，应与管网调度联系。停用时，确认丙烯腈装置完全停工，无使用脱盐水的地方，与调度联系停止接受脱盐水后，关闭脱盐水管网至装置主阀。

3.3.3 压缩空气

压缩空气分为工厂空气和仪表空气。仪表空气用于检测仪表、控制阀动力源、防止反应器料腿堵塞、输送催化剂等，在维持系统运转上十分重要。仪表空气压力为0.6MPa(表)，压力下露点为-33℃；要求含尘量小于1mg/m^3，颗粒直径不大于3μm；油分含量小于10mg/m^3，不含易燃易爆有毒有害及腐蚀性气体或蒸汽。

工厂空气用于一般作业，由装置现场甩头接橡皮管可用于无须惰性气体吹扫、气密的地方。

3.3.4 氮气

氮气主要用于设备易于被垃圾堵塞的地方、死角以及存在可燃性物质的地方的吹扫风，有时又用于储槽和换热器的气体置换。

主要用途：反应器料腿高压疏堵、蒸发器置换、原料管道反吹、泵的氮封、储罐的氮封，作为反应器事故氮气，仪表检测、检修时塔(罐、釜)置换等。

3.3.5 循环冷却水

循环冷却水是由动力装置供应，主要用于冷却器、冷凝器等的换热。

使用循环冷却水应注意节约，防止能量浪费，尤其冬夏温差大时要调整用量。另外塔顶冷凝器控制的冷却温度过低，对塔釜热量需求也大。运行中要定期对流量计或流量控制阀进行校正，以防影响工艺状况或者造成浪费。

丙烯腈装置大量使用冷却水的设备主要有丙烯冷却器、急冷塔后冷却器、吸收水冷却器、回收塔顶冷却器、溶剂水冷却器、第四蒸发器馏出物冷凝器、成品塔塔顶冷却器、乙腈塔顶冷却器等。

3.3.6 工业用新鲜水

丙烯腈生产中，工业用新鲜水主要用于废水炉急冷脱硫塔、储槽的喷淋降温、现场作业用水，同时包括用于罐的喷淋、设备清洗等。

3.3.7 电

装置用电类型主要分为6000V、交流、三相三线制、中性点不接地高压和380V/220V、交流、三相四线制、中性点直接接地低压，频率50Hz±1Hz，主要用于满足各类机泵、用电力驱动的机组、现场动力箱及其他机械的用电。照明电源220V，交流电，仪表电源24V，直流电。

第4章 工艺操作

4.1 开车准备

4.1.1 全面检查装置情况

检查确认丙烯腈装置所有设备和管线均已按照工艺和仪表要求正确安装，并完成仪表联校工作，尤其注意检查以下各点：止逆阀方向是否正确；正式盲板位置状态是否正确；临时盲板是否全部拆除；各阀门是否安装在能安全平稳操作的位置；开车组织方案资料数据是否齐备；化学品等公用工程是否齐备；分析检测及设备检修的人员工器具是否到位；安全防护用具是否齐备；现场通信系统是否完好等。

4.1.2 空气吹扫

首次开车前的设备、管线，因内部存在焊接留下的焊渣与管线放置时间长而产生的铁锈、灰尘等较多杂质，若直接投入使用，容易损坏仪表元件、设备和其他动静设备，不能正常开车。因此，在首次开车前必须对设备、管线内的杂质进行清除，避免仪表等设备被损坏，以确保首次开车正常顺利进行。

首次开车前应使用压缩空气对所有设备和管线逐条进行吹扫，以清除设备和管道中的杂质，同时初步打通流程，检查确认流程畅通。

吹扫前应制定详细可行的空气吹扫方案，吹扫时装置以塔和罐作为储气设备，以它们为中心逐条吹扫附属的管线；按先主线后支线的原则操作；各管线吹扫合格后再分别吹扫该管线上的工艺排放管线、安全阀、取样点、仪表安装口等附属系统。为确保吹扫时设备的安全，吹扫前应拆除安全阀、调节阀、孔板、仪表元件及某些阀门等，以短节或盲板代替，确保设备不被损坏。塔和罐内部在空气吹扫结束后应人工进入清扫，在管道的吹扫过程中应不断用木锤敲击管线的弯头、焊接口等，使管壁上附着的杂物落下，以彻底清除内部的残留杂质。

空气吹扫时应注意各系统压力不得超过设备的设计压力，严禁吹扫气体进入机泵等转动设备，机泵与管线相连处应加设牢固的挡板，吹扫气体如需经过除转动设备以外的其他设备，应先将进入该设备之前的法兰断开，确认进入该设备之前的管线已吹扫合格后再连接。

吹扫过程中若发现有漏点应及时消除，拆装作业必须在确认泄压后方可进行。在对吹扫过的设备、管线等检查吹扫效果时应特别注意安全，避免被吹出物溅伤眼睛，在吹扫过程中应随时做好记录，避免遗漏管线或设备。空气吹扫全部完成后，将前期吹扫时拆除的设备和仪表等全部复位。吹扫结束前，应该对吹扫效果进行检查，具体做法是用白纸板或刷有白漆的木板正对被吹扫的管线管口，检查白纸板或木板上单位面积内杂质的数量，小于规定的数量即为合格。

对于大口径较长管线，采用常规吹扫往往效果不是很好，视情况也可采用爆破方式进行吹扫，吹扫时爆破片的选定不得高于管线的设计承受压力，并用红白带对爆破区划出安全区域和提示，防止人员进入受到意外伤害。

空气吹扫全部完成后，尽快按要求将拆除的设备和仪表复位。

4.1.3 公用工程准备

(1) 蒸汽系统吹扫投用

装置的蒸汽和冷凝液系统需使用相应等级的蒸汽逐条管线吹扫，蒸汽吹扫的目的、方法、注意事项与空气吹扫基本相同，但不用设备储气，而是由外界引入蒸汽按流程逐段吹扫，引入蒸汽时须按要求充分排凝暖管，严防因水击造成设备或人身伤害。由于蒸汽温度较高，吹扫时应注意做好防范措施，特别注意避免被蒸汽烫伤。蒸汽吹扫全部完成后，应尽快按要求将拆除的设备和仪表复位。

蒸汽系统吹扫合格后，根据工艺需要可以投用，为装置开车做好准备。

(2) 工业风和仪表风系统吹扫投用

工业风和仪表风在引入装置前，应先将各仪表使用点和支线上的阀门关闭，引入工业风和仪表风后，在总管的末端进行排放，把其中的杂物吹净后，再逐点吹扫各仪表使用点和支线，避免脏物杂质带入工业风和仪表风系统内。管道吹扫过程中应不断用木锤敲击管线的弯头、焊接口等，使管壁上附着的杂物落下，以彻底清除内部的残留杂质。在对进入仪表的仪表风管线吹扫时，必须有仪表专业人员确认，进气时要缓慢，要对每条管线进行仔细检查，同时检查有无泄漏，若发现有泄漏应及时消除。工业风和仪表风系统吹扫确认合格后即可投入正常使用。

(3) 氮气系统吹扫投用

氮气系统的吹扫可先使用压缩空气，吹扫干净后再使用氮气置换全系统；也可直接使用氮气吹扫，但必须进行告知和做好相应的防范措施，严防窒息事故发生。吹扫时务必先将各使用点和支线上的阀门关闭，首先从总管末端头排放，将其中的杂物吹净，再逐点吹扫各使用点和支线。在管道的吹扫过程中应不断用木锤敲击管线的弯头、焊接口等，使管壁上附着的杂物落下，以彻底清除内部的脏物和残留杂质。吹扫时与设备相连处应断开，不能将杂物吹入设备。

进气时要对每条管线仔细检查，进气要缓慢，同时检查有无泄漏。确认吹扫合格后，检查氮气的压力、纯度合格，检查确认后投用氮气系统，并将需要氮封的设备置换合格后投用氮封，检查氮封系统的调节阀或呼吸阀是否工作正常，氮封压力是否达到要求，如有问题及时处理。

(4) 循环水系统冲洗投用

循环水进入设备前，要求使用干净的水对装置内的循环水管线进行冲洗，以除去管道中的焊渣、尘土、铁屑等杂质，避免带进设备。管线冲洗合格后，再将循环水引入每台冷却器和需要循环水的机泵中。

投用循环水系统时应注意反复开启循环水系统各个高位放空阀，特别是各换热器的高位放空阀，将管道和设备中的气体完全排空。循环水充满设备后，再根据工艺需要决定是否投用换热器，不需投用的换热器可关闭循环水的进出口阀门，打开副线阀门循环。冬季运行时需要特别注意防冻，可将各设备的循环水副线阀门稍开保持循环；夏季运行时则需要注意循环水的温度和压力是否满足工艺要求。

4.1.4 电气、仪表、DCS、联锁系统调试合格

丙烯腈装置所有电气设备使用前均须由专业人员按照规定程序检查确认合格，包括现场照明和通信系统。所有机泵的电机必须保证单独试运合格。

各系统吹扫期间，应拆除全部的孔板、仪表元件和调节阀，以短节代替，并将仪表引压管关闭。吹扫时注意逐点将仪表引压管残存的水或杂质排净，检查调节阀安装方向是否正确；仪表指示是否正常；联锁系统试验结果是否正常；所有气动阀均需检查调校，确认动作正常；电动仪表通电试验正常。

DCS 系统调试须由专业人员按照规定程序检查，并确认 DCS 系统调试合格。

4.1.5 机泵设备试车

在首次投料开车前，丙烯腈装置的所有机泵必须进行负荷试运转，为了及早消除各种机械本身和安装等方面的故障，应在电机单试结束后进行机泵负荷试运转，试车介质一般使用干净的水，试运转结束后将设备彻底倒空，并用氮气进行干燥置换合格。如在冬季试运应做好防冻工作。

对原料空气压缩机和制冷机等机组，也必须在装置蒸汽系统吹扫合格后，按机组试车规程、方案试车，考察检验其机械性能、安装质量、仪表动作等方面，保证装置开车后能正常平稳运行。制冷机的试车应结合装置水联运工作进行。

4.1.6 水冲洗与水联运试车

首次开车前，装置必须经过水联运试车检验，以考察装置在接近正常生产工艺条件下机泵的性能，校对检验仪表性能，检查设备和管线的泄漏情况以及收集各种相关数据等。同时，通过水联运锻炼岗位人员的实际操作技能，为开车做好充分的准备。水联运试车工作还可进一步清洗系统，打通流程，清洗去除松散附着在器壁等处的污物等杂质。

水联运试车时，将脱盐水加入系统，按流程建立循环并投用各换热器和再沸器，但应注意控制回收塔等精馏设备的温度，避免水汽化过多；注意避免泵长时间超负荷运转；注意控制磁力泵、非耐温仪表等的物料温度。投用蒸汽加热器时，注意将加热器内的水排净，避免出现水击损毁设备。

水冲洗和水联运工作如果在冬季进行，必须做好防冻保暖工作，避免冻坏设备、仪表和管线。

4.1.7 装置气密试验

在装置水联运试车完成后，排水时使用氮气对全装置进行干燥吹扫，并进行气密试验。气密试验的目的是尽可能找出装置中各法兰、焊口、接头、阀门压盖等处存在的细小漏点并及时处理，以免开车后出现泄漏。

气密试验的压力应为操作压力的 1.05~1.15 倍，气密试验使用肥皂水涂刷在被检测部位，没有气泡产生则为合格。各检测点均合格后气密检查结束。

气密试验时应注意气密试验所用的压力表必须准确可靠，每个气密单元最少配备两块压力表与两块温度表；充压过程中应防止系统超压，根据压力表指示，接近气密压力时要放慢

充压速度，使系统缓慢升至气密压力；气密试验过程中密切注意低压系统的压力指示，避免系统间窜气超压的情况出现；气密试验过程中需要处理泄漏点时必须注意安全，在确认已泄压后方可更换垫片。

4.1.8 检查确认消防安全系统

检查确认消防安全系统，包括现场灭火器、消防水和泡沫灭火系统、可燃气体和有毒气体报警检测系统、火灾报警系统、洗眼冲淋器等设施均正常合格可用。

4.1.9 工艺管线按开车要求布置完毕

工艺管线按开车流程设定时，注意确认工艺排液线、分析取样线的阀门均已关闭；所有与设备相连的临时管线和胶管等均已拆除；对已加入化学品等物料的设备，相连的管线要防止跑料事故的发生；确认所有安全阀的出入口阀已全部打开；确认所有换热器工艺侧的阀门均已打开，备用设备的阀门已关闭。

4.2 装置开车

4.2.1 建立封水系统循环

按以下步骤建立封水系统循环。

1）检查封水流程，打开封水罐顶放空阀，关闭封水罐放净阀，打开脱盐水进封水罐前后阀，打开封水泵自身循环阀，各真空泵补加水阀及其他打开的放净阀确认关闭，确认远传液位计已投用，现场液位计投用；

2）引脱盐水进封水罐，打开封水泵入、出口阀，通过封水罐高度自压向封水泵入、出口管线充装脱盐水，现场观察封水系统有无跑、冒、滴、漏，并处理正常；

3）建立液位达60%后，启用封水泵建立封水循环，注意封水罐液位控制；

4）在封水用户少时，可打开封水系统跨线，以避免封水泵憋压；

5）加入脱盐水→封水罐→封水泵→各用户，控制封水温度小于30℃。

4.2.2 合成单元开车

4.2.2.1 合成单元气密（以13万t/a丙烯腈装置开车为例）

（1）合成单元气密

空压机组做好开机准备，并通知精制岗位注意控制好备压蒸汽压力，按设备提供的正常开机步骤开机，调整正常。当0.3MPa蒸汽压力控制阀开度不能满足要求时，机组适当开自身放空阀来平衡背压管网压力，两岗位蒸汽放空量控制标准是禁止边放边补，即0.3MPa蒸汽压力控制阀放空时0.3MPa蒸汽压力控制阀不能打开。

控制室（DCS）操作人员和机组操作人员相配合，调整原料空气压缩机出口压力，逐渐将原料空气压缩机出口空气引入反应器；操作人员缓慢关小吸收塔塔顶压力控制阀，将反应器压力提至气密所需压力，其间要注意原料空气压缩机出口压力变化；按合成气密操作法对合成系统进行气密。

对合成系统进行气密工作，重点是检修动过的法兰、人孔等，保证不遗漏点；气密合格后打开吸收塔塔顶压力控制阀；气密发现漏点应立即联系处理，如果无法拧紧则将原料空气压缩机出口改放空，合成系统撤压处理。

（2）系统条件确认

1）确认撤热水系统已正常运转并建立以下循环：

脱盐水罐→脱盐水泵→除氧器→供水泵→反应气体冷却器→蒸汽发生器→反应器冷却水泵→反应器撤热水管跨线→蒸汽发生器→排放。

2）确认急冷塔上下段、急冷后冷却器循环已正常，分别进行以下循环：

急冷塔→急冷塔上段循环泵→急冷塔。

急冷塔→急冷塔上段循环泵→硫酸铵溶液汽提塔┬→硫酸铵溶液汽提塔釜液泵→废水槽
└→硫酸铵溶液汽提塔釜液泵→硫酸铵回收单元。

急冷塔→急冷塔下段循环泵→急冷塔。

急冷塔下段循环泵→下段汽提塔→急冷塔釜液汽提塔釜液泵→催化剂沉降槽。

急冷后冷却器→急冷后冷却器泵→急冷后冷却器→吸收塔。

3）确认反应气体冷却器、急冷后冷却器的冷却水已投用。

4）检查确认反应器各点反吹风、事故氮气均正常投用。

5）原料空气压缩机出口至反应器流程通畅，原料空气压缩机已运行正常，出口处在放空状态。

4.2.2.2 催化剂装填操作

催化剂由桶装吸入催化剂储罐

1）确认催化剂储罐的松动风及加压风停用。

2）由桶装吸入催化剂储罐的管线支管接上输送软管，便于催化剂吸入操作。

3）启用催化剂料斗喷射泵，保持催化剂储罐压力为规定真空度。

4）将运抵现场的催化剂桶移至催化剂储罐吸入管线处，开催化剂吸入管线上阀门，使用输送软管从催化剂桶吸出催化剂，需调节通气阀来补偿随催化剂一起带入的空气。

5）一桶催化剂吸完后应及时更换另一桶，并将空桶盖子封住移到空桶装运地点分批运走。

6）催化剂全部吸入催化剂储罐后，在输送系统关闭前，通过输送软管吸入空气，以清除管线中的催化剂，然后关闭催化剂吸入管线上的阀门。这时从催化剂储罐到喷射泵的管线上的阀门可以关闭。

7）停止向催化剂料斗喷射泵送汽，立即打开蒸汽管线到喷射泵的排水管线，必须注意不能使蒸汽或水进入催化剂储罐。打开连接大气的通气阀，使催化剂储罐压力与大气平衡，然后再关上该阀。

本操作注意事项：

1）向催化剂储罐吸入催化剂时，严禁吸入其他杂物。

2）吸入速度、催化剂储罐真空度必须严格按要求控制，防止催化剂跑损。

4.2.2.3 丙烯、氨蒸发器收料

（1）丙烯蒸发器收料

1）检查确认丙烯蒸发器检修施工结束并已复位，气密合格，确认液位计、压力表、温度计正常投用。

2）检查确认丙烯蒸发器管程贫水进出口阀关闭，放净阀打开，确认贫水放净，贫水跨线阀打开。

3）检查确认反应器丙烯进料流量调节阀后阀前法兰加盲板，丙烯自界外丙烯储罐入丙烯蒸发器收料线上加盲板，确认系统各安全阀投用，副线阀关闭。

4）打开丙烯蒸发器系统至反应器丙烯进料流量调节阀后阀盲板之间的所有阀门，以确保系统内部管线全部相连，无死角存在，关闭丙烯系统各排放阀。

5）打开丙烯蒸发器上固定氮气阀门或在丙烯蒸发器进料调节阀导淋处接氮气胶带，打开该导淋阀，蒸发器系统充压至规定值后停氮气，关闭导淋阀。

6）缓慢打开丙烯蒸发器上安全阀副线阀，将系统氮气泄压。

7）系统泄压完毕后关安全阀副线阀，重新给系统氮气充压、再排放，重复操作多次后，联系化验在丙烯蒸发器壳体、反应器丙烯进料流量调节阀处采样分析氧含量，直至分析氧含量<0.5%，停止氮气置换工作并将系统氮气泄压。

8）联系检修人员拆除界外丙烯储罐入丙烯蒸发器收料线上盲板。

9）先关闭丙烯蒸发器进料调节阀及副线阀，打开丙烯界区阀，然后稍开丙烯蒸发器进料调节阀，使丙烯节流汽化，对丙烯蒸发器系统实气置换。

10）在丙烯蒸发器壳体安全阀副线导淋及反应器丙烯进料流量调节阀导淋处采样分析系统氮气含量，直至其<1.0%后停止置换。

11）关闭丙烯蒸发器排污阀和气相大阀，打开丙烯蒸发器进料调节阀，收丙烯至蒸发器到60%液位后停止并确认现场玻璃板与液位计一致。

（2）氨蒸发器收料操作

1）检查确认氨蒸发器检修施工结束并已复位，气密合格，确认液位计、压力表、温度计正常投用。

2）检查确认氨蒸发器管程贫水进出口阀关闭，放净阀打开，确认贫水放净，贫水跨线阀打开。

3）检查确认反应器氨进料流量调节阀后阀前法兰加盲板，氨自界外储罐入氨蒸发器收料线上加盲板，确认系统各安全阀投用，副线阀关闭。

4）打开氨蒸发器系统至反应器氨进料流量调节阀后阀盲板之间的所有阀门，以确保系统内部管线全部相连，无死角存在，关闭氨系统各排放阀。

5）打开氨蒸发器上固定氮气阀门或在氨蒸发器进料调节阀导淋处接氮气胶带，打开该导淋阀，蒸发器系统充压至规定值后停氮气，关闭导淋阀。

6）缓慢打开氨蒸发器上安全阀副线阀，将系统氮气泄压。

7）系统泄压完毕后关安全阀副线阀，重新给系统氮气充压、再排放，重复操作多次后，联系化验人员在氨蒸发器壳体、反应器氨进料流量调节阀处采样分析氧含量，直至分析氧含量<0.5%，停止氮气置换工作并将系统氮气泄压。

8）联系检修人员拆除氨蒸发器收料线上盲板。

9）先关闭氨蒸发器进料调节阀及副线阀，打开氨界区阀，然后稍开氨蒸发器进料调节阀，使氨节流汽化，对氨蒸发器系统实气置换。

10）在氨蒸发器壳体安全阀副线导淋及反应器氨进料流量调节阀导淋处采样分析系统氮气含量，直至其<1.0%后停止置换。

11）关闭氨蒸发器排污阀和气相大阀，打开氨蒸发器进料调节阀，收氨至蒸发器到60%

液位后停止，确认现场玻璃板与液位计一致。

4.2.2.4 丙烯腈装置撤热水系统投用

（1）投用应具备的条件

撤热水系统所有检修项目全部完成；检修更换的各管线冲洗合格；现场检查确认流程无误，仪表、阀门好用，该系统所有泵皆具备投用条件。

（2）建立系统冷运

联系调度引脱盐水入脱盐水罐，脱盐水泵、供水泵、反应器冷却水泵建立如下循环：脱盐水罐→脱盐水泵→除氧器→供水泵→反应气体冷却器→蒸汽发生器→反应器冷却水泵→反应器撤热水管跨线→蒸汽发生器→排放。

注：反应气体冷却器进水前须将壳程排放阀打开，反应器冷却水泵运行前应检查所有撤热水管进口双阀关闭情况，打开两阀间小排放阀，跨线打开，蒸汽发生器顶部放空阀打开，保持蒸汽发生器一定的排放量。

（3）建立撤热系统热运

按冷运操作步骤建立撤热水系统循环，按以下步骤建立撤热系统热运：

1）引入4.0MPa蒸汽时，联系调度做好引蒸汽的各项准备工作。

2）检查界区内所有4.0MPa蒸汽流程，将界外蒸汽改为放空流程，同时关闭蒸汽入透平大阀以及界外蒸汽和自产蒸汽相连的阀门，打开引汽管线上所有低点导淋。

3）确认引汽管线存水放净后，适当关闭全开导淋，缓慢打开界区蒸汽阀门，引少量蒸汽进行暖管，并检查导淋情况，见汽后逐一关闭导淋阀，注意必须人随汽走并保持通信畅通，如出现水击，则应立即关闭界区蒸汽阀门并重新疏水后再缓慢引汽。

4）蒸汽管线逐步引汽升压，并检查有无泄漏情况。

5）压力升至3.5MPa时，全开界区大阀。

6）引蒸汽至4.0MPa补1.0MPa阀组前，调整减压阀开度，关闭蒸汽放空，维持界外蒸汽量在20.0t/h左右，在机组开车后可关小减压阀，以控制界外蒸汽量。

7）打开除氧器顶与乏汽回收器顶连通线阀门及回收器顶放空阀门。

8）确认脱盐水槽、除氧器蒸汽凝液阀打开。

9）打开除氧器压力控制阀前后截止阀，手动调节，向除氧器通低压蒸汽，当压力控制阀压力稳定后，改压力控制阀为自动调节。

10）检查确认蒸汽发生器和自产蒸汽系统流程无误，反应器饱和蒸汽大阀关闭，仪表、阀门好用。

11）打开机组至蒸汽温度控制阀管线上所有放净阀和蒸汽发生器顶部放空阀。

12）稍开蒸汽压力控制阀副线，引气暖管，沿途导淋见汽后关闭，引蒸汽至温度控制阀前。

13）打开温控阀，投用压控阀给蒸汽发生器升压，蒸汽发生器压力升至0.1MPa时，关闭蒸汽发生器顶部放空。

14）控制升压速度0.5MPa/h，并按规范要求联系保运单位对检修动改处热紧。

15）当蒸汽发生器压力升至和界外汽压力一致时，手动全开压控阀。

（4）建立急冷塔系统热运

按以下步骤建立急冷塔系统热运。

1）打开急冷塔上段补加水调节阀前后截止阀，将四效凝液引入急冷塔上段，打开急冷塔下段补加水调节阀前后截止阀，将四效残液送入急冷塔下段，其他正常循环。

2）四效热运后引轻有机物汽提塔气体入急冷塔系统，分别打开蒸汽调节阀前后截止阀，投用蒸汽压力调节阀，调节蒸汽量至设计值改为自动，调节好急冷塔系统釜温，打开急冷塔系统顶气体入急冷塔阀门。

3）打开急冷后冷却器循环水入口阀，打开壳程放空阀，将气体放空后打开急冷后冷却器循环水出口阀，建立循环水流量，调节循环水流量，控制急冷后冷却器操作温度为38.0℃，打开液体旋风分离器至急冷塔上段循环泵入口管线阀门。

（5）大冰机开车

1）检查冷冻盐水循环系统流程，确认冷却器盐水走旁路，导淋阀、放空阀关闭。

2）启用冷冻盐水泵，建立盐水系统循环，并再次通知合成、精制岗位人员检查盐水系统有无泄漏，流程是否正常。

3）大冰机机组做好开机准备后，根据工艺需要按正常步骤开机，并调整至正常。

4）控制好大冰机冷冻盐水送出温度为0.0~5.0℃。

4.2.2.5　丙烯腈反应器投料

（1）反应器投料前应具备的条件

水（新鲜水、循环水、脱盐水）、电、汽（高、中压蒸汽应供送正常，并建好内部低压蒸汽管网）、风（工艺风、仪表风、氮气）正常供给。若是检修后开车，需进行吹扫、冲洗和气密性试验；气密性试验合格后，对系统的设备、管线、阀门、机电设备、仪器仪表进行全面检查使其达到完整好用状态。

丙烯腈装置各单元应具备开车的条件。

合成单元：撤热水系统热运正常；急冷塔上下段循环正常；急冷后冷却器循环正常；催化剂已装入催化剂储槽中或在反应器中；本岗位所需化学药剂配制完毕；丙烯、氨已引入蒸发器中；根据撤热水管分布图按均匀的原则列出撤热水管投入顺序表。

精制单元：大循环系统及四效蒸发系统热运正常；脱氢氰酸塔和成品塔具备接料条件；本岗位所需化学药剂配制完毕。

原料空气压缩机和制冷机运行正常。

废水处理单元：废水焚烧炉升温正常且具备烧废水条件，吸收塔尾气焚烧炉已升温且运转正常。

火炬系统已正常投用。

（2）点开工加热炉给反应器升温

1）开工加热炉点火前的准备检查。

确认开工加热炉火嘴通畅，各处仪表反吹风已投用；检查确认电打火好用；检查确认风门灵活好用；检查确认现场压力表、温度计齐全好用；清理看火孔视镜，准备一面看火镜；检查确认开工加热炉燃料气管线氮气置换合格，并处于氮保状态；拆除燃料气至开工加热炉管线上的盲板；引燃料气对开工加热炉主火嘴和长明灯等管线进行管道实气置换；投用开工加热炉燃料气压力控制调节阀，控制好燃料气压力；确定好点火指挥和操作人员，并联系安全、机、电、仪等相关人员到场；调整进反应器的空气量至点火流量，控制好反应器压力。

2）点火操作。

① 关闭一次风门和二次风门。

② 联系化验分析对开工加热炉炉膛、反应器出口进行测爆。

③ 调整点火器仪表风压力至0.15MPa。

④ 调整反应器风量至25000.0~30000.0Nm^3/h。

⑤ 控制丙烯总管压力在0.5MPa(阀门限位20%)，若压力不够可稍开丙烯排污槽加热蒸汽提高丙烯蒸发器压力。控制长明灯线压力控制阀位30%。

⑥ 关闭电磁阀XV-21117，缓慢打开长明灯线上压力调节阀后安全阀副线阀，控制长明灯线上压力在0.15MPa。打开电磁阀XV-21115、XV-21116，缓慢打开长明灯最后一道闸阀，控制阀后压力表压力在0.05~0.08MPa。按电打火，通过看火孔观察，如未点着，立即关闭长明灯最后一道闸阀，打开一、二次风门对炉膛进行吹扫，重新测爆合格后，再重复上述步骤，直至点着火为止。

⑦ 电打火器使用时间每次不超过10s，以防烧坏。

⑧ 长明灯点着后，控制主火嘴温度控制阀阀位在10%，关闭电磁阀XV-21114，打开电磁阀XV-21112、XV-21113，缓慢打开主火嘴最后一道球阀直至全开，点燃主火嘴。如果一次点不着，重新吹扫，测爆合格后，再点。

⑨ 调整一次风门开50%，二次风门开50%~100%。

⑩ 丙烯蒸发器压力不要超过0.8MPa，不要低于0.6MPa，可通过丙烯排污槽蒸汽量进行调节。丙烯蒸发器液位持续下降，当全开丙烯蒸发器收料调节阀也不能维持时及时联系罐区启丙烯泵进行收丙烯。

3）反应器升温。

开工加热炉点着火后，用开工加热炉温度调节阀控制反应器升温速度，严格按照反应器升温曲线进行；根据火焰燃烧情况，相应调节开工加热炉风门开度。正常时火焰呈浅蓝色，如火焰发暗、飘摇不定或火焰发亮、短粗，须及时调整；反应器空气量调整时要预先通知开工加热炉看火人员以进行相应调整；严格控制开工加热炉烟气出口温度不超过480.0℃；注意对燃料气供应系统的检查、调整。

4）当反应器床层温度达到200℃时，反应器进行热紧。热紧部位为人孔以及检修动过的地方。

5）启动硫酸泵，利用最小回流线打循环。

6）热紧完毕后，再次确认所有反应器反吹风和丙烯、氨分布器氮气均已按要求投入。

7）反应器催化剂装填操作步骤。

① 检查确认反应器已具备装催化剂条件，投用反应器藏量表、床高表，具体包括反应器已升温到250.0℃，反应器反吹风、松动风、事故氮气已经投用，维持氮气量1000.0Nm^3/h。

② 确认催化剂储罐锥体松动风和加料线阀门反吹风已投用。

③ 将催化剂储罐至反应器的管线上“8”字盲板调向，确保加料流程通畅、催化剂储罐系统各元件好用。

④ 将催化剂储罐压力充至0.3MPa(表)后保压。

⑤ 引空压输送风入反应器，风量维持在1000.0Nm^3/h。

⑥ 调整反应器条件至：空气量为40000.0Nm^3/h；温度为250.0℃；线速为0.2m/s；反应器顶压在25.0~35.0kPa。

⑦ 打开催化剂储罐底部球阀向反应器加催化剂，控制加料速度为10.0~15.0t/h，现场经常检查加料线通畅情况。

⑧ 当反应器床高大于 1.0s 时，调整反应器线速为 0.4m/s 左右。

⑨ 通过催化剂储罐料位表或视镜确认催化剂加完后，关闭催化剂储罐底部阀、加压阀、松动风阀，系统泄压。

⑩ 继续用输送风吹扫加料线约 1h 后依次自反应器方向关闭加料线上各阀门，停输送风。加料线上“8”字盲板调向，恢复原盲死状态。

反应器床层温度达到 350.0℃时，反应器系统第二次热紧。

（3）反应器烧氨

表 4-1 为以国内某 13 万 t/a(100%)丙烯腈装置反应器为例的投料步骤。反应器床层温度达 390.0℃时，按下列步骤烧氨：

1）反应器烧氨前的准备。

① 准备烧氨前一个小时，启动硫酸泵，确认加酸量能满足要求后，利用最小回流线打循环。烧氨前向急冷塔上段加硫酸，急冷塔上段 pH 值控制在 3.0 左右。

② 联系保运人员拆除反应器氨进料线调节阀后阀前法兰处盲板。打开氨蒸发器进料阀，通过氨蒸发器进料液位调节阀将氨蒸发器液位控制在 40%~70%。贫水投入氨蒸发器，投用氨过热器控制反应器氨进料温度在 72.0℃左右，投用氨进料压力控制阀，打通氨至氨流量调节阀组前流程。

③ 降低空气流量至 25600.0Nm^3/h；打开吸收塔反应气体跨线阀手操阀 HV-21204，同时关闭反应气体进入吸收塔阀 HV-21203，通过 HV-21204 控制反应压力为 0.025~0.030MPa(表)，降风操作时注意调节开工加热炉的温度，防止反应器底部超温。

④ 准备烧氨时，打开反应器氨进料流量调节阀前后阀。

2）反应器烧氨操作。

① 烧氨步骤按表 4-1 进行，若反应器温度升高速度较未烧氨时快则可认为烧氨正常，当尾氧含量小于 10%时，熄开工加热炉主火嘴。

② 待反应温度上升到 420.0℃时，打开饱和蒸汽盘管入口大阀将过热管全部投入；为保证反应器床层温度稳定按事先排列的 U 形管投入顺序表投入撤热水管；注意床层最高温度不超过 455.0℃。

③ 产生的过热蒸汽直接并入 4.0MPa 蒸汽管网。蒸汽发生器产汽正常后关闭底部排污阀。

④ 烧氨正常后，联系化验人员对尾氧仪表测量值进行三次对比以确保尾氧的准确性。

（4）反应器投丙烯

1）投丙烯前的准备工作。

① 当确认尾氧含量小于 8.0%时，联系保运人员拆除丙烯进料流量调节阀后阀前法兰处盲板。

② 打开反应气体进入吸收塔阀 HV-21203，同时关闭吸收塔反应气体跨线阀 HV-21204，通过吸收塔顶压力调节阀控制反应压力为 0.025~0.030MPa(表)。注意 HV-21204 后 PS 排放阀需保持常开。

③ 通过丙烯蒸发器液位调节阀将丙烯蒸发器液位控制在 40%~70%。当确认尾氧含量小于 8.0%时，投用丙烯蒸发器贫水，投用丙烯过热器控制反应器丙烯进料温度在 72.0℃左右，投用丙烯压力调节阀，打通丙烯蒸发器气相出口至丙烯进反应器流量调节阀组前流程。

2）投丙烯操作。

① 当确认尾氧含量小于 7.0%时，打开丙烯流量调节阀前后阀。按步骤向反应器投

丙烯。

② 按投撤热水管顺序表依次投入撤热水管以控制好反应温度。

③ 投料正常后，关闭开工加热炉长明灯，用氮气吹扫至开工加热炉丙烯线，置换合格后在丙烯过热器后丙烯去开工加热炉总阀阀后加盲板。

④ 根据急冷后冷却器 pH 值情况决定碳酸钠是否加入。

⑤ 将空压机组 4.0MPa 蒸汽缓慢切换为自产蒸汽。

⑥ 停反应器事故氮气。

表 4-1　反应器投料步骤

步骤	时间/min	温度/℃	压力/MPa	空气流量/(Nm³/h)	氨流量/(Nm³/h)	丙烯流量/(Nm³/h)	尾氧/%	线速/(m/s)	原料配比 $Air/NH_3/C_3^=$
空气加热		390	0.045	65000	0	0	21	0.63	—
依次降低空气流量和压力	0	390	0.03	25600	0	0	21	0.22	—
开始氨燃烧	0~10	390	0.03	25600	1000	0	18	0.23	—
	10~20	405	0.03	25600	3300	0	12	0.25	—
	20~30	415	0.03	25600	5150	0	<7	0.27	—
加撤热水管以保持需要的温度420~430℃投丙烯前，等待尾氧下降至7%以下	30~40	420	0.035	26500	5300	530	<7	0.27	50/10/1
	40~50	420	0.035	32000	6400	1600	<7	0.34	20/4.0/1
	50~60	425	0.035	37400	6940	2670	1~3	0.40	14/2.6/1
	60~70	425	0.04	48600	7110	3740	1~3	0.51	12/1.9/1
	70~80	425	0.04	57700	7220	4810	1~3	0.59	12/1.5/1
	80~90	425	0.04	64700	7640	5880	1~3	0.67	10/1.3/1
	90~100	425	0.045	73000	8690	6950	1~1.5	0.70	9.5/1.25/1
	100~110	425	0.045	77400	9215	7372	1~1.5	0.79	9.5/1.20/1
	第一天	425	0.045	78000	9950	8292	1~1.5	0.79	9.3/1.17/1
	最终	425	0.045	82000	10440	9000	0.5~1.5	0.81	9.3/1.17/1

注：① 当反应器床层温度≥390.0℃(不要高于 400.0℃)时，可按上列程序进行投料。

② 在丙烯、氨投入后关闭丙烯氨分布器氮气。

③ 丙烯纯度以 100%(质)计，氨纯度以 100%(质)计。

④ 投料过程和投料后，根据反应器床层温度调整撤热水管投入数量。

(5) 反应器烧氨投料注意事项

1) 烧氨和投料过程中需密切注意丙烯、氨蒸发器的温度、压力、液位，确保室内外液位一致。

2) 烧氨和投料期间，吸收塔侧线回塔温度不得过低。

3) 开始烧氨后，根据反应器床层温度变化情况及时联系化验人员分析尾氧含量，并与仪表显示对照，确保尾氧分析的正确性。

4) 烧氨期间要密切注意急冷塔上段循环液 pH 值，将其控制在规定范围内，必要时可启用硫酸备用泵。

5）烧氨期间要加强现场巡检，发现漏点及时处理。

6）烧氨期间控制好急冷塔上段补水量，保证硫酸铵浓度不超标，确保稀硫酸铵液至硫酸铵回收单元管线畅通。

7）在烧氨和投丙烯之前，要求仪表对氨和丙烯进料系统的温度、压力、流量进行校验且确保调节阀灵活好用。

4.2.3 精制单元开车

4.2.3.1 精制单元气密

（1）条件确认

确认吹扫、冲洗合格，机泵试运合格，填料装填完毕；所有施工项目完成，孔板、阀门、垫片、其他元件均已复位，安全阀安装完毕，盲板拆除；公用工程系统保证供给；准备好气密用的小桶、刷子、肥皂等，准备好基准压力表。

（2）气密操作

回收塔、乙腈塔、脱氢氰酸塔和成品塔的气密介质为氮气，气密压力为0.10MPa(表)，根据装置设置的加气点，接胶带引氮气入系统。在气密操作时，每个系统必须有两只基准压力表。关闭气密范围内所有放净、放空阀，以及其他要求关闭的阀门，检查气密系统以及相连管线的泄漏情况。

四效蒸发系统，包括四效蒸发器、轻有机物汽提塔和进水缓冲罐，气密介质为工业风，气密压力为0.10MPa(表)，根据设置的加气点接胶带引工业风入系统。在气密操作时，每个系统必须有两只基准压力表。关闭气密范围内所有放净、放空阀，以及其他要求关闭的阀门，检查气密系统以及相连管线的泄漏情况。

（3）注意事项

1）气密前要仔细检查，以防串压。

2）为防止设备超压，各设备安全阀必须投用。

3）用给气阀控制好升压速度，使压力缓慢升高。

4）所有动过的密封点必须试漏。

5）气密结束后，须将系统流程恢复。

6）与调度联系，要求增加氮气、工业风用量，并确保用气量不超过规定要求。

4.2.3.2 大循环冷、热运操作

（1）准备工作

1）确认本系统所有检修施工项目均已结束，本系统已经具备投用条件并接受建立大循环冷、热运指令。

2）确认系统流程正确，系统外送及各排化学污水系统、低点放净阀门均已关闭。

3）确认本系统所涉及各冷、热换设备管、壳程均已经改走跨线，进、出阀门关闭。

4）确认系统各断开处已经复位且系统气密合格等。

5）确认回收塔冷凝器至分层器尾气洗涤器、回收塔分层器至分层器尾气洗涤器流程打通。

（2）大循环冷运建立

建立吸收塔、回收塔系统冷运。大循环开车前冷运冲洗：

1）确认精制回收塔系统气密合格，已具备冷运条件。

2）检查确认吸收塔塔顶安全阀投用，釜放净关闭，顶放空阀和吸收塔顶放空阀全开，液位计 pH 计已投用，氮气反吹投用，现场液位计、压力表投用，密闭采样器投用，去 AOGC 阀、烧氨线、排 PS 阀关闭。

3）检查确认贫水/富水缓冲槽放净阀关闭，液位计、压力表投用，回收塔第一板到贫水/富水缓冲槽阀打开，氮气反吹投用，碳酸钠、消泡剂加阀关闭，贫水/富水泵第一道抽出阀打开，U 管跨线打开。

4）检查确认回收塔釜安全阀投用，放净阀关闭，液位计、压力表投用，安全反吹投用，回收塔顶冷凝器去回收系统尾气收集罐阀打开，回收塔釜再沸器放净阀关闭，气液相物料阀、蒸汽阀关闭，安全阀投用。

5）在吸收塔釜加水，塔釜液位达 80%时，启釜液泵，在回收塔(64#板)进料处断开冲洗排放，结束后复位。

6）在吸收塔塔釜和急冷后冷却器加水，当各液位达 80%时，启动吸收塔塔釜液泵向回收塔加水，启动急冷后冷却器循环泵向吸收塔加水，关闭贫水/富水泵出口阀，关闭贫水沿途再沸器、换热器贫水进出口阀，打开跨线阀。

7）联系仪表断开溶剂水调节阀，联系检修人员拆开吸收塔调节阀吸收水前阀。

8）当贫水/富水缓冲槽液位有 20%时，启动贫水/富水泵，分别打开溶剂水调节阀前截止阀和吸收水吸收水前阀，冲洗贫水管线 15min。

9）冲洗合格后，停贫水/富水泵，溶剂水调节阀和吸收水前截止阀复位，打开溶剂水调节阀和吸收水前后阀。

10）检查确认吸收塔釜液泵、吸收塔侧线泵放净及排气阀关闭，打通吸收塔釜液泵进回收塔 64#流程，贫富水换热器先走旁路，流程贯通再改进，关闭丙烯氨蒸发器贫水排 PS 阀，打通吸收塔侧线泵出口流程，吸收塔侧线换热器先走旁路，流程贯通后再改进，丙烯氨蒸发器贫水走旁路。

11）检查确认贫水/富水泵放净、放空阀关闭，打通贫水/富水泵出口到回收塔、吸收塔流程，脱氰塔再沸器、成品塔再沸器贫水走旁路，贫富水换热器、溶剂水冷却器、吸收水冷却器贫水先走旁路，流程贯通后再改进。

12）检查确认回收塔釜液泵放净、放空阀关闭，打通回收塔釜液泵出口到废水废有机物槽或四效流程，废水换热器先走旁路，流程贯通后再改进。

13）按以下步骤建立大循环系统冷运。

① 打开吸收塔釜加脱盐水阀门，向吸收塔注水，当塔釜液位达 80%后，启动泵吸收塔釜液泵，调节液位控制吸收塔釜外送量在 100.0~150.0t/h：

吸收塔釜→吸收塔釜泵→贫富水换热器跨线→回收塔 64#进料。

② 打开回收塔釜与贫富水缓冲槽 U 管跨线，当贫富水缓冲槽液位达 50%后，启动贫富水泵，投用液位，控制溶剂水在 80.0~100.0t/h，吸收水在 100.0~150.0t/h。

③ 当吸收塔上段液位达 70%后，启动吸收塔侧线循环泵建立吸收塔侧线循环流程，控制流量在 100.0~150.0t/h。

④ 逐步缓慢上提吸收塔釜液量、溶剂水流量、吸收水流量、吸收塔侧线循环流量分别至 275.0t/h、150.0t/h、275.0t/h、275.0t/h，平稳后逐步改为自动运行。

⑤ 当上述各流量自动运行平稳后，控制吸收塔上下段液位在 70%，贫富水缓冲槽液位在 50%，重新建立系统平衡。

⑥ 根据贫富水缓冲槽液位变化，及时启回收塔釜液泵将回收塔釜液经废水换热器（旁路）送至废有机物槽，控制流量为20.0～35.0t/h；或直接改进四效。

⑦ 适当调节吸收塔釜脱盐水加入量，加入量控制在20.0～35.0t/h；控制各液位平稳运行。

14）乙腈塔系统。

① 检查确认乙腈塔釜放净阀关闭，液位计、压力表投用，氮气反吹投用，塔顶安全阀投用。

② 检查确认乙腈塔顶冷凝器放净阀关闭，液位计、压力表投用，氮气反吹投用。

③ 检查确认乙腈塔釜外送泵、塔顶冷凝器外送泵放净、放空阀关闭，打通乙腈塔釜外送泵出口到回收塔30#板，开30#阀，关36#板阀，打通塔顶冷凝器外送泵去废有机物槽或乙腈原料罐流程。

④ 按以下步骤进行乙腈塔冷运：

在乙腈塔釜外送泵入口接脱盐水胶带，向乙腈塔釜加水，当乙腈塔釜液位达到60%时，启动乙腈塔釜外送泵，将乙腈塔釜液注入回收塔的30#板，打开乙腈塔釜外送流量阀，手动调节，控制塔釜液位，当其稳定在60%时，将塔釜液位与塔釜外送流量投串级。

在塔顶冷凝器外送泵入口接脱盐水胶带，向乙腈塔顶冷凝器加水，观察液位与现场液位是否一致，当液位达到60%时，启动塔顶冷凝器外送泵，投用塔顶循环流量计，建立顶部循环。投用外送流量控制冷凝器液位在60%，打通至乙腈装置及至废有机物槽流程，稳定试投液位与外送流量串级。

（3）建立脱氢氰酸塔、成品塔系统冷运

1）检查确认回收塔分层器安全阀投用，去回收系统尾气收集罐阀打开，排密排系统（PS）阀关闭，回收塔分层器油水相泵排PS阀关闭，油水相现场磁浮子液位、压力表正常投用，远传液位计已投用，氮气反吹投用，密闭采样器已投用。

2）打开回收塔分层器水相泵回流阀，打通到回收塔64#进料流程，打开回收塔分层器油相泵回流阀，打通进脱氢氰酸塔和去不合格罐流程，打开脱氢氰酸塔进料43#阀，关闭39#、47#阀，关闭去不合格罐阀。

3）检查确认脱氢氰酸塔顶放空、釜放净阀关闭，液位计、压力表投用，现场安全阀投用，脱氢氰酸塔再沸器气液相物料、放净、放空阀关闭，贫水进出脱氢氰酸塔再沸器阀关闭。

4）检查确认脱氢氰酸塔侧线泵放净阀关闭，自身回流阀打开，打通脱氢氰酸塔侧线换热器跨线流程，关闭脱氢氰酸塔侧线换热器排PS及放空阀，打通脱氢氰酸塔侧线泵到脱氢氰酸塔分层器流程。

5）检查确认脱氢氰酸塔分层器安全阀投用，放净阀关闭，去回收系统废气收集罐阀打开，液位计、压力表投用，氮气反吹投用。

6）检查确认脱氢氰酸塔釜液泵放净、放空阀关闭，打通脱氢氰酸塔釜液泵去成品塔12#板阀，关闭8#板阀，关闭去不合格罐阀。

7）检查确认成品塔顶放空、釜放净阀关闭，液位计、压力表投用，成品塔再沸器气液相物料阀、放净、放空关闭，贫水进出成品塔阀关闭，安全阀投用。

8）检查确认塔釜外送至急冷塔、回收塔流程畅通，关闭塔釜去不合格罐阀。

9）检查确认成品塔顶回流罐放净阀关闭，安全阀投用，液位计、压力表投用，现场液位计投用。

10）检查确认成品塔回流泵放净阀关闭，打通出口流程，去不合格罐阀关闭。

11）按以下步骤进行脱氢氰酸塔、成品塔系统冷运。

① 接脱盐水胶带向回收塔分层器内加水，观察分层器水相液位与现场液位是否一致，当水相液位达到60%时，启动水相泵，投用水相液位，手动调节水相液位引水至回收塔，当液位稳定在60%时，改液位为自动调节。

② 接脱盐水胶带向分层器有机相加水，观察回收塔分层器油相液位与现场液位是否一致，当油相液位达到60%，启动油相泵，建立自身循环。

③ 打开脱氢氰酸塔分层器油相泵回流阀、打通到脱氢氰酸塔20#进料流程，打开脱氢氰酸塔分层器水相泵回流阀，打通去急冷塔下段流程。

④ 投用回收塔分层器油相外送流量计，手动调节流量向脱氢氰酸塔注水，当回收塔分层器油相液位稳定在60%时，试投油相液位与流量串级。

⑤ 当脱氢氰酸塔的21#板有液位时，观察脱氢氰酸塔上段液位与现场液位是否一致，当21#板液位达到60%时，启动脱氢氰酸塔侧线泵，投用换热器管程旁路，投用冷却器管程旁路，流程贯通后再改进设备，投用上段液位，手动调节液位送至脱氢氰酸塔分层器，当液位稳定在60%时，改液位为自动调节。

⑥ 观察脱氢氰酸塔分层器液位现场与控制室是否一致，当水相液位达到60%时，启动水相泵，投用水相液位，手动调节液位送至急冷塔，当液位稳定在60%，改液位为自动调节。

⑦ 接脱盐水胶带向脱氢氰酸塔分层器油相加水，观察油相液位现场与控制室是否一致，当油相液位达到60%时，启动油相泵，投用换热器壳程旁路，贯通流程后，再改进设备，投用流量，手动调节流量送至脱氢氰酸塔的20#板，当油相液位稳定在60%时改为自动调节。

⑧ 观察脱氢氰酸塔塔釜液位与操作室是否一致，当脱氢氰酸塔上段液位达到60%时，打开釜液泵入口过滤器入口阀，打开排气阀，将气体放空后关排气阀，打开入口过滤器出口阀，启动脱氢氰酸塔釜液泵，投用流量计送水至成品塔，当釜液位稳定在60%时，釜液位与外送流量投串级。

⑨ 观察成品塔釜液位与现场液位是否一致，当釜液位达到60%时，打开釜液泵入口过滤器入口阀，打开排放阀将气体放空后关排气阀，打开入口过滤器出口阀，启动釜液泵，投用外送流量计送至回收塔，控制釜液位为60%。投用外送流量计至急冷塔，控制流量为1.0t/h。

⑩ 打开氢氰酸泵入口加水阀向脱氢氰酸塔顶冷凝器内注水，检查冷凝器液位现场与控制室是否一致，当冷凝器液位达到60%时，打开脱氢氰酸塔顶回流流量计前后截止阀，启动氢氰酸泵，手动调节流量将水注入脱氢氰酸塔，调节流量至设计值，改为自动控制。打开塔顶冷凝器液位调节阀前后截止阀，手动调节液位，打通至氰化钠装置及废水焚烧炉流程现场排放，当液位稳定在60%时改为自动控制。

接脱盐水胶带向成品塔顶回流罐注水观察液位与现场液位是否一致，当液位达到60%时，打开液位调节阀前后截止阀，启动回流泵，手动调节液位，将水注入成品塔顶部，手动调节成品塔顶外送流量去回收塔64#板进料，至设计值改为自动控制。调节液位，稳定在60%时自动控制。

（4）建立四效蒸发系统冷运

1）确认四效各效放净阀关闭，液位计、压力表投用正确，流程畅通。

2）确认四效残液外送流程畅通。

3）按以下步骤进行四效系统冷运。

① 打开各效脱盐水注入阀，向各效内注水或由回收塔釜液泵引水入一效。观察各效蒸发器液位与现场是否一致。

② 当各效液位达到60%时，启动各循环泵，建立自身循环。液位稳定后，将各效液位投自动。

③ 第四效液位达到60%时，启动残液泵，打开过滤器入口阀，打开放空阀排气，排气后关闭，打开过滤器出口，引水至缓冲罐。

④ 接胶带分别向后三效壳程加水，启动凝液泵向轻有机物汽提塔加水。接胶带向第四效尾气冷凝器加水，观察液位是否与控制室一致。启动泵进行自循环，当液位达到60%时，打开液位调节阀前后截止阀向轻有机物汽提塔加水或向急冷塔补水，关回流阀，手动调节液位，当液位稳定在60%时改为自动调节。

⑤ 投用换热器管程，将水引入轻有机物汽提塔，当轻有机物汽提塔缓冲槽液位达到60%时，打开调节阀前后截止阀，启动缓冲槽出料泵，经流量计将水送入封水槽或排放生化处理场。打开缓冲槽出料泵出口至轻有机物汽提塔阀门，手动调节液位，稳定在轻有机物汽提塔釜液位为60%时改为自动控制。

⑥ 轻有机物汽提塔内有液位后观察现场液位与控制室是否一致，当液位达到80%时，启动釜液泵建立循环，投用换热器壳程循环冷却水，投用换热器管程，打开调节阀流量计前后截止阀，投用流量计调节阀送轻有机物汽提塔釜液至硫酸铵装置或进水缓冲槽。

（5）系统漏点检查及仪表等考核

系统冷运流程打通后，运行人员应立即到现场全面检查系统有无泄漏，出现问题时应及时处理；应全面检查系统机泵运转是否正常；应全面考察系统相关各仪表是否运行正常，除非特殊要求，原则上系统各仪表均应投入自动运行。

（6）冷换设备投用

当系统冷运流程建立，流量达到规定要求，仪表自动稳定运转一定时间后，按程序逐步将各冷换设备物料引入运行；系统冷换设备物料引入后，运行人员应立即到现场重新检查有无漏点，出现问题时应及时处理。无论是管程还是壳程，在引入物料过程中必须按换热器投用步骤进行投用并彻底进行排气。

（7）建立吸收塔、回收塔、乙腈塔系统热运

按以下步骤建立吸收塔、回收塔、乙腈塔系统热运。

1）确认大循环冷运正常、回收塔尾气处理系统投用正常，逐台投用循环冷却水、冷却器冷却水，并注意高点排气。

2）启动消泡剂泵将AF加入系统(精制倒料前加入分散剂)。

3）打开回收塔再沸器管程物料进、出口阀，投用回收塔再沸器。

4）确认回收塔釜蒸汽流量阀关闭，现场打开蒸汽流量调节阀前后截止阀及导淋阀，进行管线疏水。

5）检查并确认凝液泵至脱盐水槽凝液外送流程畅通。

6）蒸汽流量调节阀处管线存水放净后，打开回收塔再沸器蒸汽阀及壳程排气阀，慢开

蒸汽流量调节阀，将蒸汽引入回收塔再沸器壳程并注意排气。

7）排气结束后关闭回收塔再沸器壳程各排气阀，同时打开凝液泵入口阀，启凝液泵将凝液送除氧器。

8）通过蒸汽流量调节阀控制蒸汽提量速度，回收塔热运开始至正常控制时间在5~6h，塔釜温度未达到100.0℃时，其蒸汽流量不宜超过50.0t/h。

9）根据吸收水温度及急冷后冷却器温度变化，及时投0℃盐水，控制吸收水温度在7.0℃，进料后冷却器温度在10.0℃。

10）当回收塔第10#板温度达到100.0℃时，检查并确保回收塔侧线乙腈第30#板抽出阀及第30#板返回阀打开，关闭36#抽出阀。

11）投用回收塔侧线采出调节阀，现场导淋打开，排净管线存液。

12）当回收塔第30#板温度达到100.0℃时，现场观察回收塔侧线采出阀导淋存液排放情况，干净后关闭导淋阀。

13）联系室内慢开回收塔侧线采出阀，乙腈塔同步进行热运，乙腈塔顶冷凝器泵送废有机物槽。

14）当贫富水缓冲槽液位开始上升后，逐步关小贫富水缓冲槽与塔釜间U形管跨线阀至全关。

15）当回收塔釜温度与四效一效温度接近时，将回收塔釜液泵出口引至四效一效进料。

16）逐步上提蒸汽量，控制最终不超过45.0t/h。

17）观察回收塔及乙腈塔温度变化情况，当乙腈塔塔顶冷凝器液位达60%后启动釜液泵将凝液全回流至塔釜。

18）当乙腈塔釜液位达60%后，启动釜液泵将塔釜液送回至回收塔第30#板进料。

19）观察回收塔顶压变化，若异常及时查找原因并处理。当回收塔顶温达100.0℃时，微调此时蒸汽量，控制回收塔顶温在99.5~102.0℃。

20）根据回收塔分层器水相液位变化及时启动水相泵将分层器水相送入回收塔64#板进料。

21）启动碳酸钠泵将碳酸钠加入至分层器。

22）联系仪表投用pH计。

23）观察系统设备及仪表运行状况，及时排除异常或联系处理。

24）调整并控制好各参数：溶剂水进料温度为47.0℃，吸收水进料温度为36.7℃，溶剂水流量为148.0t/h，吸收水流量为275.0t/h，吸收水温度为7.0℃，急冷后冷却器温度为10.0℃。

（8）建立脱氢氰酸塔、成品塔系统热运

1）按以下步骤建立脱氢氰酸塔热运：

① 脱氢氰酸塔系统冷运正常后，将系统内存水放净。

② 系统流程检查确认，所有放空、放净阀均已关闭。

③ 脱氢氰酸塔系统接氮气充压到0.10MPa，开脱氢氰酸塔再沸器排PS、塔釜排PS及各泵排PS阀，将系统内水排净。

④ 启动脱氢氰酸塔真空泵，控制脱氢氰酸塔塔顶压力0.060MPa(绝)；干塔待料，氮反吹表投用，所有仪表、机泵处于备用状态，确认废水焚烧炉运行正常，做好准备接烧氢氰酸。

⑤ 化学药剂已配制完毕，脱氢氰酸塔分层器至回收系统尾气收集罐流程投用正常。

⑥ 投用脱氢氰酸塔冷却器循环冷却水、脱氢氰酸塔顶冷凝器、脱氢氰酸塔顶尾气冷凝器冷冻盐水。

2）按以下步骤建立成品塔热运：

① 成品塔系统冷运正常后，将系统内水放净后，干塔待料。

② 成品塔系统接氮气充压到0.10MPa，开成品塔再沸器排PS、塔釜排PS及各泵排PS阀，将系统内水排净。

③ 启动成品塔真空泵，控制成品塔顶压力0.035MPa(绝)；氮反吹表投用，所有仪表、机泵处于备用状态。

④ 系统流程已检查确认，化学药剂已配制完毕。

(9) 建立四效系统热运

按以下步骤建立四效蒸发系统热运。

1）打开回收塔釜液泵进一效阀，引回收塔釜液进四效，液位60%时，启动各效循环泵，控制好各效液位。

2）投用各冷却器循环水、冷冻盐水。

3）启动四效真空泵，投用压控阀，控制第四效压力为20.0kPa(绝)，通过调整各效壳程排气阀开度，控制各效压力等级，使一效至四效压力呈梯式下降。

4）启动第四效残液泵，残液经过滤器入进料缓冲槽，控制第四效液位在40%~60%，维持四效开路循环正常。

5）在回收塔开始热运时，投用第一效蒸汽，引汽入第一效壳程，注意壳程排气，启动凝液泵，凝液送脱盐水槽，依次启动各效凝液泵，投用液位，后三效和尾气冷凝器凝液经换热器送轻有机物汽提塔。同时注意各效壳程充分排气，并逐步调整第一效蒸汽量，调整蒸发比，控制好残液与凝液分布。

6）联系合成岗位，启动碳酸钠泵，将碳酸钠加入轻有机物汽提塔。

7）凝液缓冲槽液位60%时，启动缓冲泵外送，投用液位调节阀，抽出液送轻有机物汽提塔釜。

8）当轻有机物汽提塔釜液位为60%时，投用塔釜蒸汽，引汽入轻有机物汽提塔再沸器，并注意排气，见汽后，关排气阀，启动凝液泵，凝液送脱盐水槽。

9）轻有机物汽提塔顶放空见汽后，关放空阀，塔顶气相送急冷塔系统。

10）启动轻有机物汽提塔釜液泵，投用塔釜外送流量计，釜液送进料缓冲槽，控制流量在1000.0~1500.0kg/h。

11）投用换热器，开外送泵出口外送阀，经换热器送生化废水处理，投用冷换设备时，注意排气。

12）进料缓冲槽液位达到60%时，启动进料泵，投用流量调节阀，废水送急冷塔，维持进料缓冲槽液位40%~60%。

13）调整第一效蒸汽量，控制一效温度115.0~125.0℃，二效100.0~110.0℃，三效85.0~90.0℃，四效55.0~60.0℃。控制一效压力为1.107kg/cm^2(表)，二效为0.50kg/cm^2(表)，三效为0.62kg/cm^2(绝)，四效为0.20kg/cm^2(绝)。

14）调整轻有机物汽提塔蒸汽量，控制釜温为120.0℃，顶温为117.0℃。

15）调整其他控制参数在正常值。

4.2.3.3 精制系统倒料操作

（1）回收塔倒料准备工作

确认回收塔、乙腈塔热运时各参数正常，各设备运转正常，系统各仪表投用正常，化学药剂添加正常；确认四效蒸发系统及大冰机等运转正常。

（2）回收塔倒料步骤

按以下步骤进行回收塔倒料操作。

1）检查流程，启动阻聚剂泵将 HQ 加入回收塔顶冷凝器。

2）检查倒料流程，全开不合格泵回流阀(去向由抽出阀定)，除保留 64#板进料阀最后一道阀门关闭外，沿途其余各阀打开，导淋(放净)关闭。

3）确认流程无误后联系室内准备启泵倒料，现场全开回收塔进料温控调节阀副线阀，联系室内尽可能降低回收塔进料温度。

4）根据不合格罐物料情况(或指令)，按程序启动不合格泵，将不合格罐内不合格丙烯腈倒入 64#板进料。

5）现场沿线检查倒料系统有无泄漏，异常时及时处理。

6）投用倒料流量调节阀，现场打开回收塔 64#板进料集合管处理机倒料阀组最后一道阀门，联系室内通过倒料流量调节阀逐步提回收塔倒料量，最终控制倒料量在 20.0~25.0t/h。

7）室内根据回收塔温度变化情况，适调回收塔釜蒸汽量。

8）当回收塔灵敏板温度降至 96.0℃时，注意掌握好蒸汽平衡，调节蒸汽量控制灵敏板温度缓慢下降。

9）调整回收塔侧线抽出开度至 55%~60%，维持乙腈塔全回流操作。

10）及时根据倒料中物料 pH 值情况，调整碳酸钠加入量，必要时投用碳酸钠至进料后冷却器流程及 pH 计，控制大循环 pH 值在 7.0 左右。

11）当回收塔灵敏板温度降低至 92.0℃时，调整塔釜蒸汽量，维持回收塔灵敏板温度稳定。

12）观察回收塔温度曲线变化情况，当回收塔温度分布正常后，适当调整塔釜蒸汽量，逐步将回收塔灵敏板降低至 88.0℃，稳定后改为串级控制。

13）根据回收塔分层器水相界位调整水相泵外送量，控制好分层器水相界位。

14）当分层器油层有液位时，及时联系化验人员分析分层器油层丙烯腈组分。

15）分层器油层液位达 60%后，关闭油相泵至脱氢氰酸塔进料阀，启油相泵将分层器油层物料经退料线线送入不合格罐。

16）调整乙腈塔顶回流流量，控制乙腈塔顶温在 90.0℃，塔顶冷凝器液位自动运行。

17）检查回收塔、吸收塔系统，确认各化学药剂正常加入并联系化验人员正常分析回收塔、吸收塔系统所涉及的各样品，并根据结果及时调整。

18）回收塔分层器油层分析：乙腈<300.0mg/kg 时，立即向相关人员汇报并听取处理指令。

（3）脱氢氰酸塔系统的接料操作

1）脱氢氰酸塔接料准备。

① 确认接料前的协调准备工作就绪。

② 确认气体系统试压、吹扫、冲洗结束，公用工程投用正常。

③ 确认封水系统正常运行。

④ 检修期间动过的管线、元件等均复位。

⑤ 所有安全阀、压力表、温度计、液位计等安全附件投用正常，所有仪表调校好用。

⑥ 消气防器材好用，急救车现场待命。

⑦ 确认脱氢氰酸塔系统气密结束，干塔待料，氮反吹表投用，所有仪表、机泵处于备用状态，废水焚烧炉运行正常，可以接烧氢氰酸。

⑧ 系统流程已检查确认，所有放空、放净阀均已关闭。化学药剂已配制完毕，脱氢氰酸塔分层器至回收系统尾气收集换流程投用正常。

⑨ 确认脱氢氰酸塔顶回流阀、21#板抽出阀、20#板返回阀、43#板进料阀、脱氢氰酸塔再沸器一台物料进出口阀均全开。另一台脱氢氰酸塔再沸器物料进出口阀均全关。39#板、47#板进料阀全关。

2）按以下步骤进行脱氢氰酸塔接料操作步骤。

① 启动脱氢氰酸塔真空泵，调节脱氢氰酸塔压力，控制压力在0.60kg/cm^2，并投入自动操作。

② 投用脱氢氰酸塔顶冷凝器和尾气深冷盐水，侧线冷却器冷却水。

③ 如脱氢氰酸塔分层器水相已放净，可用油相泵入口导淋接脱盐水胶带向分层器水相加脱盐水，至分层器内挡板80%时停加水。

④ 回收塔分层器油层合格后，打开回收塔分层器油相泵出口至脱氢氰酸塔管线上的阀门，关闭回收塔分层器油相泵去不合格罐管线上的阀门，将回收塔分层器油相引到脱氢氰酸塔第43#板，进料量由流量调节阀手动调节。当回收塔分层器油相液位和油相外送流量都基本稳定时，投用串级调节，并设定液位在60%。

⑤ 当脱氢氰酸塔21#板液位在30%时，启动脱氢氰酸塔侧线泵，经换热器、液位调节阀向脱氢氰酸塔分层器水相送料，调节脱氢氰酸塔上段液位在30%并投入自动。当脱氢氰酸塔分层器油层液位达60%时，启动油相泵，经换热器向脱氢氰酸塔20#板进料，控制液位调节阀在60%并投自动；启动水相泵，水相经液位调节阀送急冷塔，并逐步拉界位至60%后投自动。当脱氢氰酸塔釜液位达80%时，投用塔釜再沸器贫水，调整贫水量，控制脱氢氰酸塔釜温在69.0~73.0℃，注意维持脱氢氰酸塔顶压平稳。

⑥ 启动醋酸泵，加HAC至脱氢氰酸塔顶冷凝器，调节冲程，使醋酸维持在80.0kg/h；随着釜温的升高，塔顶温度逐渐升高，检查塔顶冷凝器的冷凝情况，调整塔顶冷凝器冷冻盐水调节阀开度，控制塔顶冷凝器温度为4.0~8.0℃。

⑦ 佩戴防护器材做好氢氰酸泵启动前的各项准备工作，当液位达60%时，启动氢氰酸泵打通回流，保证液位不抽空情况下，调节塔顶流量，逐渐将52#板温度脱氢氰酸塔上段灵敏板温度控制在47.0℃。操作正常后将塔顶回流量和上段灵敏板温度投入自动，挂上串级；与焚烧炉岗位联系，焚烧炉准备接烧氢氰酸。关氢氰酸去废水焚烧炉氮气吹扫，打开至废水焚烧炉管线上所有阀门，开塔顶冷凝器液位调节阀后截止阀，手动打开液位调节阀，将氢氰酸送废水焚烧炉焚烧。在烧氢氰酸过程中，应避免烧酸量波动，并控制塔顶冷凝器液位在30%~80%。以上操作应按要求做好安全防护。

⑧ 当塔釜液位达60%时，启动釜液泵，打开去倒空线的阀门，将脱氢氰酸塔物料送进不合格罐中，投用塔釜外送流量计，将釜液位控制在60%后投用串级；从塔釜泵出口管线上采样分析，合格后脱氢氰酸塔釜液泵出口改进成品塔8#板进料，关闭去退料线的阀门。用氮气吹扫退料线。

分析指标为：

氢氰酸：≤500.0mg/kg。

水：≤0.5%。

阻聚剂：100.0~200.0mg/kg。

⑨ 全面检查各部分运行情况，逐步将参数控制在正常范围。

⑩ 等调度通知，将氢氰酸改至氰化钠装置。

3）注意事项。

① 脱氢氰酸塔系统在接料时，一定要注意人身安全，作业时按要求佩戴相关的气防器具。

② 接料时严禁超温超压，严禁跑料串料。

③ 冷换设备投用时一定要注意排气。

④ 化学品确保及时加入。

（4）成品塔系统接料操作

1）成品塔接料操作条件确认。

① 接料前的协调准备工作就绪。

② 系统试压、吹扫、冲洗结束，公用工程投用正常。

③ 封水系统正常运行。

④ 检修期间动过的管线、元件等均复位。

⑤ 所有安全阀、压力表、温度计、液位计等安全附件投用正常，所有仪表调校好用。

⑥ 消气防器材好用，急救车现场待命。

⑦ 成品塔系统气密结束，干塔待料，氮反吹表投用，所有仪表、机泵处于备用状态。

⑧ 系统流程已检查确认，化学药剂已配制完毕。

⑨ 确认侧线39#板抽出阀、12#板进料阀全开，成品塔再沸器一台物料进出口阀全开，43#板抽出阀、8#板进料阀全关，另一台再沸器物料进出口阀全关。

2）成品塔接料操作步骤。

按以下步骤进行成品塔接料操作。

① 启动成品塔真空泵，调节成品塔顶压，控制压力在0.35kg/cm^2(绝)，并投入自动操作。

② 投用循环水冷却器，冷冻盐水冷却器。

③ 当脱氢氰酸塔釜液泵向成品塔进料后，成品塔釜液位达60%时，投用成品塔再沸器贫水，调节贫水流量来控制成品塔再沸器进贫水量，使塔釜温度逐步升高到65℃，当塔釜液位和温度正常后投贫水调节阀自动。

④ 当成品塔回流罐顶回流罐液位达60%后，启动成品塔回流泵，根据回流罐液位控制回流量，正常后将回流罐液位投入自动。打开回流泵出口管线上的阀门，经流量调节阀向回收塔送料，控制流量在1.5t/h，正常后将流量投入自动。

⑤ 调节塔顶冷凝器循环水量和冷冻盐水量，控制回流罐温度低于43.0℃。

⑥ 启动釜液泵，经流量调节阀将釜液送急冷塔，调节流量在1.5t/h时，投入自动。

⑦ 成品塔顶回流正常，塔釜液位上升时，投用侧线流量调节阀，侧线经换热器送至不合格罐，注意检查侧下伴冷投用正常。

⑧ 调整系统各控制参数，维持工况稳定，各指标在控制范围内。

⑨ 侧线每2h采样分析一次，连续两次达到优级品标准后，氢氰酸(CN^-)≤5mg/kg，丙烯

醛(ACL)≤10mg/kg，乙腈(ACN)≤150mg/kg，水(H_2O)≤0.45%，丙酮(ACO)≤80mg/kg，关闭侧线进不合格罐的阀门，将侧线经流量计改入丙烯腈中间罐。

⑩ 丙烯腈中间罐达540.0t时，侧线改罐，原用罐循环1h后静置，2h后联系化验人员分析，合格后等调度指令，丙烯腈中间罐倒入丙烯腈成品罐或北山罐区丙烯腈成品罐。

3）注意事项。

① 成品塔系统在接料时，一定要注意人身安全。作业时按要求佩戴相关的气防器具。

② 接料时严禁超温超压，严禁跑料串料。

③ 冷换设备投用时一定要注意排气。

④ 化学品应及时加入。

4.2.4 三废处理单元开车

4.2.4.1 废水焚烧炉

（1）烘炉条件确认

1）废水焚烧炉系统相关工艺及仪表管线、阀门安装完毕，整改项目均已完成。

2）燃料气管线吹扫、置换、气密结束，燃料气切断阀泄漏试验已完成，具备引燃料气条件。

3）BMS、DCS仪表组态完成，现场仪表、阀门已校验，BMS与DCS间通信畅通。

4）新袋式除尘器PLC柜接线调试完成，现场仪表、阀门调校完成，工控机具备操作条件。

5）已抽出废水焚烧炉所有喷枪并用盲盖盲住。

6）公用工程已全部引入各用户，装置内0.3MPa蒸汽管网已经建立；火焰检测器、看火镜、长明灯反吹氮气已投用，压力正常。

7）合成区除氧器液位建立，0.3MPa蒸汽投用，撤热水泵打循环，具备送除氧水条件。

8）急冷脱硫循环泵、风机试运正常，流量、压力等指标达到操作要求。

9）废水焚烧炉BMS/DCS联锁测试均已完成且投用正常。

10）锅炉部分(包括空气预热器)所有动改管线均进行了蒸汽吹扫，以确保4.0MPa蒸汽品质。

11）已组织相关操作人员学习本烘炉方案。

12）检查确认炉管、管道、膨胀节等所有部件的热膨胀间隙以及是否能自由移动。

13）检查炉内以及烟道耐火材料完好，锅炉管间以及翅片间清洁无杂物。

14）检查确认急冷脱硫塔所有喷头安装正确，无堵塞。

15）检查确认所有人孔及检修门已经封闭，垫片安装无误，螺栓已拧紧。

16）检查确认通信、照明设备完好，充电备用。

17）检查确认排水系统通畅，如有堵塞及时疏通。

18）班长要做好协调工作，保证废物处理岗位至少两人(内操人员一名，外操人员一名)在岗，如有困难及时反映。

（2）废水焚烧炉烘炉前准备工作

1）燃料气管线置换。

① 确认燃料气界区阀，主烧嘴，长明灯烧嘴前截止阀，放火炬阀关闭，系统内部流程畅通。

② 联系操作人员确认丙烯排放流程至低瓦。

③ 在燃料气分液罐底部排放口接氮气胶带，充压至 0.5MPa，打开燃料气至低瓦阀门泄压至 0.05MPa。再充压泄压，重复五次。联系化验人员分析，$O_2 < 0.5\%$合格。

④ 氮气置换合格后，打开管廊燃料气界区阀引燃料气，当压力升至 0.5MPa 时，打开燃料气至低瓦阀门泄压至 0.05MPa。

2）锅炉注水。

① 打开废热锅炉汽包、省煤器顶部放空阀，关闭所有导淋、排放阀。

② 打通锅炉给水管线流程，联系合成岗位启动供水泵，经给水预热器向锅炉注水。

③ 待汽包、省煤器顶部放空阀见水后，关闭锅炉注水阀；打开锅炉底部排放阀，反复冲洗几次，直到水清。

④ 继续向锅炉加水，省煤器顶部放空阀见水后关闭该阀。待汽包液位正常后，投用汽包液位自动控制。

3）急冷脱硫塔水循环。

① 向急冷脱硫塔加水，当液位达到 70%后排放。

② 继续加水至急冷脱硫塔液位达 70%，启动急冷水泵，冲洗管线、喷头并注意急冷循环量、脱硫循环量，其间注意切换备用泵冲洗。

③ 冲洗半小时后，停急冷水泵，放尽系统内存水。

④ 继续加水至液位 70%，远程启急冷水泵循环，备用泵置自动位。

4）袋式除尘系统检查。

① 关闭新旧袋式除尘器各仓室的进气阀和提升阀，打开旁路阀。

② 关闭新旧袋式除尘器灰斗小料仓上下圆顶阀。

5）启动风机。

① 注意风机的启动顺序为引风机→燃烧风机→调节风机。

② 风机启动前要现场确认风机入口挡板开度，引风机入口挡板 5%，燃烧风机入口挡板 0%，调节风机入口挡板 0%。

③ 引风机启动前还应检查循环冷却水是否投用，轴承温度是否大于 20.0℃。若轴承温度低于 20.0℃，还应启动轴承加热器。

④ 引风机启动前将Ⅱ级调节段温度调节阀全开以防止风机喘振。

⑤ 引风机启动后应确认轴振动与轴承温度正常。

（3）烘炉操作要点

废水焚烧炉烘炉根据耐火衬里厂家提供的升温曲线图 4-1 进行。

注：废水焚烧炉炉子升温严格按厂家提供升温曲线进行。

1）要求班组严格按照烘炉曲线升温，每小时记录还原段、氧化段以及调节段温度一次，并在方案所附实际烘炉曲线绘图纸上打点记录。

2）第一阶段：炉膛目标温度为 150.0℃，以空气预热器蒸汽加热，采用温度调节阀以及前后阀，严格控制升温速率≤20.0℃/h，达到 150.0℃后维持 48h。

3）第二阶段：炉膛目标温度为 315.0℃，点火后先以长明灯火焰加热，温度难以上升时点主火嘴，严格控制升温速率≤20℃/h，达到 315.0℃后维持 24h。

4）第三阶段：炉膛目标温度为 540.0℃，升温速率≤20.0℃/h，达到 540.0℃后维持 12h。

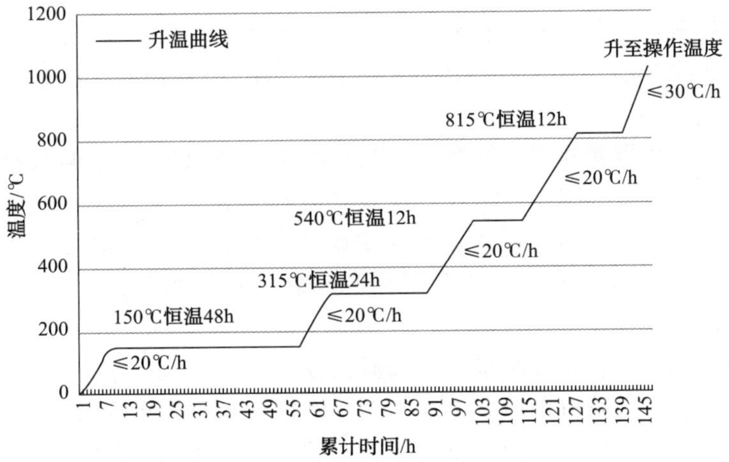

图 4-1 废水焚烧炉炉子升温曲线

5）第四阶段：炉膛目标温度为 815.0℃，按照≤20.0℃/h 的速率升温，540.0℃后维持 12h 达到焚烧废水条件。

6）第五阶段：炉膛目标温度为 815.0℃后按照≤30.0℃/h 的速率升温，直接达到焚烧废水条件。

（4）开工车操作要点

1）点火。

① 要保证足够的吹扫风量，炉膛压力大于 2.0kPa。若吹扫压力过低，应增加燃烧风机入口挡板开度，若仍不能满足要求，需增加引风机入口挡板，吹扫计时 18min。

② 打开主燃料气至主火嘴大阀以及三个火焰检测器根部球阀。

③ 吹扫完成后要控制炉膛压力平稳。

④ 点火时确认燃料气调节阀在最小开度 5%。

⑤ 点火时现场调节点火器燃料气压力 10.0~20.0kPa，空气压力 1.0~1.5kPa。

⑥ 若点火失败，可调整燃料气以及空气压力继续尝试，若尝试 5 次未有 1 次点着，应立即联系仪表人员检查火焰检测器以及点火器。

2）升温升压。

① 注意三个火检的火焰强度，若火焰强度不稳定或较低应增加一段配风量。

② 根据烘炉曲线要求逐步提一段燃烧空气及燃料气，严格控制升温速率。

③ 及时调整废水燃烧空气与氧化空气流量，保证氧化段与还原段温度均衡。

④ 锅炉升压过程中，汽包压力达到 0.1MPa，关闭汽包顶放空。

⑤ 汽包压力达到 0.4MPa 时，稍开连排阀。

⑥ 3h 定期排污一次，东西排污阀依次开启，开启时间不超过 10s。

⑦ 烘炉结束后联系设备组安装各段喷枪，投用雾化空气以及蒸汽。

⑧ 当汽包压力达到 3.0MPa，可投用锅炉给水预热器。

⑨ 待过热蒸汽温度达到 350.0℃，投用温控并控制过热蒸汽温度在正常范围内。

⑩ 蒸汽并网应提前做好准备，排凝暖管要充分，防止发生水击。过热蒸汽温度达到 380.0℃，压力达到 3.7MPa，可进行蒸汽并网。

（5）袋式除尘器投用

1）检查新旧袋式除尘器所有仪表喷吹阀，如有故障及时联系仪表人员处理。

2）当新旧袋式除尘器入口温度均达到 190.0℃，手动打开所有进风阀以及提升阀，关闭所有旁路阀。

3）注意各袋式除尘器灰斗温升情况，当灰斗温度达到 160.0℃，可焚烧废水。

4）焚烧废水后根据袋式除尘压降投用仪表风喷吹系统。

5）与外委清灰人员联系，及时清除灰斗中积累的炉灰，并注意灰斗温度，如快速下降应立即到现场检查落灰量以及灰的状态，并向专业组人员反映。

（6）废水焚烧

1）烧废水前一个班，启动废水泵，全回流操作。

2）烧废水前，微开引风机出口烟道加水阀，确保排水口有水排出。

3）确认废水流程后，逐步提废水量，注意控制炉温以及锅炉系统各参数平稳。

4）将四效凝液引入脱硫塔补水，并根据脱硫塔 pH 指示，及时启动碱液计量泵并调整行程。

4.2.4.2　AOGI 开车

（1）水热媒(也称为省煤器)系统开车

水热媒系统引入除氧水；通知分析人员对水质进行分析，分析合格后启动热水循环泵，建立水热媒循环；分析不合格，应将系统内除氧水排净后，重新进行引水操作，直至水质分析合格；引水前必须确认给水预热器水热媒进水管的高点放空阀处于开启状态，引水过程中应注意各放空阀开启以便排气。

（2）锅炉系统开车

与前工序联系锅炉进水；投入汽包液位高联锁；开启锅炉给水调节阀，控制除氧水流量，当汽包液位达到点火水位时，关闭锅炉给水调节阀；开启相应阀门进行排气、排污；确认汽包液位，液位过低时应开启给水调节阀进水至点火水位；确认汽包水位处于正常开车位置，确认排污罐液位调节阀可用。

锅炉开车过程中不投用三冲量调节系统；当汽包正常产生蒸汽后投用连续排污；蒸汽引出界外前，须联系调度，同时需对引出管线进行暖管作业。

按操作程序启动鼓风机、点烧嘴长明灯，引入雾化空气后点燃料气烧嘴，严格按照升温曲线对炉膛进行升温。升温过程中要注意空气量控制、燃料气投用时间、雾化空气控制等，以保证燃料气燃烧效果。

当汽包有蒸汽产生后，打开汽包连续排污阀；汽包排气阀保持开启状态，进行充分排气后关闭；当汽包压力继续上升时，手动微开蒸汽送出调节阀，向过热段引入蒸汽，同时进行送出蒸汽管线暖管作业，暖管结束后关闭各导淋阀；当排污罐压力达到规定压力后，将排污罐蒸汽送出，压力调节阀切自动控制。根据规定程序，控制汽包升压速度；升压过程中，在各规定压力值，通知检修人员对汽包、汽包附件以及送出蒸汽管线上的所有接管法兰和人孔法兰进行热紧；控制汽包液位到达正常水位。当锅炉供水稳定后，关闭给水预热段再循环阀。当蒸汽温度达到规定的过热温度时，投用减温调节阀；当汽包压力达到规定值时，投用压力调节阀；升压完成后，全面检查安全联锁系统是否已全面投用。

（3）吸收塔尾气的引入

确认吸收塔尾气管道上引入处于完好状态；确认吸收塔尾气气液分离罐水已加好且能正

常溢流；确认三道吸收塔尾气蝶阀处于关闭状态；联系前工序可以引进吸收塔尾气，烟气分析仪投用；在控制室的指挥下依次逐渐打开上部、中部、下部吸收塔尾气蝶阀，开度需视吸收塔尾气管道压力的变化而定，开启过程中应严密监视炉温、排烟氧含量、汽包液位、压力以及吸收塔尾气管道压力等主要参数，并及时作出调整；根据排放烟气中氮氧化物的含量调整过剩氧含量和各道蝶阀开度。

4.2.4.3 AOGC 开车

以国内某 13 万 t/a 丙烯腈装置 AOGC 开车步骤为例进行介绍。AOGC 开车步骤：

（1）开车条件确认

1）检查确认所有设备管线安装无误，已吹扫、冲洗干净。

2）检查确认所有设备压力表、液位计、安全阀、温度计等安全附件齐全，且处于投用状态。

3）检查确认所有调节阀、电磁阀、安全阀已经调校完成，动作准确无误。

4）确认紧急停车联锁及其他联锁检验正常，并处于旁路状态。

5）确认 DCS、SIS 系统调试合格，能正常投用。

6）检查确认控制电源、动力电源供应正常。

7）确认所有公用工程系统，包括蒸汽、脱盐水、生产水、仪表风、工业风、氮气等均已引至装置。

8）确认助燃风机、电加热器单机试运合格，满足设计要求。

9）确认合成单元运行平稳，除氧器液位正常，满足供水条件。

10）确认班组操作工具、个人防护用具、安全消防设施齐全。

11）确认现场整洁，无杂物，施工痕迹已清除。

12）确认班组通信、照明设备齐全，且充电处于备用状态。

13）确认已组织班组人员对开车方案进行讨论学习。

（2）开车要点

1）AOGC 主联锁同吸收塔顶放空阀 HZV-21202 相关，一旦联锁发生，将联锁全开吸收塔顶阀 HZV-21202，关闭去 AOGC 阀 HV-23421 并延时 30s，关闭 AOGC 主进气阀门 HZV-21201。

注意此时阀 HZV-21202、HZV-21201、HV-23421 将无法手动操作，仅能依靠吸收塔顶压控阀 PV-21203 调整反应系统压力。因此，AOGC 未投用前 PV-21203 的经验阀位对联锁发生后反应系统压力调整极为重要。一旦 AOGC 联锁跳车，可迅速手动调整 PV-21203 至经验值（从实验状况看，HZ-21202 联锁全开后，PV-21203 阀位为 45%左右，能满足 100%反应负荷需求）。

2）催化裂化反应器或 SCR 反应器压差高时，将通过 I-3402/I-3403 联锁分别打开 XV-23452/XV-23461，利用仪表空气吹扫相关反应器。注意该联锁发生后，有可能对仪表风管网产生影响。当发现上述联锁发生，且界区仪表风压力或 PCC 炉界区仪表风压力迅速下降时，可停用该联锁或通知现场关闭 XV-23452/XV-23461 手阀。

3）吸收塔顶 AOG 引入后，现场巡检应认真检查管网，及时将气液分离罐内残液向 PS 中排放（2h/次）。

4）本次开车后，CO 反应器入口温度控制在 280.0℃±5.0℃，CO 反应器出口温度控制在 535.0~570.0℃，SCR 反应器入口控制在 350.0~360.0℃。

（3）AOGC 系统升温

1）准备工作。

启炉前在 DCS 及现场确认阀门按表 4-2 要求设置。

表 4.2　AOGC 系统阀门状态

阀门位号	名称	DCS 输入及现场开度
HC-23421	AOG 调节阀	0%
HZV-21201	AOG 入口阀	0%
FV-23431B	新鲜风调节阀	0%
FV-23431A	循环风阀	0%
TV-23451	板式换热器跨线阀	100%
AV-23461	氨调节阀	0%
HV-23471	锅炉入口阀	0%
TV-23472	锅炉旁通阀	100%
PV-23491	系统压力调节阀	0%
TC-23432	电加热器负荷调节器	0%

2）联锁摘除。

联动试车前，需联系仪表人员对 AOGC 主联锁及吸收塔塔顶放空联锁部分动作侧进行旁路，否则将无法操作。

① 阀门 XZSP-23431，以启动电加热器。

② 阀门 XSP-23422，以启动循环风机。

③ 阀门 HZV-23421，以能够在 DCS 手操此阀。

④ 阀门 HZV-21202，以能够在 DCS 手操此阀。

⑤ 阀门 HZV-21201，以能够在 DCS 手操此阀。

3）向 PS 系统排尽分液罐内残液。

按以下步骤进行吹扫、建立风循环。

① 打开压控调节阀，关闭助燃风机入口阀门，启动风机，待风机正常启动后，逐步调整助燃风机入口阀门至 20%开度，吹扫 10min，将系统内部杂物吹扫干净。

② 将 FV-23431A 投自动，通过 FIC-23431 设定风量 26000Nm^3/h。调整 FV23431B，将引入的新鲜风量控制在 900.0~1000.0m^3/h。

③ 通过压控调节阀控制系统压力在 11.0kPa，对拆除法兰处进行气密。气密结束后，将系统压力控制在 0.1~0.5kPa，确保系统压力稳定。

④ 确认系统冷运正常。

4）启动电加热器。

按以下步骤启动电加热器。

① 风循环建立后，启动电加热器。

② 通过温度控制器 TIC-23432 来控制加热温度，每小时不超过 25.0℃。

③ 升温过程中，仍然保持锅炉旁通阀全开，入口阀关闭。

④ 注意加热器本体 TIA-23431 温度不要超过 350.0℃，必要时将电加热器紧急停止。

为保护 CO 反应器催化剂，电加热器出口温度不能高于 270.0℃。

⑤ 当 CO 反应器入口温度达到 240.0℃时，缓慢关闭板式换热器跨线阀至 50%阀位，调节电加热器负荷，维持 CO 反应器温度在 240.0~260.0℃。

5）热态机电仪调试。

按以下步骤热态机电仪调试。

① 检查并确认所有温度计指示正常。

② 检查并确认电加热器升温情况，确认其能达到设计能力。

（4）锅炉加水

本步骤安排在电加热器投用前。

1）打开废热锅炉汽包顶部放空阀，关闭所有导淋、排放阀。

2）打通锅炉给水管线流程，向锅炉注水。

3）加水过程中，检查设备管线有无泄漏，并观察现场液位计指示与 DCS 仪表是否一致。

4）继续向锅炉加水，控制在低液位，做好启炉准备。

（5）引入吸收塔顶 AOG

注意：逐步引入吸收塔顶 AOG，待 CO 反应器出现温升后，根据指令缓慢并入锅炉，锅炉并入前，联排已正常打开。

注意：逐步引入吸收塔顶 AOG 后，CO 反应器逐步出现温升，注意控制 CO 反应器入口温度在 275.0~285.0℃，CO 反应器出口温度控制在 535.0~570.0℃。

注意：引入吸收塔顶 AOG 后，随着 CO 反应器温度升高，手动逐步减少电加热器负荷，最终通过板式换热器对原料气进行加热。

按以下步骤引入吸收塔顶尾气操作。

1）通知合成单元现场打开吸收塔尾气进 AOGC 副线阀上游手阀处至 PS 管线阀门，排尽气相管线中存水后关闭，打开吸收塔尾气进 AOGC 副线阀上游手阀。AOGC 系统准备进料阶段，注意同合成单元密切联系，控制好反应器压力。

2）缓慢打开挡板吸收塔尾气进 AOGC 副线阀，由 SCR 电热器控制 CO 反应器入口温度在 275.0~285.0℃。

3）吸收塔顶尾气投入后，助燃风机的入口挡板由 AOG 与空气的比值控制来调节。随着负荷的提高，空气量会控制循环风阀自动关小，直至全关。

4）吸收塔尾气进 AOGC 副线阀全开后，接着缓慢开启挡板主阀，同时通知合成单元关小吸收塔放空阀，注意密切配合防止反应器压力波动。

5）打开两个挡板时，以每次开度不超过 10%为原则，AOG 流量 FI-23421 每增加 5000.0Nm^3/h，稳定运行 1h。

6）当 HZV-21201 挡板开 75%后，可将挡板缓慢关闭。

7）手动逐步降低加热器负荷，CO 反应器入口温度由调节板式换热器旁路阀控制在 275.0~285.0℃，直至加热器最终负荷减至 0%，将电加热器现场开关投自动，投自动设定 240.0℃。

8）CO 反应器出口温度达到 350.0℃后，投用注氨系统，控制在 0.0~5.0ppm。

9）CO 反应器出口温度达到 350.0℃，将高温烟气缓慢并入锅炉，注意控制 SCR 反应器入口温度在 350.0~360.0℃。

10）CO 反应器出口温度若超高，可通过加大风机入口风量来冷却。

（6）废热锅炉升压

按以下步骤给废热锅炉升压操作。

1）加水建立正常液位 50%。

2）当 CO 反应器出口温度达 350.0℃时，缓慢打开锅炉入口挡板。

3）确认过热蒸汽压力外送调节阀关闭，副线阀关闭，前后阀打开，过热蒸汽压力放空调节阀关闭，副线阀关闭，前后阀打开，打开管线上排淋阀，排净凝液。

4）汽包顶部放空阀保持开启状态，以排出系统内的不凝气。汽包压力达 172.0kPa(表)时关闭放空，过热蒸汽排淋见汽后关闭。通过过热蒸汽压力放空调节阀控制汽包压力不大于 0.5MPa 连续升压。

5）当汽包压力达到 0.5MPa，1.0MPa 分别联系设备组对锅炉人孔、相关管线阀门螺栓进行热紧。

6）产汽后，打通锅炉连排流程，调整排污量为产汽量的 1.0%~2.0%(质)。

7）当过热蒸汽温度达到 300.0℃时，打通减温水流程，确认减温水能正常加入。

8）最终控制过热蒸汽压力为 4.2MPa，温度为 380.0℃，联系调度要求蒸汽并网。缓慢打开蒸汽并网调节阀，同时关闭放空调节阀，将蒸汽送入管网。稳定运行后调节阀投自动。

（7）SCR 反应器部分控制

按以下步骤对 SCR 反应器部分进行控制。

1）检查气氨注入流程是否正确，氨调节阀是否好用。

2）通过调节锅炉旁通阀控制 SCR 反应器入口温度在 350.0~360.0℃。

3）当 SCR 反应器入口温度达到 350.0℃时，缓慢注入氨气，根据氨在线分析仪自动控制氨加入量。

4.2.5 废水罐区 VOC 开车

（1）开车前条件确认

1）项目施工已结束，已具备开车；

2）真空泵单试正常，具备开车条件；

3）调节阀调校结束，投用正常；

4）现场压力、液位仪表已调校，指示正常，投用正常；

5）现场管道上盲板已拆除；

6）泵的冷冻盐水投用正常，冷却水、封水投用正常；

7）联锁已调试结束，具备投用条件；

8）机物槽、污废有水罐顶部氮封投用正常，分程调节阀投用正常；

9）机物槽、污废有水罐顶部呼吸阀投用正常。

（2）丙烯腈装置废水罐区 VOC 开车步骤

1）投用现场液位计及压力表；

2）打开真空泵去急冷塔器壁双阀，关闭导淋阀；

3）打开真空泵出口至分离罐各阀，打开分离罐出口阀；

4）关闭洗涤器至分离罐线上导淋阀，打开洗涤器至分离罐阀；

5）关闭分离罐排 PS 线上阀；

6）打开分离罐顶上阀；

7）打通真空泵出口至分离罐流程，并投用调节阀；

8）投用真空泵冷却器冷冻盐水，投用工作液，投用液位调节阀；

9）投用高/低压联锁，停真空泵及打开洗涤器顶控制阀；

10）启动真空泵，缓慢开大真空泵出口阀，出口跨线调节阀控制范围在 0.1~0.5kPa。

4.2.6 机组开车

4.2.6.1 空气压缩机的开车

（1）准备工作

1）确认水、电、汽、风等公用工程系统连续供给正常。

2）联系电气、仪表等部门，确认各电器仪表系统调校完毕具备使用条件。

3）蒸汽系统。

① 速关阀前主蒸汽管路隔离阀及旁路阀关闭；

② 速关阀、调节汽阀关闭；

③ 速关阀前疏水阀、汽缸疏水阀、平衡管疏水阀打开。

4）油系统。

① 油箱油质、油位正常。

② 确认油箱温度低于 20.0℃，启动油箱蒸汽加热器，将油箱加热至 35.0℃以上。

③ 检查并确认油冷器冷却水进、出口阀门已关闭，各压力开关、过滤器、油冷器、液位指标计等的排油阀已全关闭，各旁通阀关闭。

④ 检查确认油泵和油冷器之间的控制油压力调节阀和润滑油压力调节阀已经正确投用。

⑤ 检查确认各蓄能器内已充入足够压力的氮气，然后打开每个蓄能器的总阀。

5）压缩机系统。

① 检查确认入口过滤器已封闭正常。

② 将 HC2401 阀全部关闭，并现场确认。

③ 检查并确认压缩机出口防喘振阀全开，上下游阀全开，副线全关。

（2）油系统的启动和试验

1）油系统的启动。

① 检查确认主油泵和辅助油泵出、入口截止阀已全开，并盘车自如，检查确认辅助油泵已送电。

② 检查确认主油泵透平的轴承箱油质、油位和调速器中的油质、油位正确，调速器已设定在正常运行速度。

③ 检查确认各油过滤器、油冷器回油箱的阀已打开，以便排除空气。

④ 打开油冷器的冷却水进口阀，充分排气后开出水阀，然后再全关出水阀。

⑤ 确认主油泵透平的跳闸阀完全关闭，慢开入口截止阀的旁路阀，预热进气管，并充分导淋后，关旁路阀；慢开透平出口阀，将出口管线导淋阀、机体壳体导淋阀全开，充分暖机、暖管，直至导淋排汽中见不到水为止，然后全开透平出口阀，关小各导淋。

⑥ 全开跳闸阀，确认联动机构动作灵活，缓慢打开入口蒸汽截止阀，使透平升速至正常转速 1450r/min。

⑦ 检查油过滤器及油冷器回油箱线上的视窗，当看到回油时，切换各油过滤器及油冷

却器，全部注满油并排净空气后，关回油箱阀。

⑧ 打开高位油箱的快速加注阀，直至回油管线上的视镜内有油通过，关快速加注阀。

⑨ 若油冷器出口油温超过 40.0℃，则关闭油加热器，若温度超过 45.0℃，则可投油冷器。

⑩ 全面检查并记录各润滑点的油压，并确认油系统正常。

2）自保试验。

① 在 ITCC 画面上，打开跳车画面，摘除汽轮机排汽压力低及汽轮机速关油压力低联锁，其他联锁投上，点击 RESET 将两电磁阀带电。

② 在现场顺时针旋转启动阀手轮，建立启动油；逆时针旋转速关阀手轮，建立速关油；再逆时针旋转启动阀手轮，将启动油卸掉。

③ 手动紧急跳车动作试验：

a. 按危急保安器跳车手柄。

b. 速关阀应快速关闭；顺时针旋转速关阀手轮。

c. 重复试验一次。

④ 速关阀组件“紧急停机”按钮动作试验：

a. 重复①、②操作，按压现场速关阀组件“紧急停机”按钮。

b. 速关阀应快速关闭；顺时针旋转速关阀手轮。

c. 重复试验一次。

⑤ 现场控制面盘“紧急停机”按钮动作试验：

a. 重复①、②操作，按压现场控制面盘“紧急停机”按钮。

b. 速关阀应快速关闭；顺时针旋转速关阀手轮。

c. 重复试验一次。

⑥ 操作室“紧急停机”按钮动作试验：

a. 重复①、②操作，按压操作室“紧急停机”按钮。

b. 速关阀应快速关闭；顺时针旋转速关阀手轮。

c. 重复试验一次。

⑦ 润滑油低辅助油泵自启动试验：

a. 在现场将辅助油泵打到“自动”位置。

b. 在 ITCC 画面上，打开压缩机油路画面。

c. 点击润滑油调节阀，将润滑油 PINSA24127 油压降至 0.15MPa，辅助油泵自启动。

d. 重复试验一次。

⑧ 润滑油低联锁跳车试验：

a. 重复①、②操作，在现场将辅助油泵打到“停止”位置。

b. 在 ITCC 画面上，打开压缩机油路画面。

c. 点击润滑油调节阀，将润滑油 PINSA24127 油压降至 0.10MPa，速关阀应快速关闭。

d. 重复试验一次。

⑨ 控制油压低辅助油泵自启动试验：

a. 在现场将辅助油泵打到“自动”位置。

b. 在 ITCC 画面上，打开压缩机油路画面。

c. 点击控制油调节阀，将控制油油压降至 0.66MPa，辅助油泵自启动。

d. 重复试验一次。

⑩ 速关油低联锁跳车试验：

a. 重复①、②操作，在现场将辅助油泵打到“停止”位置。

b. 在 ITCC 画面上，打开压缩机油路画面。

c. 点击控制油调节阀，将速关油油压降至 0.35MPa，速关阀应快速关闭；顺时针旋转速关阀手轮。

d. 重复试验一次。

⑪ 现场控制面盘按钮试验：

a. 在 ITCC 画面上，将键切换到“就地”；在控制面盘将键切换到“就地”，现场就地控制灯亮。

b. 按压控制面盘上“升速”“降速”键；在 ITCC 画面上，对应的“升速”“降速”键动作。

⑫ ITCC 画面上，防喘振阀手动快速打开试验：

a. 在 ITCC 画面上，打开防喘振控制画面；点击“得电”按钮，使电磁阀得电。

b. 手动输出 0 阀位，将防喘振阀调至全关，并现场确认。

c. 点击“失电”按钮，使电磁阀失电，防喘振阀应快速打开，现场检查确认。

⑬ 操作室“开防喘振阀”按钮动作试验：

a. 在 ITCC 画面上，打开防喘振控制画面；点击“得电”按钮，使电磁阀得电。

b. 手动输出 0 阀位，将防喘振阀调至全关，并现场确认。

c. 按压操作室“开防喘振阀”按钮，使电磁阀失电，防喘振阀应快速打开，现场检查确认。

（3）暖机暖管

1）投用密封蒸汽冷凝器。

① 全开泄漏蒸汽管线去密封蒸汽冷凝器的大阀，全开线管线上的旁路排空阀。

② 打开冷凝冷却水进水阀，管程排气后，开出水阀。

2）背压暖机。

① 确认润滑油系统已经正常运转。

② 打开透平壳体的导淋阀。

③ 关闭背压放空阀。

④ 缓开背压蒸汽大阀的旁通阀，见导淋冒汽后停，直至疏水干净。

⑤ 继续缓开背压蒸汽大阀的旁通阀，注意观察排汽压力表数值，控制升压速度不大于 0.02MPa/min，并不断给透平盘车。

⑥ 当背压显示达到 0.15MPa 时，全开旁通阀，并盘车。

⑦ 检查并记录各轴承温度，注意轴承的温升情况。

⑧ 当轴承温度升至一定值不再上升时，全开背压大阀。

⑨ 记录各点的温度、压力值，并盘车。

3）主蒸汽管线暖管。

① 检查并确认速关阀处于完全关闭状态。

② 启动盘车系统；在 ITCC 画面上，打开允许启动画面，满足盘车允许条件后，电机送电并现场启动盘车电机；再按压现场控制面板启动盘车按钮并现场确认盘车投用正常。

③ 打开主蒸汽管线上的导淋阀，打开脱液罐的导淋阀，打开速关阀上的导淋阀。

④ 缓慢微开主蒸汽大阀的旁路阀，各导淋见汽后停，充分疏水暖管。

⑤ 当各导淋不再见水后，慢开旁通阀，升温升压，控制温升速度不大于15℃/min。

⑥ 当温度达到200.0℃以上时，缓开主蒸汽大阀，直至全开。

（4）联动开机

1）准备。

① 向调度申请，准备开机。

② 联系机、电、仪表各相关部门人员到现场。

③ 再次现场检查并确认压缩机出口防喘振阀已全开，去反应器阀门全关，并在“防喘振调节”画面上将防喘振阀当前状态设为“自动”。

④ 检查并确认辅助油泵的控制开关处于“自动”位置。

⑤ 联系合成与精制岗位，注意背压蒸汽管网的压力调节。

⑥ 投用压缩机轴端密封气(氮气)，压力控制在1.05~0.1MPa。

2）启动及升速。

① 当主蒸汽温度达到280.0℃时，可以启动透平。

② 在ITCC画面上，打开跳车画面，摘除汽轮机排汽压力低及汽轮机速关油压力低联锁，其他联锁投上，点击RESET将两电磁阀带电。

③ 在现场顺时针旋转启动阀手轮，建立启动油；逆时针旋转速关阀手轮，建立速关油；再逆时针旋转启动阀手轮，将启动油卸掉。

④ 在ITCC画面上，打开跳车画面，将汽轮机速关油联锁投上；并且满足允许启动条件。

⑤ 在ITCC画面上，打开启机画面，点击启动。

⑥ 将目标转速设定在1000r/min或点击升速，使透平转速升至1000r/min，点击保持，进行暖机；检查各点温度及压力值，检查透平及压缩机的振动、位移情况，一旦有异常，应立即停机，查明原因并处理后再重新启动；

⑦ 将目标转速设定在1500r/min或点击升速，使透平转速升至1500r/min，点击保持，进行暖机；检查各点温度及压力值，检查透平及压缩机的振动、位移情况，一旦有异常，应立即停机，查明原因并处理后再重新启动。

⑧ 将目标转速设定在5678r/min或点击升速，使透平转速升至5678r/min，点击进入运行区(5678r/min至7950r/min)；检查各点温度及压力值，检查透平及压缩机的振动、位移情况，一旦有异常，应立即停机，查明原因并处理后再重新启动。

⑨ 关闭透平壳体的导淋。

⑩ 当润滑油温达到40.0℃时，投用油冷却器。

3）调整操作。

① 关闭各点导淋，蒸汽大阀旁通阀需保持畅通。

② 关闭背压蒸汽大阀的旁通阀。

③ 确认背压蒸汽安全阀已投用。

④ 当0.3MPa蒸汽管网压力稳定后，缓慢关闭背压放空阀，将0.3MPa蒸汽并入管网。

⑤ 接到送风通知后，与合成岗位密切配合，手动输出防喘振阀阀位，按合成要求控制好压缩机的出口压力。

⑥ 若阀全关防喘振阀后风量仍不能满足要求，可用提转速办法提风量。

4.2.6.2 制冷机组的开车

（1）准备工作

1）确认水、电、汽、风等能连续供给。

2）联系电气、仪表等部门，确认各电器仪表系统调校完毕，具备使用条件。

3）蒸汽系统：

① 速关阀前主蒸汽管路隔离阀及旁路阀关闭。

② 速关阀、调节汽阀关闭。

③ 速关阀前疏水阀、汽缸疏水阀、平衡管疏水阀打开。

4）压缩机油系统：

① 向压缩机油箱内加入适量的润滑油（YORK“C”油），启动辅助油泵至系统管线，油过滤器、油冷器内充注油，注意进行排气。

② 当油箱内见不到油位时，停泵，继续向油箱内补加润油，再启泵，直至整个系统充满油，油箱油位不再下降为止。

③ 将压缩机油加热器（HTR24224）投在“自动”位置，保持油温在65.0℃（机组允许启动油温不低于51.7℃）。

5）透平油系统：

① 油系统已经严格清洗，往油箱内加入合格的润滑油（64#透平油）直至停机油位（机组循环后油箱液位不低于45%）。

② 打开所有的压力计、压力开关的截止阀。

③ 启动油泵，将整个油系统管线、各油冷器、油滤器及高位油箱内充满润滑油，并注意在各油冷器、油滤器及压力开关处排空气。

④ 投用油箱油加热器，保持油箱油温40.0～45.0℃（机组允许启动油温不低于30.0℃）。

⑤ 打开两台油冷器的进水阀，排净空气。

⑥ 打开油冷器及油过滤器的旁路连通阀。

6）压缩机系统：

① 确认系统内已充入了足量的合格丙烯。

② 打开冷凝器的循环水，注意排气。

③ 建立盐水循环，并进行排气。

④ 打开所有压力表及压力开关的截止阀。

⑤ 检查并确认热气体旁路阀HGV（PV-24221）处于全关位置。

⑥ 检查并确认前置导叶控制阀PY-24221置于全关位置。

⑦ 检查并确认供液控制阀LV-24221及旁通阀置于全关位置。

（2）油系统的启动和试验

1）压缩机油系统的启动：

① 手动启动辅助油泵。

② 检查并确认油系统各点的压力，温度符合要求。

③ 切换油过滤器及油冷器，将油冷器及油过滤器充装油，检查各点的压力、温度是否符合要求，并停辅助油泵。

④ 打开油冷器的进水阀，排气后关闭。

⑤ 将辅助油泵打在自动位置。

2）透平油系统的启动：

① 打开油泵的进出口阀，并盘车确认无异常现象。

② 启动油泵。

③ 打开高位油箱的快注阀，直至回油视镜见到油流，关快注阀，并打开高位油箱顶部回流油管线上的排空阀。

④ 全面检查并记录各点的油压、油温，与规定值比较是否正常，如不正常，查明原因并予以调整。

3）自保试验：

① 在 ITCC 画面上，打开跳车画面，摘除汽轮机排汽压力低及汽轮机速关油压力低联锁，点击“RESET”将两电磁阀带电。

② 在现场顺时针旋转启动阀手轮，建立启动油；逆时针旋转速关阀手轮，建立速关油；再逆时针旋转启动阀手轮，将启动油卸掉。

③ 手动紧急跳车动作试验：

A. 按危急保安器跳车手柄。

B. 速关阀应快速关闭；顺时针旋转速关阀手轮。

C. 重复试验一次。

④ 速关阀组件“紧急停机”按钮动作试验：

A. 重复①、②操作，按压现场速关阀组件“紧急停机”按钮。

B. 速关阀应快速关闭；顺时针旋转速关阀手轮。

C. 重复试验一次。

⑤ 现场控制面盘“紧急停机”按钮动作试验：

A. 重复①、②操作，按压现场控制面盘“紧急停机”按钮。

B. 速关阀应快速关闭；顺时针旋转速关阀手轮。

C. 重复试验一次。

⑥ 操作室“紧急停机”按钮动作试验：

A. 重复①、②操作，按压操作室“紧急停机”按钮。

B. 速关阀应快速关闭；顺时针旋转速关阀手轮。

C. 重复试验一次。

⑦ 润滑油低辅助油泵自启动试验：

A. 在现场将辅助油泵打到“自动”位置。

B. 在 ITCC 画面上，打开压缩机油路画面。

C. 点击润滑油调节阀，将润滑油 PTC24263 油压降至 0. 15MPa，辅助油泵自启动。

D. 重复试验一次。

⑧ 润滑油低联锁跳车试验：

A. 重复①、②操作，在现场将辅助油泵打到“停止”位置。

B. 在 ITCC 画面上，打开压缩机油路画面。

C. 点击润滑油调节阀，将润滑油 PTC24263 油压降至 0. 10MPa，速关阀应快速关闭。

D. 重复试验一次。

⑨ 控制油压低辅助油泵自启动试验：

A. 在现场将辅助油泵打到“自动”位置。

B. 在 ITCC 画面上，打开压缩机油路画面。

C. 点击控制油调节阀，将控制油油压 PTC24261 降至 0.60MPa，辅助油泵自启动。

D. 重复试验一次。

⑩ 速关油低联锁跳车试验。

A. 重①、②操作，在现场将辅助油泵打到“停止”位置。

B. 在 ITCC 画面上，打开压缩机油路画面。

C. 点击控制油调节阀，将控制油油压 PTC24261 降至 0.35MPa，检查速关阀应快速关闭；顺时针旋转速关阀手轮。

D. 重复试验一次。

⑪ 现场控制面盘按钮试验：

A. 在 ITCC 画面上，将键切换到“就地”；在控制面盘将键切换到“就地”，现场就地控制灯亮。

B. 按压控制面盘上“升速”“降速”键；在 ITCC 画面上，对应的“升速”“降速”键动作。

⑫ 压缩机油压低跳车试验：

启动压缩机辅助油泵，打开回油箱的阀，将供油压差 PDT24223 降到 137.9kPa 时，跳车。重复试验一次。

⑬ 联系仪表做透平静态试验。

⑭ 手动做前置导叶开关试验。

（3）暖机暖管

1）投用密封蒸汽冷凝器：

① 全开泄漏蒸汽管线去密封蒸汽冷凝器的大阀，全开线管线上的旁路排空阀。

② 打开冷凝冷却水进水阀，管程排气后，开出水阀。

2）背压暖机：

确认润滑油系统必须已经正常运转：

① 打开透平壳体的导淋阀。

② 关背压放空阀。

③ 缓开背压蒸汽大阀的旁通阀，见导淋冒汽后停，直至疏水干净。

④ 继续缓开背压蒸汽大阀的旁通阀，注意观察排汽压力表数值，控制升压速度不大于 0.02MPa/min，并不断给透平盘车。

⑤ 当背压显示达到 0.15MPa 时，全开旁通阀，并盘车。

⑥ 检查并记录各轴承温度，注意轴承的温升情况。

⑦ 当轴承温度升至一定值不再上升时，全开背压大阀。

⑧ 记录各点的温度、压力值，并盘车。

3）主蒸汽管线暖管：

① 检查并确认速关阀处于完全关闭状态。

② 启动盘车系统；在 ITCC 画面上，打开允许启动画面，盘车允许条件满足后，电机送电并现场启动盘车电机；再按压现场控制面板启动盘车按钮并现场确认盘车投用正常。

③ 打开主蒸汽管线上的导淋阀，打开脱液罐的导淋阀，打开速关阀上的导淋阀。

④ 缓慢微开主蒸汽大阀的旁路阀，各导淋见汽后停，充分疏水暖管。

⑤ 当各导淋不再见水后，慢开旁通阀，升温升压，控制温升速度不大于15℃/min。

⑥ 当温度达到200.0℃以上时，缓开主蒸汽大阀，直至全开。

（4）联动开机

1）准备：

① 向调度申请，准备开机。

② 联系机、电、仪各相关部门人员到现场。

③ 将压缩机辅油泵置于“自动位置”。

④ 检查并确认透平辅助油泵的控制开关处于“自动”位置。

⑤ 联系合成与精制岗位，注意背压蒸汽管网的压力调节。

2）启动及升速：

① 当主蒸汽温度达到280.0℃时，可以启动透平。

② 在ITCC画面上，打开跳车画面，摘除汽轮机排汽压力低及汽轮机速关油压力低联锁，点击“RESET”将两电磁阀带电。

③ 在现场顺时针旋转启动阀手轮，建立启动油；逆时针旋转速关阀手轮，建立速关油；再逆时针旋转启动阀手轮，将启动油卸掉。

④ 在ITCC画面上，打开跳车画面，将汽轮机速关油联锁投上；并且满足允许启动条件。

⑤ 在ITCC画面上，打开启机画面，点击启动，自动启动压缩机辅油泵，并且供油压差PDT24223>137.9kPa。

⑥ 将目标转速设定在750r/min或点击升速，使透平转速升至750r/min，点击保持，进行暖机；检查各点温度及压力值，检查透平及压缩机的振动、位移情况，一旦有异常，应立即停机，查明原因并处理后再重新启动；并且检查并确认前置导叶从0%打开到30%。

⑦ 将目标转速设定在6089r/min或点击升速，在升速的过程中检查并确认前置导叶从30%打开到70%，透平转速升至6089r/min后点击正常运行区；检查各点温度及压力值，检查透平及压缩机的振动、位移情况，一旦有异常，应立即停机，查明原因并处理后再重新启动。

⑧ 机组进入运行区后，现场检查并确认前置导叶从70%打开到100%；阀位低限为80%。

⑨ 压缩机油箱排空阀YV-24221，在自动控制时，转速进入运行区，排空阀在30分钟内从全关到全开。

⑩ 关闭透平壳体的导淋。

⑪ 当透平润滑油温达到40.0℃时，停用油冷却器。

3）调整操作：

① 机组进入运行区后，调节盐水温度。

手动保持热气体旁路阀（HGV）控制PV24221全开，通过升转速控制压缩机入口压力控制阀PIC24222调节盐水温度至0.0℃，检查各参数正常，待机组稳定后手动关闭热气体旁路阀，将热气体旁路阀投自动。

② 当转速进入运行区，由YORK公司调试人员调整测试各控制回路：压缩机入口压力控制PIC24222，热气旁通阀（HGV）控制PV24221、PULLDOWN。

③ 通知精制岗位提升装置热负荷，考核机组性能，逐渐将机组开到满负荷。

④ 关闭透平的壳体导淋，关闭各管线上的导淋，主汽门阀体上的泄漏蒸汽阀保持全开。

⑤ 关闭背压蒸汽大阀的旁通阀。

⑥ 当背压蒸汽管网稳定后，通知合成与精制岗位，将背压蒸汽并入管网。

⑦ 检查压缩机油箱内的油位。

⑧ 全面检查机组运转情况，调节各运行参数在控制范围内。

4.3 装置的日常操作

4.3.1 基本操作

4.3.1.1 反应器

(1) 反应温度控制

通过投用撤热水管数进行粗调，温度高时增投撤热水管，温度低时减去撤热水管；在规定的反应器投料负荷范围内，通过丙烯、氨、空气进料量来微调；反应器压力波动对温度有影响，但一般不用反应器压力作温度调节手段；反应器运行过程中，反应温度随催化剂活性降低而逐步提高；应尽可能地调整撤热水管分布，使反应器的径向温差缩小。

(2) 反应器压力和线速控制

在反应器投料负荷一定情况下，反应器压力和线速度由吸收塔塔顶压力调节阀来控制，吸收塔塔顶压力调节阀开度增大时，反应器压力下降，线速度上升；反之，反应器压力上升，线速度下降。

(3) 氨烯比控制

氨烯比即为氨和纯丙烯间的物质的量的比率。氨烯比由催化剂的性能决定，一般视反应出口气体中的产物分布和未反应氨量决定，如丙烯醛收率升高，可适当提高氨烯比。

(4) 空烯比控制

空烯比即为空气和纯丙烯间的物质的量的比率。空烯比也由催化剂的性能决定，为保证反应器运行过程中催化剂由还原态转变为氧化态，需提供过量的氧，空烯比视反应出口气体中尾氧含量而定。

(5) 尾氧含量控制

反应出口气体中尾氧的控制主要通过反应器进料空气量调节。另外，反应温度、反应器内催化剂藏量对尾氧也有影响。在反应温度升高而其他条件不变情况下，尾氧降低，相反，则尾氧升高。催化剂选择性不同，在空烯比相同的情况下，尾氧随反应收率分布变化，一氧化碳、二氧化碳含量高，尾氧低。

(6) 反应器催化剂藏量控制

通常催化剂是反应器开车时一次装入反应器的，一次装填量按要求的重时空速确定。若出现异常的催化剂跑损将会导致催化剂藏量下降，此时除先查明跑损原因并进行处理外，还可酌情启用催化剂装料线向反应器加入适量的新鲜催化剂补充藏量。另外，补加催化剂时须均匀、适量地将其加入反应器，以弥补催化剂细粉的正常损耗及钼的升华损失，维持催化剂床层流化状态的稳定及活性的稳定。

4.3.1.2 撤热水系统

(1) 蒸汽发生器的压力控制

蒸汽发生器的压力控制是通过压力调节阀实现的。根据要求的蒸汽发生器压力控制值，多余的蒸汽向外界蒸汽管网输送；当反应器投料负荷低，反应器撤热水管产生的蒸汽量不足以满足装置的蒸汽透平需求时，除按指令提高反应器投料负荷外，还应开大界外蒸汽引入阀，引进蒸汽以维持蒸汽透平运行。蒸汽发生器设有安全阀，防止设备超压造成损坏。

（2）蒸汽发生器液位控制

蒸汽发生器液位控制回路可以是一个三冲量控制系统，通过液位调节器、蒸汽发生量及供水量三个信号，经过一定的运算后共同控制供水调节阀。将蒸汽发生器的液位控制在要求的范围中，是装置撤热水系统安全、稳定运行的保证。

（3）过热蒸汽温度控制

过热蒸汽温度控制由温度调节阀调整，以满足装置蒸汽透平的需求。

（4）除氧水和炉水的 pH 值控制

丙烯腈装置的除氧水和锅炉水的 pH 值控制有严格要求，通过加入磷酸三钠以提高炉水 pH 值。

（5）锅炉给水中溶解氧的控制

丙烯腈装置的锅炉给水由装置蒸汽凝液和外界供给的脱盐水组成，锅炉给水中溶解氧控制，是通过往除氧器中加入吹脱蒸汽和化学除氧剂联胺实现的，按照要求的溶解氧指标，调节吹脱蒸汽、联胺加入量。

锅炉给水中溶解氧控制极为重要，溶解氧高，将造成装置锅炉系统设备氧化腐蚀，使装置不能稳定运行。

（6）脱盐水罐和除氧器液位控制

脱盐水罐液位和除氧器液位均由液位调节阀控制。除氧器液位超高时可用高位调节阀排放。

（7）反应气体冷却器冷后温度

反应气体冷却器冷后温度是通过调节去冷却器的热水量来实现的。当冷后温度高时应关小蒸汽发生器至反应器气体冷却器调温水调节阀，反之，应开大调温水调节阀。

反应气体冷却器温度根据要求控制，温度高，反应气体的热能利用少，同时增加急冷塔的负荷，但对延长冷却器使用周期有一定帮助；温度低，反应气体的热能利用多，可以多产生蒸汽。

4.3.1.3 急冷塔

（1）急冷塔上段循环液 pH 值的控制

急冷塔上段循环液 pH 值由在线 pH 计检测，通过调节阀控制硫酸加入量来调整。循环液 pH 值高时，调节阀开度增大，硫酸加入量上升。控制急冷塔上段循环液 pH 值是控制装置大循环液 pH 值的重要手段。

（2）急冷塔上段液位的控制

急冷塔上段液位由送往硫酸铵液汽提塔的进料量来控制。急冷塔上段液位调节阀可以控制液位，这是该塔上段循环喷淋正常进行的保证。

（3）急冷塔下段液位的控制

调节送往急冷塔釜液汽提塔的进料量可控制急冷塔下段液位，由急冷塔下段液位调节阀实现，急冷塔下段液位的控制是该塔下段循环喷淋正常进行的保证。

（4）急冷塔上段硫酸铵溶液浓度的控制

硫酸铵溶液浓度根据要求控制在一定的范围内。浓度高，易沾污设备、堵塞管道，可通过向急冷塔上段增加补充水量来调节；浓度低，增加硫酸铵回收单元的能耗，可降低补加水量以提高硫酸铵溶液浓度。

4.3.1.4 急冷塔后冷器

(1) 急冷后冷器出口气体温度控制

急冷后冷器出口气体温度是通过调节进急冷后冷器壳程的循环冷却水量来控制的。出口气体温度高，会使吸收塔釜液温度上升，增大吸收塔冷量负荷；出口气体温度低，冷却水用量大，动力消耗大。

(2) 循环液 pH 值的控制

循环液的 pH 值受急冷塔上段循环液 pH 值的影响，急冷塔顶除沫器的除沫效果也有影响。

循环液 pH 值由在线 pH 计指示，通常急冷塔后冷器循环液的 pH 值控制在 5.5~7.5 为宜。当 pH 值低于此范围时，可通过向急冷后冷器循环液中加入适量的碳酸钠溶液来调整。

4.3.1.5 吸收塔

(1) 塔项压力

吸收塔塔顶压力调节阀控制吸收塔塔顶压力，一般根据反应器压力控制要求调节。在满足反应器压力控制要求的前提下，提高塔顶压力，有利于吸收过程。

(2) 吸收水流量和温度

吸收水与吸收塔进料气中的丙烯腈有一定的质量比要求，该水比的选取是根据吸收塔釜液中丙烯腈浓度及塔顶尾气中丙烯腈、氢氰酸含量决定。吸收水温度是通过改变吸收水冷却器壳程循环冷却水流量来满足控制要求。

(3) 吸收塔侧线吸收水温度

吸收塔侧线吸收水温度是通过吸收塔侧线吸收水冷却器的出口温度来调节的。正常情况下控制在 4.0~8.0℃。温度高，吸收塔吸收效率降低，塔顶尾气中产物跑损大；温度低，吸收效率高，但须防止丙烯、氨蒸发器管程贫水冻结。

4.3.1.6 回收塔

(1) 溶剂水温度和流量

溶剂水温度是通过改变溶剂水冷却器壳程的循环冷却水流量来满足控制要求的。溶剂水量按水与丙烯腈的质量比设定。

溶剂水温度和流量视回收塔塔顶馏出物中乙腈含量调整，乙腈含量高，除确认贫水中乙腈含量进行灵敏层温度调整外，可以将溶剂水温度降低、溶剂水量提高；乙腈含量低，将溶剂水温度提高、溶剂水量降低。

(2) 进料温度

回收塔进料温度是通过贫水/富水换热器管程的贫水流量来调节的，它对塔的操作影响较大。进料温度低，回收塔蒸汽用量大，应将进料温度控制在合理的范围内。

(3) 回收塔灵敏层温度

回收塔进料液中羰基化合物与氢氰酸反应生成氰醇类物质，沸点较高容易分离去除。但氰醇类物质的生成反应平衡与温度的关系很大，高温下容易分解。丙腈的去除也应在较低温度下进行。回收塔底部温度过低，从塔底损失的丙烯腈就增多，且塔顶氢氰酸浓度过高，所以应将回收塔灵敏层温度控制在合理的范围内。

(4) 塔釜液位和贫水/溶剂水缓冲槽液位

回收塔塔釜液位由釜液至四效蒸发系统的水量控制。回收塔第一层板是全抽出板，抽出液进入贫水/溶剂水缓冲槽，然后通过回收塔釜液进料泵进入塔釜。贫水/溶剂水缓冲槽的液位是通过调节进入回收塔塔釜的水量来控制的。

贫水/溶剂水缓冲槽液位对塔釜液位影响很大，只有当贫水/溶剂水缓冲槽液位控制稳定后塔釜液位方会稳定，因此调整操作时要缓慢进行，谨防塔釜液位超高和抽空，破坏塔的操作。

(5) 塔顶气体冷后温度

正常操作时，回收塔塔顶蒸汽经回收塔冷凝器冷凝后，温度控制在40.0℃以下，此时丙烯腈与水的分层的效果较好。应根据季节、负荷变化适当调整回收塔冷凝器的壳程循环冷却水量，控制管程物料出口温度在40.0℃左右。

(6) 回收塔油水分层器水相pH值控制

回收塔分层器水相的pH值通过加入碳酸钠溶液来调节，以防止设备的腐蚀，并保证丙烯醛、丙酮和氢氰酸反应生成氰醇。

(7) 化学品控制

消泡剂由消泡剂泵通过冲程调节添加量定量加入系统，以防止回收系统塔内起泡，影响吸收塔、回收塔、乙腈塔等的操作。

阻聚剂对苯二酚通过对苯二酚泵行程调节添加量，加入回收塔塔顶冷凝器入口，以防止或减少丙烯腈的聚合。

分散剂通过分散剂泵行程调节添加量，加到吸收塔釜液泵入口，防止聚合累积。

4.3.1.7 乙腈塔

(1) 进料量控制

乙腈塔进料由回收塔中下部塔板通过流量调节阀气相抽出，流量可根据反应生成气体流出物的组成分析估算。当回收塔中下部温度下降时，说明乙腈在塔中下部积累，此时应开大侧线调节阀增加乙腈抽出量。

(2) 乙腈塔顶回流量和灵敏板温度

调整乙腈塔顶回流量可改变乙腈塔的灵敏板温度和全塔温度分布，合适的回流量能使塔顶出料粗乙腈浓度维持在规定的范围内，同时又能使乙腈全部从回收塔中抽出。调整操作主要以控制乙腈塔顶冷凝器物料分析中乙腈浓度为准。

4.3.1.8 脱氢氰酸塔

(1) 顶温和顶压的控制

脱氢氰酸塔顶温受上部灵敏板温度限制，而灵敏板温度又是通过调节塔回流量来控制的。如果灵敏板温度上升，说明重组分(丙烯腈)等向上移动，应加大回流量来降低温度，如果灵敏板温度下降，则表明氢氰酸沿塔向下累积，此时应减小回流量，加大外送量。

脱氢氰酸塔顶压的控制是通过真空泵进、出口管线上连通的压力调节阀来控制的。当压力升高而压力调节阀无调节余地时，应增加塔顶冷凝器及排气冷器壳程的冷量，以降低冷凝后温度，从而降低真空泵负荷，使塔压力能平稳地控制。

(2) 油水分层器液位和界位的控制

脱氢氰酸塔油水分层器水相液位控制在规定范围，界位不能过高，否则油相会带水，影响下段脱水效果，界位亦不能控制过低，否则减少了油水分层时间，会使水中带油。对界位应经常检查确认，如果界位太高，应开大回收水泵的外送量，将界位降至正常值，如界位过低，可减少回收水泵的外送量，提高界位。

脱氢氰酸塔油水分层器油相液位控制是通过改变回脱氢氰酸塔第20#板流量来实现的。

(3) 釜温和釜压的控制

脱氢氰酸塔塔釜液中丙烯腈含量较高，正常操作时釜温和釜压相对应。釜温控制是通过调节再沸器的热水量来进行的。如果温度低，则提高再沸器的贫水流量。

(4) 阻聚剂添加量控制

为防止塔内丙烯腈聚合而加入阻聚剂对苯二酚溶液，使脱氢氰酸塔塔釜液中阻聚剂对苯二酚含量达到一定含量。阻聚剂添加量由对苯二酚泵行程调节。

(5) 油水分层器油相中氢氰酸含量控制

脱氢氰酸塔油水分层器油相中氢氰酸含量要求控制在规定浓度内。氢氰酸含量过高，氢氰酸脱除达不到要求，釜液中氢氰酸含量会高，需提高再沸器的贫水流量。

4.3.1.9 成品塔

(1) 回流罐压力控制

回流罐压力由真空泵及压力调节阀控制，保持成品塔为规定的真空度，以降低塔的操作温度。

压力过高，塔的操作温度会升高，丙烯腈容易发生聚合，氰醇也容易分解而导致成品丙烯腈中氢氰酸含量高；压力过低，则会增加塔顶丙烯腈的损失。

(2) 塔釜温度控制

成品塔塔釜温度随塔的压力和塔釜液组分变化。一定操作压力下，塔釜温度也为定值。当重组分在塔釜积累时，塔釜温度会升高，这时应增加塔釜液排出量。

(3) 回流罐中杂质组分含量控制

要求回流罐中杂质组分氢氰酸、丙酮等低于要求的含量，如超过要求含量，需要增加回流罐返送排出量，以免影响成品塔侧线抽出成品丙烯腈质量。

(4) 阻聚剂添加量控制

为防止塔内丙烯腈聚合而加入阻聚剂对苯二酚溶液，使成品塔塔釜液中阻聚剂对苯二酚达到一定含量。阻聚剂添加量由对苯二酚泵出口行程来调节。

4.3.1.10 四效蒸发系统

(1) 四效蒸发系统压力控制

四效蒸发系统压力由真空泵进、出口管线上连通的压力调节阀来控制。若压力不断升高，在压力调节阀已全关无调节余地情况下，可增加第四蒸发器馏出物冷凝器壳程循环水量和第四效蒸发器排气冷凝器壳程盐水流量，以降低真空泵的负荷，从而使压力能平稳地控制。

(2) 四效蒸发系统温度控制

一效蒸发器温度由进入壳程的蒸汽量来控制，其他各效的温度分别由各自对应的压力决定。

(3) 四效蒸发系统液位控制

一效、二效、三效、四效蒸发器液位分别通过对应的液面调节阀改变各效送料量来加以控制。

4.3.1.11 轻有机物汽提塔

(1) 轻有机物汽提塔温度控制

轻有机物汽提塔的进料是四效蒸发凝液，热源由再沸器壳程供给蒸汽，其流量由调节阀控制。轻有机物汽提塔顶温、釜温均有规定的控制范围。正常情况下可以根据四效蒸发系统外排废水分析数据及轻有机物汽提塔顶温和釜温的变化情况适当增减再沸蒸汽量。

(2) 排放污水水质的控制

排放污水的 pH 值可通过调节轻有机物汽提塔的碳酸钠溶液添加量来控制。

排放污水可通过降低轻有机物汽提塔处理量，增大再沸蒸汽量，平稳轻有机物汽提塔及四效蒸发系统操作，控制好生化废水 pH 值等措施保证氰根及 COD 在指标范围内。

4.3.2 负荷调整

装置生产过程中，为了符合生产调控的需要，常对反应器负荷、精制负荷及其他生产单元的负荷进行调整。

4.3.2.1 反应器负荷调整

反应器在正常工作时的负荷调整，一般指对反应器丙烯进料量进行调整。此时，装置仍维持正常运行，对整个流程影响不大，相应岗位也只需作出相应较小的调整即可。

合成单元操作人员根据工艺指令、规定的空烯比和氨烯比，计算出进入反应器的丙烯、氨、空气流量的变化量，调整撤热水管使用量，控制好反应温度。同时，密切注意脱盐水、蒸汽系统的变化。吸收塔吸收水量根据反应器负荷变化作相应调整，确保吸收效果。

精制单元操作人员随同合成单元的调整作出相应的调整，包括各化学药剂的加入量。根据反应器负荷变化量调整回收塔溶剂水量、再沸器蒸汽加入量，保证塔的分离效果；根据反应器负荷变化量调整脱氢氰酸塔和成品塔的进、出料量，同时调整再沸器的贫水流量，确保产品质量合格。

4.3.2.2 三废处理系统负荷调整

废水焚烧炉运行过程中，为了保证废水及时焚烧，废水处理量会发生变化。废水处理量出现较大变动时，操作人员要及时调整废水的喷雾压力，保证喷雾压力与废水压力差控制在工艺指标范围内。

4.3.2.3 AOGI 系统负荷调整

随反应器负荷的调整，吸收塔尾气的量也会变化。此时，通过风机入口压控阀，调整风道总管压力，同时观察烟气分析仪的指示变化，将风量调节至最佳状态；调整燃烧器的使用数，确保每一个燃料气烧嘴都处于正常负荷内，同时使得在焚烧炉内温度均匀分布。

4.3.3 日常生产运行管理

在丙烯腈生产过程中对装置定时、定点进行巡回检查是及时发现问题，保证装置安全、稳定、长周期、高负荷运行的重要保证，是装置正常生产工作的重要组成部分。

在装置的正常生产过程中，室内操作人员负责装置工艺参数的调整、各塔质量的调节，对装置的整体运行情况进行监护；室外操作人员负责装置的日常运行，并按规定的时间和路线对装置进行巡检，在巡检的过程中实时记录装置的实际运行情况，如设备运行是否正常，压力、温度、流量和液位等是否处于正常的控制范围内。装置的运行周期越长，投入运行的时间越长，装置的技术性和安全性就更为重要。可能存在缺陷和隐患的，巡回检查的作用应该加强，因此，巡回检查的周期应适当缩短。在装置生产不正常，存在不安全因素的情况下应增加对装置的巡检次数。

巡回检查的目的是及时发现装置在运行过程中出现的问题，并及时做出正确的判断和处理，以确保装置的运行安全。对于新发现的、暂不影响装置正常生产的缺陷，要提供其开始的确切时间，或确认其持续正常的最后时间，并加强对存在缺陷设备和关键点的检查，并制定相应的紧急预案。

（1）巡回检查前准备工作

在巡回检查过程中，一旦发现问题须立即做出正确的判断和处理。

为了做好巡回检查工作应预先做好以下几方面工作：

1）根据装置生产的特点和危险分布的不同特点，预先制定合理、全面的巡回检查路线。据此路线巡检一周能将装置内所有的设备和生产关键点检查一遍，检查点不能有遗漏，且巡检路线在制定时应选合理的路线。

2）根据装置生产的重要性和危险点分布的不同特点，制定装置的巡回检查内容，确定出合理的变动范围和正常状态。室外巡检人员应对巡检内容的变化范围和正常状态十分清楚，并对异常情况出现的原因、后果和一般处理要熟悉，并要及时处理。

3）在巡回检查过程中室外巡检人员要认真检查，在检查过程中要携带必要的工具，如测振测温仪、活动扳手等，对巡检过程发现的一般故障进行现场及时处理。

4）在巡回检查过程中发现问题和突发的事故要快速、正确处理；如果情况比较严重，应及时汇报并组织处理。

5）在巡回检查过程中对检查的内容要及时、真实地进行记录。

（2）检查具体内容

1）装置现场设备的运行情况是否正常，特别是装置现场的动设备如机泵、压缩机、真空泵等，这些设备关系装置整体运行的情况，对装置的安全、稳定运行十分重要，必须高度重视，是室外检查的重点内容。

2）检查装置设备上的附件，如安全阀、压力表、温度计、液面计等引压管有无堵塞、损坏和指示不准，以及是否按要求正常投用等。安全阀的前后保护手动阀应全部打开，安全阀不能发生泄漏，以免装置内的物料产生不必要的损失。为了保证安全阀的正常使用，应对安全阀定期进行检验，使安全阀在规定的压力起跳，保证设备的安全。

3）装置内各设备的压力、温度和液位指示值是否正常，是否在规定的正常范围内，有没有出现超压、超温和超装的情况。

4）对装置内静设备和管线的外观检查设备和管线有无泄漏，保温是否齐全。

5）冬季室外巡回检查中，防冻保温工作是巡检工作中一项重要工作，在日常的巡回检查中要认真落实冬季的防冻检查，特别是对装置的伴热系统要定人定点检查，防止由于伴热系统发生冻结而对装置造成的不利影响。冬季装置保温、伴热的好坏，对冬季装置的正常生产起至关重要的作用。

（3）巡回检查中的安全注意事项

1）巡回检查时，巡检人员要注意自己的人身安全，穿戴劳动保护服装，佩戴安全帽，防止发生高空坠物造成伤害。特别是在冬季和大风时要防止从高空坠落、高空坠物和滑倒摔伤等。

2）在巡回检查过程中不要接触动设备的转动部分，防止衣物或身体的一部分被卷入设备而对检查人员造成伤害，女职工留长发的要将头发盘进工作帽内。

3）巡检人员在室外对设备进行处理时要先通知室内的操作人员，防止由于室内操作人员对室外的设备运行情况不清楚而产生误操作。

4.4 装置停车

4.4.1 停车要求

1）要成立停车领导小组，确定停车操作人员。根据停车计划网络，向总调申请停车，接到调度令后按程序停车。

2）停车方案、停车网络图经上级主管部门审批准，并组织装置人员学习讨论，确保停车操作按照停车方案的步骤、停车网络时间进行，做到安全、正点。

3）消防器材、气防急救设施齐全好用，各项安全措施落实到位。

4）联系调度人员确保停车过程中公用工程系统提供足够的水、电、汽、风、氮气等。

5）停车前与调度人员联系增加界外4.0MPa蒸汽用量，循环水站汽泵改为电泵运行。

6）在整个停车过程中，要求做到设备不超温、不跑料、不串料、不着火、不爆炸，不堵塞道，环保不超标。

7）停车及后处理完毕后，要做到设备、管道内的有机物全部退净，并处理干净，催化剂卸净，压力泄净，管道存水放净，地面打扫干净。

4.4.2 正常停车准备工作

（1）合成单元

1）合成单元操作人员熟悉停车方案，了解停车的有关安排。

2）联系调度停车时间，及时调整蒸汽、脱盐水等公用工程使用量。

3）确认反应器到催化剂储槽的流程畅通，催化剂储槽有物料。

4）做好丙烯、氨蒸发器物料平衡，在反应器切断进料前尽可能吃空蒸发器物料。

5）用热空气吹扫催化剂卸出线及催化剂储罐，并确认所有仪表、阀门、流量元件及喷射泵好用，确认催化剂储罐“8”字盲板已调向。

6）停车前一个班，将急冷塔上段硫酸铵浓度降低至10.0%~15.0%(质)；前4h浓度降低至<10.0%(质)。

（2）精制单元

1）精制单元操作人员熟悉停车方案，了解停车的有关安排。

2）确认废水槽、粗丙烯腈槽及不合格丙烯腈槽处于低液位，可接受停车物料及清洗废水。

3）确认废水槽、粗丙烯腈槽及不合格丙烯腈槽的机泵完好，处备用状态。

4）确认各排放口至污水收集槽的管线畅通。

5）停车前将油水分层器水相液位提高，其余各塔、槽、罐低液位运转。

6）确认油水分层器油相至粗丙烯腈槽及不合格丙烯腈槽的管线畅通、可用，储槽的阻聚剂醋酸及对苯二酚的添加管线正常。

7）在停车前停止各塔消泡剂的加入。

8）确认系统所有配料(返料)已停止，转告各相关岗位，将返料切断。

4.4.3 停车注意事项

1）加强和调度以及外单位的联系。

2）加强岗位间的联系，扫线要按照扫线流程及规程进行。

3）接临时胶带吹扫时，一定要捆绑结实，防止脱落，对于吹扫高浓度有机物管线的胶带，使用前必须经当班班长确认。

4）设备、机泵物料放净时，要注意备用设备的放净。

5）用氮气、蒸汽扫线时，要根据供给量，集中力量按程序吹扫，不要分散气量。

6）要认真做好停车记录，对当班吹扫好的流程要在吹扫流程后面签名。

7）交接班一定要清楚。

8）装置内地沟、下水井用海草席和土封好。

9）在规定部位加好盲板后要在盲板图上标明，盲板图由专人管理。

10）塔、器、罐开人孔时必须遵守先上后下的原则，人孔打开后，必须经过测爆、测毒、测氧、各后方可进入检查或作业。

4.4.4 AOGC 单元停车

4.4.4.1 AOGC 停车操作要点

以 13 万 t/a 丙烯腈装置 AOGC 为例进行介绍。

1）停炉应严格按照停炉降温速率进行，降温速率≤50℃/h（CO 反应器出口温度）。

2）降温初期首先降 AOGC 负荷，及时配合调整新鲜配风量确保降温速率。

3）AOGC 负荷完全切出后，通过调整配风量确保降温速率。

4）停车期间，注意控制烟囱入口温度≤147.0℃。

5）停车系统隔离需关闭现场手阀，严禁通过自控阀进行隔绝。

6）AOGC 负荷切出阶段，应保证吸收塔顶压力稳定。

4.4.4.2 AOGC 停车步骤

（1）系统降温

1）关闭电加热器，同合成岗位配合，按 5%阀位/10min 速率缓慢关闭挡板 AOGC 进 AOGC 装置的阀 HZV-21201，直至完全关闭；同时缓慢打开吸收塔顶单放空阀 HV-21202。

2）关闭挡板 HZV-21201 时，观察 CO 反应器出口温度 TI-23452 是否按照≤50℃/h 速率降温，及时调整新鲜配风量。

3）关闭 HZV-21201 的同时，锅炉跨线阀置自动，设定温度为 375.0℃，当锅炉发汽量逐渐减少，锅炉给水流量低于 3.0t/h 时，将汽包液位控制 LIC-23481 改为手动控制。当外送蒸汽温度低于 370.0℃，且减温水全关后，手动缓慢开启锅炉蒸汽放空阀 PV-23484，同时逐步关闭锅炉蒸汽进 4.0MPa 蒸汽管网阀 PV-23483，将锅炉发汽改为消音器放空，直至 PV-23483 全关，PV-23484 全开。通知现场关闭 PV23483 下游阀，并打开下游阀出口导淋。

4）锅炉改放空后，关闭减温水调节阀 TV-23482 及其前阀。继续降低 AOG 负荷，配合锅炉入口阀 HC23471，控制汽包压力按 0.3~0.5MPa（表）/h 速率降压。

5）当 CO 反应器出口温度低于 300℃，关闭氨气调节阀 AV-23461，联系现场关闭 AV-23461 上下游阀门，以及合成岗位氨气引出处手阀。

6）当 HZV-21201 完全关闭后，继续关闭 HV-23421，直至全部关闭。通知合成岗位关闭 HZV-21201 上游手阀，并按规定对其上游管线定期排 PS。同时打开 HZ-V21201 下游氮气吹扫阀门，控制吹扫量 $50m^3/h$。

7）AOG 完全切出后，现场排尽 V-2341 内残液，关闭 AOGC 系统三处至 PS 阀门。

8）AOG完全切出后，将风流程改为循环流程，控制TV23451开度及新风补加量，继续按照≤50℃/h速率降温，当CO反应器出口温度低于80℃，系统停炉完成。

9）将助燃风机入口阀门（FV-23431B）设为20%开度，继续吹扫，打开E-2341现场液位计排淋阀排放，10min后，停助燃风机。

10）汽包停止发汽后，现场关闭补水阀门、减温水阀门，关闭汽包连排阀门，打开过热蒸汽管线上所有排凝阀，将管线中的凝液放净。

11）交出检修前，将HZV-21201下游氮气吹扫关闭。

4.4.4.3 AOGI系统的停车操作

（1）吸收塔尾气改放空

通知合成岗位，吸收塔尾气准备改放空；在逐渐打开吸收塔塔顶放空阀的同时，逐渐关闭至AOGI系统的压控阀；当吸收塔尾气气液分离器出口压力指示接近炉内压力时，逐渐关闭燃烧室吸收塔尾气蝶阀；在吸收塔尾气切换过程中注意炉温及燃料气流量的变化，视需要关闭燃料气。

（2）蒸汽改放空

微开送出蒸汽压控阀旁路阀进行暖管作业；放空管线暖管结束后通知调度AOGI系统准备降温，送出蒸汽阀门逐渐关闭，外送蒸汽量逐渐减少。在逐渐关闭送出蒸汽阀门期间，应手动控制好压控阀，维持锅炉压力基本不变，放空控制阀逐渐开出，直至蒸汽全部放空。

（3）锅炉系统停车操作

燃烧室降温操作必须按停车降温曲线进行，将燃料气流控阀切至手动，逐渐减少燃料气流量；控制降温速度，在200.0℃以下时，可关闭所有燃烧器，燃烧室自然降温。

确认吸收塔尾气全部改放空，放空管线暖管工作已完成，蒸汽全部放空；随燃烧室降温，蒸汽产量逐渐下降，将给水流控阀切手动控制，维持汽包水位在正常范围内，开启汽包再循环阀；控制降压速度，在汽包压力降至低压时，开启汽包排汽阀，将汽包压力降至常压；手动关闭给水流控阀，关闭汽包连续排污阀。

当所有燃烧器均关闭后，鼓风机需运行一段时间后停止；停运水热媒系统，停止热水循环泵；根据检查、检修内容的需要决定锅炉系统、水热媒系统和AOG气液分离罐是否排水。

4.4.5 合成单元停车

4.4.5.1 反应器停车

1）反应器停车前，在反应器进料操作受控条件下，摘除反应器进料联锁及串级控制系统，手动调节反应器进料，逐步降反应负荷至60%左右。

2）反应器切断进料前，联系调度增加界外4.0MPa（表）蒸汽用量，空压机组改用界外蒸汽流程。

3）根据停车时间控制蒸发器液位，根据蒸发器液位变化情况，关小丙烯蒸发器、氨蒸发器液位调节阀，停止蒸发器进料，控制切断进料时尽可能将蒸发器物料吃空。

4）联系调度人员通知罐区停丙烯、氨泵，关闭丙烯氨蒸发器液位调节阀，当氨蒸发器液位吃空时，停反应器进料，依次迅速关闭丙烯、氨进料压控调节阀和流量调节阀，空气改放空，打开事故氮气吹扫，保持氮气流量为2000Nm^3/h，吹扫2h；同时关闭丙烯、氨温度调节阀及前后截止阀。

5）现场关闭丙烯氨蒸发器液位调节阀前后截止阀及蒸发器出口大阀，关闭丙烯氨进料流量调节阀，蒸发器贫水改走跨线，管程贫水放净。

6）联系人员在丙烯氨进料流量调节阀后阀前法兰加 *DN*300 盲板。

7）保持反应器各点料腿反吹风继续吹扫。

8）氮气吹扫反应器达 2h 以后，在氧表处检测爆炸气，合格后，引空气进反应器，流量控制在 70000Nm³/h，控制反应器顶压力为 0.03MPa。

9）引输送风打通催化剂卸料流程，控制风量 1000Nm³/h。

10）启用喷射泵，保持催化剂储罐的压力 0.03MPa（绝）。

11）当反应器温度降至 250℃时，打开床层卸料阀向催化剂储罐卸催化剂，此时控制反应器风量为 70000Nm³/h，压力为 0.03MPa。

12）根据反应器藏量表，控制卸料速度为 10~15t/h，并经常检查卸料线堵塞情况。

13）当藏量表无指示时，关闭床层卸料阀，维持输送风继续吹扫卸料管线 1h。

14）打开吸收塔跨线阀，关闭反应气体进吸收塔阀 HV-21203，吹扫吸收塔开工跨线 30min 后，将空气切出反应器，打开反应器锥体卸料阀，将锥体内催化剂卸入催化剂储罐。

15）关闭卸料管线上所有阀门，将"8"字盲板调向。

16）停用喷射泵，将催化剂储罐恢复正常。

17）对于反应器内残余催化剂，等反应器人孔打开后，人工清扫。

4.4.5.2 撤热水系统停车

1）蒸汽发生系统停车在反应器切断进料前，联系调度人员增加界外 4.0MPa 蒸汽用量，反应器切断进料前空压机组切出自产蒸汽，用界外蒸汽，自产蒸汽管网通过 4.0MPa 补 1.3MPa 由调节阀控制。

2）当床温降至 250℃时，开 U 管跨线阀，现场关闭 U 管入口两道阀，烘干 U 管。

3）蒸汽发生器温度降到 150℃，撤热水泵停运，注意蒸汽发生器连续排污阀关闭，顶放空阀需打开，放净系统内所有存水。

4）由于废水焚烧系统正常运行，保持撤热水系统维持正常运行。

5）当大循环、四效系统等停止热运后，关闭凝液进脱盐水罐总阀及各支线阀。

6）一旦无蒸汽凝液进脱盐水罐，要保证界外脱盐水正常进脱盐水罐，维持供水泵及脱盐水泵正常运行，待废水焚烧系统停运后，停泵磷酸盐，撤热水系统停运并放净系统内所有存水，热水泵停运后必须每 15min 盘车一次，直至其温度<60℃。

4.4.5.3 急冷塔系统停车

1）反应器切断进料前 4h，增加急冷塔上段补加水，硫酸铵浓度控制在 10%。

2）当反应器停止进料后，通知硫酸铵装置将硫酸铵液改入废硫酸铵液罐；联系仪表人员停 pH 计（ARC-21201 及 AR-21202、AR-21206）。

3）反应器停止进料后停硫酸泵，并用氮气吹扫硫酸管线，关闭硫酸进急冷塔上段循环泵注入口处总阀，联系保运人员在注入口总阀阀前法兰加 *DN*25 盲板。

4）在急冷塔上段循环泵入口加脱盐水，在污水泵出口接脱盐水胶带冲洗急冷塔上段管线，30min 停，当急冷塔上段液位到 50%时，启急冷塔上段循环泵外送至硫酸铵溶液汽提塔系统，冲洗水直接冲洗至硫酸铵装置管线，注意备用泵及调节阀副线切换冲洗，联系硫酸铵装置了解冲洗情况，反复操作 5 次，最后抽空上段液位后停急冷塔上段循环泵，并将系统内存水放尽。

5）在急冷塔釜液泵、急冷塔下段循环泵、进水泵不抽空前提下，尽量降低拉空进水缓冲槽液位、急冷塔下段和急冷塔釜液液位，利用进水缓冲槽补加水冲洗急冷塔下段和急冷塔釜液汽提塔，冲洗水送至催化剂沉降槽。在乙腈塔釜液泵出口到急冷塔下段循环泵入口导淋处接脱盐水胶带冲洗改线，30min 停；在成品塔釜液泵出口到急冷塔下段导淋处接脱盐水胶带冲洗改线，30min 停；在脱氢氰酸塔分层器水相泵出口到急冷塔下段导淋处接脱盐水胶带冲洗改线，30min 停；在污水泵出口接脱盐水胶带冲洗到污水缓冲槽管线，30min 停；注意备用泵及调节阀副线切换冲洗，反复操作 4 次，下段加水维持循环，待反应器催化剂卸完后，再抽空下段及塔釜液位后停急冷塔下段循环泵、急冷塔釜液汽提塔釜液泵，并将系统内存水放尽。

6）冲洗完毕后，联系安全组申请排污，得到批准后打开急冷塔下段箱体外大排放管线，将箱体外残液及残渣排净。

7）急冷后冷却器低于 5%时，急冷后冷却器泵开始抽空，立即停急冷后冷却器泵，通过急冷后冷却器泵出入口低点排 PS，将急冷后冷却器及管线物料放净，在急冷后冷却器泵入口接临时胶带加脱盐水，当急冷后冷却器液位达到 80%时，启动急冷后冷却器泵连同凝液冷却器冲洗，反复操作 5 次，注意备用泵、调节阀副线及凝液冷却器跨线切换冲洗。

8）根据大循环需要，保持吸收塔釜连续加水，维持 15～25t/h 外送流量，急冷后冷却器随同大循环继续置换，大循环置换完成后，停运急冷后冷却器泵，停急冷后冷却器泵入口加水并将系统存水放净。

9）当急冷塔下段不需要补加水后，进水缓冲槽停止加水，停进水泵，系统存水排入 PS，排净后关闭，放净口接低压蒸汽胶带，向塔内通入蒸气，进行蒸煮。

10）投用急冷塔下部 0.3MPa 蒸汽吹扫蒸塔，蒸至化验分析合格后停蒸汽，打开人孔通风。蒸塔时倒引急冷塔蒸塔蒸汽吹扫下段箱体外大排放管线，直至吹扫干净。其中：硫酸铵溶液汽提塔、急冷塔釜液汽提塔用汽提蒸气管线通 0.3MPa 蒸汽，蒸至化验分析合格后停蒸汽，打开急冷塔釜液汽提塔人孔通风。硫酸铵溶液汽提塔加水冷却至 60℃，打开人孔通风。

11）打开吸收塔跨线阀，切出急冷后冷却器循环水，放净壳程循环水，打开急冷后冷却器底部直通蒸汽蒸煮，蒸至化验分析合格后停蒸汽，打开急冷后冷却器人孔通风。

4.4.5.4 吸收塔系统停车

1）反应器停车后，大循环系统维持运转。

2）停 AF 加入并用脱盐水冲洗管线至干净，消泡剂罐内物料放净，加水冲洗两遍。

3）提高吸收塔顶进水温度至 45.0℃，吸收水温度至 20.0℃，根据精制岗位需要降低吸收水流量至 150.0t/h，维持吸收塔开路循环。

4）停用冷换设备吸收水冷却器、急冷后冷却器凝液冷却器、吸收塔侧线冷却器，冷却介质改走副线，关闭冷路进、出口阀，打开导淋阀放净。

5）回收塔顶温达 100.0℃后，安排岗位人员切换吸收塔釜液泵运行，注意富水流量调节阀副线冲洗，每两小时再切换一次，直至冲洗干净；2h 后贫富水换热器切走跨线运行 2h 后改回原流程。

6）大循环系统置换完毕后，将吸收塔的水全部转入回收塔釜，吸收塔系统内所有存水放尽。

7）吸收塔釜 PS 总管(倒样口)接新鲜水冲洗干净后改接低压蒸汽吹扫干净。

8）吸收塔釜液泵出入口富水系统管线存水排入 PS，贫富水换热器管壳程物料放净，在吸收塔釜液泵入口导淋接低压蒸汽吹扫至回收塔进料线集合管，先经贫富水换热器，4h 改走跨线吹扫，干净后改吹至吸收塔釜液泵入口，经压力表排 PS 线吹扫至 PS。

9）全开塔顶放空，缓慢打开吸收塔釜 *DN*50 蒸汽蒸煮，蒸至化验分析合格后停蒸汽，打开人孔通风。蒸塔时倒引吸收塔蒸塔蒸汽，吹扫急冷后冷却器凝液冷却器出、入口管线及 PS 线，必要时可通过急冷后冷却器凝液冷却器管程放空接低压蒸汽胶带吹扫。

4.4.6 精制单元停车

4.4.6.1 回收塔系统停车

1）反应器切断前 8h 停回收塔分层器水相泵，回收塔分层器油相液位控制在 30%。

2）当反应器切断进料后，回收塔维持正常热运，将有机物尽可能完全蒸入回收塔分层器。

3）反应器切断进料后，关闭乙腈塔冷凝器泵外送，将乙腈塔冷凝器泵出口改到废有机物收集槽，维持乙腈塔冷凝器液位，并在乙腈塔冷凝器泵出口导淋接氮气胶带吹扫至乙腈装置管线，2h 后接水冲洗。增加回收塔侧线采出量，降低乙腈塔顶回流，增大乙腈塔冷凝器泵外送量。

4）当回收塔灵敏板温度开始上升时，逐步降溶剂水量至 40.0t/h，同时适降回收塔釜蒸汽。

5）当水相界位至挡板处时，停回收塔分层器碳酸钠加入，碳酸钠管线加水冲洗，提回收塔分层器油相外送量，在保证回收塔分层器油相泵不抽空的前提下，降低回收塔分层器油相液位。

6）一旦回收塔分层器油相液位空后，停止回收塔分层器油相向脱氢氰酸塔进料，停回收塔分层器油相泵，停 HQ 加入，打开回收塔分层器油相泵低点排 PS 阀，放净管线内物料，在回收塔水相泵入口接脱盐水向回收塔分层器加水，油相液位到 85%时，启动回收塔分层器油相泵冲洗脱氢氰酸塔进料线。注意回收塔分层器油相泵备用泵及流量调节阀副线阀、脱氢氰酸塔进料口切换冲洗，冲洗回收塔分层器油相泵到粗丙烯腈储罐管线。

7）待回收塔温度分布曲线接近直线后维持 4~8h、脱氢氰酸塔、成品塔蒸煮结束后，停回收塔热源，维持大循环系统冷运，回收塔釜温降至 60.0℃后，先停贫富水泵，将吸收塔系统水全部转入回收塔后，停大循环系统，回收塔内贫水经回收塔釜液泵送往四效，抽空后停泵并将系统内存液放净。

8）冲洗结束后，将回收塔分层器及管线内存水放净，在回收塔分层器油相泵入口接氮气分别吹扫脱氢氰酸塔进料和退料线。

9）乙腈塔系统管线冲洗干净后，回收塔侧线调节阀通过排 PS 放净乙腈塔进料线中物料，乙腈塔顶冷凝器物料抽空后，通过乙腈塔顶冷凝器泵排入 PS 线，塔釜物料通过乙腈塔釜液泵抽回至回收塔，抽空后停泵，系统存水排 PS。

10）回收塔分层器现场磁浮子冲洗干净后，回收塔分层器水相物料排入 PS，排净后关闭。

11）与调度联系，将大循环系统管线内存水放净。

12）切出回收塔顶冷凝器、乙腈塔顶冷凝器循环水，壳程放尽，确认回收塔顶冷凝器、乙腈塔顶冷凝器、回收塔分层器去回收塔尾气收集槽阀门全开，回收塔尾气真空泵去吸收塔阀门和真空泵出口压力调节阀及副线阀全开，关闭回收塔再沸器蒸汽入口阀，缓慢打开塔釜直通新鲜蒸汽 *DN*100 阀，蒸塔，蒸汽由流量调节阀控制量，并注意侧线抽出备用口及返回口引汽反向吹扫。

13）关闭脱氢氰酸塔进料阀，引回收塔蒸汽吹扫回收塔分层器油相泵至泵出口流量调节阀前阀后引入PS线，注意回收塔分层器油相泵切换及泵出口流量调节阀副线阀，2h后关闭流量调节阀前阀及付线阀，打开脱氢氰酸塔进料总阀，引脱氢氰酸塔蒸汽吹扫脱氢氰酸塔进料至流量调节阀PS线。

14）引回收塔分层器蒸汽吹扫回收塔分层器水相泵入口至PS线，在回收塔分层器水相泵入口接蒸汽胶带吹扫至回收塔进料线，2h后改吹扫回收塔分层器水相，长吹。

15）回收塔分层器油相泵出口各线吹扫干净后，保留回收塔分层器油相泵入口蒸汽胶带反吹入口，干净后保持蒸煮回收塔分层器油层和水相直至蒸塔结束。

16）关闭回收塔尾气收集槽顶气相到Ⅰ套丙烯腈氢氰酸火炬线阀，引回收塔蒸汽吹扫回收塔尾气收集槽至PS线，2h后关闭，打开去火炬阀，引蒸汽吹扫回收塔尾气收集槽至Ⅰ套丙烯腈含氰火炬线在导淋处排放。

17）乙腈顶冷凝器泵入口接低压蒸汽胶带吹扫乙腈、回流线，注意乙腈顶冷凝器泵及调节阀副线阀、排PS线切换，干净后改长吹至乙腈塔顶冷凝器，直至蒸塔结束时停汽。

18）回收塔釜液泵、乙腈塔釜液泵分别倒引回收塔、乙腈塔蒸塔蒸汽吹扫入口及其排PS线、采样循环线干净，在乙腈塔釜液泵外送调节阀导淋处接低压蒸汽胶带吹扫乙腈塔釜液泵出口及其排PS线、采样循环线，直至干净。

19）蒸至化验分析合格后停蒸汽，断开回收塔顶补氮气调节阀与后阀之间短节，打开回收塔顶人孔，吸收塔釜加水，启吸收塔釜液泵将回收塔冷却至60.0℃停止降温，打开人孔通风。

20）打开乙腈塔顶放空阀，缓慢打开塔釜直通新鲜蒸汽*DN*50阀蒸塔，直至化验分析合格后停蒸汽，打开人孔通风。

4.4.6.2 脱氢氰酸塔的停车

1）停车前，维持脱氢氰酸塔上段、下段液位低液位操作，脱氢氰酸塔分层器油层液位控制在10%~15%，脱氢氰酸塔分层器水层液位90%~95%，维持系统运转。

2）控制好脱氢氰酸塔顶温度，根据脱氢氰酸塔顶冷凝器液位，适降氢氰酸送氰化钠量并保持相对稳定，通知氰化钠装置做好氢氰酸停送准备。如脱氢氰酸塔顶温出现异常波动，立即将氢氰酸改送废水焚烧炉焚烧。

3）回收塔分层器水层越过挡板后，脱氢氰酸塔釜液泵改入粗丙烯腈罐，加大氢氰酸送氰化钠量，脱氢氰酸塔顶冷凝器液位较低时，派人上现场监控氢氰酸回流泵运行，出现抽空，立即停泵，打开泵排PS阀，将脱氢氰酸塔顶冷凝器及管线物料放净，氢氰酸至氰化钠管线给氮气吹扫。停醋酸加入，联系乙腈装置给氮气吹扫。

4）减小脱氢氰酸塔再沸器贫水量，在脱氢氰酸塔回收水泵入口接脱盐水顶脱氢氰酸塔分层器水相，启脱氢氰酸塔侧线泵向粗丙烯腈罐退料，物料退完后，放净管线内存水，停脱氢氰酸塔侧线泵，停脱氢氰酸塔回收水相泵入口加水，打开脱氢氰酸塔分层器、脱氢氰酸塔侧线泵及相连管线低点排PS阀，放净管线物料。

5）当脱氢氰酸塔釜液位抽空时，及时停脱氢氰酸塔釜液泵，塔釜加水，液位到50%时，增加脱氢氰酸塔再沸器贫水量。当脱氢氰酸塔顶冷凝器液位到20%时，打开脱氢氰酸塔回流泵排PS线阀，排空，关闭排PS线阀。当液位达到40%时，启动脱氢氰酸塔回流泵冲洗顶回流线，注意脱氢氰酸塔顶冷凝器液位空时及时停脱氢氰酸塔回流泵，反复3次，最后一次将脱氢氰酸塔顶冷凝器物料由脱氢氰酸塔回流泵排入 PS 线。

6）当脱氢氰酸塔分层器油相有液位时，启动脱氢氰酸塔侧线泵冲洗至粗丙烯腈罐，液位空及时停脱氢氰酸塔侧线泵。

7）启脱氢氰酸塔回收水泵，冲洗脱氢氰酸塔回收水泵出口相关管线，脱氢氰酸塔分层器水相液位空，停脱氢氰酸塔回收水泵，打开脱氢氰酸塔回收水泵低点排 PS 阀，放净管线物料，同时注意冷冻盐水温度，及时停小冰机。

8）蒸煮结束后，停大冰机，切出脱氢氰酸塔顶冷凝器盐水；将脱氢氰酸塔分层器、塔中段及釜物料退空停泵，将各泵、换热器低点排 PS 阀，放净设备及管线物料。

9）脱氢氰酸塔釜抽空后，停脱氢氰酸塔釜液泵，打开脱氢氰酸塔顶冷凝器、脱氢氰酸塔再沸器低点排 PS 阀，放净设备及管线物料；在脱氢氰酸塔釜液泵、脱氢氰酸塔侧线泵、脱氢氰酸塔回收水泵至退料线接氮气吹扫，合格后停止。

10）脱氢氰酸塔顶冷凝器加水，启动脱氢氰酸塔回流泵冲洗脱氢氰酸塔顶回流管线，关闭脱氢氰酸塔侧线抽出泵出入口阀，冲洗水由 21#板直接进入脱氢氰酸塔釜，冲洗过程中要求脱氢氰酸塔回流泵回流流量最低不得低于 9.0t/h，要保证冲洗效果，上述过程重复进行 3 次。

11）脱氢氰酸塔顶冷凝器继续加水，打开脱氢氰酸塔侧线抽出泵出入口阀，启动脱氢氰酸塔侧线抽出泵对脱氢氰酸塔侧线抽出泵、侧线换热器及脱氢氰酸塔分层器水相、脱氢氰酸塔回收水泵及其相关系统进行冲洗，同时脱氢氰酸塔侧线相泵入口接脱盐水对油层系统进行冲洗，冲洗水排至 PS，上述过程重复进行 3 次。

12）停脱氢氰酸塔侧线冷却器循环水，停脱氢氰酸塔顶冷凝器、脱氢氰酸塔排气冷凝器冷冻盐水。

13）确认脱氢氰酸塔真空泵去工艺火炬流程畅通，缓慢打开塔釜 *DN*50 直通蒸汽，蒸塔。

14）缓慢打开脱氢氰酸塔分层器底部 *DN*50 直通蒸汽。

15）当脱氰塔顶温到 70.0℃时，停脱氰塔真空泵，保持脱氢氰酸塔真空泵出入阀长开，压控阀全开，副线全开。

16）6h 后关小脱氢氰酸塔真空泵去工艺火炬总阀，倒引塔汽吹扫氢氰酸回流泵出入口，引汽排入 PS 线，4h 后改为现场低点导淋排放。

17）引脱氰塔内汽吹扫塔釜至脱氢氰酸塔冷凝器到成品塔进料，包括 PS 线及备用设备，4h 改为现场低点导淋排放。

18）引汽吹扫塔 21#至脱氢氰酸塔侧线抽出泵入口到 PS 线，引脱氢氰酸塔分层器蒸汽吹扫脱氢氰酸塔侧线冷却器、脱氢氰酸塔侧线换热器至脱氢氰酸塔侧线抽出泵出口到 PS 线，4h 后改为现场低点导淋排放。

19）引脱氢氰酸塔分层器蒸汽吹扫脱氢氰酸塔侧线泵入口至 PS 线，引汽吹扫塔 20#至脱氢氰酸塔侧线泵出口到 PS 线，4h 改为现场低点导淋排放。

20）引脱氢氰酸塔分层器蒸汽吹扫脱氢氰酸塔回收水泵入口至 PS 线，半小时后，引汽吹扫脱氢氰酸塔回收水泵出口各线；断开退料线到粗丙烯腈罐阀前阀兰，引汽吹扫该线，合格后停。

21）化验分析合格后停蒸汽，打开塔上所有人孔通风。

4.4.6.3 成品塔的停车

1）反应器切进料前4h，成品塔切断进料。

2）当成品塔停止进料后，将贫水切出成品塔再沸器，将成品塔回流罐物料经成品塔回流泵由退料线退入粗丙烯腈罐。

3）将成品塔釜液泵出口改至退料线，塔釜物料全部倒入粗丙烯腈罐。

4）在成品塔回流泵入口接脱盐水向成品塔回流罐加水和塔釜加水建立液位，引成品塔再沸器贫水进行煮塔，并冲洗所有管线；侧线采出进粗丙烯腈罐。反复4次。

5）煮塔过程中，要打开所有的设备备台、采样冷却器、调节阀副线、备用抽出口、备用进料线、玻璃板及PS线冲洗、排放，并联系仪表冲洗引压导管及PS线。

6）煮塔完成后，从PS线放尽存水；打开侧线低点所有排PS阀，放净侧线中的物料，关闭排PS线阀。

7）再次打开侧线低点所有排PS阀，放净侧线中的物料，关闭排PS线阀，在成品塔侧线抽出调节阀导淋及成品冷却器上放空口接氮气吹扫至中间罐，合格后改吹粗丙烯腈罐，包括沿途PS线，合格后停氮气吹扫，改接水冲洗，2h后再改接氮气吹扫。

8）停成品塔冷凝器、成品冷却器循环水，停成品塔排气冷凝器、成品后冷器冷冻盐水。

9）确认成品塔真空泵去工艺火炬流程畅通，缓慢打开塔釜*DN*50直通蒸汽，蒸塔，当成品塔顶温到70℃时，停真空泵。

10）断开侧线进粗丙烯腈罐阀前法兰，4h后，关小成品塔真空泵去工艺火炬阀，引汽吹扫侧线至粗丙烯腈罐。

11）引汽吹扫塔釜至成品塔釜液泵到PS线，PS线及备用设备，4h改为现场低点导淋排放；在成品塔釜液泵入口接蒸汽胶带吹扫出口各线。

12）引成品塔回流罐蒸汽吹扫成品塔回流泵入口至PS线，在成品塔回流泵入口接蒸汽胶带吹扫成品塔回流泵出口各线，4h改为现场低点导淋排放。

13）蒸塔完成后，化验分析合格后停蒸汽，打开塔上所有人孔通风。

4.4.6.4 四效及轻有机物汽提塔停车

1）当回收塔开始蒸煮时，停轻有机物汽提塔碳酸钠加入，碳酸钠线加水冲洗。

2）待回收塔停止向四效进料后。

① 撤除一效加热蒸汽，停各效凝液泵，维持各效循环泵运行。

② 各效加脱盐水冲洗两遍，注意每次冲洗时需放净后才可加水，第一遍冲洗水经蒸发器残液泵退入废有机物槽，第二遍冲洗水申请同意后排放至11#线。

③ 当轻有机物汽提塔不再有进料时，撤轻有机物汽提塔再沸器蒸汽，停轻有机物汽提塔凝液泵，碳酸钠至轻有机物汽提塔线接水冲洗干净。

④ 轻有机物汽提塔缓冲槽存水抽空后停缓冲槽出料泵，轻有机物汽提塔釜存水送空后停轻有机物汽提塔釜液泵。

⑤ 四效及轻有机物汽提塔系统低点放净。

⑥ 碳酸钠至轻有机物汽提塔线接工业风吹扫管线内存水。

⑦ 打开轻有机物汽提塔顶放空阀，打开轻有机物汽提塔底部直通蒸汽阀，蒸塔至化验分析合格后停加蒸汽。

⑧ 进水缓冲槽抽空放净后加脱盐水冲洗，并确认污水泵停运后，导淋接新鲜水冲洗污水泵至进水缓冲槽管线干净，进水缓冲槽冲洗两遍后接低压蒸汽胶带蒸煮至合格。

4.4.7 废水处理单元停车

1）合成切断进料前4h，将急冷塔釜液汽提塔釜液泵直接改入废有机物槽，保持催化剂沉降泵运转直至抽空停运。

2）在催化剂沉降槽进料线导淋及催化剂沉降泵入口导淋接蒸汽胶带，给汽蒸煮72h后拆除胶带，打开人孔，过程注意凝液排放。

3）接到停车指令后，立即切断硫酸铵聚合物，联系硫酸铵装置人员对硫酸铵聚合物管线进行吹扫。硫酸铵聚合物管线的吹扫要及时，需现场确认有大量蒸汽喷吹，保证足够的吹扫时间(3h以上)。

4）降低废水烧量及废水燃烧空气，废水全部切出后，停废水泵，关闭废水总阀。

5）废水改为脱盐水流程，烧脱盐水3.0t/h，冲洗喷枪30min后，切断脱盐水，开始降温。

6）降低废水以及投脱盐水的过程中要注意炉温控制，不要超高或过低，尽量平稳。

7）停车过程中，控制好急冷脱硫塔pH值在7.5~8.5，及时降低碱液行程直至碱液计量泵停运。

8）根据炉温变化，降燃料气及主燃烧空气，严格按照50℃/h速率降温。

9）熄火后，立即关闭三个火焰检测器根部球阀。

10）及时调整废水燃烧空气与氧化空气流量，保证氧化段与还原段温度均衡。

11）根据降温速率，停空气预热器蒸汽，关蒸汽入预热器最后一道阀及疏水阀门。

12）锅炉外送蒸汽温度低于350℃或压力低于3.7MPa时，应停止外送，并改部分放空流程降压。关闭外送蒸汽压控阀前阀及减温水调节阀前阀，稍开界外蒸汽管线疏水阀(锅炉南侧扶梯边)疏水。

13）汽包停止补水后，应停锅炉给水预热器蒸汽，关闭调节阀前阀以及疏水阀门。

14）还原段温度低于400℃，关闭各喷枪雾化蒸汽、雾化蒸汽。

15）汽包压力降至0.4MPa，应将连排阀关死。

16）后期温度下降变缓，应增加各段补风以确保降温速率。

17）锅炉入口温度降至150℃，打开汽包顶部放空及锅炉部分所有排放导淋，将锅炉内的水排净。

4.4.8 丙烯氨系统处理

(1) 丙烯蒸发器系统停车后处理

1）准备：

① 停车前需做好物料平衡，在反应器切断进料前尽可能吃空丙烯蒸发器内丙烯。

② 联系调度增大氮气供量。

2）处理步骤：

① 停车前尽可能用空丙烯蒸发器内物料，反应器切断进料后，现场关闭界外第一道阀、反应器进料调节阀前截止阀，联系保运人员在进料调节阀后阀前法兰加盲板，并确认蒸发器内贫水放净。

② 打通自界区第一道阀后至进料调节阀后阀盲板之间、开工加热炉主火嘴及长明灯最后一道阀前、制冷机组丙烯系统的流程，包括丙烯蒸发器、丙烯排污槽、丙烯过热器等，以

确保系统内部管线全部相连，无死角存在。

③ 打开丙烯蒸发器底部至排污槽阀门，当丙烯排污槽现场液位有一块玻璃板时，缓慢打开丙烯排污槽顶安全阀副线阀，微投丙烯排污槽加热蒸汽，同时缓慢打开丙烯蒸发器上安全阀副线阀或其他排火炬阀门，向低压瓦斯系统排放残余丙烯，根据排放情况以确定排放阀门的开度。丙烯在排低压瓦斯系统之前向调度汇报。

④ 当系统压力降至 0.01MPa 时，关闭所有排放阀，关闭丙烯蒸发器收料线流量计前阀及副线阀，在丙烯蒸发器收料线流量计导淋处接氮气胶带，给丙烯蒸发器冲压，同时打开丙烯蒸发器充氮阀门，给系统充压至 0.45MPa(表)后停氮气。

⑤ 缓慢打开丙烯蒸发器上安全阀副线阀或其他排火炬阀门，系统向火炬泄压排放，注意控制好排放量防止火炬被吹灭。

⑥ 当系统压力降至 0.05MPa 时，关闭排放阀，重新充压。

⑦ 重复以上充压、卸压过程数次。

⑧ 联系化验人员在丙烯蒸发器壳体、反应器丙烯进料流量调节阀、制冷机组丙烯系统等处采样分析，确认丙烯浓度小于 0.5%后，停止氮气置换，在丙烯蒸发器收料线流量计阀后法兰及副线阀后法兰加盲板。

⑨ 联系施工单位加盲板，切断与界外联系，注意加盲板时需使用防暴工具。

（2）氨蒸发器系统停车后处理

1）准备：

① 停车前需做好物料平衡，在反应器切断进料前尽可能用空氨蒸发器内氨。

② 联系调度增大氮气供量。

③ 准备好氨防护用品。

2）处理步骤：

① 反应器切断进料后，现场关闭界区第一道阀门、进料调节阀前后截止阀、AOGC 气氨注入阀 AV-23461 前后阀及副线阀、急冷塔釜液汽提塔釜液泵氨排污阀门，联系维修人员在反应器氨进料流量调节阀后阀前法兰加盲板。

② 打通界区第一道阀门至反应器氨进料流量调节阀后阀盲板之间、AOGC 气氨注入阀 AV-23461 后阀及副线阀后法兰盲板前的流程，包括氨蒸发器、氨排污槽、氨过热器等，以确保系统内部管线全部相连，无死角存在。

③ 打开氨蒸发器底部至氨排污槽阀门，当氨排污槽现场玻璃板有一块时，缓慢打开氨排污槽顶安全阀副线阀，微投氨排污槽加热蒸汽，同时缓慢打开氨蒸发器上安全阀副线阀或其他排火炬阀门，向火炬排放残余气氨，根据火炬燃烧情况以确定排放阀门的开度。

④ 当氨蒸发器压力卸到 0.05MPa 时，关闭排氨火炬阀，在界区阀后导淋接氮气胶带，吹扫氨蒸发器进料线，当氨蒸发器压力到 0.20MPa(表)，开氨火炬阀，当氨蒸发器压力卸到 0.05MPa(表)时，关闭排氨火炬阀。在界区阀后导淋、氨蒸发器收料流量计导淋处接氮气胶带，给氨蒸发器冲压，同时打开氨蒸发器充氮阀门，给系统充压至 0.45MPa(表)后停氮气。

⑤ 打开氨排污槽、氨蒸发器上安全阀副线阀或其他排火炬阀门卸压排放火炬，注意控制排放量以防止火炬被吹熄，当系统压力降至 0.05MPa 时，关闭排放阀，重新充压。

⑥ 重复以上充压、卸压过程数次。

⑦ 联系化验人员从界区阀后导淋、氨蒸发器壳体、反应器氨进料流量计导淋、AV-

23461 处采样分析，确认氨浓度小于 0.5%后，停止氮气置换，关闭氨蒸发器收料流量计前阀及付线阀，在氨蒸发器收料流量计前阀及副线阀后法兰、AOGC 气氨注入阀 AV-23461 后阀及副线阀后法兰、氨排污槽排污阀后法兰加盲板，切断与界外联系，注意加盲板时需使用防暴工具。

⑧ 将氨蒸发器底部胶带改为接新鲜水，关闭蒸发器出口气相大阀，气相大阀后至反应器氨进料流量计管线仍采用氮气置换处理方法处理直至合格，加满后就地排放。

⑨ 联系化验人员从以上各导淋处采样分析，确认氨浓度小于 0.5%后，停止氮气、水置换，工艺处理完成交付检修。

⑩ 联系施工单位加盲板。

4.4.9 VOC 系统停车

1）回收塔开始热运时，尾气真空泵出口改进含氰火炬。

2）确认精制系统煮塔结束，摘除 VOC 联锁。

3）保持尾气真空泵正常运行。

4）精制系统引汽吹扫 PS 线结束时，停尾气真空泵。

5）确认精制、合成塔器泵排 PS 线蒸汽吹扫完后，关闭废有机物槽充氮气器壁阀，打开灌顶氮气阀用氮气吹扫至急冷塔线。

6）确认精制、合成塔器泵排 PS 线蒸汽吹扫完后，用氮气吹扫至急冷塔线。

7）关闭污水槽冲氮气器壁阀，打开灌顶氮气阀、用氮气吹扫至急冷塔线。

8）确认精制、合成塔器泵排 PS 线蒸汽吹扫完后，在精制、合成、炉区排 PS 线总管各末端甩头接蒸汽长吹，通过地坑罐至急冷塔。

9）确认至急冷塔蒸汽吹扫地坑罐合格后，关闭进分离罐阀，打开洗涤器放空阀。

10）确认系统吹扫合格后，停合成、精制、炉子 PS 线各处吹扫蒸汽。

4.4.10 机组的停车

（1）空压机停车

1）接到通知后与调度联系，做好停机准备。

2）手动打开放风阀至全开。

3）将透平背压切至放空。

4）ESD 可切入手动，降速停机（也可现场按紧急跳车手柄，迅速关闭速关阀，切断进汽，停机）。

5）停机时要观察停机情况，若有异常，停机后要查明原因。

6）刚停机时转速表为零，机器可能还在转动，一定要肉眼看到轴停止时，才能启动盘车马达。

7）停机后要打开机室导淋，排尽残液，盘车工作继续。

8）润滑油系统至少保持循环 8~10h，让蒸汽透平残余热量均匀散发，同时防止轴变形。

9）停止盘车马达，停止油循环系统。

（2）大冰机停车

1）接通知后与调度联系，做好停机准备。

2）将透平背压切至放空。

3）现场操作大冰机降速停机，也可现场按紧急停车按钮。

4）刚停机时转速表为零，机器可能还在转动，一定要肉眼看到轴停止时，才能启动盘车马达。

5）停机后要打开机室导淋，排尽残液。盘车工作继续。

6）润滑油系统至少保持循环8~10h，让蒸汽透平残余热量均匀散发，同时防止轴变形。

7）停止盘车马达，停止油循环系统。

4.4.11 停车处理交付检修应达到的要求

装置检修应明确检修项目，落实检修任务，备好检修所需的材料。制定装置的停车、清洗、置换方案。绘制装置检修盲板图，明确盲板装拆负责人和盲板的规格、数量。

装置检修过程中，不能将油、碱液以及酸、碱性污水随意排放，应进行回收处理。

机泵、机组等转动设备检修时，必须首先切断电机电源，对需要检修的设备和管线要加装盲板和进行物料隔绝，确认盲板加装准确无误后，再进行置换、蒸煮等处理。为了保证入塔、罐、槽施工人员的安全，在设备处理后交付检修人员之前，必须对设备内进行可燃气体、氧含量和有毒气体分析，并严格执行受限空间安全作业票管理制度。

装置停车后，在停用蒸汽以前，要完成装置所需的蒸汽蒸塔等工作；在停用氮气以前，要完成装置所需的吹扫、置换等工作；循环水须关闭上、下水总管线上的阀门和各换热器循环水进出口阀门；将冷冻盐水换热器管线内盐水残液倒空，关闭冷冻盐水换热器进出口阀门；脱盐水则可根据装置停车后的实际需要，决定是否关闭阀门。进入设备前，氮气须隔离。

4.4.12 装置停车安全注意事项

（1）停车检修前安全注意事项

1）装置停车后，按停车方案和工艺要求切断进出装置的物料。各种易燃、易爆、有毒、有腐蚀性的物料均应回收，外排物料应严格执行国家工业卫生排放标准，严禁任意排放。

2）对含有有毒、可燃、腐蚀性物料的设备、容器和管道应按规定的时间进行彻底的蒸汽吹扫、水冲洗、酸碱中和、氮气置换、自然通风等，使其内部不含残余物、残余气体，直到取样分析结果符合安全技术标准为止。

3）装置停车检修，应按停车方案要求，对各存放物料的槽、罐、管道或准备进入检修的塔、槽、罐的进出处以及氮气管线加上盲板，并做好标识。

4）周围环境必须达到要求。装置区内的明沟、地坑、地面及平台无残余物料，以免动火时发生着火爆炸。

5）各排污必须按要求严格排放。

6）确认各塔、槽、罐、管线的放净口通畅，不留死角。

7）各塔、槽、罐内气体浓度必须符合进入受限空间作业要求。

（2）停车检修时的安全注意事项

1）严格动火管理。

① 施工现场不准吸烟；

② 施工动火必须按安全动火管理制度办理，首次动火作业升级管理；

③ 临时用电设施或照明都应符合电气防爆的安全技术要求；

④ 禁止使用汽油或易挥发性溶剂洗刷工具、配件和洗手、洗工作服；

⑤ 机动车辆进入检修现场，必须严格按规定执行；

⑥ 凡在存放物料的设备、容器及管道上动火，应首先切断物料来源，加上盲板并经过彻底吹扫、清洗、通风置换及测爆合格后，方可动火。

2）严格进入受限空间管理。

① 易燃易爆气体的测量严格按规定执行。爆炸下限小于 4.0%(体)的可燃性气体浓度应小于 0.2%；爆炸下限大于 4.0%(体)的可燃性气体浓度应小于 0.5%。

② 氧含量的测量。凡进入检修作业的塔、罐、槽等容器的氧含量必须至少保持在 19.5%~23.5%。

③ 有毒气体浓度的测量。凡进入检修作业的塔、罐、槽等容器和周围环境中的氢氰酸浓度必须小于 $1.0mg/Nm^3$。

④ 对于设备、容器、管道内的易燃易爆气体、有毒气体必须按制度规定进行采样分析，凡不合格者，不得批准用火或进入设备、容器内检查或作业。

⑤ 在拆卸容器、设备、管线时，要确认有无残余压力和残余有毒、有害、高温物料，严禁带压拆卸。对有毒有害物料，要正确佩戴防毒面具和特种防护服，方可作业。

⑥ 设备内检修作业的工作照明电压应符合安全规定，绝缘性良好。

⑦ 在进入有毒、有害的设备、容器、下水井等内检查作业时，应办理进入设备的相关手续。在经有毒气体和氧含量分析合格后，并在有人监护和使用合适的个人防护设备时进入，并落实应急救护措施。

3）检修结束时安全注意事项。

① 严格检查作业结束后塔、罐、槽内的残留物体与杂物、工具等。

② 严格检查盲板的抽堵。

③ 严格检查现场临时用电的取消情况。

（3）作业安全注意事项

1）动火作业。

① 将动火设备(塔、容器、油罐、换热器、管线等)的油品、溶剂等可燃物质彻底清理干净，并有足够时间进行蒸汽吹扫和水洗。

② 切断与动火设备相连的所有管线并加置盲板。

③ 塔内用火，可用石棉布或毛毡用水浸湿，铺在相邻两层塔盘上，进行隔离。

④ 动火点周围的下水井、地沟、电缆沟等应清除易燃物，并予封闭。

⑤ 罐区动火时，动火点防火间距内的油罐不得脱水，并清除周围易燃物。

⑥ 塔、罐、容器动火，应进行爆炸分析和氧含量测定，合格后方可动火。动火前，人在外边进行设备内明火试验；工作时，人孔外应有专人监护。

⑦ 高处动火(2.0m 以上)，必须采取防止火花飞溅的措施。风力较大时，应视具体情况而定，风力大于 5 级时禁止动火。

⑧ 动火现场应备有灭火器。

⑨ 动火始末，均应认真检查，不得留有余火。

2）受限空间作业。

① 进入塔、槽、罐等容器及下水井或其他密闭设备内进行检修作业，必须办理进入设备检修作业的相关手续。

② 必须进行测爆、氧含量、有毒气体的分析，分析合格后，方可入内。

③ 进入槽、塔、容器内作业，必须指派专人现场监护。

④ 进入带有旋转机械的设备内检修，必须先切断电源，取下保险丝，并在其电源开关上挂好安全警示牌。

⑤ 在作业结束后，应清点带入的工具、配件以免残留。

⑥ 在设备内动火，必须严格执行动火要求。

⑦ 设备内部作业的工作照明电压等级应符合国家标准；电线绝缘必须良好；所使用的手持或电动工具应符合国家标准，并装有漏电保护器。

⑧ 进入设备内作业的时间不宜过长，应轮换休息。

3）高处作业。

① 高空作业人员必须正确系挂五点式安全带，戴好安全帽，施工、检修现场必须设置安全护体或安全网等防护设施。

② 高空作业禁止抛扔工具物件和杂物，必要时应设安全警戒区，由专人看管。

③ 高处作业，要与电力架空线保持规定的安全距离。

4）酸、碱等腐蚀性物质或化学烧伤危险作业。

① 作业时，应穿戴相应的面具、眼镜、手套以及防护服等个人防护设备；

② 严禁高处任意泄放酸碱；

③ 严禁直接泄放酸碱，应有相应的临时中和设备或回收措施；

④ 作业时，要设置警戒带，并有监护人员，禁止无关人员入内；

⑤ 对地面上泄漏区的应用水清洗；

⑥ 凡溅到酸碱，应及时脱去被溅衣服，并用大量水清洗。

5）有毒气体作业。

① 严格执行有毒气体作业的安全规定，佩戴防毒面具、橡胶手套等个人防护设备。

② 作业之前，应测试周围环境的有毒气体含量。

③ 在进入设备之前，必须测量设备内有毒气体含量。

④ 凡从事有毒气体作业或取样分析、巡回检查时，必须两人同行或有专人监护。

⑤ 作业时，应注意上、下风向，以免中毒。

⑥ 在作业过程中，出现有人中毒的紧急情况，抢救人员必须佩戴防护面具进入设备，并至少有一人做好联络工作。

⑦ 有毒分析样品严禁料液乱倒，应倒入指定的容器内回收。

⑧ 在作业过程中，若出现头晕、心悸、呕吐、恶心等现象，应及时离开现场，到新鲜空气处，脱去污染的衣服，防止毒物继续吸收，并用大量的水对被污染的皮肤、眼睛冲洗，再送医务部门治疗。

4.4.13 装置停车环保注意事项

(1) 装置停车环境保护目标

严格贯彻“源头控制、分类处置、全程监控、达标排放”的原则，确保做到“气不上天、油不落地、味不扰民”，坚决杜绝环境污染事件和扰民事件发生。

装置停车过程中对环境造成影响的因素主要是产生各种废水、废气、废渣，以及在停车过程中吹扫置换设备管线时产生的噪声；主要的污染物是含氰污水、含氰气体、废聚合物、废润滑油，杜绝乱排乱放、实现密闭吹扫、控制异味是停开车检修过程中环境保护的重点。

（2）装置停车环境保护要求

1）严格执行《中国石化炼化企业装置开停车及检维修环境保护管理规定》，在装置停车准备阶段进行环境因素识别，制定停车期间的环保方案。

2）优化开停车过程装置的停车退料、蒸煮吹扫工序，合理使用各类资源、能源，减少各类废弃物的产生和排放。

3）“三废”的排放要“六定”：定点、定时、定性、定量、定去向、定人，确保排放完全受控。

4）密闭吹扫流程和“三废”排放严格遵循排放计划，严格执行污染物排放申请制度，做到有序合理排放。

5）开停车及检维修过程中若发生突发环境污染事件，立即启动相应类别级别的应急预案。

6）安全环保专业对装置的停车及检修期间的环境保护工作进行全程监督。

（3）装置停车环境保护内容

1）装置停车退料时，将塔器、管线物料全部退净、回收，严禁将残液等排入明沟。

2）装置吹扫均采取密闭方式，在对设备及管线进行吹扫、蒸塔(罐)时做到顶不放空、底不排凝。

3）管线吹扫时的污水全部进入污水收集槽。

4）停车前确保消声设备完好备用，采用控制排放速率以及间歇放空等措施控制噪声。

5）要控制好操作，含氰、氨、丙烯气体放火炬时，配烧足够的燃气和蒸汽，保证排往火炬的废气充分燃烧，做到烟囱、火炬不冒黑烟，放空无恶臭，杜绝大气污染和噪声污染。

6）换热器射流清洗水全部回收，换热器射流前改好水体防控流程，保持区域污水阀处于开状态，雨水阀处于关状态。

7）加强装置区排污系统的管理，确保污水井、井盖完好，污水管道、排水沟通畅。

8）加强雨污分流、清污分流管理，确保雨水正常排放，并严控雨水混入污水系统，增加污水总量。

9）按照“资源化、减量化、无害化”的原则，采取措施控制固危废产生量，提高综合利用率。

10）装置产生的固危废，按照划定的区域，分类、分质定点存放，暂存场所设置标识牌，并做到及时清运。

4.4.14 装置停车后常规检修工作

装置停车后，常规检修工作主要包括塔、槽、罐、换热器等设备的常规清洗；调节阀、流量计等仪表的清洗、校验；管线、设备消缺及技术改造等。另外，为确保人身和设备安全，在装置检修状态时，必须做好能量隔离，并做好记录。

根据丙烯腈装置的常规检修工作，对装置主要设备例举一些具体检修内容：

（1）反应器

1）清扫反应器内撤热水管、料腿、丙烯氨分布器、空气分布板等反应器内构件上的催化剂及垢物。

2）对丙烯氨分布器、空气分布板进行疏通。

3）检查撤热水管外壁结垢情况。

4）检查料腿堵塞、翼阀动作情况。

5）确认催化剂加入、抽出管及取样口畅通。

6）确认各仪表检测口、进出反应器管线畅通。

7）检查反应器内构件缺陷并消除。

（2）急冷塔

1）各工艺管口、仪表引压管管口拆洗，确认管线畅通（包括各液位计拆洗），无聚合物。

2）顶部气体上升段：集液板面、塔壁、上升管内外无聚合物，降液管拆洗，内外无聚合物。

3）上段四段喷淋：喷淋支管内外无聚合物，塔壁无聚合物，喷嘴拆洗，确认畅通，喷嘴安装牢固，方向垂直向下。

4）筛板下气体上升段：集液板面、塔壁、上升管内外无聚合物。

5）下段两层喷淋：喷淋支管内外无聚合物，塔壁无聚合物，确认喷嘴畅通，安装牢固，方向垂直。视情况是否对喷嘴进行清洗。

6）气体进入段：气相管内无聚合物，箱体内外无聚合物，底部抽出口畅通，两侧平衡管畅通。

7）塔釜：塔釜内无聚合物。

8）检查塔内构件、螺丝等缺陷并消除。

（3）吸收塔

1）各工艺管口、仪表引压管管口拆洗，确认管线畅通（包括各液位计拆洗），无聚合物。

2）顶部除沫网拆装，清洗，牢固安装。

3）拆导向板，分液盘上聚合物清扫，拆分液盘，对规整填料拆出清洗（拆规整填料层数视实际污染情况定），复位时，均需安装牢固。

4）检查塔内构件缺陷并消除。

5）检查塔内无遗留工具等异物。

（4）回收塔

1）各工艺管口、仪表引压管管口拆洗，无聚合物，确认管线畅通（包括各液位计拆洗）。

2）通道板拆装，清除内壁、塔板、降液槽等塔内构件上的聚合物。

3）对回收塔侧线乙腈抽出管线内聚合物清除，并要求用水冲洗该管线。

4）检查塔板是否变形，是否固定良好；检查浮阀有无缺失，动作是否灵活，并进行消缺。

5）检查确认塔釜无聚合物等。

6）检查塔内无螺丝、螺帽等杂物，完工后，不得遗留工具。

（5）乙腈塔

1）各工艺管口、仪表引压管管口拆洗，确认管线畅通（包括各液位计拆洗），无聚合物。

2）通道板拆装，清除内壁、塔板、降液槽等塔内构件上的聚合物。

3）检查塔板是否变形，是否固定良好；检查浮阀有无缺失，动作是否顺畅；进行相应消缺。

4）塔釜清扫，无聚合物等垃圾。

5）塔内无螺丝、螺帽等垃圾，完工后，不得遗留工具。

（6）脱氢氰酸塔

1）各工艺管口、仪表引压管管口拆洗，确认管线畅通（包括各液位计拆洗），无聚合物。

2）通道板拆装，清除内壁、塔板、降液槽上聚合物。视情况决定塔板是否化学清洗。

3）21#气体上升段清洗，板面无杂物，确认降液管畅通，气体上升管、降液帽等构件上无垃圾。

4）1#～20#塔盘拆装，清除内壁、塔板、降液槽上聚合物，视情况决定塔板是否化学清洗或更换。

5）检查塔板是否变形，是否固定良好；检查浮阀有无缺失，动作是否灵活，并进行消缺。

6）检查塔釜清扫，无聚合物，确认至再沸器管线及塔釜抽出管线通畅。

7）检查塔内无螺丝、螺帽等杂物，完工后，不得遗留工具。

（7）成品塔

1）各工艺管口、仪表引压管管口拆洗，确认管线畅通（包括各液位计拆洗），无聚合物。

2）通道板拆装，清除内壁、塔板、降液槽等塔内构件上的聚合物。

3）检查塔板是否变形，是否固定良好；检查浮阀有无缺失，动作是否顺畅，进行消缺。

4）检查塔釜清扫，确认至再沸器管线及塔釜抽出管线通畅，无聚合物。

5）检查塔内无螺丝、螺帽等杂物，完工后，不得遗留工具。

（8）换热器、槽、罐等

1）与槽、罐相连各工艺管口、仪表引压管、液面计等接口清扫，确认管线畅通（包括各液位计拆洗），无聚合物。

2）清除槽、罐内壁及内构件上的聚合物等杂物。

3）检查槽内构件是否有缺陷。

4）换热器管程、壳程畅通，无垃圾。

5）对蒸汽槽、罐，检查内壁是否有蒸汽冲蚀等情况，并进行消缺。

第5章　设备知识

5.1　静设备

5.1.1　压力容器基础知识

压力容器是工业生产过程中不可缺少的一种设备，在石油化工行业被广泛使用，是具有爆炸危险的特种设备。生产工艺对压力容器要求高，使用环境大多比较恶劣，由于压力、温度、介质会对压力容器产生影响等，因而其操作要求也高。这些因素决定了压力容器的管理不同于其他设备。

压力容器不仅广泛应用于化工、石油化工、医药、冶金、机械、采矿、电力、航天航空、交通运输等工业生产领域，在农业、民用和军工领域也颇常见，其中石油化学工业应用最为普遍，石油化工企业中的塔、釜、槽、罐都属于压力容器。

5.1.1.1　压力容器简介

压力容器是指同时具备以下条件的容器：

① 工作压力≥0.10MPa。

② 容积≥0.03m^3 并且内直径(非圆形截面指截面内边界最大几何尺寸)≥150.0mm。

③ 盛装介质为气体、液化气体以及介质最高工作温度高于或者等于其标准沸点的液体。

注：工作压力是指在正常工作情况下，压力容器顶部可能达到的最高表压。

5.1.1.2　容积

容积是指压力容器的几何容量，即由设计图样标注的尺寸计算(不考虑制造公差)并且圆整。一般需要扣除永久连接在压力容器内部的内件的体积。

容积内介质为最高工作温度低于其标准沸点的液体时，如果气相空间的容积≥0.03m^3，也属于压力容器。

5.1.1.3　压力容器工艺参数

压力容器的工艺参数是由生产的工艺要求来确定的，是进行压力容器设计和安全操作的主要依据。压力容器的主要工艺参数为压力、温度、介质。

(1) 压力

1) 工作压力。

工作压力也称操作压力，指容器顶部在正常工艺操作时的压力(即不包括液体静压力)。

2) 最高工作压力。

最高工作压力指容器顶部在工艺操作过程中可能产生的最大表压力(即不包括液体静压力)。压力超过此值时，容器上的安全装置就要动作。容器最高工作压力的确定与工作介质有关。

3) 设计压力。

设计压力指在相应设计温度下用以确定容器计算壁厚及其元件尺寸的压力。一般取设计压力等于或略高于最高工作压力。由于考虑问题的角度不一样，不同规范对设计压力的选取原则可能会略有差异。

（2）温度

1）介质温度。

介质温度指容器内工作介质的温度，可以用测温仪表测得。

2）设计温度。

压力容器的设计温度不同于其内部介质可能达到的温度，是容器在正常工作过程中，在相应设计压力下，表壁或元件金属可能达到的最高或最低温度。

注意：只有当壳壁或元件金属的温度低于-20℃时，才按最低温度确定设计温度。除此之外，设计温度一律按最高温度选取。

5.1.1.4 压力容器的分类

压力容器的型式繁多，可有许多分类方法。

（1）按压力分类

按所承受压力（P）的高低，压力容器可分为低压、中压、高压、超高压四个等级。具体划分如下（单位为 MPa，按 $1\text{kgf/cm}^2 \approx 0.1\text{MPa}$ 换算）。

低压容器：$0.1\text{MPa} \leqslant P < 1.6\text{MPa}$

中压容器：$1.6\text{MPa} \leqslant P < 10\text{MPa}$

高压容器：$10\text{MPa} \leqslant P < 100\text{MPa}$

超高压容器：$P \geqslant 100\text{MPa}$

（2）按壳体承压方式分类

按壳体承压方式不同，压力容器可分为内压（壳体内部承受介质压力）容器和外压（壳体外部承受介质压力）容器两大类。

（3）按设计温度分类

按设计温度（t）的高低，压力容器可分为低温容器（$t \leqslant -20℃$）、常温容器（$-20℃ < t < 450℃$）和高温容器（$t \geqslant 450℃$）。

（4）从安全技术管理角度分类

1）固定式容器。

固定式容器指有固定的安装和使用地点，工艺条件和使用操作人员也比较固定，一般不是单独装设，而是用管道与其他设备相连接的容器，如合成塔、蒸球、管壳式余热锅炉、热交换器、分离器等。

2）移动式容器。

移动式容器指一种储装容器，如气瓶、汽车槽车等，主要用途是装运有压力的气体。这类容器无固定使用地点，一般也没有专职的使用操作人员，使用环境经常变化，管理较复杂，容易发生事故。

（5）按在生产工艺过程中的作用原理分类

可分为反应容器、换热容器、分离容器和储运容器。

1）反应压力容器，代号 R。

主要用于完成介质的物理、化学反应的压力容器，如反应器、反应釜、分解锅、硫化罐、分解塔、聚合釜、高压釜、超高压釜、合成塔、变换炉、蒸煮锅、蒸球、蒸压釜、煤气发生炉等。

2）换热压力容器，代号 E。

主要是用于完成介质的热量交换的压力容器，如管壳式余热锅炉、热交换器、冷却器、冷凝器、蒸发器、加热器、消毒锅、染色器、烘缸、蒸炒锅、预热锅、容剂预热器、蒸锅、蒸脱机、电热蒸汽发生器、煤气发生炉水夹套等。

3）分离压力容器，代号 S。

主要是用于完成介质的流体压力平衡缓冲和气体净化分离的压力容器，如分离器、过滤器、集油器、缓冲器、洗涤器、吸收塔、铜洗塔、干燥塔、汽提塔、分汽缸、除氧器等。

4）储存压力容器，代号 C，其中球罐代号 B。

主要是用于储存、盛装气体、液体、液化气体等介质的压力容器，如各种型式的储罐。在一种压力容器中，如同时具备两种以上的工艺作用原理，应按工艺过程中的主要作用来划分品种。

5.1.1.5 压力容器安全附件简介

安全阀、爆破片装置、压力表、液面计、测温仪表、紧急切断装置、安全连锁装置等是压力容器的主要安全附件，这些安全附件是压力容器安全工作的重要保障。

（1）安全附件的通用要求

1）制造安全阀、爆破片装置的单位应当持有相应的特种设备制造许可证。

2）安全阀、爆破片、紧急切断阀等需要型式试验的安全附件，应当经国家质检总局核准的型式试验机构进行型式试验并且取得型式试验证明文件。

3）安全附件的设计、制造，应当符合相关安全技术规范的规定。

4）安全附件出厂时应当随带产品质量证明，并且在产品上装设牢固的金属铭牌。

5）安全附件实行定期检验制度，安全附件的定期检验按照《压力容器定期检验规则》与相关安全技术规范的规定进行。

（2）安全附件装设要求

1）在适用范围内的压力容器，应当根据设计要求装设超压泄放装置(安全阀或者爆破片装置)，压力源来自压力容器外部，并且得到可靠控制时，超压协防装置可以不直接安装在压力容器上。

2）采用爆破片装置与安全阀装置组合结构时，应当符合 GB 150 的相关规定，凡串联在组合结构中的爆破片在动作时不允许产生碎片。

3）对易燃介质或者毒性程度为极度、高度或者中度危害介质的压力容器，应当在安全阀或者爆破片的排出口装设导管，将排放的介质引至安全地点，并且进行妥善处理，不得直接排入大气。

4）压力容器工作压力低于压力源压力时，在通向压力容器进口的管道上应当装设减压阀，如因介质条件减压阀无法保证可靠工作时，可用调节阀代替减压阀，在减压阀或者调节阀的低压侧，应当装设安全阀和压力表。

（3）安全阀和爆破片

1）安全阀、爆破片的排放能力。

安全阀、爆破片的排放能力应当大于或者等于压力容器的安全泄放量。对于充装处于饱和状态或者过热状态的气液混合介质的压力容器，设计爆破片装置应当计算泄放口径，确保不产生空间爆炸。

2）安全阀的整定压力。

一般不大于该容器的设计压力。设计图样或者铭牌上标注最高允许工作压力的，可以采用最高允许工作压力确定安全阀的整定压力。

3）爆破片的爆破压力。

压力容器上装有爆破片装置时，爆破压力不得大于该容器的设计压力，并且爆破片的最小设计爆破压力不得小于该容器的工作压力。当设计图样或者铭牌上标注有最高允许工作压力时，爆破片的设计爆破压力不得大于压力容器的最高允许工作压力。

4）安全阀的动作机构。

杠杆式安全阀应当有防止重锤自由移动的装置和限制杠杆越出的导架，弹簧式安全阀应当有防止随便拧动调整螺钉的铅封装置，静重式安全阀应当有防止重片飞脱的装置。

5）安全阀的安装要求。

① 安全阀应当垂直安装在压力容器液面以上的气相空间部分，或者装设在与压力容器气相空间相连的管道上。

② 压力容器与安全阀之间的连接管和管件的通孔，其截面积不得小于安全阀的进口截面积，其接管应当尽量短而直。

③ 压力容器一个连接口上装设两个或者两个以上的安全阀时，该连接口入口的截面积，应当至少等于这些安全阀的进口截面积总和。

④ 安全阀与压力容器之间一般不宜装设截止阀门；为实现安全阀的在线校验，可在安全阀与压力容器之间装设爆破片装置；对于盛装毒性程度为极度、高度、中度危害介质，易爆介质，腐蚀、黏性介质或者贵重介质的压力容器，为便于安全阀的清洗和更换，经过使用单位主管压力容器安全技术负责人批准，并且制定可靠的防范措施，方可在安全阀(爆破片装置)与压力容器之间装设截止阀门。压力容器正常运行期间截止阀门必须保证全开(加铅封或者锁定)，截止阀门的结构和通径不得妨碍安全阀的安全泄放。

⑤ 移动式压力容器安全阀的开启压力应为罐体设计压力的 1.05~1.10 倍，安全阀的额定排放压力不得高于罐体设计压力的 1.2 倍，回座压力不应低于开启压力的 0.8 倍。

⑥ 新安全阀应当校验合格后才能安装使用。

6）安全阀的校验单位。

校验单位应当具有与校验工作相适应的校验技术人员、校验装置、仪器和场地，并且建立必要的规章制度。校验人员应当取得安全阀维修作业人员资格。校验合格后，校验单位应当出具校验报告书对校验合格的安全阀加装铅封。

7）安全阀的类型。

① 按加载机构分类：

a. 重锤杠杆式安全阀是利用重锤和杠杆来平衡作用在阀瓣上的力，通过调整重锤在杠杆上的位置或改变重锤的质量来调整校正安全阀的开启压力，宜用于高温场合下，特别是锅炉和高温容器上。

b. 弹簧式安全阀是利用弹簧被压缩的弹力来平衡作用在阀瓣上的力，通过调整螺母来调整安全阀的开启压力，宜用于移动设备和介质压力脉动的固定式设备。

c. 先导式安全阀是一种非直接载荷式安全阀，由主阀和导阀(又称“副阀”)组成，主阀依靠从导阀排出的介质来驱动，由于系统内的压力呈脉冲形式，所以又被称为“脉冲式安全阀”。从单独来看，导阀本身也是一种直接载荷式安全阀。当介质压力达到导阀的开启压力时，导阀先行开启，排出的介质从旁通管进入主阀。

② 按阀瓣开启高度分类：全启式安全阀和微启式安全阀。

③ 按气体排放方式分类：全封闭式安全阀、半封闭式安全阀和开放式安全阀。

8）安全阀的型号规格。

安全阀的型号规格(图 5-1)。

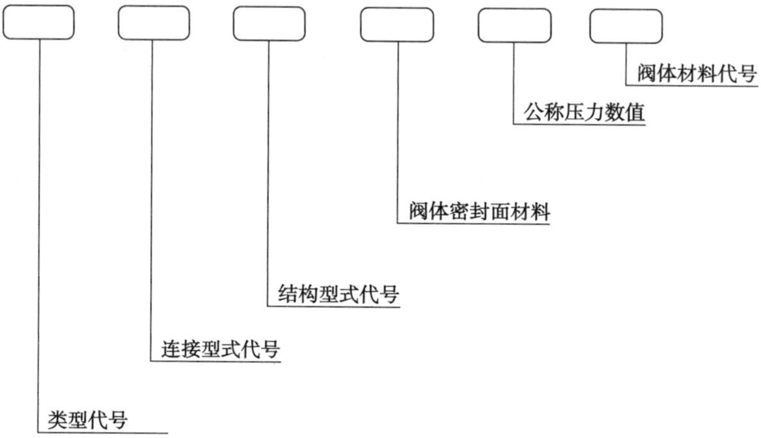

图 5-1　安全阀的型号规格

安全阀的类型代号：用英文字母表示，弹簧式安全阀的代号为 A；杠杆重锤式安全阀的代号则为 GA。

连接型式代号：用阿拉伯数字表示，1 代表内螺纹连接；2 代表外螺纹连接；4 代表法兰连接。

结构型式代号：用阿拉伯数字表示，0 代表散热片、全启式封闭型；1 代表微启式封闭型；2 代表全启式封闭型；3 代表扳手、双联弹簧微启式开放型；4 代表扳手、全启式封闭型；7 代表扳手、微启式开放型；8 代表扳手、全启式开放型；9 代表先导式(脉冲式)安全阀。

阀体密封面材料代号：用英文字母表示，Y 代表硬质合金；H 代表合金钢；T 代表铜合金；B 代表巴氏合金；F 代表氟塑料；W 代表阀体直接加工成密封面。

公称压力：单位为 MPa。

阀体材料代号：用英文字母表示，Z 代表灰铸铁；C 代表铸钢；I 代表铬钼钢；P 代表不锈钢等(小于 1.6MPa 的灰铸铁阀体和小于 2.5MPa 的碳素钢阀体省略本代码)。

(4) 压力表

1）压力表的量程。

装在压力容器上的压力表，其量程应与容器的工作压力相适应。压力表的最大量程最好选用为容器工作压力的 2 倍，最小不能小于 1.5 倍，最大不能大于 3 倍。因为压力表的量程越大，同样精确度的压力表，其允许误差的绝对值也越大。

2）压力表的精度。

精确度是以压力表的允许误差占表盘刻度极限值的百分数来表示的，例如精确度为 1.5 级的压力表，其允许误差为表盘刻度极限值的 1.5%，精确度级别一般标在表盘上。

3）压力表的选用。

① 选用的压力表应当与压力容器内的介质相适应。

② 设计压力小于1.6MPa压力容器使用的压力表的精度不得低于2.5级，中压容器不应低于1.5级，高压容器应为1级。

③ 压力表盘刻度极限值应当为最大允许工作压力的1.5~3倍，表盘直径不得小于100mm，如距离较远时，表盘直径还应增大。

4）压力表的安装。

① 装设位置应当便于操作人员观察和清洗，并且应当避免受到辐射热、冻结或者震动等不利影响。

② 为便于装卸和校验压力表，压力表与压力容器之间应装设三通旋塞或者针形阀(三通旋塞或者针形阀上应当有开启标记和锁紧装置)，并且不得连接其他用途的任何配件或者接管。

③ 工作介质为高温蒸汽的热水器等，这类容器压力表的接管上要装有一段存水弯管，使蒸汽在这一段弯管内冷凝，以避免高温蒸汽直接进入压力表使表内元件过热变形影响精度。

④ 用于腐蚀性介质或者高黏度介质的压力表，在压力表与压力容器之间应当装设充填液体的隔离缓冲装置，且充填液体不应与工作介质发生化学反应或生成物理混合物。因限于操作条件不能采取这种装置时，则应选用抗腐蚀的压力表，如波纹平膜式压力表等。

⑤ 压力表盘上应有警戒红线。

（5）液面计

1）液面计通用要求。

① 根据压力容器的介质、最大允许工作压力和温度选用。

② 在安装使用前，设计压力小于10MPa压力容器用液面计进行1.5倍液面计公称压力的液压试验，设计压力大于或者等于10MPa压力容器的液面计进行1.25倍液面计公称压力的液压试验。

③ 储存0℃以下介质的压力容器，选用防霜液面计。

④ 寒冷地区室外应选用夹套型或者保温型结构的液面计。

⑤ 用于易爆、毒性程度为极度、高度危害介质的液化气压力容器上，应有防止泄漏的保护装置。

⑥ 要求液面计指示平稳的，不允许采用浮子(标)式液面计。

⑦ 移动式压力容器不得使用玻璃板式液面计。

2）液面计的安装。

液面计应当安装在便于观察的位置，否则应当增加其他辅助设施。大型压力容器还应当有集中控制的设施和警报装置。液面计上最高和最低安全液位，应当作出明显的标志。

3）液面计的型式。

① 玻璃管式液面计。其结构简单，由上阀体、下阀体、玻璃管和放水阀等构件组成。安装维修简单，通常用于工作压力不大于0.6MPa和介质为非易燃易爆或无毒的容器中。

② 玻璃板式液面计。这种液面计主要有上阀体、下阀体、框盒、平板玻璃等构件组成，具有读数直观，结构简单，价格便宜的优点。由于要求玻璃板式液面计耐压，故不能做得太长。大型储罐安装液面计时，就需要把几段玻璃板连接起来使用，安装检修不太方便。但由于板式液面计比管式液面计耐高压，安全可靠性好，所以凡是介质易燃、剧毒、有毒、压力和温度较高的容器，采用板式液面计比较安全。

③ 浮球液面计。浮球液面计又称浮球磁力式液面计。其工作原理是当容器内液位升降时，带动连杆结构通过一对齿轮使互为隔绝的一组门形磁钢转动，并带动指针使得刻度盘上指示出容器内的充装量。多安装在各类液化气体汽车槽车和油品汽车槽车上。它具有结构简单、动作可靠、精度较高、安装维护方便，具有耐震动、耐磨损、耐压、耐高温和耐腐蚀等特性。

另外，表盘指示直观，读数清晰，均由于内部传动机构与表盘指针互为隔绝，因而这种液面计的密封性能极好。

④ 旋转管式液面计。旋转管式液面计主要由旋转管、刻度盘、指针、阀芯等组成，一般用于石油液化气汽车槽车和活动罐上。

⑤ 滑管式液面计。滑管式液面计主要由套管、带刻度的滑管、阀门和护罩等组成，一般用于液化石油气汽车槽车、火车槽车和地下储罐。测量液位时，将带有刻度的滑管拔出，当有液态液化石油气流出时，即知液位高度。

（6）常用阀门

阀门是压力容器中不可缺少的配套件。压力容器运行中，操作人员通过操作各种阀门，实现对生产工艺系统的控制和调节。除安全阀外，还有截止阀、闸阀、止回阀、减压阀和紧急切断阀。

5.1.2 常压储罐

（1）定义及界定

常压储罐是指本企业用于存储石油、石化产品及其他类似液体的常压和接近常压立式圆筒形钢制焊接油罐。不包括埋地、储存毒性程度为极度和高危害介质，人工制冷液体储罐。

（2）常压储罐的分类

1）根据储存介质种类。

储罐分为原油罐、中间产品罐、产品罐、含硫污水和化学品罐五大类。

2）根据结构形式。

储罐分为内浮顶罐、外浮顶罐、拱顶罐。

5.1.3 管道管件

5.1.3.1 压力管道基础知识

（1）压力管道的定义、工作原理及用途

1）压力管道的定义。

根据原国家质量监督检验检疫总局关于修订《特种设备目录》的公告（2014 年第 114 号），最新压力管道定义：压力管道，是指利用一定的压力，用于输送气体或者液体的管状设备，其范围规定为最高工作压力大于或者等于 0.1MPa（表），介质为气体、液化气体、蒸汽或者可燃、易爆、有毒、有腐蚀性、最高工作温度高于或者等于标准沸点的液体，且公称直径大于或者等于 50mm 的管道。公称直径小于 150mm，且其最高工作压力小于 1.6MPa（表压），输送无毒、不可燃、无腐蚀性气体的管道和设备本体所属管道除外。其中，石油天然气管道的安全监督管理还应按照《安全生产法》《石油天然气管道保护法》等法律法规实施。

2）压力管道的工作原理及用途。

对单条压力管道而言，其工作原理就是依靠外界的动力或者是介质本身的驱动力将该条压力管道源头的介质输送到该条压力管道的终点。

压力管道的主要用途就是输送介质，而除此用途之外还可以延伸出以下功能，如储存功能(主要用于长输管道)和热交换(主要用于工业管道)等。

3）压力管道的特点。

① 所传载的介质又多是有毒、易燃、易爆介质。

② 管道体系庞大。由多个组成件、支承件组成，任一环节出现问题都会造成整条管线的失效。

③ 管道的空间变化大。

④ 腐蚀机理与材料损伤的复杂性。

⑤ 失效的模式多样。

⑥ 载荷的多样性。除介质的压力外，还有重力载荷以及位移载荷等。

⑦ 材质的多样性。可能一条管道上就需要用几种材质。

⑧ 安装方式多样。有的架空安装，有的埋地敷设。

⑨ 实施检验的难度大。如对于高空和埋地管道的检验始终是难点。

⑩ 压力管道元件数量多，标准多。

（2）压力管道的分类

1）压力管道的一般分类。

① 按主体材料划分，可分为金属管道和非金属管道。金属管道又可分为铸铁管道、碳钢管道、低合金钢管道、不锈钢管道、有色金属管道等。非金属管道包括塑料管道、玻璃钢管道、金属复合管道、非金属复合管道。

② 按敷设位置划分，可分为架空管道、埋地管道、地沟敷设管道。

③ 按介质压力分类，通常可分为超高压管道(>42.0MPa)、高压管道(10.0~42.0MPa)、中压管道(1.6~10.0MPa)、低压管道(<1.6MPa)。

④ 按介质温度分类，一般可分为高温管道(>200℃)、常温管道(-29~200℃)、低温管道(<-29℃)。

⑤ 按介质毒性分类，可分为剧毒管道(极度危害)、有毒管道(非极度危害)、无毒管道。

⑥ 按介质燃烧特性分类，分为可燃介质管道、非可燃介质管道。

⑦ 按介质腐蚀性分类，分为强腐蚀性介质管道、腐蚀性介质管道、非腐蚀性介质管道。

⑧ 按毒性、燃烧特性等特征对流体进行分类，分为 A1 类流体、A2 类流体、B 类流体、C 类流体、D 类流体。然后根据流体分类方便地提出内部为相应介质管道的要求。

A1 类流体：指剧毒流体，在输送过程中如有极少量的流体泄漏到环境中，被人吸入或与人体接触时，能造成严重中毒，脱离接触后，不能治愈。相当于现行国家标准 GB 5044《职业性接触毒物危害程度分级》中Ⅰ级(极度危害)的毒物。

A2 类流体：指有毒流体，接触此类流体后，会有不同程度的中毒，脱离接触后可治愈。相当于现行国家标准 GB 5044 中Ⅱ级(高度、中度、轻度危害)的毒物。

B 类流体：该类流体在环境或操作条件下是一种气体或可闪蒸产生气体的液体，这些液体能点燃并在空气中连续燃烧。

C 类流体：指不包括 D 类流体的不可燃、无毒的流体。

D 类流体：指不可燃、无毒、设计压力小于或等于 1.0MPa 和设计温度在 -20.0～186.0℃的流体。

GB 50316—2000《工业金属管道设计规范(2008 年版)》采用该种分类方法。

2）按管道用途分类，分为长输油气管道、城镇燃气管道、热力管道、工业管道(包括工艺管道、公用工程管道)、动力管道、制冷管道。

3）安全监督管理的分类。

为满足安全监督管理的需要，《压力管道安装许可规则》将压力管道按其用途划分为长输管道(GA 类)、公用管道(GB 类)、工业管道(GC 类)、动力管道(GD 类)，并给出了定义。

长输管道是指产地、储存库、使用单位间的用于输送商品介质的管道[跨越地、市输送商品介质的管道；跨越省(自治区、直辖市)输送商品介质的管道]。公用管道是指城市或乡镇范围内的用于公用事业或民用的燃气管道和热力管道。工业管道是指企业、事业单位所属的用于输送工艺介质的工艺管道、公用工程管道及其他辅助管道的工业管道。动力管道是指火力发电厂用于输送蒸汽、汽水两相介质的管道。

按管道的危险性(与危险性有关的介质参数：①介质大毒性、燃烧爆炸特性；②设计压力；③设计温度)分级：

长输管道分两级：GA1、GA2

公用管道分两级：GB1、GB2

工业管道分三级：GC1、GC2、GC3

动力管道分两级：GD1、GD2

化工装置目前主要涉及工业管道。

（3）工业管道级别划分

1）GC1 级。

符合下列情况之一的工业管道，为 GC1 级：

输送毒性程度为极度危害的介质、高度危害气体介质和工作温度高于标准沸点的高度危害的液体介质的管道。

输送火灾危险性为甲、乙类可燃气体或者甲类可燃液体(包括液化烃)的管道，并且设计压力大于或者等于 4.0MPa 的管道。

输送除前两项的流体介质并且设计压力≥10.0MPa，或者设计压力≥4.0MPa，并且设计温度≥400℃的管道。

2）GC2 级。

除以下规定的 GC3 级管道和介质毒性危害程度、火灾危险性(可燃性)、设计压力和设计温度小于以上 GC1 级规定外的其他管道为 GC2 级。

3）GC3 级。

输送无毒、非可燃流体介质，设计压力≤1.0MPa，并且设计温度>-20℃但≤185℃的管道。

（4）压力管道的构成

根据 TSG D0001—2009《压力管道安全技术监察规程—工业管道》中的规定：工业压力管道由管道元件(包括管道组成件和管道支承件)和安全保护装置构成。

1）管道组成件，用于连接或者装配成承载压力且密闭的管道系统的元件，包括管子、管件、法兰、密封件、紧固件、阀门、安全保护装置以及诸如膨胀节、挠性接头、耐压软管、过滤器(如Y形、T形)、管路中的节流装置(如孔板)和分离器等。

2）管道支承件，包括吊杆、弹簧支吊架、斜拉杆、平衡锤、松紧螺栓、支撑杆、链条、导轨、鞍座、底座、滚柱、托座、滑动支座、吊耳、管吊、卡环、管夹、U形夹和夹板等。

3）安全保护装置指压力管道上所用的安全阀、爆破片装置、阻火器和紧急切断装置等。

4）工业管道的构成并不是千篇一律的，由于所处的位置不同，功能有差异，所需要的元器件就不同，最简单的就是一段管子。

5）过程工业管道材料设计的特点是尽最大可能选用标准化、系列化的管道元件。管道系统涉及众多类型的管道元件，其中管道的公称直径、外径和壁厚的标准化无疑是各种管道元件标准化基础。

（5）公称直径

1）公称直径的定义：公称直径—*DN*是管道元件专用的一个最关键的参数。ISO 6708—1995和GB/T 1048—2005明确规定，采用*DN*作为管道元件的尺寸标识。公称直径由字母*DN*和后跟无因次的整数数字(相当于mm)组成。该数字与管道元件端部的内径或外径有关，但并不一定等于内径或外径的数值。

2）钢管外径。

① 钢管外径系列。

国际通用的工业管道钢管外径系列俗称为英制管系列，石油、石油化工、重化工行业的新建项目，基本上都采用英制管系列。但我国冶金、机械、轻化工行业还保留着国际上已淘汰的公制管外径系列。

② 英制管外径系列。

以美国为代表的ASME英制管外径系列，在国际上获得广泛使用。

ISO 4200外径系列，是以DIN 2448/2458无缝/焊接钢管等欧洲工业国家的钢管外径系列为基础制订的国际标准。我国的HG 20553 Ⅰ系列是完全符合ISO 420外径系列的；SH 3405也符合ISO 4200外径系列，但都进行了一定的数字圆整。

③ JIS外径系列，也属于英制管系列，20世纪90年代后，JIS标准在国内工业管道领域使用较少。

3）公制管外径系列。

公制管外径系列在国际上已被淘汰，因其管件、阀门、法兰等配套性差，技术落后，难以融入国内外日新月异的管道技术发展。

公制管外径系列在≤*DN*150的范围内，外径小于英制管，故称为小外径管；在*DN*200～*DN*300时，公制管与英制管外径相同；而大于等于*DN*350～*DN*1200时，公制管外径大于英制管。

HG 20553Ⅱ系列是国内保留相对完整的公制管外径系列。

5.1.4 阀门

（1）阀门基础

1）阀门概述及分类。

阀门是流体输送系统中的控制部件，具有截断、调节、导流、防止逆流、稳压、分流或溢流泄压等功能。

阀门的种类很多，最常用分类方法如下：

① 按用途和作用分类。

截断阀类：主要用于截断或接通介质流，包括闸阀、截止阀、隔膜阀、旋塞阀、球阀、蝶阀等。

调节阀类：主要用于调节介质的流量、压力等，包括调节阀、节流阀、减压阀等。

止回阀类：用于阻止介质倒流，包括各种结构的止回阀。

分流阀类：用于分配、分离或混合介质，包括各种结构的分配阀和疏水阀等。

安全阀类：用于超压安全保护，包括各种类型的安全阀。

② 通用分类法。

这种分类方法既按原理、作用又按结构划分，是目前国内、国际最常用的分类方法。一般分为闸阀、截止阀、旋塞阀、球阀、蝶阀、隔膜阀、止回阀、节流阀、安全阀、减压阀、疏水阀、调节阀。

2）典型阀门。

① 闸阀。

闸阀作为截止介质使用，在全开时整个流通直通，此时介质运行的压力损失最小。闸阀通常适用于不需要经常启闭，而且保持闸板全开或全闭的工况，不适用于作为调节或节流使用。对于高速流动的介质，闸板在局部开启状况下可以引起闸门的振动，而振动又可能损伤闸板和阀座的密封面，而节流会使闸板遭受介质的冲蚀。

根据密封元件的形式，常常把闸阀分成几种不同的类型，如：楔式闸阀、平行式闸阀、平行双闸板闸阀、楔式双闸板闸阀等。最常用的形式是楔式闸阀和平行式闸阀。

② 截止阀。

截止阀是用于截断介质流动的，截止阀的阀杆轴线与阀座密封面垂直，通过带动阀芯的上下升降进行开断。截止阀一旦处于开启状态，它的阀座和阀瓣密封面之间就不再有接触，并具有非常可靠的切断动作，因而它的密封面机械磨损较小。由于大部分截止阀的阀座和阀瓣比较容易修理或更换密封元件时无须把整个阀门从管线上拆下来，这对于阀门和管线焊接成一体的场合是很适用的。

介质通过此类阀门时的流动方向发生了变化，因此截止阀的流动阻力较高。引入截止阀的流体从阀芯下部引入称为正装，从阀芯上部引入称为反装，正装时阀门开启省力，关闭费力，反装时，阀门关闭严密，开启费力，截止阀一般正装。

③ 止回阀。

止回阀的作用是只允许介质向一个方向流动，并且阻止反方向流动。通常这种阀门是自动工作的，在一个方向流动的流体压力作用下，阀瓣打开；流体反方向流动时，由流体压力和阀瓣的自重作用于阀座，从而切断流动，包括旋启式止回阀和升降式止回阀。

④ 蝶阀。

蝶阀的蝶板安装于管道的直径方向。在蝶阀阀体圆柱形通道内，圆盘形蝶板绕着轴线旋转，旋转角度在0°~90°，旋转到90°时，阀门是全开状态。蝶阀结构简单、体积小、质量轻，只由少数几个零件组成，并且只需旋转90°即可快速启闭，操作简单。蝶阀处于完全开启位置时，蝶板厚度是介质流经阀体时唯一的阻力，因此通过该阀门所产生的阻力很小，故具有较好的流量控制特性，可以作调节用。

蝶阀有弹性密封和金属密封两种密封形式。弹性密封阀门，密封圈可以镶嵌在阀体上或附在蝶板周边。采用金属密封的阀门一般比弹性密封的阀门寿命长，但很难做到完全密封，金属密封能适应较高的工作温度，弹性密封则具有受温度限制的缺点。

⑤ 球阀。

球阀是由旋塞阀演变而来。它同样具有旋转90°的动作，不同的是旋塞体是球体，由圆形通孔或通道通过其轴线。当球旋转90°时，在进、出口处应全部呈现球面，从而截断流动。

球阀只需要用旋转90°的操作和很小的转动力矩就能关闭严密。完全平等的阀体内腔为介质提供了阻力很小的直通流道。球阀最适宜直接做开闭使用，但也能作节流和控制流量之用。球阀的主要特点是本身结构紧凑，易于操作和维修，适用于水、溶剂、酸和天然气等一般工作介质，而且还适用于工作条件恶劣的介质，如氧气、过氧化氢、甲烷、乙烯、树脂等。球阀阀体可以是整体的，也可以是组合式的。

⑥ 隔膜阀。

隔膜阀是用一个弹性的膜片连接在压缩件上，压缩件由阀杆操作上下移动，当压缩件上升时膜片就高举，形成通路，当压缩件下降，膜片就压在阀体上，阀门关闭。此阀适用于开断、节流。隔膜阀特别适用于运送有腐蚀性、有黏性的流体，而且此阀的操作机构不暴露在运送流体中，故不会被污染，也不需要填料，阀杆填料部分也不会泄漏。

⑦ 安全阀。

安全阀的作用原理是基于力平衡，一旦阀瓣所受压力大于弹簧设定压力时，阀瓣就会被此压力推开，其压力容器内的气(液)体会被排出，以降低该压力容器内的压力。

⑧ 调节阀。

调节阀主要工作原理是靠改变阀门阀瓣与阀座间的流通面积，达到调节压力、流量等参数的目的。

(2) 调节阀介绍

本节主要介绍调节阀的阀体和阀芯的主要结构，调节阀的流量特性以及有关阀芯气蚀噪音问题的解决方法。

1) 阀体结构。

① 直通单座阀(GLOBE)。

阀体内只有一个阀座和密封面，结构简单，密封效果好，是使用较多的一种阀体类型。

② 直通双座阀(GLOBE)。

阀体内有两个阀座和密封面，流通能力大，不平衡力小，但泄漏量大，切断效果差，是使用较多的一种阀体类型。

③ 套筒阀(CAGE)。

阀体内部阀芯由套筒导向，套筒上开有窗口用于决定流量与流量特性。阀芯上可开有平衡孔，减小不平衡力。套筒阀可调比大、振动小、不平衡力小、互换性好，可适用于大部分单双座阀的应用场合，不适用于有颗粒及较脏污介质，是使用最为广泛的一种阀体类型。球阀、蝶阀、隔膜阀等都可以作为调节阀。

2) 调节阀流量特性。

① 直线流量特性。

相对流量与相对开度呈直线关系，即单位行程引起的流量变化是常数。

② 等百分比流量特性。

单位行程变化引起相对流量变化与该点的相对流量呈正比，即放大系数是变化的，但是相对流量的变化是常数。

③ 快开流量特性。

相对行程变化引起相对流量的变化与该点相对流量呈反比，其作用与等百分比相反。

④ 抛物线流量特性。

相对行程的变化引起相对流量的变化与该点相对流量的平方根呈正比。介于直线与等百分比之间弥补了直线特性小开度调节性能差的缺点。

⑤ 流量特性与阀芯的关系。

不同的阀芯形状决定不同的流量特性。

蝶阀、球阀、隔膜阀、偏心旋转阀固有特性不能修改。

套筒阀、柱塞阀、V 形开口阀，可修改阀芯形状改变流量特性。

固有流量特性(压差不变)。

工作流量特性(压差变化)。

5.1.5 塔

5.1.5.1 基础知识

(1) 概述

塔设备是化工、石油化工和炼油等生产中最重要的设备之一。常见的在塔设备中完成的常见单元操作有精馏、吸收、解吸和萃取等，此外，还有工业气体的冷却与回收、气体的湿法净制和干燥，以及兼有气液两相传质和传热的增湿、减湿等。这些过程都是在一定的压力、温度、流量等工艺条件下，在一定的设备内完成的。塔多为立式设备，其断面一般为圆形，从外形上看这些设备都是竖直安装的圆筒形容器，且长径比较大，形状如“塔”，故习惯上称其为塔设备。

塔设备能够为气、液或液、液两相进行充分接触提供适宜的条件，即充分的接触时间、分离空间和传质传热的面积，从而达到相际间质量和热量交换的目的，实现工艺所要求的生产过程，生产出合格的产品。所以塔设备的性能对整个装置的产品产量、质量、生产能力和消耗定额，以及“三废”处理和环境保护等方面都有着重大的影响。

(2) 基本要求

作为主要用于传质过程的塔设备，首先必须使气液两相能充分接触，以获得较高的传质效率，除了应满足工艺条件，如压力、温度及耐腐蚀性等外，还应满足如下基本要求：

1) 生产能力要大。

即单位塔截面上单位时间内物料的处理量要大。在较大的气液流速下，仍不发生大量的雾沫夹带、漏液、液泛等破坏正常操作的现象。

2) 分离效率高。

即气、液相能充分接触且分离效果好。

3) 操作弹性大。

且有较强的适应性和较宽的操作范围，能适应不同性质的物料，且在负荷波动时能维持操作稳定，仍有较高的分离效率。

4）压降小。

即流体通过时阻力小，可大大节约生产的动力消耗，降低成本。在减压塔中若压降过大系统将难以维持必要的真空度。

5）结构简单。

耗材少，易于制造及安装，可减少基建投资，降低成本。

6）耐腐蚀不易堵塞。

便于操作、调节及检修，为保证液体在整个截面上的均匀分布，塔体应具有良好的垂直度。

（3）塔设备的分类及构造

塔设备经过长期发展，形成了型式繁多的结构以满足各方面的特殊需要，为了便于研究和比较，人们从不同的角度对塔设备进行了分类。

1）塔设备的分类。

按操作压力分为加压塔、常压塔和减压塔。

工程上最常用按塔的内部结构形式分为：板式塔、填料塔。

按单元操作(用途)可以分为：精馏塔、吸收塔/解吸塔、萃取塔、洗涤塔、反应塔、再生塔、干燥塔。

板式塔按塔盘分类：泡罩塔、浮阀塔、筛板塔、舌形塔。

按单元操作(用途)可以分为：

① 精馏塔：

精馏操作主要是利用混合物中各组分的挥发度不同而进行分离。挥发度较高的物质在气相中的浓度比在液相中的浓度高，因此借助于多次的部分汽化及部分冷凝，而达到轻重组分分离的目的。这样的操作称为蒸馏，反复多次蒸馏的过程称为精馏，实现精馏操作的塔设备称为精馏塔。如常减压装置中的常压塔、减压塔，可将原油分离为汽油、煤油、柴油及润滑油等；重整装置中的各种精馏塔，可以分离出苯、甲苯、二甲苯等。

② 吸收塔、解吸塔：

利用混合气中各组分在溶液中溶解度的不同，通过吸收液体来分离气体的工艺操作称为吸收。将吸收液通过加热等方法使溶解于其中的气体释放出来的过程称为解吸。实现吸收和解吸操作过程的塔分别称为吸收塔、解吸塔。如催化裂化装置中的吸收塔、解吸塔，从炼厂气中回收汽油、从裂解气中回收乙烯和丙烯，以及气体净化等都需要吸收塔、解吸塔。

③ 萃取塔：

对于各组分间沸点相差很小的液体混合物，利用一般的分馏方法难以分离，这时可在液体混合物中加入某种沸点较高的溶剂(称为萃取剂)，利用混合液中各组分在萃取剂中溶解度的不同，将它们分离，这种方法称为萃取(也称为抽提)。实现萃取操作的塔称为萃取塔，如丙烷脱沥青装置中的抽提塔等。

④ 洗涤塔：

用水除去气体中无用的成分或固体尘粒的过程称为水洗，这样的塔称为洗涤塔。

⑤ 反应塔：

反应即混合物在一定的温度、压力等条件下生成新物质的过程。

⑥ 再生塔：

再生的过程是混合物经蒸汽传质、汽提而使溶液解吸再生的过程。

⑦ 干燥塔：

固体物料的干燥包括两个基本过程，首先是对固体加热以使湿分气化的传热过程，然后是气化后的湿分蒸气分压较大而扩散进入气相的传质过程。而湿分从固体物料内部借扩散等的作用而源源不断地输送到达固体表面，则是物料内部的传质过程。因此干燥过程的特点是传质和传热过程同时并存。

2）塔设备的构件。

塔设备的外部构件：

除了种类繁多的各种内件外，其余构件则是大致相同，主要包括以下几个部分：

塔体：塔体是塔设备的外壳。常见的塔体是由等直径、等壁厚的圆筒及顶和底的椭圆形封头所组成的，包括筒体、封头（主要是椭圆形封头）等。

支座：塔体支座是塔体安装基础上的连接部分，它必须保证塔体坐落在确定的位置上进行正常的工作。为此，支座应当具有足够的强度和刚度，能承受各种操作情况下的全塔重量，以及风力、地震等引起的载荷，最常用的塔体支座是裙式支座，即裙座。

接管：塔设备的接管是用来连接工艺管路，把塔设备与相关设备连成系统。按接管的用途，分为进液管、出液管、进气管、出气管、回流管、侧线抽出管和仪表接管等。

人孔和手孔：人孔和手孔一般都是为了安装、检修检查和装填填料而设置的，在板式塔和填料塔中，各有不同的设计要求。

吊耳：塔设备的运输和安装，特别是在设备大型化后，吊装往往是工厂基建工地上一项举足轻重的任务，为起吊方便，可在塔设备上焊接吊耳。

吊柱：在塔顶设置吊柱是为了在安装和检修时，方便塔内件的运送。

除上述构件外，还有平台、护栏、液位计、保温层等。

5.1.6 换热器

5.1.6.1 换热器基础

在工业生产中，为了实现物料之间热量传递过程的设备，统称为换热器。换热器作为工艺过程中必不可少的单元设备，广泛地应用于石油、化工、动力、机械、冶金等工程领域中。据统计，在化工厂的建设中，换热器投资占总投资的10%～20%。在现代石油化工企业中换热器投资占建设总投资的30%～40%。由此可见，换热器对整个企业的建设投资及经济效益有着很重要的影响。

换热器的分类、结构和特点如下。

① 固定管板换热器。

两端管板采用焊接方法与壳体连接固定。其结构简单，制造成本低，能得到最小的壳体内径，管程可分成多样，规格范围广，故在工程中广泛应用。缺点是壳程不能清洗，检查困难，对于较脏或有腐蚀性的介质不能采用。它宜用于壳体与管子温差小、壳程压力不高以及壳程结垢不严重或能用化学清洗的场合。在热膨胀之差较大时，可在壳体上设置膨胀节，以减少因温差产生的热应力，如图5-2所示。

② 浮头式换热器。

一端管板与壳体固定，而另一端的管板可以在壳体内自由浮动。壳体和管子对热膨胀是自由的，当两种介质的温差较大时，管束与壳体之间不产生温差应力。浮头端设计成可拆结构，使管束可以容易地插入或抽出，为检修、清洗提供了方便。但结构较复杂，而且浮头端小盖在操作时无法知道泄漏情况，所以在安装时要特别注意其密封，见图5-3。

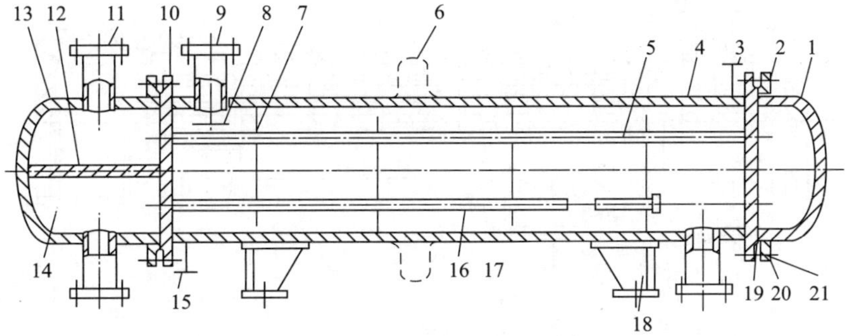

图5-2　固定管板换热器

1—封头；2—封头与管箱相连法兰；3—排气接口；4—壳体；5—管子；6—膨胀节；7—折流板；8—防冲板；9—壳体接管；10—固定管板；11—管程接管；12—封头隔板；13—封头；15—排液接口；16—拉杆；17—筒体；18—支座；19—法兰；20—螺孔；21—双头螺栓

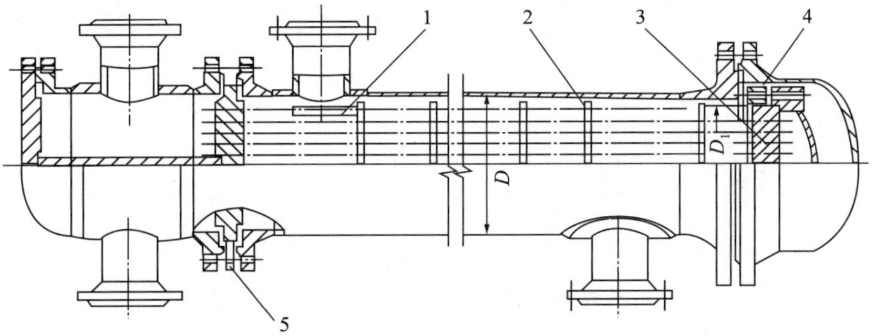

图5-3　浮头式换热器

1—防冲板；2—挡板；3—浮头管板；4—法兰；5—固定管板

③ 填料函式换热器。

填料函式换热器的结构特点与浮头式换热器相似，浮头部分露在壳体以外，在浮头与壳体的滑动接触面处采用填料函式密封结构。由于采用填料函式密封结构，使得管束在壳体轴向可以自由伸缩，不会产生壳壁与管壁热变形差而引起的热应力。其结构较浮头式换热器简单，加工制造方便，节省材料，造价比较低廉，且管束从壳体内可以抽出，管内、管间都能进行清洗，维修方便。因填料处易产生泄漏，填料函式换热器一般适用于4.0MPa以下的工作条件，且不适用于易挥发、易燃、易爆、有毒及贵重介质，使用温度也受填料的物性限制。填料函式换热器现在已很少采用，见图5-4。

④ U形管换热器。

将管子弯成U形，管子两端固定在同一块管板上。由于壳体与管子分开，可以不考虑热膨胀。因U形管式换热器仅有一块管板，且无浮头，所以结构简单，造价比其他换热器便宜，管束可以从壳体内抽出管外便于清洗，但管内清洗比较困难，所以管内的介质必须清洁或不易结垢的物料。缺点：由于管束中心部分存在空隙，所以流体易走短路，影响传热效果。U形管的弯管部分曲率不同，管子长度不一，因而物料分布不如固定管板式换热器均匀。U形管式换热器一般用于高温高压的情况下，当使用在压力较高的环境时，弯管段的壁厚要加厚，弥补弯管后管壁的减薄，见图5-5。

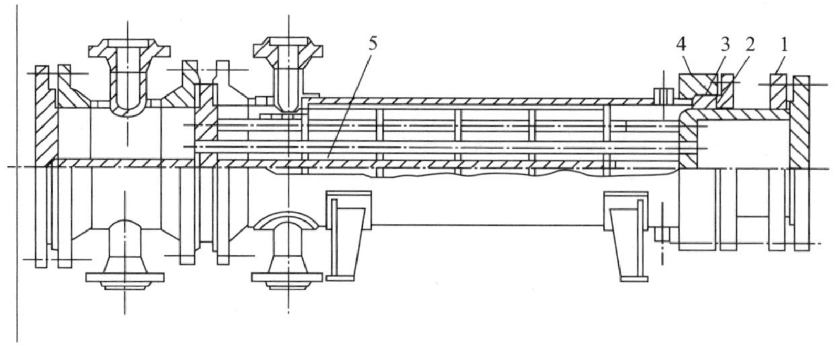

图 5-4　填料函式换热器

1—活动板；2—填料压盖；3—填料；4—填料函；5—纵向隔板

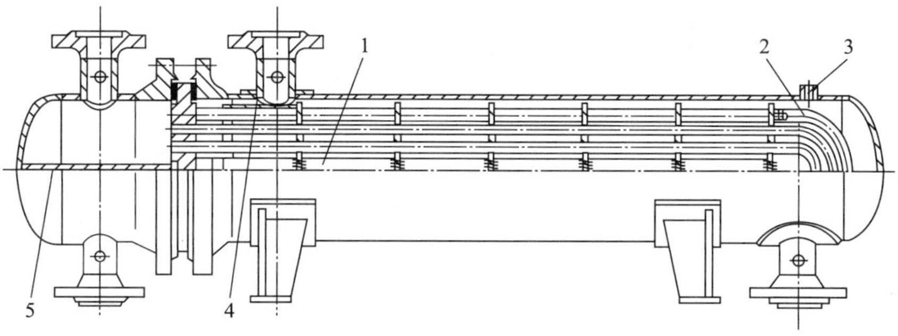

图 5-5　U 形管换热器

1—壳程隔板；2—U 形管子；3—壳程排气口；4—壳程接口；5—管程隔板

⑤ 板式换热器。

板式换热器是由许多波纹形的传热板片，按一定的间隔，通过橡胶垫片压紧组成的可拆卸的换热设备。板片组装时，两组交替排列，板与板之间用黏结剂把橡胶密封板条固定好，防止流体泄漏并使两板之间形成狭窄的网形流道，换热板片压成各种波纹形，以增加换热板片面积和刚性，并能使流体在低流速下形成湍流，以达到强化传热的效果。板上的四个角孔，形成了流体的分配管和泄集管，两种换热介质分别流入各自流道，形成逆流或并流通过每个板片进行热量的交换，见图 5-6。

板式换热器的特点是体积小，占地面积少；传热效率高；组装灵活；金属消耗量低；热损失小；拆卸、清洗、检修方便。

板式换热器缺点是密封周边较长，容易泄漏，使用温度只能低于 150℃，承受压差较小，处理量较小，一旦发现板片结垢必须拆开清洗。

⑥ 板翅式换热器。

板翅式换热器是一种新型紧凑式换热器。国外从 20 世纪 40 年代就开始研制，最初英国将其用作航空发动机的散热器。之后，美、日、德、法等主要工业国家都对板翅式换热器做了大量研究工作。我国是从 20 世纪 60 年代初期开始试制的，目前，已能生产多种规格的板翅式换热器，可满足对流、错流、逆流、错逆流和多股流换热，可进行气-液、气-气、液-液间的冷却、冷凝和蒸发等换热过程，广泛应用于空分、石油化工、航空、车辆和船舶等方面。

特点：传热效率高，结构紧凑、质量轻，对于铝制板翅式换热器而言，单位体积的传热

面积为 $1500\sim2500m^2/m^3$，相当于管壳式换热器的 8~20 倍，重量仅为相同换热面积的管壳式换热器的 1/10。适应范围广，制造工艺复杂，要求严格，但容易堵塞，清洗和检修较困难，若因腐蚀产生内漏，则很难修理。

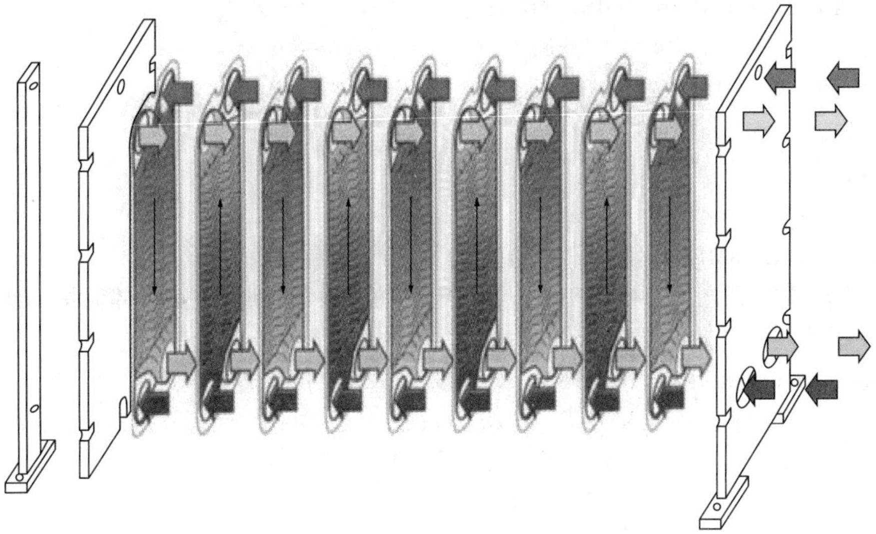

图 5-6　板式换热器

⑦ 管壳式换热器的结构

一种流体走管内称为管程，另一种流体走管外称为壳程。管内流体从换热管一端流向另一端一次，称为一程；对 U 形管换热器，管内流体从换热管一端经过 U 形弯曲段流向另一端一次，称为两程。

管板和管子的连接方式有胀接和焊接，在高温高压下常采用胀、焊并用的方式。

5.1.7　锅炉

5.1.7.1　锅炉的基本知识

（1）工业锅炉概述及分类

1）锅炉的基本构成。

锅炉是由“锅”和“炉”两个主要部分构成。锅是容纳工质的受压元件，一般有锅筒、集箱、对流管束、水冷壁以及烟管、炉胆、管板等零件。

炉是燃料燃烧的场所，即锅炉的燃烧设备和燃烧室，燃料在炉中燃烧释放大量的热能，被锅内的工质吸收。锅和炉是通过传热过程而相互联系在一起，锅和炉的分界面是锅炉受热面。火焰和烟气等放热介质通过受热面向工质进行热传递。

2）锅炉的分类。

按用途分为生活锅炉、工业锅炉、电站锅炉、船用锅炉。

按燃料种类分为煤炉、油气炉、余热锅炉、废料锅炉。

按结构分为锅壳式、水管式、直接接触式。

按循环方式分为自然循环、强制循环。

3）锅炉设备级别。

锅炉设备级别按照参数分为 A 级、B 级、C 级、D 级。

① A 级锅炉是指 P(表压)≥3.8MPa 的锅炉，包括：
超临界锅炉：P≥22.1MPa；
亚临界锅炉：16.7MPa≤P<22.1MPa；
超高压锅炉：13.7MPa≤P<16.7MPa；
高压锅炉：9.8MPa≤P<13.7MPa；
次高压锅炉：5.3MPa≤P<9.8MPa；
中压锅炉：3.8MPa≤P<5.3MPa。
② B 级锅炉：
蒸汽锅炉：0.8MPa<P<3.8MPa；
热水锅炉：P<3.8MPa，且 t≥120℃(t 为额定出水温度)；
气相有机热载体锅炉，Q>0.7MW(Q 为额定热功率)；液相有机热载体锅炉，Q>4.2MW。
③ C 级锅炉：
蒸汽锅炉：P≤0.8MPa，且 V>50L(V 为设计正常水位水容积)；
热水锅炉：0.4MPa<P<3.8MPa，且 t<120℃；P≤0.4MPa，且 95℃<t<120℃；
气相有机热载体锅炉：Q≤0.7MW；液相有机热载体锅炉，Q≤4.2MW。
④ D 级锅炉：
蒸汽锅炉：P≤0.8MPa，且 V≤50L；
热水锅炉：P≤0.4MPa，且 t<95℃。

以上 P 是指锅炉额定工作压力，对蒸汽锅炉代表额定蒸汽压力，对热水锅炉代表额定出水压力，对有机热载体锅炉代表额定出口压力。

工业锅炉型号如图 5-7 所示。

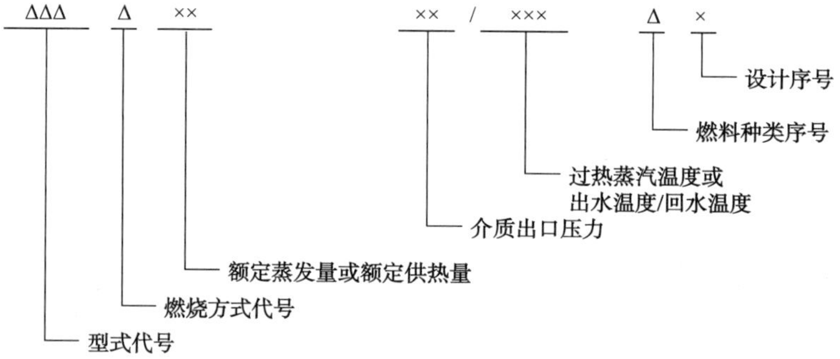

图 5-7　工业锅炉型号说明

举例说明：LSS1.4-0.7/95/70-Y：表示立式水管，室燃，额定热功率为 1.4MW，额定工作压力为 0.7MPa，额定出水温度为 95℃，燃料为轻油。

WNS10-1.6-YQ：表示卧式内燃，室燃，额定蒸发量为 10t/h，额定工作压力为 1.6MPa，燃料为轻油气。

CWNS0.7-95/70-Q：表示常压卧式内燃，室燃，额定出水温度为 95℃，燃料为气的热水锅炉。

（2）锅炉工作参数

锅炉的主要参数，包括锅炉产生热能的数量和质量两个方面的指标，如蒸汽锅炉的主要参数是生产蒸汽的数量和蒸汽的压力、温度，热水锅炉的主要参数是热水的流量和热水的压力、温度。

1）锅炉出力。

蒸汽锅炉的出力是指每小时所产生的蒸汽数量，也称为锅炉的蒸发量，用以表示其产汽的能力。蒸发量又称为容量，用符号 D 来表示，常用的单位是 t/h。

新锅炉出厂时，铭牌上标示的蒸发量是指这台锅炉的额定蒸发量。所谓额定蒸发量，是指锅炉燃用设计的燃料品种，并在设计参数下运行，即在规定的压力、温度和一定的热效率下，长期连续运行时每小时所产生的蒸发量。

热水锅炉的出力是指锅炉在确保安全的前提下长期连续运行，每小时输出热水的有效供热量，称为锅炉的额定供热量。热水锅炉的额定供热量用热功率表示，符号用 Q 表示。单位是兆瓦(MW)。热水锅炉产生 0.7MW(60×104kcal/h)的热量，大体相当于蒸汽锅炉产生 1t/h 蒸汽的热量。

2）锅炉压力。

压力是指垂直作用在单位面积上的力，用符号 P 表示，单位是 MPa。

锅炉的压力是根据所用金属材料在一定温度条件下的强度，受压元件的几何形状以及受压特点等条件，按照国家颁布的有关强度计算标准，对各个受压元件分别进行壁厚计算，然后从中选出一个所能承受的压力最低值，作为这台锅炉的最高允许使用压力。

锅炉内的水吸收热量后，由液体状态变成气体状态，体积膨胀。由于锅筒是密闭容器，蒸汽不能自由膨胀，而被迫压缩在锅筒内，因此对筒壁就产生压力。

热水锅炉压力主要由热水本身的压力造成的。热水锅炉的水是由给水泵送入锅炉的。给水泵的出口压力减去管道阻力就是锅炉的给水压力。

3）温度。

温度是指物体冷热的程度(通常用符号 t 表示)。测量温度常用的单位是℃。在锅炉设计计算中，常用绝对温度单位，用 K 表示。绝对温度的零度为零下 273.15℃。如果以 T 表示绝对温度的值，以 t 表示摄氏温度的值，其转换公式为：$T=t+273.15\text{K}$

温度通常用摄氏温度(用符号℃表示)和华氏温度(用符号℉表示)。目前我国常用的是摄氏温度。

① 摄氏温度：以水在一个大气压下开始沸腾时的温度(即沸点)为 100℃，水开始结冰时的温度(即冰点)为 0℃，中间分成 100 格，每格为 1℃。

② 华氏温度：以水的沸点为 212℉，冰点为 32℉，中间分成 180 格，每格为 1℉。

两种温度的换算关系如下：

$$摄氏温度=(5/9)(华氏温度-32)$$

蒸汽锅炉的额定蒸汽温度是指锅炉输出蒸汽的最高工作温度。对于小型锅炉，使用的蒸汽绝大多数是从锅筒上部的主汽阀直接引出的，其蒸汽温度是指该锅炉工作压力下的饱和蒸汽温度。对于有过热器的锅炉，其蒸汽温度是指过热器后主汽阀出口处的过热蒸汽温度。

热水锅炉的额定热水温度是指锅炉输出热水的最高工作温度。锅炉铭牌上载明的热水温度也是以摄氏温度表示的。

4）锅炉水循环。

锅炉在运行中，只有在炉膛及高温烟道内的受热面所接受的热量不断被受热面内的工质吸收，保证受热面得到可靠的冷却，才能达到安全和经济运行的目的。这就要求锅炉中的水或汽水混合物，必须在闭合的回路中持续而有规律地流动，也就是连续不断地进行水循环。

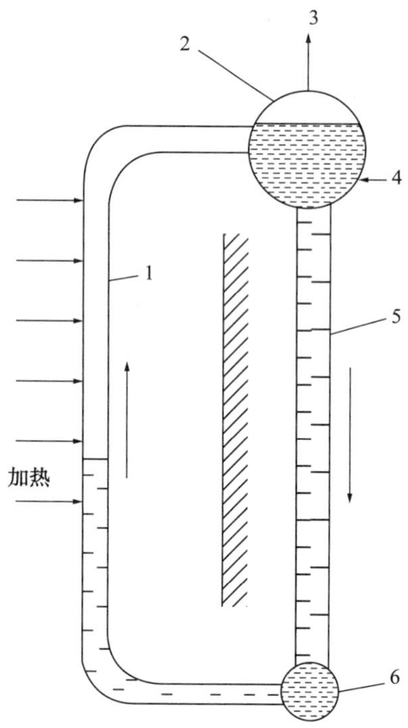

图 5-8　单回路水循环示意图
1—上升管；2—锅筒；3—蒸汽出口管；4—上集箱；5—下降管；6—下集箱

低、中压锅炉的水循环，一般都是由于锅炉内各部分吸收的热量不相等，而使工质产生了密度差形成的，这种循环称为自然循环，如图 5-8 所示。

锅炉的锅筒和下集箱由左右两根管道连通，其中下降管位于炉墙外不受热，因而管中是温度较低的水，由于密度大而向下流动；上升管位于炉膛内，吸收热量，管中的水有一部分汽化成气泡，形成汽水混合物，由于密度减小而向上流动，上升管中的汽水混合物进入锅筒后，蒸汽被分离出来，水继续流入下降管进行再循环。在一台锅炉内，水循环的回路至少有一条，也可以有几条。自然循环时，水经过一个循环周期是不可能全部变成蒸汽的，通常汽化的只是其中的很少部分。进入循环回路的水量，称为循环流量，它与该回路所产生的蒸汽量的比值，称为循环倍率，即：

$$\text{循环倍率}=\frac{\text{循环流量}}{\text{回路所产生的蒸汽量}}$$

对于工作压力为 1.25MPa、蒸发量在 10t/h 以下的小型锅炉，循环倍率在 150～200。水循环好的锅炉，各受压部件受热均匀，热应力小，工质的升温和汽化可以加快，从而缩短点火至正常供汽的时间。

5.2　动　设　备

5.2.1　泵

5.2.1.1　泵基础知识

(1) 泵的类型

泵是一种输送液体的机器。泵在生产、生活、科学研究等领域用途非常广泛，种类繁多。化工生产过程中，液体输送种类很多，其腐蚀性、黏性、易燃易爆性、毒性各不相同，温度、压力、流量等差别很大，有的还带有颗粒，为了适应这些工况，专业厂家设计和制造了不同形式和结构的泵，可按以下方式分类。

1）依据泵向被送液体传递能量的方式分类。

① 动力式泵：泵连续地将能量传递给被送液体，使其速度（动能）和压力能（位能）均增大（主要是速度增大），然后再将其速度降低，使大部分动能转换为压力能，被送液体以升高后的压力实现输送。

② 容积式泵：泵在周期性的改变泵腔容积的过程中，以作用和位移的周期性变化将能量传递给被送液体，使其压力直接升高到所需的压力值后实现输送。

2）以能量传递方式分类如图 5-9 所示。

3）依据泵的用途分类。

输送的液体为水的泵有供水泵、排水泵、灌溉泵、消防泵、污水泵等。

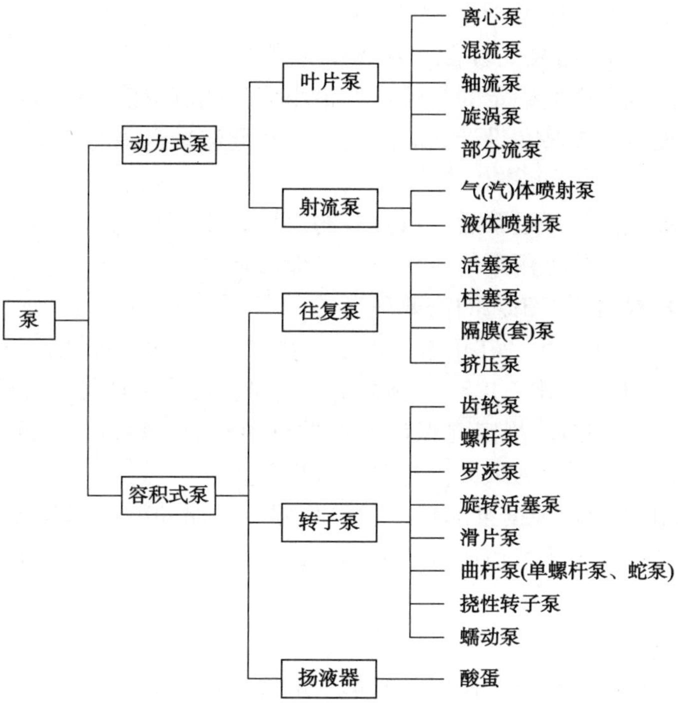

图 5-9　泵的分类图

输送各种工业生产所需的液体物料(也包括工艺用水)的泵有化学工业用泵、石油工业用泵、热电站用泵、矿山用泵、建筑用泵、船舶用泵、航空用泵、航天用泵、核工业用泵、食品工业用泵、造纸工业用泵等。

(2) 主要性能参数

1) 流量。

单位时间由泵排出的液体量，可用体积或质量计量。

① 以体积计量时，常用单位为：m^3/h，L/h，m^3/s，L/s。

② 以质量计量时，常用单位为：t/h，kg/h，kg/s。

质量流量和体积流量的换算关系为：

$$Q_V = \frac{Q_M}{\rho}$$

式中　Q_V——泵的体积流量；

Q_M——泵的质量流量；

ρ——被送液体的密度，kg/m^3。

2) 按照化工生产工艺的需要和对制造厂的要求，化工用泵的流量有以下几种表示方法：

① 正常操作流量：在化工生产正常操作工况下，达到其规模产量时，所需要的流量。

② 最大需要流量和最小需要流量：当化工生产工况发生变化时，所需的泵流量的最大值和最小值。

③ 泵的额定流量：由泵制造厂确定并保证达到的流量。一般情况下，泵的额定流量大于正常操作流量，甚至等于最大需要流量。

④ 最大允许流量：根据泵的性能，在结构强度和驱动机功率允许范围内而确定的泵流

量的最大值。此流量值一般应大于最大需要流量。

⑤ 最小允许流量：根据泵的性能，在保证泵能连续、稳定地排出液体，且泵的温度、振动和噪声均在允许范围内而确定的泵流量的最小值。此流量值一般应小于最小需要流量。

标牌上标明的流量是该泵在设计点时的流量，在此流量时泵的效率最高。

3）排出压力。

排出压力是指被送液体经过泵后，所具有的总压力能(单位：MPa)。它是泵能否完成输送液体任务的重要标志。化工用泵的排出压力可能影响到化工生产能否正常进行，因此，化工用泵的排出压力是根据化工工艺的需要确定的。

① 正常操作压力：化工生产在正常工况下操作时，所需的泵排出压力。

② 最大需要排出压力：化工生产工况发生变化时，可能出现的工况所需的泵排出压力。

③ 额定排出压力：制造厂规定并保证达到的排出压力。额定排出压力应等于或大于正常操作压力。对于叶片式泵应为最大流量时的排出压力。

④ 最大允许排出压力：根据泵的性能、结构强度、原动机功率等确定的泵的最大允许排出压力值。最大允许排出压力值应大于或等于最大需要排出压力，但应低于泵承压件的最大允许工作压力。

4）压力差(扬程)。

压力差是指单位体积的液体经由泵得到的有效能量(单位：MPa)，是被送液体经过泵后的能量增加量。此能量增加量与泵吸入压力之和，为泵的排出压力。泵吸入压力由被送液体的状态决定，因此，压力差是泵能否达到要求的排出压力，完成输送液体的主要因素。压力差 ΔP 表示为：

$$\Delta P=P_2-P_1$$

式中 ΔP——泵的压力差，MPa；

P_1——泵的吸入压力，MPa；

P_2——泵的排出压力，MPa。

叶片式泵以扬程 H 表示被送液体经过泵后的能量增加量，扬程为单位质量的液体经过泵后获得的有效能量，单位为 m。实际上，化工厂生产操作是测定泵的吸入和排出压力来判断和确定泵的运行工况，叶片泵的性能试验也是测定吸入和排出压力，计算其压力差再换算为泵的扬程。叶片式的扬程为：

$$H=\frac{P_2-P_1}{\rho g}+\frac{{u_2}^2-{u_1}^2}{2g}+(z_2-z_1)$$

式中 u_1——泵吸入口液体流速，m/s；

u_2——泵排出液体流速，m/s；

z_1——泵吸入口压力表基准面至泵基准面的垂直距离，m；

z_2——泵排出压力表基准面至泵基准面的垂直距离，m；

g——重力加速度；

ρ——被送液体的密度，kg/m^3。

除非进行泵性能试验，一般可应用下式进行换算。

$$H=\frac{p_2-p_1}{\rho g}$$

扬程是叶片泵的关键性能参数。因为扬程直接影响叶片泵的排出压力，对化工用泵非常重要。

标牌上标明的扬程是该泵在设计流量下的扬程值。扬程与液体升高高度不同，升高高度只是扬程中的一部分。

① 正常操作扬程：化工生产正常工况下，泵的排出压力和吸入压力所确定的泵扬程。

② 最大需要扬程：化工生产工况发生变化，可能需要最大排出压力(吸入压力未变)时泵的扬程。化工用叶片泵的扬程应为化工生产中需要的最大流量下的扬程。

③ 额定扬程：是额定叶轮直径、额定转速、额定吸入和排出压力下叶片泵的扬程，是由泵制造厂确定并保证达到的扬程，且此扬程值应等于或大于正常操作扬程，一般取值等于最大需要扬程。

④ 关闭扬程：叶片泵流量为零时的扬程。为叶片泵的最大极限扬程，一般以此扬程下的排出压力确定泵体等承压件的最大允许工作压力。泵的压力差(扬程)是泵的关键特性参数，泵制造厂应随泵提供以泵流量为自变量的流量-压差(扬程)曲线。

5）吸入压力。

吸入压力指进入泵的被送液体的压力，在化工生产中由化工生产工况决定的。泵吸入压力值必须大于被送液体在泵送温度下的饱和蒸气压，低于饱和蒸气压泵将产生汽蚀。

对于叶片式泵，因其压力差(扬程)决定于泵的叶轮直径和转速，当吸入压力变化时，叶片泵的排出压力随之发生变化。因此，叶片泵的吸入压力不能超过其最大允许吸入压力值，以避免泵的排出压力超过允许最大排出压力，而引起泵超压损坏。

对于容积泵，由于其排出压力决定于泵排出端系统的压力，当泵吸入压力变化时，容积式泵的压力差随之变化，所需功率也随之变化，因此，容积式泵的吸入压力不能太低，以避免因泵压力差过大而超载。泵的铭牌上都标有泵的额定吸入压力值，以控制泵的吸入压力。

6）汽蚀余量。

为防止泵发生汽蚀，在其吸入液体具有的能量(压力)值的基础上，再增加的附加能量(压力)值，称为汽蚀余量。

在化工生产装置中，多采用增加泵吸入端液体的标高，即利用液柱的静压力作为附加能量(压力)，单位以米液柱计。在实际应用中有必需汽蚀余量 *NPSHr* 和有效汽蚀余量 *NPSHa*。表示泵安装后，实际得到的汽蚀余量，此值系由泵的安装条件决定的，与泵本身无关。*NPSHa* 值必须大于 *NPSHr*。一般为 $NPSHa \geq NPSHr + 0.5\text{m}$。

7）介质温度。

介质温度是指被输送液体的温度。化工生产中液体物料的温度，低温可达负 200℃，高温可达 500℃。因此，介质温度对化工用泵的影响较一般泵类更为突出，是化工用泵的重要参数之一。

化工用泵的质量流量与体积流量的换算，压差与扬程的换算，都是以常温清水进行性能试验的结果。泵输送实际物料时，泵的性能换算、汽蚀余量的计算等，必然要涉及介质的密度、黏度、饱和蒸气压等物性参数，这些参数均随温度变化而变化，只有以准确的温度下的数值进行计算，才能得到准确的结果。

化工用泵的泵体等承压零部件，应根据压力和温度确定其材料和压力试验的压力值。

被送液体的腐蚀性也与温度有关，必须按泵在操作温度下的腐蚀性确定泵的材料。泵的结构、安装方式都因温度而异，对高温和低温下使用的泵，都应从结构和安装方式等方面减少和消除温度应力及温度变化(泵运行和停车)对安装精度的影响。泵轴封的结构、选材、是否需要轴封辅助装置等也需考虑泵的温度。

8）转速。

转速为泵的主轴(叶轮轴、转子轴、曲轴)的转速，以 r/min 表示。泵的额定转速是泵在额定的尺寸(如叶片泵叶轮直径、往复泵柱塞直径等)下，达到额定流量和额定压差(扬程)的转速。

在应用固定转速的原动机(如电机)直接驱动叶片泵时，泵的额定转速与原动机额定转速相同。

当以可调转速的原动机驱动时，必须保证泵在额定转速下，达到额定流量和额定扬程，并要能在其额定转速的 105%的转速下长期连续运行，此转速称最大连续转速。可调转速原动机应具有超速自动停车机构，自动停车的转速为泵额定转速 120%，因此，要求泵能在其额定转速的 120%下短期正常运行。

在化工生产中采用可调转速的原动机驱动叶片泵，便于通过改变泵的转速来变更泵的工况，以适应化工生产工况的变化。但泵的运行性能必须满足上述的要求。

容积式泵的转速较低(往复泵的转速一般小于 200r/min，转子泵的转速小于 1500r/min)，因此，一般应用固定转速的原动机。经过减速器减速后，达到泵的工作转速，亦可用调速器(如液力变短器等)或变频调速等方法改变泵的转速，以适应化工生产工况的需要。

9）功率。

泵的功率主要决定于泵的流量、压差和黏度等。

① 输出功率是指泵达到要求的流量和压差时，在单位时间内对被送液体所做的有效功。泵输出功率 P_{out} 为：

$$P_{out}=\frac{Q(P_2-P_1)}{1000}\text{kW}$$

② 输入功率：是指泵传动轴所接受的来自原动机的功率，其数值等于原动机的输出功率，且大于泵输出功率。泵输入功率 P_{in} 为：

$$P_{in}=P_{out}/\eta$$

式中　η——泵的效率，%。

③ 额定输入功率：在额定条件(额定流量、额定压差)下，泵正常运行时泵轴所接受的功率。泵以此功率值确定原动机的功率。

化工用泵的原动机功率必须具有一定的功率富裕量，其数值因泵型、泵额定功率数值和原动机类型而异。

当叶片泵以电机驱动时，电机功率富裕量为 10%~25%；

当以蒸汽轮机驱动时，蒸汽轮机的功率富裕量为 10%。

往复式泵以电机驱动时，电机功率富裕量为 10%~100%。当泵的额定功率较小时应有较大的原动机功率富裕量。

泵的输出功率与输入功率之比为泵的效率 η(%)，η 值为：

$$\eta=\frac{P_{out}}{P_{in}}100\%$$

标牌上标出的功率是指泵达到流量 Q 及扬程 H 时，泵从电机获得的轴功率。

（3）特性和适用范围

各类泵的能量传递方式不同，性能各有特点。各类泵的特性比较见表 5-1。

表 5-1 各类泵的特性比较

泵类型	动力式(叶轮式)泵			容积式泵		其他
	离心泵	轴流泵	旋涡泵	往复泵	回转泵	射流泵
特性曲线形状	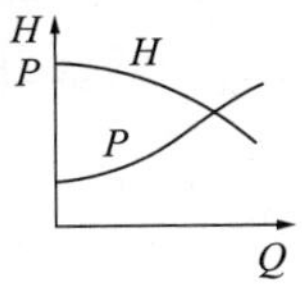	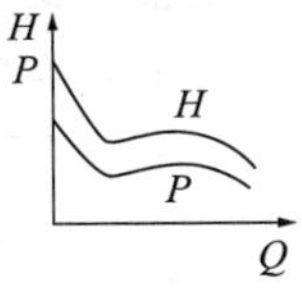	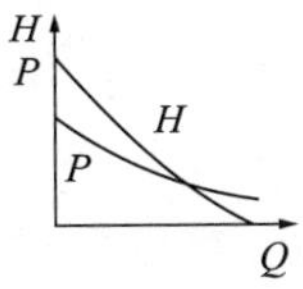	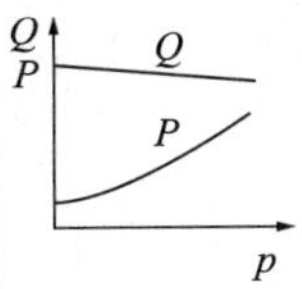	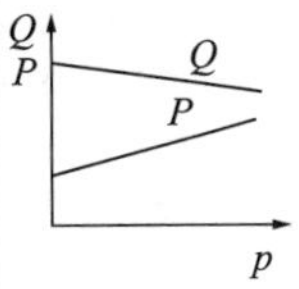	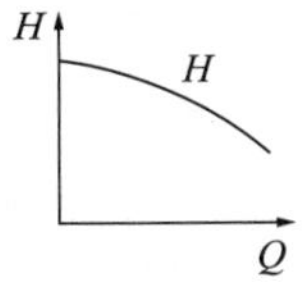
流量与压力(扬程)的稳定性	稳定			脉动	脉动	稳定
自吸能力	除特殊结构的离心泵(自吸泵)外无自吸能力		开式泵能自吸	能自吸		
启动与调节	启动前泵须灌液体并关闭出口阀，一般用出口阀调节	启动前泵必须灌液体，全开出口阀，用改变叶片安装角调节	出口阀全开下启动，用旁通阀调节	出口阀全开下启动，用专门调节机构或旁通阀调节		出口阀全开下启动，用改变工作液体的流量和压力调节
转速	转速范围大，可达很高转速	一般转速低	转速较高	低速	转速较高	
流量与压力(扬程)范围	流量、扬程范围较大	大流量，低扬程	小流量，较高扬程	中小流量，压力范围大，可达很高压力	流量不大，中压或较高压力	流量、扬程都不大
效率	高	高	较低	高	较高	低

5.2.1.2 离心泵

（1）离心泵工作原理

离心泵由叶轮、蜗室、吸入室、压出室、轴和轴封等组成，如图 5-10 所示。

被送液体经吸入室进入泵内，并充满泵腔，原动机驱动轴带动叶轮旋转，叶轮的叶片带动被送液体一起旋转，在离心力的作用下，被送液体由叶轮中心向叶轮边缘流动，其速度(动能)逐渐增大，在流出叶轮的瞬间其速度最大，然后进入蜗室，被送液体速度逐步降低，将大部分动能转换为压力能，再经压出管进一步降低速度，被送液体的压力继续升高，达到需要的压力后将液体压入泵的排出管路。当液体由叶轮中心流向叶轮边缘后，叶轮中心呈现低压状态，泵外的液体在泵外与叶轮中心部分的压差作用下进入泵内，再由叶轮中心流向液轮边缘。如此叶轮连续旋转，泵连续地吸入和压出被送液体，完成对液体输送。

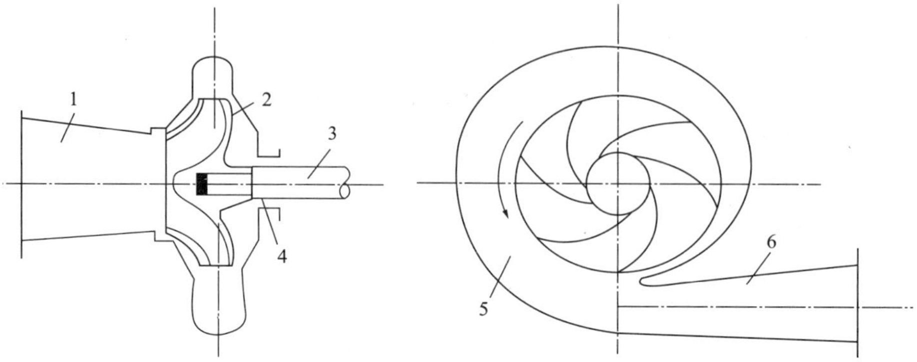

图 5-10　离心泵结构示意

1—吸入室；2—叶轮；3—轴；4—轴封；5—蜗室；6—压出室

只有在泵腔内充满液体时，液体从叶轮中心流向边缘后，在叶轮中心部分才能形成低压区，泵才正常和连续地输送液体。为此离心泵启动前，必须将泵内充满液体，排净空气，称作灌泵。

(2) 主要结构型式

1) 卧式单级单吸离心泵。

泵轴中心线为水平方向，且只有一只叶轮，叶轮只有一个吸入口的离心泵。单级单吸离心泵的标准结构见图 5-11，其特点为如下：

① 泵的吸入口法兰和排出口法兰的中心均在通过泵轴中心线的铅垂面内，与传统的排出口位于泵壳切向的结构相比，可消除因泵送温度影响引起排出管路变形而作用在泵壳上的力矩，保持泵运行中仍有良好的对中、有利于延长泵的运行周期。

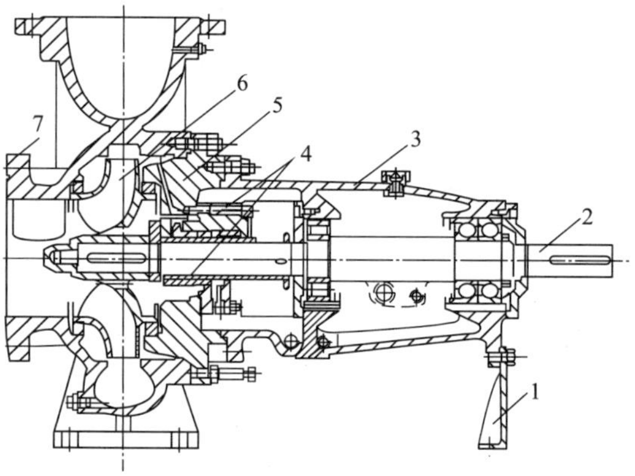

图 5-11　卧式单级单吸离心泵

1—支撑；2—泵轴；3—托架；4—轴封；5—泵盖；6—叶轮；7—泵壳

② 泵体固定在基础上，并采用后开门结构，检修时轴承箱(托架)叶轮及轴封等一起向后抽出，不必拆开吸入和排出管路，可减少维修的工作量。

③ 采用带中间套筒的联轴器，中间接轴的长度略大于抽出带有叶轮的轴承箱(托架)所需的距离，检修时不必拆移电机，便于检修后的安装和对中。

卧式单级单吸离心泵在炼油化工生产装置中应用的数量最多，一般用于化工生产的进料泵、回流泵、循环泵和产品泵等。

2) 卧式单级双吸离心泵。

卧式单级双吸离心泵的泵轴中心线为水平方向，且仅有一只叶轮，叶轮有两个吸入口，分别在叶轮的两端面上，泵运行时两个吸入口同时吸入液体，可增大叶轮吸入口的面积，减小被送液体进入叶轮时流速，有利于防止发生汽蚀，因而多用于大流量离心泵，其流量可达每小时几万立方米。在化工生产中常用作回流泵、塔底泵及冷却塔水泵等，见图 5-12。

卧式单级双吸离心泵的叶轮较大，故多用简支支撑，泵壳多为轴向剖分式。

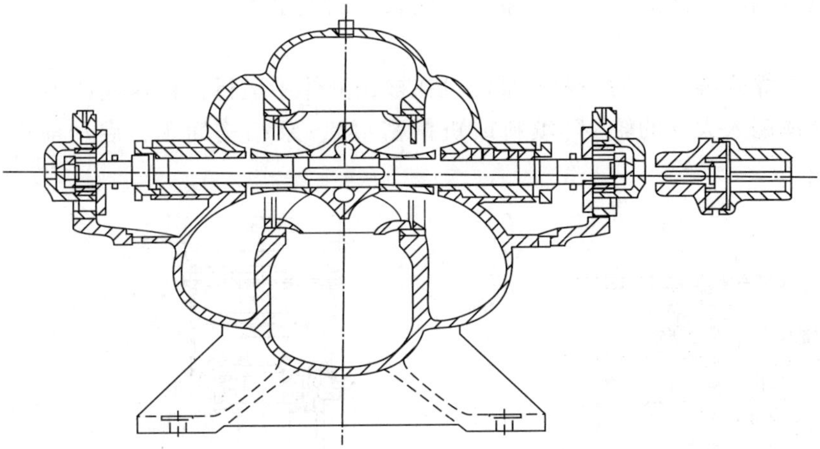

图 5-12　卧式单级双吸离心泵

3）卧式多级离心泵。

泵轴中心线为水平方向，轴上装有数个相同的叶轮，泵的扬程为各叶轮的扬程与叶轮个数的乘积。多级离心泵多用于高排压的工况，其排出压力可达几十兆帕，也用于小流量、高扬程的工况，可提高效率。

卧式多级离心泵主要有分段式多级泵、水平剖分式多级泵和筒式多级离心泵等三种类型。在化工生产中主要用于锅炉和废热锅炉给水泵、高压液氨输送泵、高压甲铵泵等，见图 5-13。

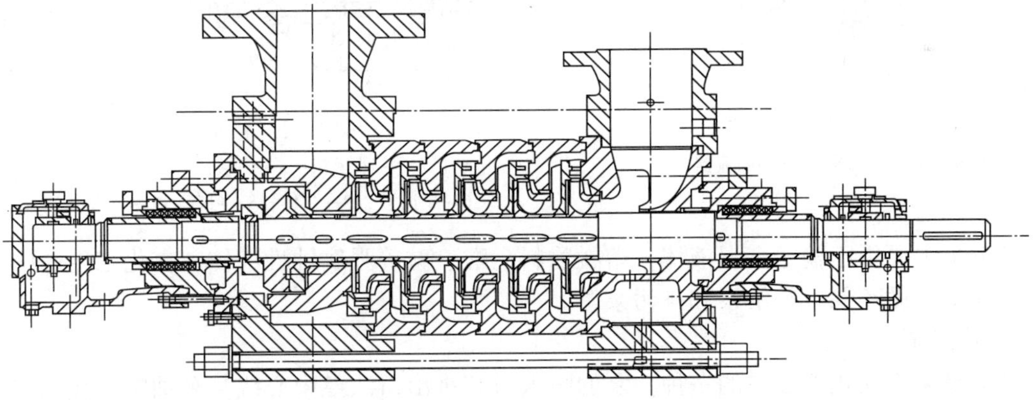

图 5-13　分段式多级离心泵

4）立式离心泵。

立式离心泵的泵轴中心线为竖直方向，根据扬程不同采用不同的级数，化工用的立式离心泵一般从单级到二十余级不等。立式离心泵的吸入口在下端，排出口在上端，适用输送低沸点的液体和过冷气体。当输送过程中有部分液体汽化时，气体将集中于泵的上部，便于排出，不会影响泵的性能和正常运行；泵的吸入口在泵的下端，在化工装置中一般位于地坑中，特别是有关标准规范规定，立式离心泵其安装基础的顶面为 *NPSH* 计算准面，故可得到较大的 $NPSH_a$ 值，有利于防止汽蚀，见图 5-14。

化工生产中，立式离心泵主要用于输送液氨、液态烃（甲烷、乙烷、乙烯、丙烯等）以及液氧、液氮等物料的产品泵、给料泵、塔底泵和回流泵等。

5）液下泵。

液下泵属于立式离心泵的一种。泵浸没在被送液体中运行，被送液体不会漏入大气，不需要有防止液体漏入大气的轴封（填料或机械密封），泵结构简单，启动前亦不需要灌泵，见图5-15。

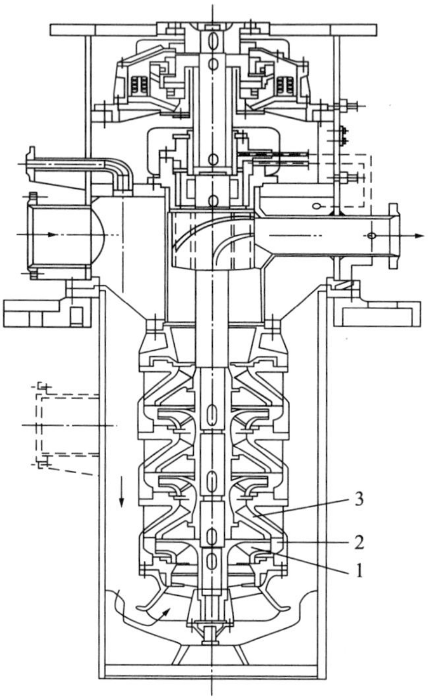

图5-14　立式多级离心泵

1—叶轮子；2—扩压器；3—回流器

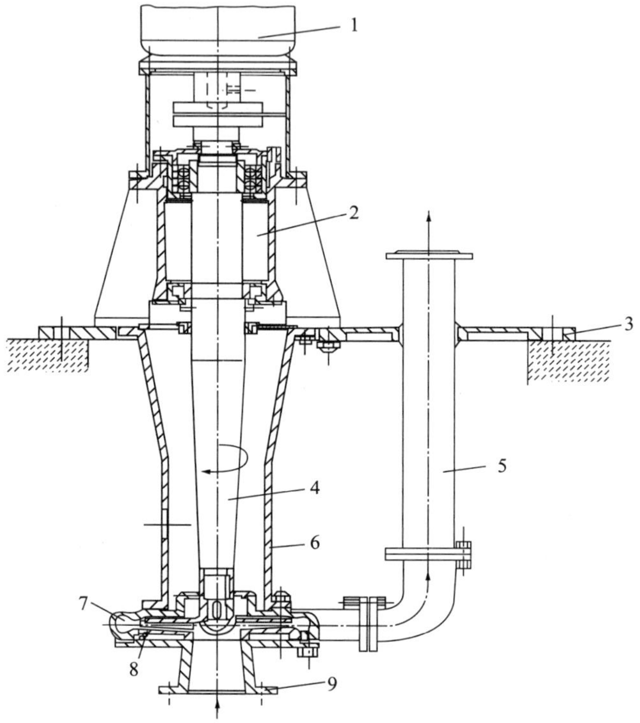

图5-15　液下泵

1—电动机；2—轴承箱；3—底板；4—轴；5—排出管；6—中间管；7—泵体；8—叶轮；9—吸入室

液下泵主要用于输送高温液体，熔融物料、酸、碱等强腐蚀性液体；在化工生产中主要用作给料泵、循环泵、补给泵和排污泵等。

6）管道泵。

管道泵属于立式离心泵的一种。泵的吸入口和排出口法兰中心线与泵轴中心线在同一铅垂面内，且与泵轴中心线垂直，可以不用弯头直接连接在管路上。小型管道泵可直接由管道支承；大型管道泵以底部的支座支承于基础上，见图5-16。

图5-16（a）为直联式管道泵；（b）所示管道泵，以带有中间接轴的联轴器传动，在不必拆卸管线和拆除电机的情况下，即可取出转子组（包括：叶轮、泵轴、轴承和轴封等）进行检修，更适合化工生产特别是大型化工装置应用，加之有管道泵占地面积小的优点，如按离心式化工流程泵的标准和规范设计、制造和检验，可发展成管道式化工流程泵。

管道泵在化工生产中主要用于直接安装于设备上或管路上的液体物输送泵、接力（增压）泵、循环泵等。

7）自吸式离心泵。

自吸式离心泵第一次启动前需要进行灌泵，以后再次启动时不需再灌泵，能够利用停泵后留在泵的液体的循环，逐步排出泵内和吸入管路中的气体，达到正常输液。自吸泵的吸入口高于叶轮中心线，且有较大的吸入室，可留存以后再启动时用于灌满泵腔的液体；在泵的排出管设有气液分离室排出气体，并使液体回流到泵吸入室内循环使用。

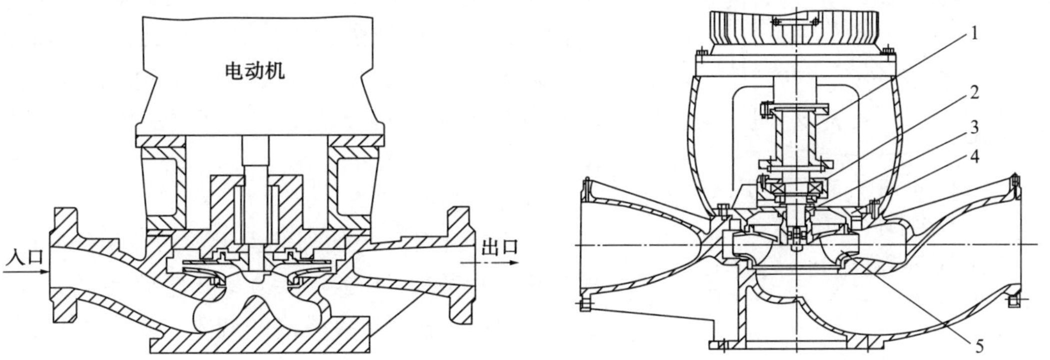

(a)直联式管道泵 (b)联轴器传动的管道泵

图 5-16 离心式管道泵

1—中间接轴；2—轴承；3—轴承；4—泵盖；5—叶轮

自吸泵分为内混式(气、液在叶轮入口处混合后进入叶轮)和外混式(气、液在叶轮的出口处混合)两种形式。外混式结构简单，应用较多，但其自吸时间较长。设计较好的自吸式离心泵的自吸时间仅需几十秒钟。

在化工生产中，自吸式离心泵主要用于输送高温、有毒、强腐蚀性等液体。

(3) 主要零部件结构

1) 叶轮。

离心泵叶轮主要有以下 4 种形式，见图 5-17。

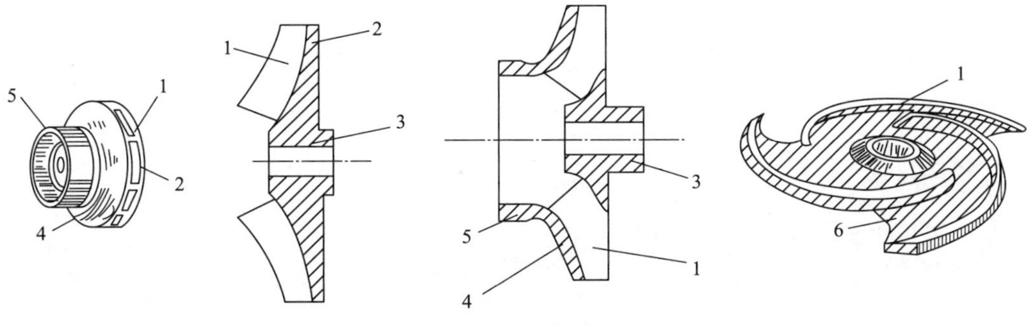
(a)闭式 (b)前半开式 (c)后半开式 (d)开式

图 5-17 离心泵叶轮

1—叶轮；2—后盖板；3—轮毂；4—前盖板；5—叶轮密封环；6—加强筋

① 闭式叶轮图。

由叶片与前、后盖板组成。闭式叶轮的效率较高，制造难度较大，在离心泵中应用最多，适于输送清水、溶液等黏度较小的不含颗粒的清洁液体。

② 半开式叶轮图。

一般有两种结构，一种为前半开式，由后盖板与叶片组成，此结构叶轮效率较低，为提高效率需配用可调间隙的密封环；另一种为后半开式，由前盖板与叶片组成，由于可应用与

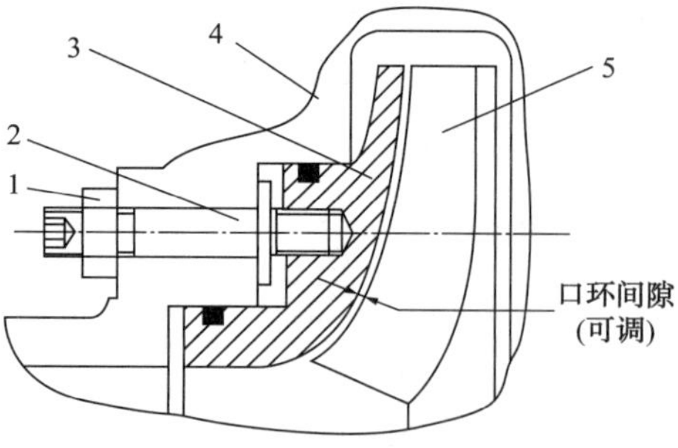

图 5-18　可调节间隙的半开式叶轮密封环(口环)示意

1—锁紧螺母；2—调节螺栓；3—密封环；4—泵壳；5—叶轮

闭式叶轮相同的密封环，效率与闭式叶轮基本相同，且叶片除输送液体外，还具有(背叶片或副叶轮的)密封作用。半开式叶轮适于输送含有固体颗粒、纤维等悬浮物的液体。半开式叶轮制造难度较小，成本较低，且适应性强，近年来，在化工用离心泵中应用逐渐增多，并用于输送清水和近似清水的液体，图 5-18 可调节间隙的半开式叶轮密封环(口环)示意。

③ 开式叶轮图。

只有叶片及叶片加强筋，无前后盖板的叶轮，开式叶轮叶片数较少(2~5 片)。叶轮效率低，应用较少，主要用于输送黏度较高的液体，以及浆状液体。

离心泵叶轮的叶片一般为后弯式叶片。叶片有圆柱形和扭曲形两种，应用扭曲叶片可减少叶片的负荷，并可改善离心泵的吸入性能，提高抗汽蚀能力，但制造难度较大，造价较高。

化工用离心泵要求叶轮为铸造或全焊缝焊接的整体叶轮。焊接叶轮是近年发展起来的，多用于铸造性能差的金属材料(如铁及其合金)制造的化工用特种离心泵。焊接叶轮的几何精度和表面光洁度均优于铸造叶轮，有利于提高离心泵的效率。焊接叶轮结构示意如图 5-19所示。

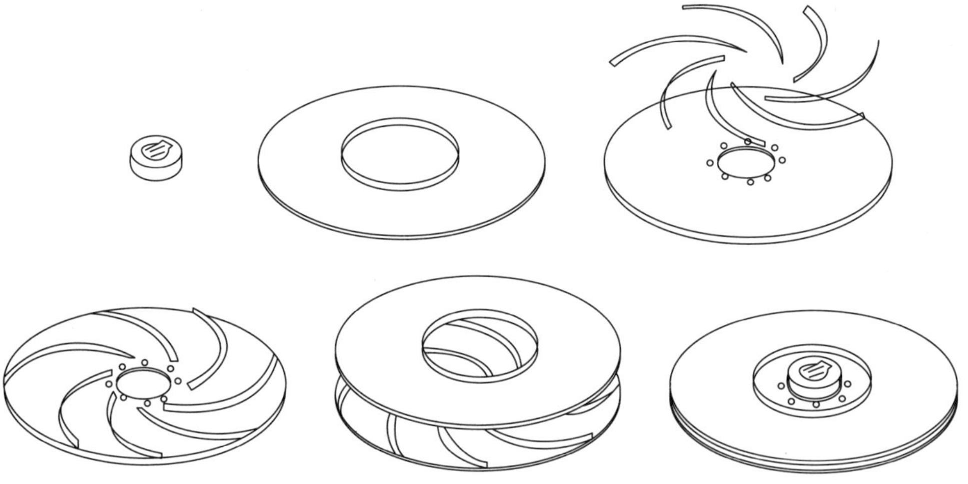

图 5-19　焊接叶轮结构示意

2）蜗室和导叶。

① 蜗室：

离心泵的蜗室分为螺旋形蜗室和环形蜗室两种。一般均采用螺旋形蜗室，如图 5-20 所示，当泵的流量较小时可采用环形蜗室。当离心泵的扬程较大时，采用双螺旋形蜗室，可平衡叶轮的径向力，减小叶轮的偏摆和泵的振动，有利于提高离心泵的运行周期。

② 导叶：

导叶是多级离心泵或轴流泵常用的一种扩压器和回流器的组合件，主要有径向、轴向、扭曲式和流道式等几种形式。

径向导叶多用于多级离心泵，如图 5-21 所示是一个两端面均有叶片(一般为 5~10 片)的环形体，叶片内、外径较大端为扩压叶片，内、外径较小端为回流叶片。多级离心泵前面一级叶轮的出口，对准扩压叶片的入口，而回流叶片的出口对准下一级叶轮的入口。叶轮出口排出的液体进入扩压叶片，将液体流速降低，动能转换为压力能之后，液体进入回流叶片，以较小的阻力改变液体的流动方向，将液体送至下一级叶轮的入口。

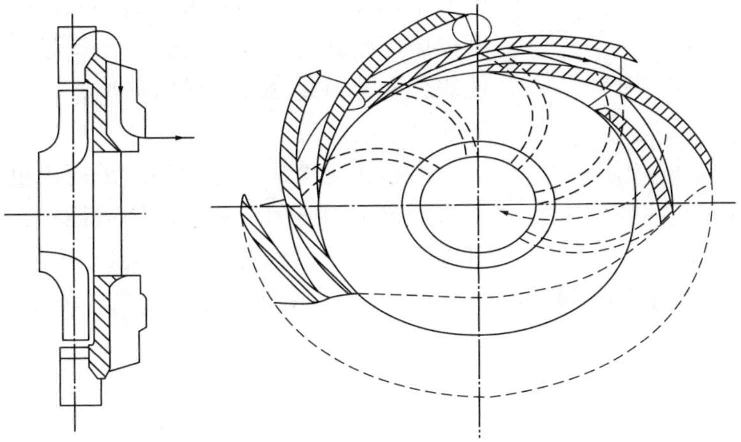

图 5-20　离心泵的卧室

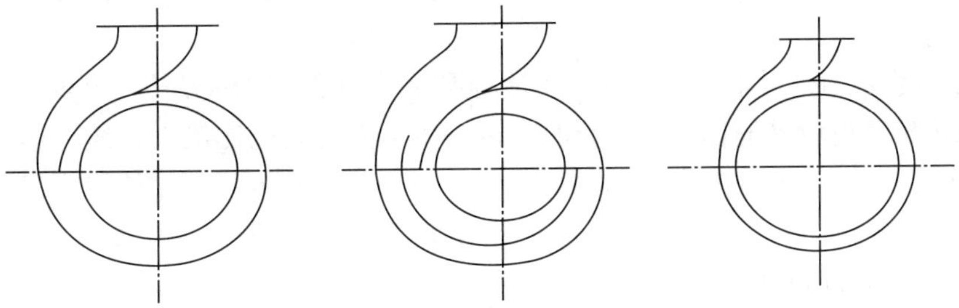

图 5-21　径向导叶

3）泵壳。

泵壳(或称壳体)是泵形成包容和输送液体的泵外壳的总称。一般离心泵由吸入液体部分、叶轮运转空间和压出液体等三个大部分构成。

吸入液体部分包括泵吸入口至叶轮入口，由吸入接管和吸入室组成。吸入室有柱形吸入室、直锥形吸入室、环形吸入室和单螺旋形吸入室。

压出液体部分由蜗室与压出管或导叶构成。蜗室有螺旋形蜗室、环形蜗室和双螺形蜗室。

为了将叶轮装入叶轮运转空间，泵壳需制成剖分式，常用有轴向剖分和径向剖分两种。当流量较小、排出压力较高、泵送温度较高和易挥发液体时，应采用径向剖分式泵壳。

对于化工流程泵，当泵送温度≥100℃，密度<0.7g/cm^{3}的易燃或有毒液体时，必须采用径向剖分的泵体。

卧式离心泵的安装支承面一般在泵壳的下部，当泵送温度≥175℃时，为防止泵体受热膨胀而影响泵的对中，应采用支承面通过泵中心线的中心线支承。

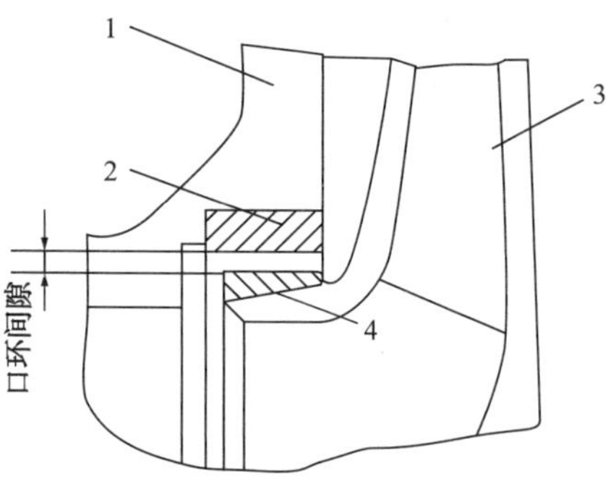

图 5-22　闭式叶轮密封环

1—泵壳；2—泵壳密封环；3—叶轮；4—叶轮密封环

4）密封环。

密封环(又称口环)装于离心泵叶轮入口的外缘及泵壳内壁与叶轮入口对应的位置，两环之间有一定的间隙量，既可使叶轮能正常旋转又可限制泵内的液体由高压区(压出室)向低压区(吸入室)回流；提高泵的容积效率。密封环有固定的和可拆装的两种结构，后者便于在磨损后更换新密封环。密封环由铸铁、青铜或表面喷涂硬质合金等减磨或耐磨材料制成。闭式叶轮密封环如图 5-22所示。

离心式化工泵的密封环应采用可更换的密封环，且密封环应采用压配合加锁定销或螺栓，或采用法兰、螺钉等方法固定，也可采用三点或三点以上的焊接固定。密封环的材料应采用铸铁青铜、淬硬铬钢、蒙乃尔合金及表面喷涂司太立合金、硬质合金等。

5）泵轴。

泵轴是传递扭矩、带动叶轮旋转的部件。离心泵的叶轮以链和锁紧螺母固定在轴上，多级离心泵各叶轮之间以轴套定位。泵轴与装于轴上的叶轮、轴套、平衡及密封元件等所构成泵的旋转部件，称作泵转子。单级单吸离心泵等小型离心泵转子采用悬臂支承；大型离心泵多采用简支支承。

离心泵轴一般采用刚性轴，离心式化工流程泵泵轴的第一阶临界转数至少比其工作转数高20%；当以汽轮机等可调转速原动机驱动时，第一阶临界转速应比最大连续转速高出 20%。离心式化工流程泵泵轴只有在不可能设计成刚性轴，并取得用户同意时才能采用挠性轴。

当采用挠性轴时，第一阶临界转速应不超过泵最低工作转速的 1/2.7；第二阶临界转速应不小于最大连续转速的 1.2 倍。

化工用离心泵泵轴安装轴封的部位应装有可更换的轴套，轴套与轴之间以垫片或“O”形圈进行密封。

5.2.1.3　汽蚀现象和原因

（1）汽蚀现象

离心泵运行时，当泵某区域的液体的压力低于当时温度下的液体汽化压力，液体会开始汽化产生汽泡；也可使溶于液体中的气体析出，形成汽泡。当汽泡随液体运动到泵的高压区后，气体又开始凝结，使汽泡破灭。汽泡破灭的速度极快，周围的液体以极高的速度冲向汽泡破灭前所占有的空间，即产生强烈的水力冲击，引起泵流道表面损伤，甚至穿透，称这种现象为汽蚀。

离心泵被送液体进入叶轮时的压力降低，导致液体的压力低于当时温度的液体汽化压力而产生汽蚀，使泵不能正常工作，长期运行后叶轮将产生蜂窝状损伤或穿透。离心泵产生汽蚀时，流量、扬程、效率将明显降低，同时伴有噪声增大和泵的剧烈振动。

（2）汽蚀原因

离心泵产生汽蚀的原因是其吸入压力低于泵送温度下液体的汽化压力。引起离心泵吸入压力过低的因素如下：

1）吸上泵的安装高度过高，灌注泵的灌注头过低；

2）泵吸入管局部阻力过大；

3）泵送液体的温度高于规定温度；

4）泵的运行工况点偏离额定点过多；

5）闭式系统中的系统压力下降。

（3）齿轮泵

齿轮泵由齿轮、泵体和轴封等组成。外啮合齿轮泵和内啮合齿轮的组成和工作原理分别如图 5-23 所示。

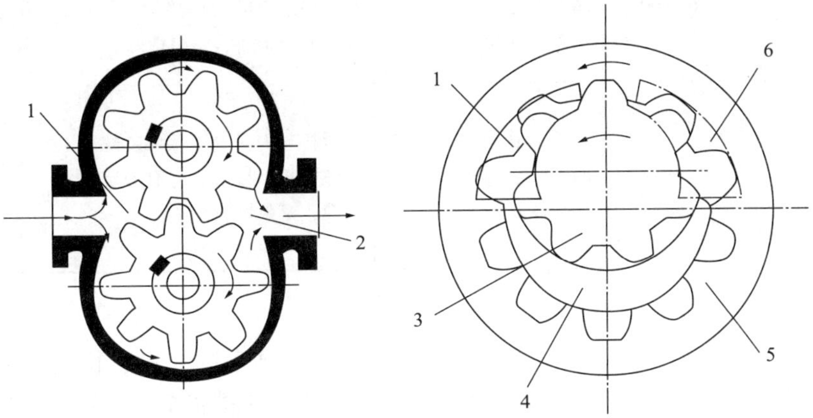

图 5-23　外啮合齿轮泵和内啮合齿轮泵

1—吸入腔；2—压出腔；3—吸入腔；4—主动齿轮；5—月形件；6—压出腔

齿轮泵的结构简单，工作可靠，操作和维护方便，在流量较小的工况下可以有较高的排出压力，但其流量和排出压力均有脉动，且运行噪声较大。

齿轮泵适用于输送有润滑性、不含颗粒和纤维的清洁液体，多用于输送润滑油、液压油、燃料油等油品。在化工生产中多用于压缩机、泵等机组的润滑油和密封油泵，也用于输送有润滑性、黏度适合、不含颗粒的化工物料。

（4）螺杆泵

螺杆泵由相互啮合的螺杆和泵体内包容螺杆的泵套组成，由它们形成隔绝吸入腔和排出腔的密封线和相互隔离的密封腔。当螺杆转动时，密封线由吸入腔一端向排出腔一端做轴向移动，从而不断地把输送液体推向排出腔。当主动螺杆转动时，由一对同步齿轮带动从动螺杆一起转动，由吸入腔一端的螺杆啮合空间逐渐增大，压力降低，液体在压差作用下进入啮合空间，并随着螺杆的旋转，液体就在一个个密封腔内连续地沿轴向移动，直到把输送液体推向排出腔。螺杆泵按螺杆根数分为单螺杆泵、双螺杆泵、三螺杆泵和五螺杆泵。表 5-2 为各种螺杆泵的特点和应用范围。螺杆泵的流量和压力稳定，噪声和振动小，有自吸能力，但螺杆加工较困难。泵有单吸式和双吸式两种结构，但单螺杆泵仅有单吸式。

表 5-2　各种螺杆泵的特点和应用范围

类型	压力/MPa	流量/(m^3/h)	适用介质	结构特点	应用举例
单螺杆泵	低于 4、特殊可达 10	0.3~40	含有固体颗粒、有腐蚀性的液体，黏度范围大	泵体内衬套常用胶制作，螺杆与衬套形成的工作容积大，密封性能较好	使用普遍，常用作高黏度、化工泵、污水泵、井泵

续表

类型	压力/MPa	流量/(m^3/h)	适用介质	结构特点	应用举例
双螺杆泵	低于1.5，特殊可达8	0.4~400	含微小固体颗粒、有腐蚀性的液体，黏度范围较大	螺杆与螺杆、螺杆与泵体之间不接触，有一定的间隙，密封性较差	使用较普遍，常用作燃油泵、输油泵、化工泵、黏胶泵
三螺杆泵	低于20，特殊可达40	0.6~600	不含固体颗粒、无腐蚀性的润滑性液体，黏度范围较大	螺杆与螺杆、螺杆与泵体内衬套(或泵体)之间接触，相互间的间隙很小，密封性好、	使用普遍，常用于液压泵、滑油泵、输油泵、燃油泵
五螺杆泵	低于1	50~400	不含固体颗粒、无腐蚀性、黏度较低的润滑性液体	螺杆与内衬套不接触、螺杆与螺杆相互接触，存有一定的间隙，密封性较差	一般作为大流量润滑油泵(例如船舶主机润滑油泵)使用，其他场合很少使用

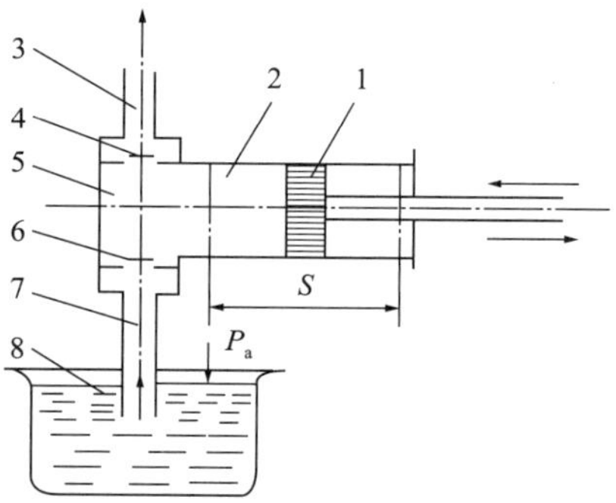

图5-24　往复泵的工作原理

1—往复运动件(活塞)；2—泵缸；3—排出管；4—排出阀；5—工作室；6—吸入阀；7—吸入管；8—容器

(5) 往复泵

往复泵为容积式泵中的一种，由泵缸、缸内的往复运动件、单向阀(吸液和排液)、往复密封以及传动机构等组成。

往复泵(图5-24)以其泵缸内往复运动件的往复运动周期性地改变密闭液缸的工作容积，经吸入液单向阀周期性地将被送液体吸入工作腔内，在密闭状态下以往复运动件的位移将原动机的能量传递给被送液体，并使被送液体的压力直接升高，达到需要的压力值后，再通过排液单向阀排到泵的输出管路。重复循环上述过程，即完成输送液体。

(6) 无泄漏泵

无泄漏泵主要包括磁力泵和屏蔽泵。

磁力泵由泵、磁力传动器、电动机三部分组成。关键部件磁力传动器由外磁转子、内磁转子及不导磁的隔离套组成。当电动机带动外磁转子旋转时，磁场能穿透空气隙和非磁性物质，带动与叶轮相连的内磁转子同步旋转，实现动力的无接触传递，将动密封转化为静密封。由于泵轴、内磁转子被泵体、隔离套完全封闭，从而彻底解决了“跑、冒、滴、漏”的问题，消除了炼油化工行业易燃、易爆、有毒、有害介质通过泵密封泄漏的安全隐患，有力地保障了职工的身心健康和保证安全生产。

1) 磁力泵。

① 工作原理。

将n对磁体(n为偶数)按规律排列组装在磁力传动器的内、外磁转子上，使磁体部分相互组成完整藕合的磁力系统。当内、外两磁极处于异极相对，即两个磁极间的位移角$\Phi=0$，此时磁系统的磁能最低；当磁极转动到同极相对，即两个磁极间的位移角$\Phi=2\pi/n$，此时磁系统的磁能最大。去掉外力后，由于磁系统的磁极相互排斥，磁力将使磁体恢复到磁能最低的状态。于是磁体产生运动，带动磁转子旋转。

② 结构特点。

A. 永磁体。

由稀土永磁材料制成的永磁体工作温度范围广(-45~400℃)，矫顽力高，磁场方向具有很好的各向异性，在同极相接近时也不会发生退磁现象，是一种很好的磁场源。

B. 隔离套。

在采用金属隔离套时，隔离套处于一个正弦交变的磁场中，在垂直于磁力线方向的截面上感应出涡电流并转化成热量。选用高电阻率、高强度的非金属材料制作隔离套，在降低涡流方面效果十分明显。

C. 冷却润滑液流量的控制。

泵运转时，必须用少量的液体对内磁转子与隔离套之间的环隙区域和滑动轴承的摩擦进行冲洗冷却。冷却液的流量通常为泵设计流量的2.0%~3.0%，内磁转子与隔离套之间的环隙区域由于涡流而产生高热量。当冷却润滑液不够或冲洗孔不畅、堵塞时，将导致介质温度高于永磁体的工作温度，使内磁转子逐步失去磁性，使磁力传动器失效。当介质为水或水基液时，可使环隙区域的温升维持在3.0~5.0℃；当介质为烃或油时，可使环隙区域的温升维持在5.0~8.0℃。

D. 滑动轴承。

磁力泵滑动轴承的材料有浸渍石墨、填充聚四氟乙烯、工程陶瓷等。工程陶瓷具有很好的耐热、耐腐蚀、耐摩擦性能，所以磁力泵的滑动轴承多采用工程陶瓷制作。工程陶瓷很脆且膨胀系数小，所以轴承间隙不得过小，以免发生抱轴事故。磁力泵的滑动轴承以所输送的介质进行润滑，应根据不同的介质及使用工况，选用不同的材质制作轴承。

E. 保护措施。

当磁力传动器的从动部件在过载情况下运行或转子卡死时，磁力传动器的主、从动部件会自动滑脱，保护机泵。此时磁力传动器上的永磁体在主动转子交变磁场的作用下，将产生涡损、磁损，造成永磁体温度升高，磁力传动器滑脱失效。

F. 磁力泵的优点。

同使用机械密封或填料密封的离心泵相比较，磁力泵具有以下优点：泵轴由动密封变成封闭式静密封，彻底避免了介质泄漏。无须独立润滑和冷却水，降低了能耗。由联轴器传动变成同步拖动，不存在接触和摩擦。功耗小、效率高，且具有阻尼减振作用，减少了电动机振动对泵的影响和泵发生汽蚀振动时对电动机的影响。过载时，内、外磁转子相对滑脱，对电机、泵有保护作用。

③ 运行注意事项。

A. 防止颗粒进入。

不允许有铁磁杂质、颗粒进入磁力传动器和轴承摩擦。输送易结晶或沉淀的介质后要及时冲洗(停泵后向泵腔内灌注清水，运转1min后排放干净)。以保障滑动轴承的使用寿命。输送含有固体颗粒的介质时，应在泵流管入口处过滤。

B. 防止退磁。

磁力矩不可设计得过小。应在规定温度条件下运行，严禁介质温度超标。可在磁力泵隔离套外表面装设铂电阻温度传感器检测环隙区域的温升，以便温度超限时报警或停机。

C. 防止干摩擦。

严禁空转。严禁介质抽空。在出口阀关闭的情况下，泵连续运转时间不得超过 2min，以防磁力传动器过热而失效。

2）屏蔽泵。

由于没有转轴密封可以做到绝对无泄漏，因而屏蔽泵在化工装置中的使用已越来越普遍。

屏蔽泵的原理和结构特点。

普通离心泵的驱动是通过联轴器将泵的叶轮轴与电动轴相连接，使叶轮与电动机一起旋转工作，而屏蔽泵是一种无密封泵，泵和驱动电机都被密封在一个被泵送介质充满的压力容器内，此压力容器只有静密封，并由一个电线组来提供旋转磁场并驱动转子。这种结构取消了传统离心泵具有的旋转轴密封装置，故能做到完全无泄漏。屏蔽泵把泵和电机连在一起，电动机的转子和泵的叶轮固定在同一根轴上，利用屏蔽套将电机的转子和定子隔开，转子在被输送的介质中运转，其动力通过定子磁场传给转子。

此外，屏蔽泵的制造并不复杂，其液力端可以按照离心泵通常采用的结构型式和有关的标准规范来设计、制造。

A. 屏蔽泵的优点：

全封闭。结构上没有动密封，只有在泵的外壳处有静密封，因此可以做到完全无泄漏，特别适合输送易燃、易爆、贵重液体和有毒、腐蚀性及放射性液体。

安全性高。转子和定子各有一个屏蔽套使电机转子和定子不与物料接触，即使屏蔽套破裂，也不会产生外泄漏的危险。

结构紧凑占地少。泵与电机系一整体，拆装不需找正中心。对底座和基础要求低，且日常维修工作量少，维修费用低。

运转平稳，噪声低，不需加润滑油。由于无滚动轴承和电动机风扇，故不需加润滑油，且噪声低。使用范围广，对高温、高压、低温、高熔点等各种工况均能满足要求。

B. 屏蔽泵的缺点：

由于屏蔽泵采用滑动轴承，且用被输送的介质来润滑，故润滑性差的介质不宜采用屏蔽泵输送。一般地适合于屏蔽泵介质的黏度为 0.1～20mPa·s。

屏蔽泵的效率通常低于单端面机械密封离心泵，而与双端面机械密封离心泵大致相当。

长时间在小流量情况下运转，屏蔽泵效率较低，会导致发热，使液体蒸发，而造成泵干转，从而损坏滑动轴承。

（7）转子泵

1）工作原理和特点。

转子泵是旋转工作的容积式泵，由转子、泵壳(定子)、泵轴、轴封等组成。转子泵完成输液可应用一个、两个或多个转子，当需用两个或两个以上转子时，转子之间需保持共扼关系，还需保持密封隔断泵腔的吸排液区(管)；当转子同时又是传动元件时，转子形状应选用符合传动关系的型线。常见的转子泵有齿轮泵、旋转活塞泵、罗茨泵、螺杆泵、滑片泵、挠性套泵和挠性(软)管泵等，如图 5-25 所示。

转子泵因其转子上具有一定几何形状凹槽与定子(泵壳)内壁构成一个或数个工作腔。工作时，转子与定子(泵壳)做相对转动，转子每转一转，转子上的各工作腔完成一次输液过程。在每个输液过程中，转子上的每一个工作腔，都必须有下述三个基本动作：

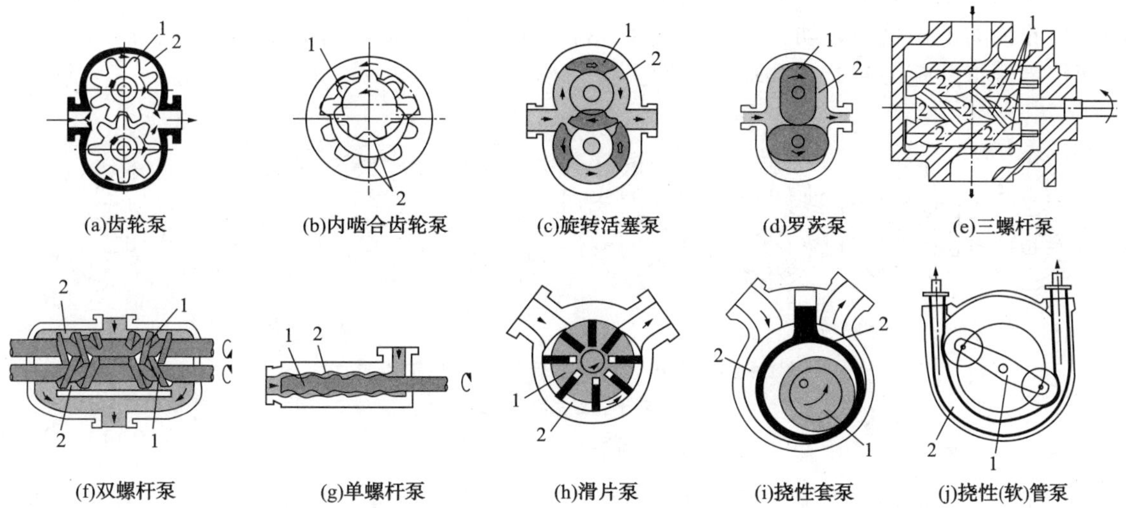

图 5-25　转子泵的类型

1—转子；2—工作腔

工作腔与定子(泵壳)上的吸入管口连通，与排液管口隔断，且随转子的转动，工作腔与吸入管口连通部位的容积逐渐增大，将被送液体吸入工作腔内。

该工作腔与吸入管口隔断，与排出管口也隔断，将被送液体密闭在工作腔内，随转子的继续旋转，在密闭状态下被送向泵的排出管口。

转子继续旋转，该工作腔与泵的排出管口连通，与吸入管口隔断，且随转子的转动，工作腔与排出管口连通部位的容积逐渐减小，将被送液体挤至泵的排出管路中。

转子泵具有如下特点：

① 流量比较小。

② 排出压力比较高，但较往复泵低。排出压力仅决定于排出管路特性，与转子的尺寸和转速无关。

③ 转速与介质的黏度有关，介质黏度越高，转速越低，一般具有自吸能力。

④ 旋转工作的转速较低，无冲击和惯性力(水平或垂直方向)，运行平稳。结构简单、紧凑，无吸排液阀，易损件较少，泵本身操作和维护简便。

⑤ 有时需用大速比的减速机传动或用无级变速器调速，增加了转子泵机组的复杂性，泵机组的总效率较低。

转子泵在化工生产中多用于输送黏度较大与含有固体颗粒和悬浮物的液体，也可输送一般液体。因其结构不同，适用范围也不同。齿轮泵、三螺杆泵、滑片泵等适合输送润滑性较好，不含颗粒的清洁黏液；旋转活塞泵、罗茨泵、单螺杆泵适于输送高黏度(可达 1×10^6 MPa・s)液体；挠性叶片泵、软管泵等适合输送腐蚀性液体；软管泵、单螺杆泵可输送含有固体颗粒的液体和浆状的液体等。

2）旋转活塞泵。

旋转活塞泵属于容积式泵，一般由两个转子、同步齿轮、定子(泵壳)以及泵轴、轴封等组成。转子有单叶转子和双叶转子(也有三叶转子，但很少应用)。

单叶和双叶转子的形状和输液过程如图 6-26 所示，单叶转子旋转活塞泵的两转子叶片的工作相位相差180°；双叶转子旋转活塞泵的两转子叶片的工作相位相差90°，两个转子在同步齿轮传动下做反向转动，两转子的吸、排液交替进行，由于用同步齿轮传动，两个转子之间仅需保持共轭关系。其共轭线为外摆线。

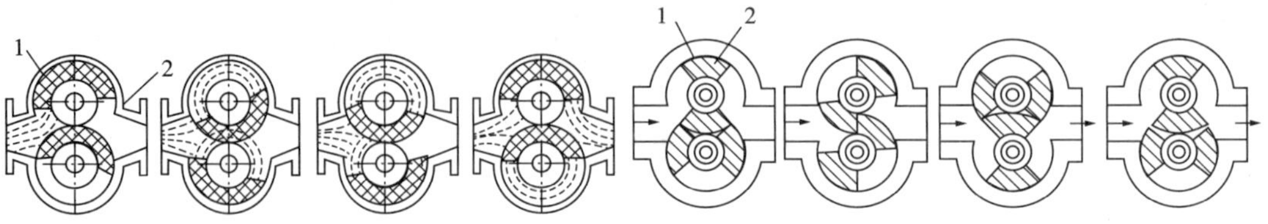

图5-26　旋转活塞泵的转子开关及轮流过程

1—转子；2—定子(泵壳)

(8) 计量泵

计量泵是可以调节流量对流量进行精确计量的泵类。计量泵多为容积式泵，因为在理论上容积式泵的流量与排出压力的变化(扬程)无关，易于计量。常用的计量泵有往复式和旋转式两大类。

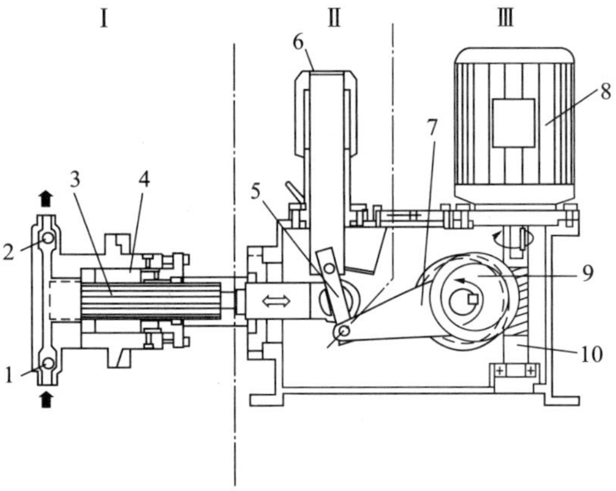

图5-27　往复式计量泵

1—吸液阀；2—排液阀；3—柱(活)塞；4—填料函；5—摇杆；6—行程调节及计量器；7—连杆；8—电机；9—偏心轮；10—蜗轮蜗杆减速机

Ⅰ—输液部分；Ⅱ—流量调节和计量部分；Ⅲ—传动和驱动部分

1) 往复式计量泵。

往复式计量泵由输液部分、流量调节和计量部分、传动和驱动部分组成，见图5-27。

往复式计量泵的输液部分亦称泵头，按泵头的形式，往复式计量可分为柱塞式、隔膜式、隔罩式、隔套式和波纹管式等。

2) 柱塞式计量泵。

柱塞式计量泵由柱(活)塞、泵缸、填函和吸排阀等组成。以柱(活)塞的往复运动进行输液，通过改变柱(活)塞往复运动的行程或次数进行流量调节。泵工作时，柱(活)塞与液体接触，柱(活)塞与泵缸之间以填函进行密封，见图5-28。

柱塞式计量泵主要用于输送不含颗粒的液体，并根据被送液体的性质(主要是腐蚀性)选择柱(活)塞和泵缸等过流零部件的材料。

柱(活)塞和泵缸等过流零部件的材质一般为金属材料，主要有不锈钢、耐腐蚀合金和有色金属等。

柱塞式计量泵的流量为$1.0\times10^3\sim1.8\times10^5$L/h；最大排出压力为350MPa；操作温度为$-200\sim800$℃；介质黏度$\leqslant3\times10^4$ mPa·s；流量调节范围10%～100%；流量调节精度±0.5%～±1%。

3) 隔膜式计量泵。

隔膜式计量泵由泵缸、膜片(隔膜)、吸排液阀等零部件组成。用膜片将被送液体封闭在泵缸中，依靠膜片的变形改变泵缸的容积，并直接将能量传递给被送液体进行输液。通过改变膜片的变形量或膜片的变形次数调节流量。

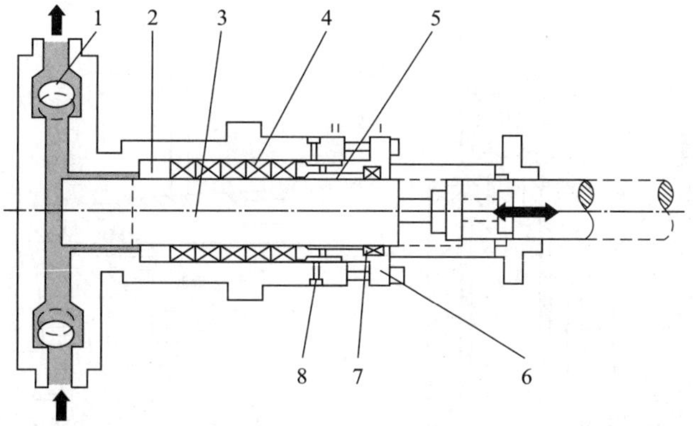

图 5-28　柱塞式计量泵

1—单向阀；2—填料底环；3—柱(活)塞；4—填料密封；

5—排污回收腔；6—填料压盖；7—辅助密封；8—排污回收孔

实线——排液状态；虚线——吸液状态

隔膜计量泵无须轴封，没有外泄漏，适于输送有毒、有害、易燃、易爆、含有颗粒、强腐蚀性和贵重的液体物料。

依据隔膜产生变形的方式，分为机械隔膜计量泵和液压隔膜计量泵，见图 5-29。

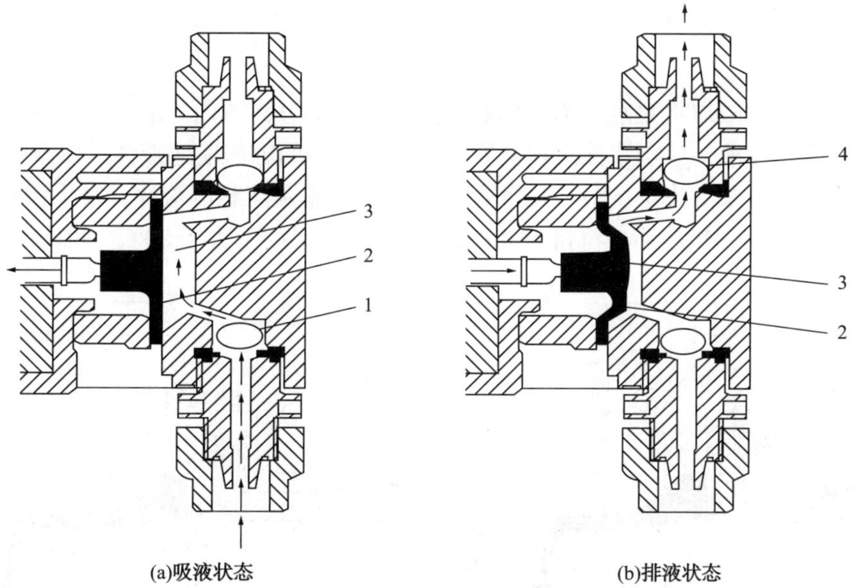

图 5-29　隔膜式计量泵

1—吸液阀；2—膜片；3—输液腔；4—排液阀

4）隔套(管)计量泵。

隔套(管)计量泵的泵缸内置套管，套管的两端分别与吸、排液阀连接并保持密封，套管内为泵的工作腔，被送液体被封闭在套管内，不会与泵缸接触也不会外漏。图 5-30 为液压式隔套(管)计量泵。泵工作时，液压缸输出和抽回液压工作液时，套管被压扁和复原引起容积变化，以此容积变化进行输液。通过改变液压缸工作液的输出量进行泵的流量调节。隔套式计量泵适合输送强腐蚀性液体，最大流量为 2500L/h；最高排出压力不大于 7MPa；隔套材料为橡胶或聚四氟乙烯等非金属材料，使用温度一般不大于 80℃。

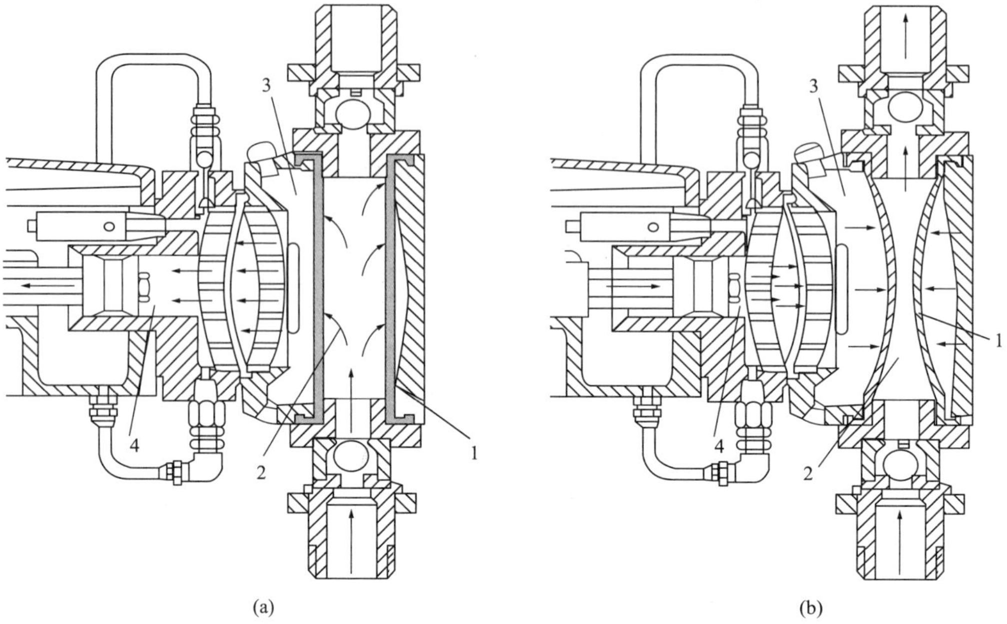

图 5-30　液压式隔套(管)计量泵

1—隔套(管)；2—工作腔(输液腔)；3—液压腔；4—液压缸

5）隔罩式计量泵。

隔罩式计量泵以隔罩将泵缸分为工作腔和液压腔两部分，罩内为液压腔。以液压缸向罩内注入和抽出液压工作液，使隔罩涨大和复原，改变工作腔的容积输送液体，以改变液压缸液压工作液的输出量进行泵的流量调节。隔罩式计量泵适合输送高黏度液体，最大流量为 102L/h；最高排出压力不大于 8MPa；隔罩材料一般为橡胶，使用温度不大于 80℃，见图 5-31。

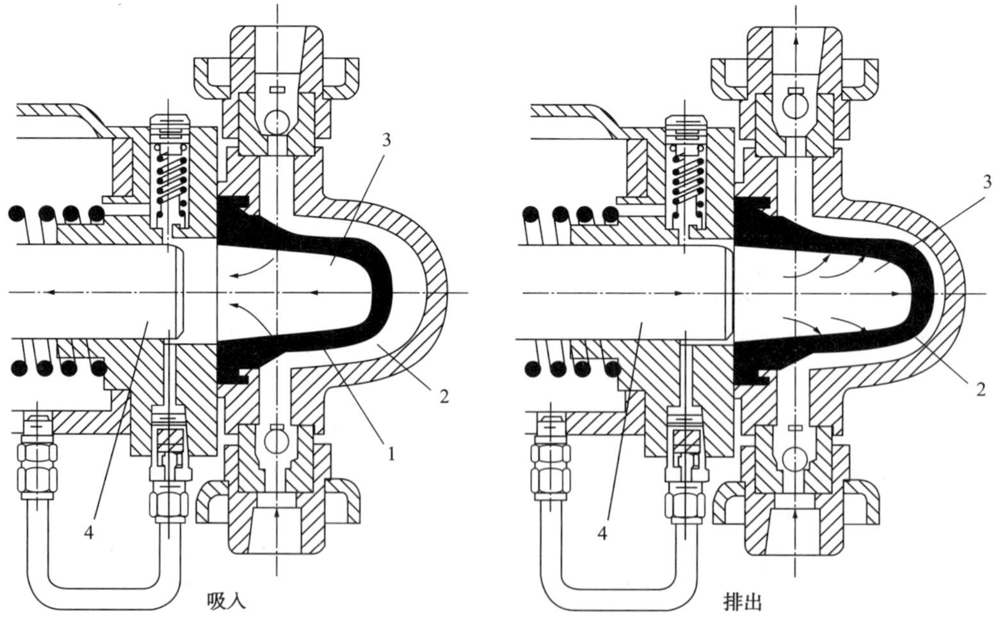

图 5-31　隔罩式计量泵

1—隔罩；2—工作腔(输液腔)；3—液压腔；4—液压缸

6）波纹管式计量泵。

波纹管式计量泵以波纹管将被送液体封闭在泵缸内，构成泵的工作腔以波纹管的伸长和复原改变工作腔的容积输送液体，以改变波纹管的伸长量进行流量调节。波纹管一般由聚四氟乙烯制成，使用压力不大于0.4MPa。

7）分体式液压计量泵。

液压隔膜、隔套(管)、隔罩、波纹管计量泵和液压驱动计量泵均可采用分体结构，即泵的输液部分(泵头)与液压缸分离，两者之间以管路相连接输送液压工作液。分体结构液压计量泵的液压缸、传动和流量调节系统以及电动机等均可远离输液现场，并可隔离运行。在用于输送剧毒、强腐蚀、放射性、易燃、易爆及高温、低温液体时，可增强安全性，并可降低成本，见图5-32、图5-33。

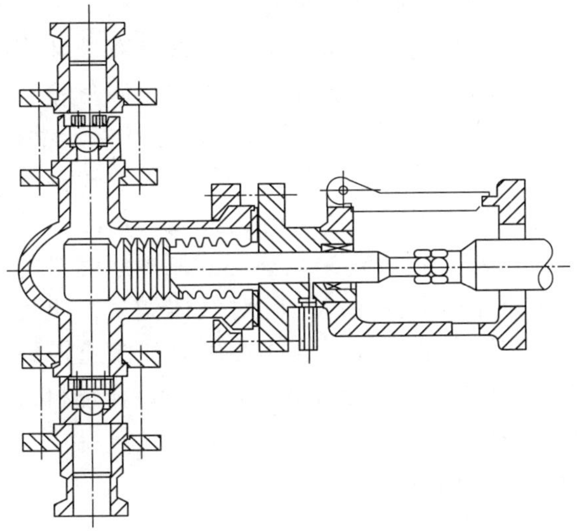

图5-32　纹管式计量泵

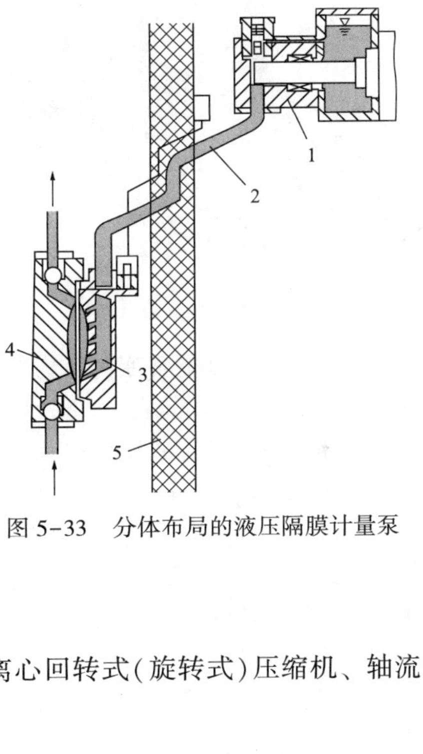

图5-33　分体布局的液压隔膜计量泵

5.2.2　压缩机

压缩机按其原理可分住复式(活塞式)压缩机、离心回转式(旋转式)压缩机、轴流式压缩机、喷射式压缩机及螺杆压缩机等各种型式。

(1) 往复式压缩机

1) 按压缩机的气缸位置(气缸中心线)可分为：

① 卧式压缩机，气缸均为横卧的(气缸中心线成水平方向)。立式压缩机气缸均为竖立布置的(直立压缩机)。

② 角式压缩机，气缸布置成L型、V型、W型和星型等不同角度的。

2) 按气缸的排列方法可分为：

① 串联式压缩机：几个气缸依次排列于同一根轴上的多段压缩机，又称单列压缩机。

② 并列式压缩机：几个气缸平行排列于数根轴上的多级压缩机，又称双列压缩机或多列压缩机。

③ 复式压缩机：由串联和并联式共同组成多段压缩机。

④ 对称平衡式压缩机：气缸横卧排列在曲轴轴颈互成180°的曲轴两侧，布置成H型，其惯性力基本能平衡。(大型压缩机都朝这方向发展。)

3）按活塞的压缩动作可分为：

① 单作用压缩机：气体只在活塞的一侧进行压缩又称单动压缩机。

② 双作用压缩机：气体在活塞的两侧均能进行压缩又称复动或多动压缩机。

③ 多缸单作用压缩机：利用活塞的一面进行压缩，而有多个气缸的压缩机。

④ 多缸双作用压缩机：利用活塞的两面进行压缩，而有多个气缸的压缩机。

4）按压缩机的排气终压力可分为：

① 低压压缩机：排气终了压力在 3~10bar 表压。

② 中压压缩机：排气终了压力在 10~100bar 表压。

③ 高压压缩机：排气终了压力在 100~1000bar 表压。

④ 超高压压缩机：排气终了压力在 1000bar 表压以上。

（2）离心式压缩机

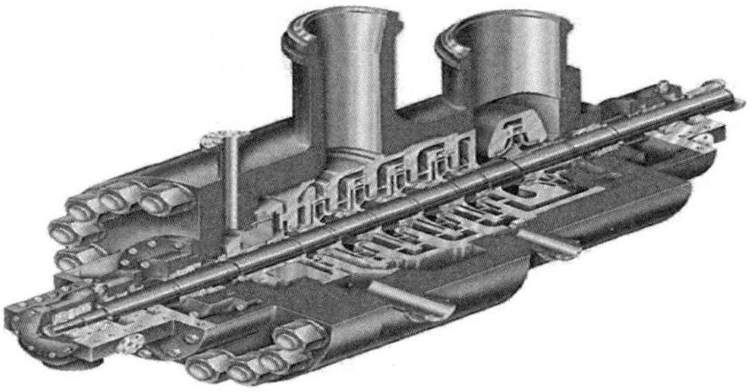

图 5-34　离心式压缩机

离心式制冷压缩机有单级、双级和多级等结构型式。单级压缩机主要由吸气室、叶轮、扩压器、蜗壳等组成。对于多级压缩机，还设有弯道和回流器等部件。级数较多的离心式制冷压缩机中可分为几段，每段包括一到几级，见图 5-34。离心式制冷压缩机的工作原理如下：通过叶轮对气体做功，使其动能和压力能增加，气体的压力和流速得到提高。然后大部分气体动能转变为压力能，压力进一步提高。对于多级离心式制冷压缩机，则利用弯道和回流器再将气体引入下一级叶轮进行升压。

离心式压缩机与活塞式压缩机相比较，具有下列特点：

① 在相同功率时，其外形尺寸小、重量轻、占地面积小。

② 无往复运动部件，动平衡特性好，振动小，基础要求简单。

③ 磨损部件少，连续运行周期长，维修费用低，使用寿命长。

④ 易于实现多级压缩和节流，达到同一台制冷机多种蒸发温度的操作运行。

⑤ 能够经济地进行无级调节。

⑥ 对大型压缩机，若用经济性高的工业汽轮机直接带动，实现变转速调节，节能效果更好。

⑦ 转速较高，用电动机驱动的一般需要设置增速器。

⑧ 当入口压力太低时，压缩机组会发生喘振而不能正常工作。

1）离心压缩机概述。

离心式压缩机是压缩和输送气体的一种机器，通过高速旋转的叶轮把原动机的能量传送给气体，使气体的压力和速度升高。气体在机内的固定元件中将速度能转换为压力能。离心压缩机中的气体在压缩机中的运动是沿垂直于压缩机轴的径向进行的。图 5-35 为某一离心压缩机纵剖面构造图。气体由吸气室吸入，在驱动机的作用下，通过高速旋转的叶轮对气体做功，使气体的压力、速度、温度提高，然后流入扩压器，使气体速度降低，压力提高。弯道、回流器主要起导向作用，使气体流入下一级继续压缩。由于气体在压缩过程中温度升高，而高温下压缩气体耗功大，故在压缩过程中采用中间冷却。通过蜗壳（排气室）和排气管到中间冷却器进行冷却，冷却后的气体再经过高压侧吸气室进入下一级继续压缩，最后经蜗壳输出气体。

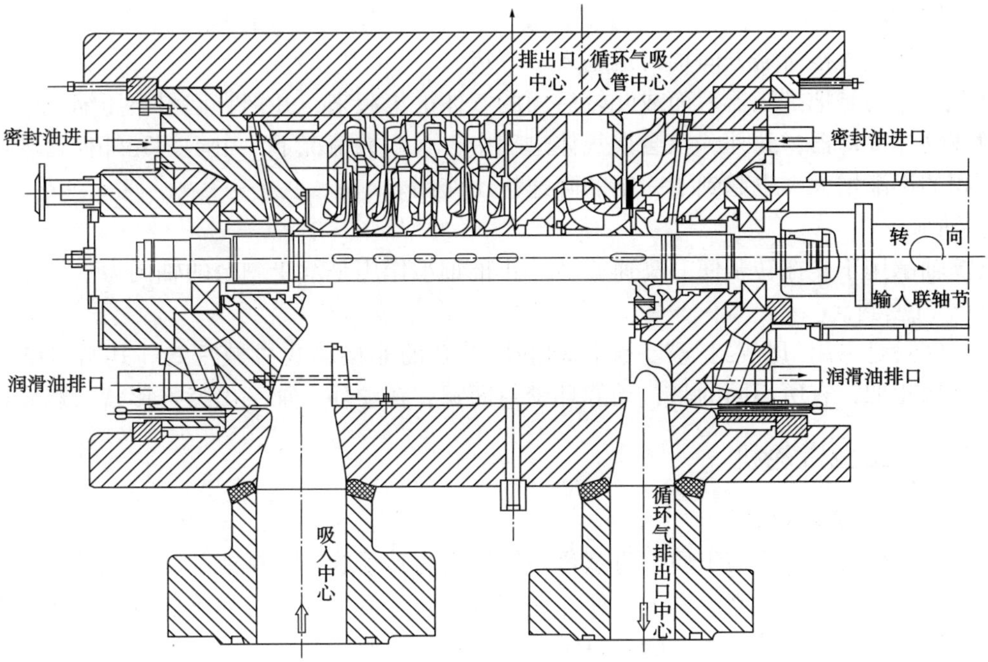

图 5-35　离心压缩机纵剖面构造图

真空度：压力与当地大气负差值。

压比：出口压力与进口压力的比值。

2）离心压缩机的基本结构。

整套离心压缩机组是由电气、机械、润滑、冷却、控制等部分组成的一个系统。虽然由于输送的介质、压力和输气量的不同，离心压缩机有许多种规格、型式和结构，但组成的基本元件大致是相同的，主要由转子、定子和辅助设备等部件组成。

① 转子。

转子是由叶轮、主轴、平衡盘、推力盘等部件组成，是离心压缩机的关键部件，它高速旋转。

② 叶轮。

叶轮是压缩机中的一个最重要的部件。叶轮通过叶片对气体做功，使气体获得能量，是对气体做功的唯一元件。叶轮设计的好坏，对压缩机的性能将起到决定性的作用。

③ 定子。

定子是压缩机的固定元件，由扩压器、弯道、回流器、蜗壳及机壳组成。

④ 扩压器。

扩压器的功能主要是使从叶轮出来的具有较大动能的气流减速，把气体的动能有效地转化为压力能。

扩压器一般分为无叶扩压器、叶片扩压器、直壁式扩压器。

⑤ 弯道。

其作用使气流转弯进入回流器，气流在转弯时略有加速，如图 5-36 所示。

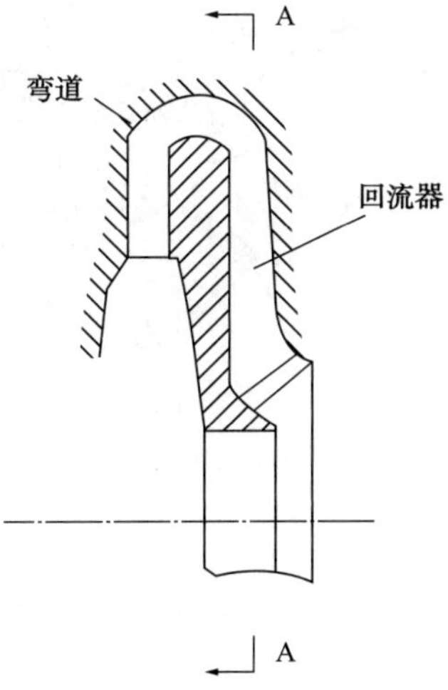

图 5-36　弯道和回流器

⑥ 回流器。

其作用使气流按所需方向均匀地进入下一级。

其主要作用是把扩压器后面或叶轮后面的气体汇集起来，并把它们引出压缩机，流向输送管道或气体冷却器，此外，在会聚气体过程中，大多数情况下，由于蜗壳外径逐渐增大和流通面积的逐渐增大，也起到了一定的降速扩压作用。

⑦ 轴承。

支撑轴承用于支撑转子使其高速旋转。止推轴承作用是承受剩余的轴向力。

⑧ 干气密封

干气密封是采用“以气封气”，流体动静压结合的非接触式机械密封。其密封结构与普通密封结构相似，有所不同的是，动静环密封面宽，在动环上加工出特殊形状的螺旋槽。

5.2.3 工业汽轮机

5.2.3.1 汽轮机概述

工业汽轮机是以蒸汽为工质，将蒸汽热能转变为转子旋转机械能的动力机械，它具有单机功率大、效率高、转速高、调速方便、使用寿命长、运行安全可靠等优点，因此，被广泛应用于石油化工、冶金等行业。随着科学技术进步和资源的开发，我国石油化工工业也得到了飞速发展，逐渐形成了石油化工装置设备的新特点，即大型化、单系列、自动化、智能化，引进与国产的工业汽轮机在石油化工装置中都得到了广泛的利用。

石油化工装置大多采用工业汽轮机作为原动机来驱动压缩机、风机、泵及发电机等工作机械。为了提高石油化工装置的独立性，减少对电网的依赖性，提高开工率，一般都建有汽轮机发电机组的自备电站，既供热又供电，这样可减少远距离输电和送汽，解决本装置生产和生活的用汽，又可综合利用本装置资源，如生产过程的余热、余料等。这种热电联合的自备电站经济效益很明显，自备发电与公用发电并存，如有裕量还可向公用电网送电。

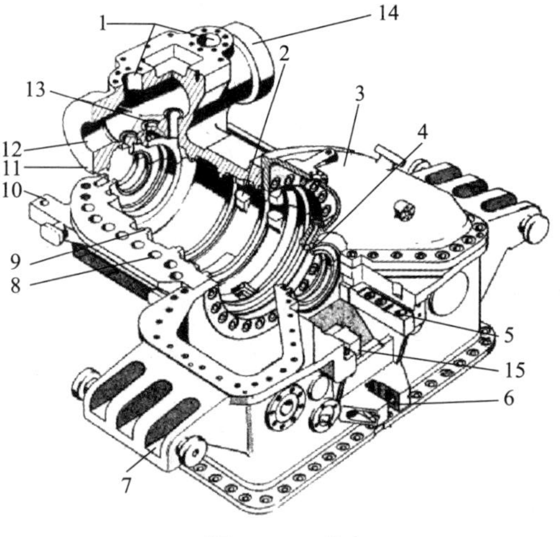

图 5-37　汽缸

1—调节汽阀阀杆装配机；2—导叶持环支承搭子；3—排缸；4—后汽封装配凸环；5—后轴承座安装面；6—横向中以调整件搭子；7—后猫爪；8—中分面螺栓孔；9—导叶持环装配凸环；10—前猫爪；11—前汽封装配凸环；12—进汽室；13—调节汽阀阀座装配孔；14—速关阀阀壳；15—后轴承座导向键

汽轮机的类别和型式很多，按照热力特性分类：凝汽式汽轮机、抽汽凝汽式汽轮机、背压式汽轮机、抽汽背压式汽轮机、混压式汽轮机。

(1) 汽缸

汽缸是汽轮机通流部分的包容体。汽缸沿水平剖分为上、下半，中分面用螺栓连接。汽缸是由不同区段组合而成的整体铸钢件，见图 5-37。

(2) 蒸汽室

蒸汽室沿水平剖分，上、下半之间用螺栓连接。蒸汽室仅在上半铸出相互分隔的腔室，汽道出口装着喷嘴组。按机组运行要求和特性的不同，汽轮机调节汽阀可配用 4 只或 5 只汽阀，与 4 只喷嘴调节阀相配的蒸汽室。当调节汽阀有 5 只汽阀时，在蒸汽室上半顶部与 5 阀对应处铸有下凹的蒸汽流道阀按开启顺序是第 5 只，装配位置在中间，流经 5 阀的蒸汽由此流道通到调节级后，因此，5 阀用于旁通调节，见图 5-38。

（3）导叶持环

导叶持环是多级静叶的承载体，沿水平剖分，上下两半用圆柱销定位。导叶持环本体是平截空心锥体铸钢件，在内壁加工出的槽道依次装入导叶和汽封片。

外汽封和平衡活塞汽封在转子穿出汽缸的部位配置有汽封，称为外汽封，用以防止减少气缸内蒸汽的泄漏，防止高温蒸汽漏入轴承座，致使轴承温度升高及润滑油带水。平衡活塞汽封属于内汽封，通过节流效应逐步降低压力，以平衡掉大部分轴向力，见图 5-39。

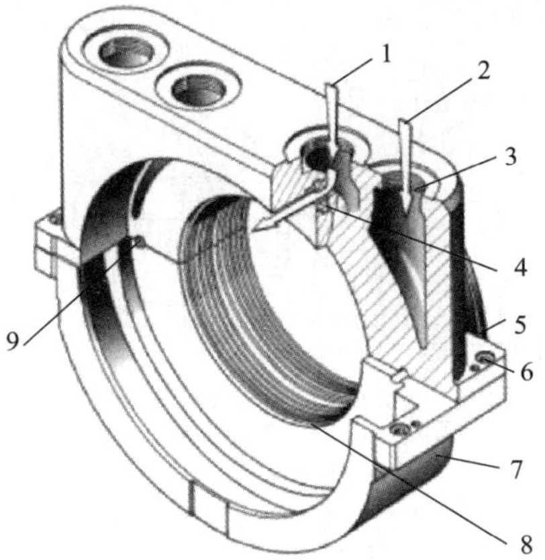

图 5-38　蒸汽室

1—进汽；2—蒸汽室上率；3—角形环装配孔；4—喷嘴组；5—定位槽；6—中分面螺栓孔；7—蒸汽室下半；8—平衡活塞汽封；9—定位销

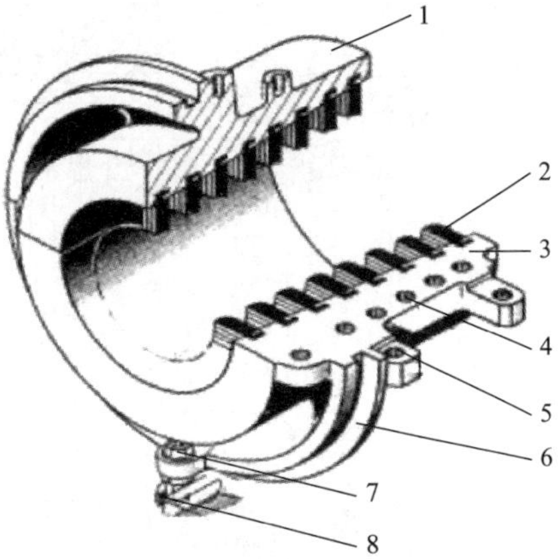

图 5-39　导叶持环

1—导叶持环上率；2—导叶片；3—导叶持环下率；4—中分面螺栓孔；5—调整组件搭子；6—定位槽；7—偏心导柱；8—汽缸下半底部橇道

（4）转子

转子上动叶与静体的喷嘴、导叶是汽轮机通流部分的核心，蒸汽的热能在通流部分转化为推动汽轮机转子旋转的机械能。转子上装有动叶片、危急保安器、汽封片（外汽封、平衡活塞汽封、级间汽封）、联轴器等部件，见图 5-40。

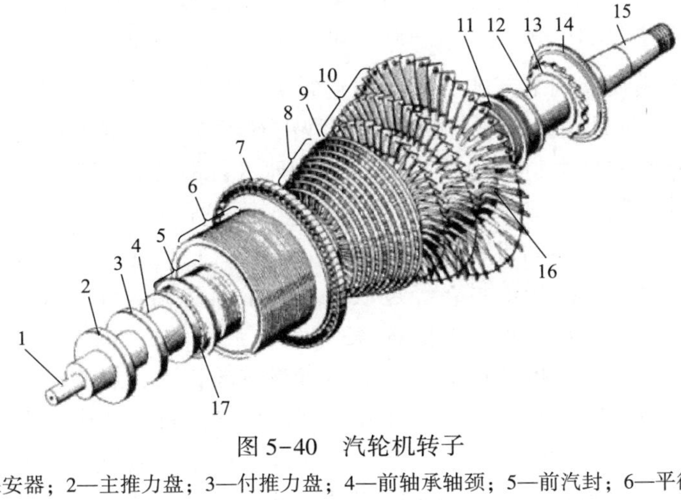

图 5-40　汽轮机转子

1—危急保安器；2—主推力盘；3—付推力盘；4—前轴承轴颈；5—前汽封；6—平衡活塞汽封；7—调节级；8—压力级；9—中间汽封；10—低压级；11—后汽封；12—后轴承轴颈；13—盘车棘轮；14—油涡轮动轮；15—联轴器轴段；16—主平衡面；17—辅助平衡面

（5）调节阀

汽轮机的调节阀有调速阀、抽汽调节阀等，它和相关连杆、杠杆、弹簧等组成汽轮机的执行机构。调速阀也叫速度调节阀、主汽调节阀等，有单汽阀和多汽阀两种。

单汽阀调节阀节流调节式和中间进汽式汽轮机多采用单汽阀，其结构如图 5-41 所示。这种调节阀也用于调节抽汽式汽轮机高压、中压抽汽管返回汽轮机高压、中压段入口喷嘴的蒸汽流量，达到控制汽轮机高压、中压抽汽量的目的。

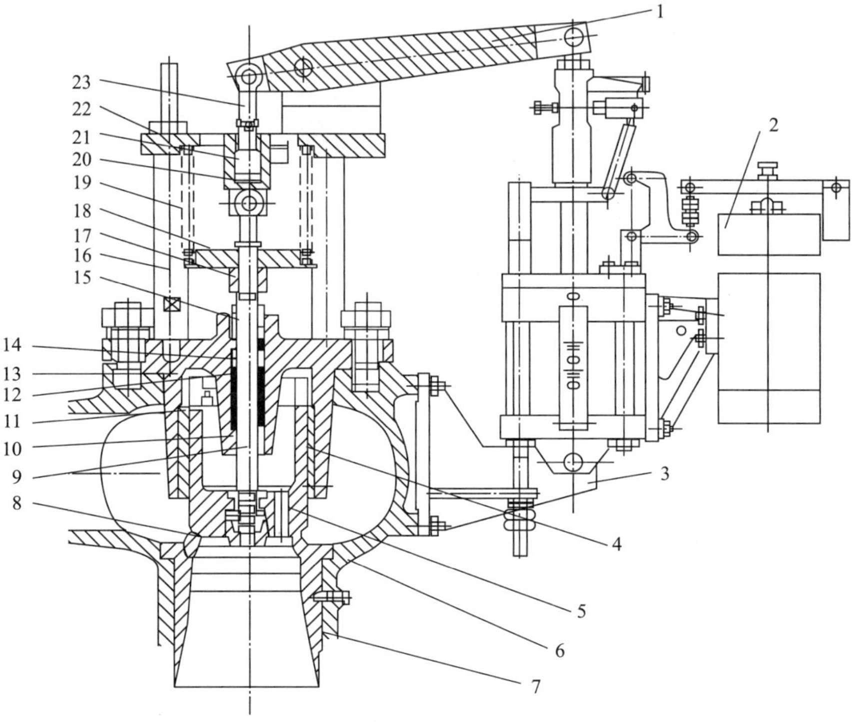

图 5-41　单汽阀调节阀结构图

1—杠杆；2—油动机；3—支架；4—套筒；5—阀碟；6—阀壳；7—阀座；8—冷却蒸汽孔；9—阀杆；10—导向套筒；11—衬套；12—密封圈；13—阀盖；14—导向套筒；15—压紧螺母；16—螺柱；17—调整垫圈；18—弹簧座；19—弹簧；20—拉杆接头；21—拉杆；22—支座；23—关节轴承

多汽阀调节阀采用喷嘴调节方式的汽轮机通常分为提板式和凸轮式两种。提板式调节阀结构如图 5-42 所示。每只阀锥的开启顺序和行程由衬套 7 的长度 S 决定，h 是各相应阀锥的自由行程。第一阀锥的自由行程一般为 2mm。阀座 8 配装在进汽室底部。

（6）全自动式速关阀

全自动式速关阀通常由油动机和截止阀两部分组成，它能通过电磁阀，把操作人员在中控室发出的电子信号转换成液压信号，经过放大后传给油动机执行，从而实现远程开启和关闭操作。它的开启和关闭过程如下：如图 5-43 所示，启动油由 F 入口流入桶形活塞后的腔室内，油的压力克服弹簧力，推动桶形活塞向活塞盘方向移动，最终贴紧在活塞盘上，形成密封腔。通过启动装置控制，在活塞盘前建立跳闸油压 E，当跳闸油压增大时，桶形活塞后面压力慢慢下降，使活塞盘和桶形活塞一起向后移动。由于油动机的活塞杆与截止阀的阀杆是相连的，所以，截止阀的阀锥也跟着向后移动，这样阀门就被打开了。当活塞盘、桶形活塞和试验活塞被跳闸油压紧在油动机缸盖上时，截止阀就全开了，跳闸油压也最终被建立起来。当由于某种原因跳闸油压泄掉时，活塞盘在弹簧力的作用下，迅速向截止阀方向移动，截止阀的阀锥在活塞杆和阀杆的推动下与阀座贴合，蒸汽被切断。

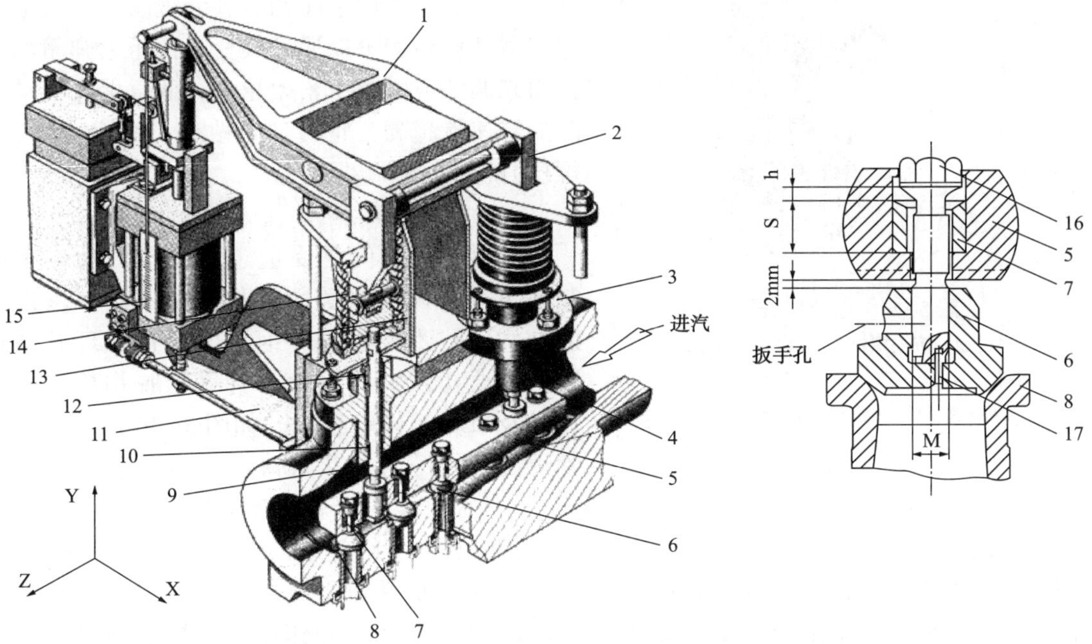

图 5-42　提板式调节阀结构图

1—控制臂；2—连接环；3—阀套；4—阀室；5—阀梁；6—阀锥；7—套筒；8—阀座；9—阀杆；10—阀杆套；11—托架；12—导向环；13—阀杆接头；14—弹簧；15—油动机；16—阀锥螺栓；17—锥销

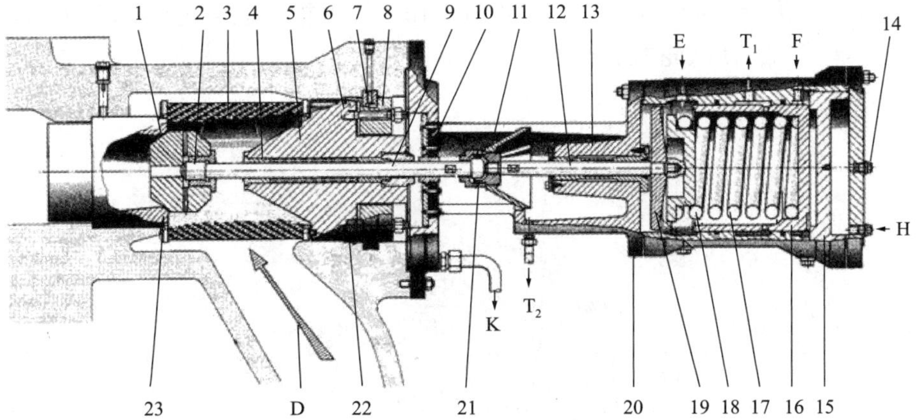

图 5-43　全自动式速关阀

1—主阀锥；2—卸荷阀锥；3—滤网；4—阀杆套；5—阀盖；6—螺栓；7—弓形环；8—压环；9—阀杆；10—隔热板；11—挡油圈；12—活塞杆；13—支座；14—压力表接口；15—试验活塞；16—活塞；17—弹簧；18—弹簧座；19—活塞盘；20—油缸；21—阀杆联节器；22—密封环；23—阀座；D—蒸汽入口；E—速关油；F—启动油；H—试验油；K—泄漏蒸汽排出口；T_1—回油口；T_2—漏油排出口

（7）危急保安器

汽轮机危急保安器有飞锤式和飞环式两种。常见的偏心飞锤式危急保安器主要由飞锤、

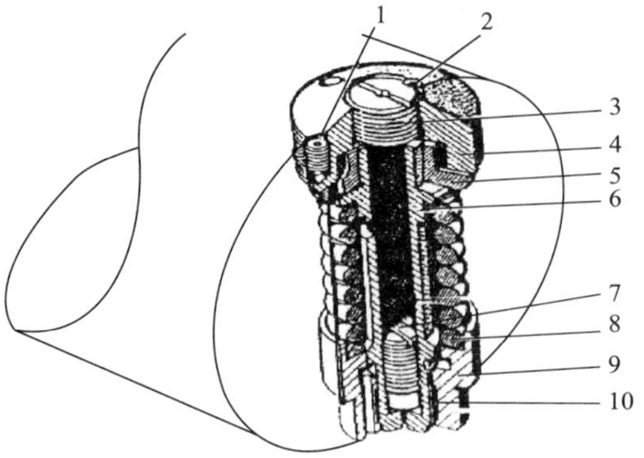

图 5-44　危急保安器

1，2—沉头螺钉；3—调整螺帽；
4—螺帽；5—导向环；6—飞锤；7—调整螺钉；
8—弹簧；9—固定螺栓；10—导向片

弹簧、衬套及调节套筒等组成，见图 5-44，其通常安装在汽轮机的轴头上。在大型汽轮机中，危急保安器还增设了注油试验装置。汽轮机危急保安器动作转速可以通过改变飞锤压紧弹簧的预紧力来调整，弹簧压紧力越大，危急保安器动作时的转速就越高，也可通过改变飞锤(也称跳闸螺栓)的重心来调整。

(8) 危急遮断油门

危急遮断油门是受危急保安器的动作来控制速关阀及调节阀关闭的机构。不同厂家设计的结构形式不尽相同，但它的工作原理基本相同，主要由滑阀、活塞、弹簧、脱扣栓、手动杆以及节流元件等组成。如图 5-45 所示，在正常情况下，压力油从入口 P 进入危急遮断油门内，由于活塞端面 2 和调节齿环 9 存在面积差，从而产生一个轴向压力差。该压力克服弹簧力把滑阀推向后端，压力油通过阀体上的节流元件，从接头 E 流出，进入跳闸油路，流向速关阀的盘形活塞前，建立跳闸油压。当危急保安器的飞锤在离心力的作用下伸出并撞击危急遮断油门的脱扣栓时，在飞锤的冲击力和弹簧力的作用下，把滑阀推到阀套 10 的凹槽处，切断压力油进路，使去速关阀的油压降低，并打开排油 T，使跳闸油压迅速泄掉，速关阀关闭，汽轮机的进汽被切断。

危急遮断油门有一个手动杆，其作用是当由于某种原因需要紧急停机或汽轮机转速已经升高到汽轮机危险转速，而危急保安器仍没有动作时，可拍打危急遮断油门的手动杆，同样能使速关阀迅速关闭，使汽轮机免遭破坏。

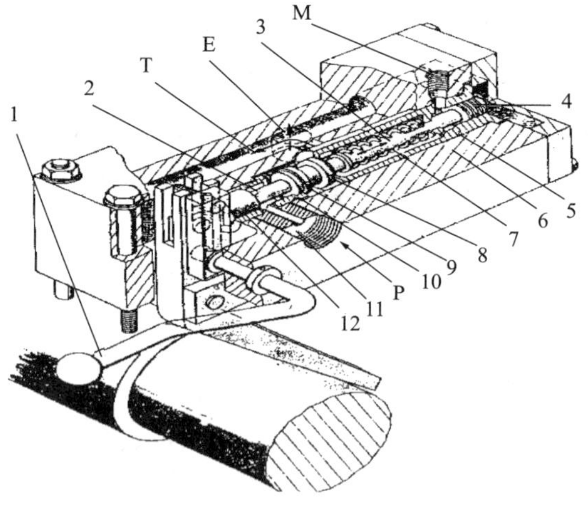

图 5-45　危急遮断油门

1—手动杆；2—活塞端面；3—滑阀；4，12—活塞；5，10—阀套；
6—壳体；7—弹簧；8—调节凸环；9—调节齿环；11—节流元件；
13—脱扣栓；M—开关油；P—压力油；E—跳闸油；T—回流油

5.3 主要设备的使用与维护

丙烯腈装置所用的化工设备包括反应器、开工加热炉、废水焚烧炉、原料空气压缩机、制冷机、机泵、换热器、塔、储罐及后处理工序的专用机械等。本节将对丙烯腈装置的主要设备的作用、结构特点、使用维护要求加以简述。

5.3.1 反应器

5.3.1.1 反应器简介及其作用

丙烯腈生产所用反应器有固定床和流化床反应器，反应器的作用主要是为丙烯氨氧化反应提供场所。目前，国内外生产厂家主流上采用流化床反应器，图 5-46 是国内某 13 万 t/a 丙烯腈反应器示意图。由于反应热效应较大，丙烯转化率和丙烯腈收率随温度波动变化较大，因此反应器在设计时都充分考虑反应热的移出和反应温度在反应器径向上的均匀性问题。

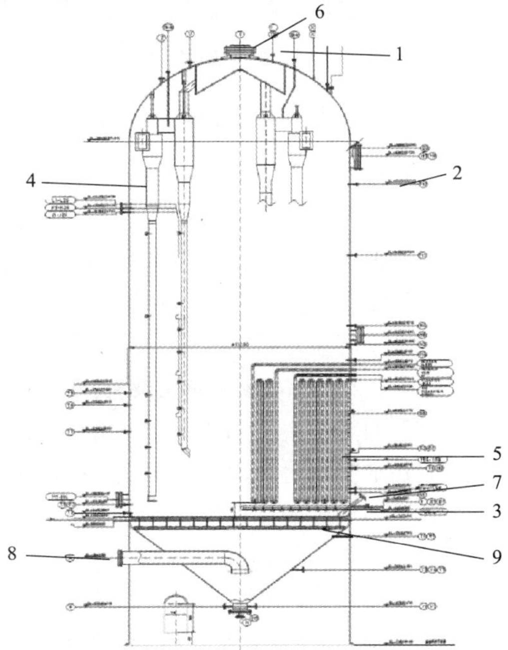

图 5-46 流化床反应器示意图
1—压力测量口；2—温度测量口；
3—丙烯、氨进料口；4—旋风分离器；
5—U 形撤热水管；6—反应气体出口；
7—催化剂装料口；8—空气进口；
9—空气分布板

5.3.1.2 反应器主要结构及其特点

丙烯腈流化床反应器主要构成有裙座、空气分布板、丙烯氨分布器、撤热水管、旋风分离器和集气室。流化床中的空气分布板有三个作用：支撑床层上的催化剂；使空气均匀分布在床层的整个截面上，创造良好的流化条件；导向作用，空气通过分布板后，造成一定的流动曲线轨迹，加强了气-固系统的混合与搅动，有利于保持床层良好的流化状态和床层的稳定操作。

丙烯氨分布器与空气分布板之间有适当的距离，形成催化剂的再生区，可使催化剂处于高活性的氧化状态。丙烯和氨与空气分别进料，可使原料混合气的配比不受爆炸极限的限制，比较安全。

U 形撤热水管不仅移走了反应热，维持适宜的反应温度，而且还起到了破碎流化床内气泡，改善流化质量的作用。

在流化床反应器稀相段设置旋风分离器，回收催化剂颗粒。含有催化剂颗粒的气体以较高的流速，从旋风分离器上切向矩形入口，沿切线方向进入旋风分离器的内外筒之间，由上向下做螺旋旋转运动，形成外涡旋，逐渐到达锥体底部。气流中的催化剂颗粒在离心力的作用下被甩向器壁，由于重力的作用和气流带动而滑落到底部集尘斗。向下的气流到达底部后，绕分离器的轴线旋转螺旋上升，形成内涡旋，由分离器的出口管排出。

影响旋风分离器效率的主要因素有：入口风速；气体温度；气体湿度；催化剂颗粒的相对密度和粒度；含催化剂颗粒气体的浓度；旋风分离器的漏风率；旋风分离器的设计尺

寸等。

物料在反应器的走向：丙烯、氨在混合管中互混后进入反应器，从丙烯氨分布器自上而下均匀喷出；空气在空气分布板下均匀分散，通过分布板自下而上均匀喷出，丙烯、氨、空气以定量摩尔比在催化剂作用下发生氧化反应。反应热由设在反应器中的 U 形撤热水管带走，温度调节通过撤热水管个数来实现；未反应的丙烯、氨、氮、反应生成物和反应气体夹带着催化剂颗粒向上进入旋风分离器，进行气固相分离，催化剂经下降管返回到反应器浓相段，极少部分随反应气体进入急冷塔。反应气体从旋风分离器汇集到反应器顶部集气室后排出反应器，进入反应器气体冷却器。

5.3.1.3 反应器的使用及维护

反应器是丙烯腈装置中最重要、最核心的设备之一，其使用主要是控制好氨烯比、空烯比、反应器温度，反应器压力等参数，良好的工艺参数控制有助于提高设备的使用寿命。日常巡检时，要检查现场仪表是否完好，旋风分离器的料腿吹扫是否正常。

5.3.2 开工加热炉

5.3.2.1 开工加热炉简介及其作用

在丙烯腈的生产工艺中，丙烯氨氧化反应要在一定温度的条件下才能进行，而反应器在开车前处于冷态，所以在反应器开车时要用开工加热炉将空气预热到一定的温度，再用这一热空气将反应器加热到一定的温度，将催化剂输送进反应器内，随后加热催化剂至其活化温度，最后才可投氨进行反应。

5.3.2.2 开工加热炉主要结构及其特点

开工加热炉主要由炉体、火枪、燃料气嘴、空气进出口管、耐火材料等部件组成。开工加热炉基本上都是用反应原料之一的丙烯作为燃料，直接将空气加热再输送到反应器中将反应器升温到预定的温度。开工加热炉的空气量通过一个内嵌的风门来控制。国内某丙烯腈装置开工加热炉参数如表 5-3 所示。

表 5-3 开工加热炉数据表

名称	数据	名称	数据
通风形式	强制	是否需要燃烧试验	不需要
燃烧方向	垂直向上	炉子性质	剧烈燃烧型
支架方位	地面	火焰形状	圆形
场地高度/m	0	最大预测火焰长度/m	1.5
环境空气温度/℃	21	最大预测火焰宽度/m	0.6
相对湿度/%	60	火枪操作压力/kPa	68.95
炉体温度/℃	480	火枪燃料	丙烯

5.3.2.3 开工加热炉的使用及维护

（1）点火前的准备工作

1）丙烯蒸发器收丙烯，液位收至 60%停。

2）检查开工加热炉火嘴是否通畅。

3）检查电打火器、火焰检测器是否好用。

4）检查现场压力表、温度计是否齐全好用。

5）检查一、二次风门是否灵活好用。

6）清理炉底部看火孔视镜。

7）丙烯过热器后至开工加热炉管线引氮气向火炬置换，确保合格，保压0.1MPa。

8）丙烯过热器后至开工加热炉管线在丙烯过热器阀门后8字盲板调向(通路)。

9）丙烯过热器后至开工加热炉管线充氮气至0.5MPa，盲板复位处气密。

10）检查关闭开工加热炉丙烯主线压控阀、长明灯线压控阀、主火嘴温度调节阀副线。

11）现场将联锁开关打在手动位置，联系DCS将开工加热炉联锁切至旁路并进行复位操作。

12）现场电磁阀操作柜打至手动位，打开电源开关。

13）关闭反应器丙烯进料压控调节阀及副线阀；打开丙烯蒸发器出口气相大阀，打通丙烯蒸发器至丙烯排污槽流程，丙烯排污槽收液位；打通丙烯排污槽气相返回丙烯蒸发器流程。

14）打开丙烯蒸发器至开工加热炉阀门，在控制柜上手动打开电磁阀XV-21112、XV-21114、XV-21115、XV-21117进行丙烯实气置换，排放至低压瓦斯系统。

15）投用丙烯过热器，稍开低压蒸汽温度控制阀控制温度在75~100℃。

（2）点火操作

1）关闭一次风门和二次风门。

2）联系化验分析人员对开工加热炉炉膛、反应器出口进行测爆。

3）调整点火器仪表风压力至0.15MPa。

4）调整反应器风量至25000~30000Nm^3/h。

5）控制开工加热炉丙烯线压力在0.5MPa(阀门限位20%)，若压力不够可稍开丙烯排污槽加热蒸汽提高丙烯蒸发器压力。控制长明灯上压控阀阀位30%。

6）关闭电磁阀XV-21117，缓慢打开长明灯压控阀后安全阀副线阀，控制压控阀压力在0.15MPa。

7）打开电磁阀XV-21115、XV-21116，缓慢打开长明灯最后一道闸阀，控制阀后压力表压力在0.05~0.08MPa。按电打火，通过看火孔观察，如未点着，立即关闭长明灯最后一道闸阀，打开一、二次风门对炉膛进行吹扫，重新测爆合格后，再重复上述步骤，直至点着火为止。

8）电打火器使用时间每次不超过10s，以防烧坏。

9）长明灯点着后，控制开工加热炉出口温控调节阀阀位在10%，关闭XV-21114，打开XV-21112、XV-21113，缓慢打开主火嘴最后一道球阀直至全开，点燃主火嘴。

10）调整一次风门开50%，二次风门开50%~100%。

11）如果一次点不着，重新吹扫，测爆合格后，再点。

12）丙烯蒸发器压力不要超过0.8MPa，不要低于0.6MPa，可通过丙烯排污槽蒸汽量进行调节。

（3）注意事项

1）如果开工加热炉5s内没有点着，关闭燃料气并且根据“点火前检查”说明吹扫炉膛。如果吹扫不充分，燃料的集聚可能会产生爆炸或着火。

2）当开工加热炉点着后，按要求调整炉膛的气流(压力)和空气过剩量。

3）如果开工加热炉没有足够的空气提供，燃料气的累积可能会发生爆炸。小心确保炉膛中一直有适当的空气用于燃烧。

4）不要在低于燃烧负荷曲线中最小燃烧率下燃烧，否则会导致燃料气变得不稳定。

（4）开工加热炉的维护

1）火枪嘴处在热影响区，容易导致损坏，应根据肉眼检查及时更换。

2）燃料气嘴的寿命首先取决于燃料气的质量，对于清洁的燃料气可用数年，而对于有腐蚀性的燃料气却很快会被腐蚀。通过肉眼判断其是否腐蚀或堵塞。按要求维护燃料气嘴，及时更换腐蚀或堵塞的燃料气嘴。

5.3.3 废水焚烧炉

5.3.3.1 废水焚烧炉简介及其作用

废水焚烧炉用于焚烧处理装置生产过程中产生的急冷塔废水、四效蒸发器残液及其他废水。

焚烧处理是一个燃烧过程，废水中的有机物和部分无机物在高温条件下进行剧烈的氧化反应。烧却处理不仅对废水中的可燃物，而且对燃料要求燃烧速度快、燃烧完全、热效率高。因此，需要有适当的燃烧时间、燃烧温度、较充分的氧气，此外还得有良好的雾化状态。

雾化是液体燃质分散成微细粒子，增大受热面积和氧气接触的面积，从而提高了燃烧速度和促进燃烧完全。

为了获得良好的雾化状态，需有结构优良的喷枪，雾化剂(蒸汽)压力要适当，废水水质(如黏度、固态物，温度等)对雾化也有很大影响。

5.3.3.2 废水焚烧炉主要结构及其特点

以国内某丙烯腈装置L型立-卧式圆筒形废水焚烧炉为例介绍。

废水焚烧炉为L型立-卧式圆筒型负压炉，炉体主要分为还原段和氧化段，能够有效处理丙烯腈联合装置生产中产生的废水以及异常工况下的HCN、粗乙腈，烟气中热量通过废热锅炉回收利用，产生380℃、4.2MPa中压过热蒸汽，并入中压蒸汽管网，提高了能量利用效率。该系统还包括袋式除尘器、急冷脱硫及脱硫废水处理等部分，对烟气进行除尘、脱硫，保证烟气排放达到国家排放标准(GB 18484—2020《危险废物焚烧污染控制标准》)。

燃烧空气是由燃烧风机从环境中引入，经过燃烧空气预热器过热蒸汽加热至260℃，分为一次燃烧空气、二次燃烧空气、废水燃烧空气，分别引入还原段不同位置，还有一部分作为氧化空气进入氧化段。

燃料气从焚烧炉顶部进入主烧嘴，丙烯腈装置氢氰酸进入燃烧器上部，一次燃烧空气自侧面进入燃烧器上部；粗乙腈、乙腈废液进入燃烧器下部(乙腈废液烧嘴序号A、B，粗乙腈烧嘴序号C、D、E)，二次燃烧空气自侧面进入燃烧器下部。

丙烯腈装置、乙腈装置废水喷嘴共15只，在还原段分两层布置。上层5只(喷嘴序号L、M、N、P、Q)，下层10只(喷嘴序号A、B、C、D、E、F、G、H、J、K)。硫酸铵装置聚合物喷嘴5只，分布在还原段上层。废水燃烧空气由侧面进入还原段。

烟气进入氧化段，与氧化空气混合，进入一级调节段，与来自调节风机的新鲜空气混合，降低烟气温度，如调节风机的风量不能满足需要，急冷空气也可进入一级调节段。

烟气依次经过前置蒸发器，1#、2#过热器，1#、2#蒸发器，省煤器换热冷却，锅炉给水由供水泵来的除氧水提供，经过锅炉给水预热器被中压蒸汽加热。预热后的锅炉给水经省煤器与烟气换热进入汽包。锅炉水经下降管进入前置蒸发器、1#蒸发器、2#蒸发器与烟气换热，水汽混合物通过上升管进入汽包，饱和蒸汽进入2#过热器后经减温器进入1#过热器，减温水来自锅炉给水管线。1#过热器出口的4.2MPa、380℃过热蒸汽，一部分进入中压蒸汽管网，另一部分用于锅炉给水、燃烧空气预热及锅炉吹灰。

锅炉的连续排污进入反应单元排污罐，吹灰蒸汽排凝、定期排污，以及紧急排放污水进入定期排污罐，闪蒸汽高点放空，污水排入污水提升池。

锅炉给水预热器凝液及燃烧空气预热器凝液进入冷凝液闪蒸罐，闪蒸汽进入0.3MPa(表)蒸汽管网，凝液去反应单元除氧器。

锅炉系统设置可伸缩式蒸汽吹灰器，采用4.2MPa、380℃的过热蒸汽作为汽源，定期分别对前置蒸发器、过热器、蒸发器及省煤器炉管进行蒸汽喷吹，清除积灰。启动前，要先打开蒸汽管线的排凝阀，将管线内存水排出。

从废热锅炉出来的烟气进二级调节段与急冷空气混合，降低烟气温度后进入袋式除尘器。

袋式除尘器设置4组8仓室，烟气分别进入每组仓室，自下而上经过滤袋室脱除烟气中的固体颗粒。

烟气从除尘器进风口进入，由除尘器的进风通道分别进入各手动调节阀门，再经过灰斗进风管进入灰斗后，在灰斗导流系统的引导下，大颗粒粉尘分离后直接落入灰斗，其余细微的粉尘随气流进入下箱体过滤区。过滤后的洁净气体沿滤袋内部上升，从滤袋口进入上箱体，再经过提升阀，进入除尘器的出风通道，最后从除尘器出口汇集排出至收灰系统。

清灰控制装置(差压或定时、手动控制)按设定程序关闭提升阀，并打开电磁脉冲阀喷吹，来自管网的仪表空气经仪表空气缓冲罐至各仓室，通过喷嘴喷出，涌入滤袋使滤袋径向变形，抖落滤袋上的粉尘。

清灰状态采用离线分室依次清灰，烟气进出总管设置旁路。每只灰斗下设置插板阀、圆顶阀及贮仓，定时将灰斗中积灰排放至贮仓，再打开贮仓下圆顶阀装桶外送。

烟气从袋式除尘器出来后，进入急冷室，来自急冷水循环泵的急冷水送至急冷室上部，分三层喷淋，与烟气充分接触，将烟气急冷。然后通过急冷塔与脱硫塔间平衡管进入脱硫塔。

来自脱硫塔循环泵的洗涤水送至填料层上部，脱硫塔循环泵出口加入来自碱液进料泵的20%的NaOH溶液，烟气与洗涤液通过填料表面逆流接触，然后由引风机抽吸经烟囱排至大气。

当进入脱硫塔烟气温度超高时，来自管网的工业水可直接进入急冷塔。当脱硫塔液位低时，来自管网的工业水补加至脱硫塔。当洗涤水电导率超高时排至脱硫废水处理系统。

脱硫塔设置溢流线，当液位超高时排至污水系统。急冷塔与脱硫塔底部通过管线连通。

脱硫废水经换热器冷却后进入一级氧化罐后溢流至二级氧化罐；来自管网的工业风由氧化罐底部的空气分布管进入氧化罐；来自碱液计量泵的20%的NaOH溶液进入氧化罐，氧化罐设有搅拌器，二级氧化罐溢流至排液池，由排液池泵送至界外。

5.3.3.3 废水焚烧炉的使用及维护

(1) 更新耐火砖后焚烧炉的烘炉与升温

炉子长时间停止运转和重新修砌耐火墙后要严格按烘炉曲线进行烘炉。因为炉膛内的耐火材料从大气中吸收水分而受潮，或是由于雨水顺着烟囱流进来将炉膛淋湿。因此炉子长期停运或调换耐火砖后，一定要进行烘炉工作，否则会损坏炉内的耐火墙，造成裂缝、剥落。这项工作很重要，升温要慢，温差变化不能太大，要保持稳步上升，使炉子各部受热均匀。烘炉可首先用气体燃料进行。烘炉前要确认炉内情况正常，确认与炉体相连接的配管及部件良好，确认喷雾蒸汽、伴热蒸汽、燃料气、鼓风机及各仪表都处于可用的状态。

（2）运行使用时要注意的事项

1）注意喷嘴是否有泄漏。

2）要控制好废水量，不能使炉底有积液。

3）要控制好炉温。

4）要做好风量调节，控制氧含量。

5.3.4 空气压缩机

5.3.4.1 空气压缩机简介及其作用

丙烯腈装置原料空气压缩机主要由压缩机和驱动两部分组成，其中压缩有轴流式和离心式两种形式。在丙烯腈装置中，离心压缩机得到广泛应用，并逐步取代了轴流式压缩机。国内的丙烯腈装置采用的压缩机多数是由沈阳鼓风机厂提供的。驱动部分一般采用汽轮机，这是因为丙烯腈装置具有自产蒸汽的特点，采用蒸汽驱动有节能的效果。

丙烯腈装置的原料空气压缩机主要作用是提供丙烯、氨反应所需要的氧。

5.3.4.2 空气压缩机主要结构及其特点

以国内某丙烯腈装置离心式原料空气压缩机为例进行介绍。

（1）离心压缩机的主要部件

离心压缩机主要由转子和定子组成。转子高速旋转是离心压缩机的关键部件，转子是由叶轮、主轴、平衡盘、推力盘等部件组成。定子是压缩机的固定元件，由扩压器、弯道、回流器、蜗壳及机壳组成。

压缩机系统一般包括空气反吹系统、供油系统、调速系统等。

（2）空气反吹系统

空气压缩机的空气一般都来源于大气，在大气与压缩机入口之间装有空气过滤器，用于过滤大气中的灰尘等颗粒杂质，以防其进入压缩机，在压缩机叶轮上结垢造成转动不平衡引起轴振动过大损坏机器。压缩机运行一段时间后，过滤器的滤芯上就会吸附大量灰尘，长时间会形成滤饼，严重影响压缩机的吸气，所以空气过滤器必须安装反吹系统。反吹系统一般包括 PLC 控制板、电磁阀、氮气管线。PLC 控制电磁阀周期性地打开关闭反吹氮气管线上的电磁阀，以便从过滤器滤芯的内部向外反吹氮气，从而达到除去滤芯上灰尘的目的。空气压缩机的流量一般都很大，过滤器的滤芯也就很多，由于反吹氮气的压力和流量有限以及考虑吸入口压力的稳定，一般采用分组依次轮流吹扫的方法对整个过滤器滤芯反吹。

（3）供油系统

压缩机系统的油主要可分成润滑油和控制油两种。润滑油的作用是用来润滑压缩机和汽轮机的轴颈轴承和推力轴承。控制油是用来开启和关闭汽轮机的主截止阀以及控制压缩机的转速。油系统主要包括油泵、油箱、油过滤器、油冷却器、高位油槽、蓄能器、调压阀等。

1）油泵。

在正常运行时，轴承和调节供油是由一个和汽轮机转子相连接的或者单独驱动的主油泵来维持。另外，还会有一台或多台备用油泵，如果没有高位油槽的话还会有一台事故油泵。如果没有单独驱动的主油泵，在启动、停机以及必要的盘车时，由一个或多个辅助油泵来供油。这些油泵一般安置在油箱上或油箱附近处，可以是交流电动油泵，也可以是汽动油泵。此类油泵被称为全负荷辅助油泵，既对调节系统又对润滑系统供油。保护轴承用的事故油泵一般采用直流电动泵，其他油泵停止运行时，由它提供轴承所需要的油量。当主油泵故障或油压力不足时必须自动启动辅助油泵，使得供油系统有足够的油压。

在主油泵工作时，辅助油泵及事故油泵是联锁的。对电动油泵采用压力继电器或电接点压力表来联锁，对汽动油泵，则采用与油压有关的、液压式的、电-气动的或气动的启动装置。当调节油压降到规定的最小值时，辅助油泵应投入运行，而当润滑油下降时，事故油泵应自动启动。

2）油箱。

油箱储存所需总的供油量，它应能让连续循环的油在里面停留。

3）油过滤器。

一般有两套油过滤器，分别用于过滤润滑油和控制油，油过滤器主要用于使油清洁，一般采用可切换的双联滤油器，在不停机的情况下可以更换污染的滤芯。油过滤器的切换尽可能在停工时进行，如果一定要在运行时进行，则必须很小心地切换，并将投入运行的油过滤器彻底排气及经常检查润滑油压。

4）油冷却器。

为了冷却循环油，一般要设置两只冷却器。通过切换阀可以根据需要把一只或另一只油冷却器投入运行。油冷却器的切换尽可能在停工时进行，如果一定要在运行时进行，则必须很小心地切换，并将投入运行的油冷却器彻底排气及经常检查润滑油压。与油过滤器不同的是油冷却器只有一套，因为控制油管线不需要安装油冷却器，只有润滑油需要安装油冷却器。

5）高位油槽。

有的压缩机系统没有安装事故油泵，就须安装高位油槽，其功能和事故油泵一样，用于压缩机系统停工后润滑。正常运转时油泵向高位油箱供油，油满后经上部溢流管回到油箱，这样始终保持高位油箱充满油。当由于停电停泵等造成事故停工时，高位油槽利用重力作用使高位油槽中的油流向压缩机和汽轮机的轴承进行润滑。

6）蓄能器。

为了避免在控制油路中出现较大的、从而导致汽轮机快速关闭的压力下降，可采用一个或几个蓄能器，特别是当单独驱动主油泵的情况，蓄能器将保持控制油压稳定直至全负荷辅助油泵投入运行。

7）调压阀。

调压阀是用来控制总油管的压力，以保证润滑系统油压的稳定。

8）供油路线。

整个压缩机系统有两条主供油路线和两条辅助供油路线：

润滑油主路线：油箱→油泵→油冷却器→油过滤器→调压阀→各润滑点→油箱。

控制油主路线：油箱→油泵→油过滤器→调压阀→开启速关组件、调速机构、危急遮断器→油箱。

辅助路线：油过滤器→高位油槽→窥镜→油箱。

高位油槽→各润滑点→油箱。

(4) 调速系统

转速调节系统是用于启动和停止汽轮机以及调节汽轮机的转速的。汽轮机的调速系统主要包括启动速关组件、速关阀、油动机、进汽调节阀等设备。

1) 启动速关组件。

启动速关组件主要用于建立启动油和速关油。它有一个启动油电磁阀和一个速关油电磁阀，首先通过启动油电磁阀建立启动油，然后通过速关油电磁阀建立速关油。

2) 速关阀。

速关阀是蒸汽管网和汽轮机之间的主要关闭机构，在运行中当出现故障时，它能在最短时间内切断进入汽轮机的蒸汽。它是通过将速关油的压力作用在活塞盘上，抵消活塞盘后的弹簧力来打开的。

3) 油动机。

油动机是将由调速器输入的二次油信号转换成油缸活塞的行程，并通过杠杆系统操纵调节汽阀的开度，使进入汽轮机的蒸汽流量与所要求的流量或功率相适应。

4) 进汽调节阀。

进汽调节阀通过开启和关闭调节阀控制必要的蒸汽流量，使它与要求的汽轮机功率相符。调节阀上有一排蝶阀，根据功率需要的变化，按一定的先后次序开启或关闭。

5.3.4.3 空气压缩机的使用及维护

空气压缩机组的系统结构比较复杂，其运行状况除了取决于机组本身的特性、工艺管网的配合性能和安装质量等条件外，同时，在生产过程中，操作人员应严格按编制的规程精心操作，正确开、停机组，确保安全运行，加强观察机组各类检测仪表显示的参数并做好记录，加强设备运行中的维护。

(1) 保安试验

丙烯腈装置原料空气压缩机系统的启动主要是汽轮机的启动。为了保护压缩机和汽轮机，在启动前都要进行保安试验。

丙烯腈装置原料空气压缩机汽轮机是采用速关阀来制动的，而速关阀是用油压打开的，当油压中断或泄去时，速关阀会关闭，汽轮机会停运。电磁阀是安装在速关阀的油路管线上，所有的保安均作用在此电磁阀上。保安试验的主要项目有没挂电磁阀联锁、手动紧急跳车动作试验、电磁阀动作跳车试验、润滑油压低跳车动作试验、辅助油泵自启动联锁试验、加模拟信号的报警、联锁试验。

(2) 机组的维护

日常巡检中要做好进口蒸汽压力、汽轮机转速、压缩机排气压力、控制油过滤器压差、润滑油过滤器压差、油温、空气过滤器压差、油箱油位、润滑油压力、控制油压力等参数的检查和记录；要做好油箱、油泵、油冷却器、油过滤器等部件的检查。注意季节、昼夜温差对润滑油温的变化，要缓慢调整，以免对压缩机组振动造成大的影响。

5.3.5 制冷机

5.3.5.1 制冷机简介及其作用

丙烯腈装置的离心式制冷机一般有两种，一种是以氟利昂作制冷介质，来向装置提供冷冻盐水；另一种是以丙烯或氨作制冷介质，用远程蒸发器直接提供冷量。由于远程蒸发器直接提供冷量的方式经济节能，被广泛应用。

直冷式制冷机组通常包括一套由蒸汽透平驱动的，以丙烯为制冷介质的离心式制冷压缩冷凝机及远置式蒸发器(工艺冷却器)，经现场管路连接共同构成一个制冷系统。

5.3.5.2 制冷机主要结构及其特点

典型的制冷系统由压缩机、储液器、冷凝器、蒸发器、节流装置组成。压缩机的功能是把制冷剂蒸汽从低压状态压缩到高压状态，创造了制冷剂在冷凝器中常温变化的条件，被称为整个装置的“心脏”。冷凝器功能是使压缩机排出的制冷剂过热蒸汽冷却，并凝结为制冷剂液体。储液器的功能是储存制冷剂液体，以适应冷量负荷变化，并减少每年向系统补充制冷剂的次数。蒸发器是依靠制冷剂液体的蒸发来吸收冷却介质热量的换热设备，它在制冷系统中的任务是对外输送热量。

离心式制冷机使用汽轮机驱动，其供油系统包括汽轮机供油系统和压缩机供油系统，这两个系统是各自独立的。其中，汽轮机供油系统和空气压缩机的汽轮机供油系统相同。压缩机供油系统以轴头泵作为主油泵，用一个电机驱动的泵作为辅助油泵，当主油泵能力不足时辅助油泵会自动启动，一般这种情况常发生在开停车的时候。压缩机的供油系统只有润滑油部分，而没有控制油部分，主要的设备有主辅油泵、油冷却器、油过滤器、油箱、油管线等。

蒸发冷凝系统是实现冷却水、制冷介质、物料三者之间热交换的系统，其主要设备有冷凝器、储液器、过冷器、吸入槽、蒸发器等。

制冷气体经压缩机压缩后进入冷凝器，在冷凝器中与冷却水进行热交换冷却成液体，冷却后的液体一部分流入储液槽，另一部分进入过冷器进行自冷却，过冷器中蒸发的气态制冷介质进入压缩机的二级吸入口，被过冷的液体流入储液槽，储液槽中的制冷剂流向远程蒸发器与物料进行热交换，蒸发的气态制冷剂回到吸入槽，吸入槽向压缩机提供低压的气态制冷剂。

5.3.5.3 制冷机的使用及维护

日常巡检要做好以下项目的检查和记录。汽轮机部分包括进口蒸汽压力、汽轮机轮室压力、汽轮机排气压力、二次油压、转速、控制油过滤器压差、润滑油过滤器压差、油温、汽轮机油箱油位、润滑油压力、控制油压力。压缩机部分包括吸入口压力和温度、排出口压力和温度、热气旁通阀开度、过冷器阀开度、过冷器液位、吸入槽液位、喷淋阀开度、冷凝器压力、冷却水阀开度、蒸发器气相阀开度、蒸发器进液阀开度、蒸发器液位、蒸发器物料温度、气封压力、油箱压力、油箱油位、油箱温度、油过滤器压差、轴承径向和轴向位移、轴承温度。

由于制冷机的润滑系统分为汽轮机部分和压缩机部分，所以要分别维护。要做好油箱、油泵、油冷却器、油过滤器等部件的检查。注意季节、昼夜温差引起润滑油温的变化，要缓慢调整，以免对压缩机组振动造成大的影响。操作人员在机组正常运行时，要认真点检、加强维护、按照规程操作。

压缩机减速时，主油泵压力降到某一点，在这一点辅助油泵自动启动。假如是由于电源故障时压缩机停机，很明显辅助油泵是不可能启动的。因为在重力作用下储油器已漫过轴承，所以这种情况是不会损坏压缩机的。关机过程中，绝对不允许压缩机反向移动(由从冷凝器和中间冷却器给压缩机补偿给蒸发器的制冷剂气体所引起)。这主要是由压缩机排气管线里的检修阀的不正确位置造成的。假如使用导流叶片自动操作使热气体自动旁通，在压缩机电机关闭时，空气信号管线里的电磁阀会关闭叶轮并打开旁通。在某些情况下，电磁阀会把中间冷却器里的制冷剂直接排到蒸发器里。所有电磁阀都应放置和连接在正确位置，以便于能快速反应。停机后蒸汽透平油站油泵应继续运行，当转速降到零时，立即将盘车投入运行。

5.3.6 反应气体冷却器

5.3.6.1 反应气体冷却器简介及其作用

反应气体冷却器是一种带有膨胀节的立式固定管板式换热器，它的作用是冷却反应气体，同时将所用的冷却介质——除氧水加热，以回收热量。

5.3.6.2 反应气体冷却器主要结构及其特点

反应气体冷却器由带膨胀节的外壳、管板、管束、封头压盖等部件组成。固定管板式换热器的结构特点是在壳体中设置管束，管束两端用焊接或胀接的方法将管子固定在管板上，两端管板和壳体焊接在一起，壳程的进出口管焊在壳体上，管板外圆周和封头法兰用螺栓紧固，管程的进出口管和封头焊在一起，管束内根据换热管的长度设置了若干块折流板。反应气体冷却器为单管程。由于该冷却器膨胀差较大，所以在壳体上设置了膨胀节，以减少因管、壳程温差而产生的热应力。

固定管板式换热器的优点是旁路渗流较小，造价低，无内漏；其缺点是壳体和管壁的温差较大，易产生温差力，壳程无法清洗，管子腐蚀后连同壳体报废，设备寿命较低，不适用于壳程易结垢场合。

5.3.6.3 反应器气体冷却器的使用及维护

（1）换热器的使用

反应气体冷却器用于把近440℃的反应气体冷却到200~232℃。为了防止反应气体冷却器因热震而发生损坏，只要有热的反应气体离开反应器，就一定要有水流过冷却器。

反应气体冷却器投用步骤，首先启动供水泵将除氧器的脱盐水引致反应器气体冷却器壳程，打开冷却器壳程六个排气阀中的三个，充分排气，再把壳程的水引致蒸汽发生器，建立反应器气体冷却器壳程循环。确认反应器气体冷却器壳程水循环正常后，再缓慢引反应器气体进反应器气体冷却器管程。

（2）换热器的维护

做好日常检查，检查内容包括设备是否存在泄漏，保温是否良好，支架是否良好。观察现场仪表温度、流量、压力等参数是否正常，设备是否超温或超压等。换热器进出口温度的变化直接反映出换热器换热能力的变化。通过压力差的检查，可判断换热器结垢程度，是否存在堵塞引起的节流以及泄漏。在工艺操作中，若发现压力骤变，无论升高降低，除应检查换热器本身外，还应从其他因素的影响系统考虑，尽快查出聚变原因。

（3）换热器的检修

换热器的检修中最常见的是清洗除垢，清洗一般有机械清洗、高压射流冲洗和化学清洗三种。反应器气体冷却器管程易堵，管程里有大量聚合物和催化剂混合聚合物，一般采用高压射流水冲洗，就是用高压水枪或高压细软管进行清洗，在清洗时，严禁水枪口对人。

反应气体冷却器在检修后投入使用时，有一个很重要的步骤是螺栓预紧。为了确保介质在运行过程中不发生泄漏，要对换热器的主密封面螺栓逐根进行热紧，消除螺栓热膨胀后可能造成的压紧力下降。在螺栓的连接中，可采用合适的预紧碟簧，有效地防止螺栓热膨胀造成的压紧力下降。

5.3.7 水环式真空泵

5.3.7.1 水环式真空泵简介及其作用

水环式真空泵(简称水环泵)能满足一般化工企业的设备真空度要求。由于水环泵压缩气体的过程是等温的，故可抽除易燃、易爆的气体，此外还可抽除含尘、含水的气体。

5.3.7.2 水环泵主要结构及其特点

图5-47为水环泵的工作原理示意图，水环泵是由叶轮、泵体、吸排气盘、水在泵体内壁形成的水环、吸气口、排气口、辅助排气阀等组成的。叶轮被偏心安装在泵体中，当叶轮按图示方向旋转时，进入水环泵泵体的水被叶轮抛向四周，由于离心力的作用，水形成了一个与泵腔形状相似的等厚度的封闭的水环。水环的上部内表面恰好与叶轮轮毂相切，水环的下部内表面刚好与叶片顶端接触，叶片在水环内有一定的插入深度。此时，叶轮轮毂与水环之间形成了一个月牙形空间，而这一空间又被叶轮分成与叶片数目相等的若干个小腔。如果以叶轮的上部0°为起点，那么叶轮在旋转前180°时，小腔的容积逐渐由小变大，压强不断降低，且与吸排气盘上的吸气口相通。当小腔空间内的压强低于被抽容器内的压强，根据气体压强平衡的原理，被抽的气体不断地被抽进小腔，此时正处于吸气过程。当吸气完成时与吸气口隔绝，小腔的容积正逐渐减小，压力不断地增大，此时正处于压缩过程，当压缩的气体提前达到排气压力时，从辅助排气阀提前排气。而与排气口相通的小腔进一步地减小压强，容积进一步地升高，当气体的压强大于排气压强时，被压缩的气体从排气口被排出，在泵的连续运转过程中，不断地进行着吸气、压缩、排气过程，从而达到连续抽气的目的。

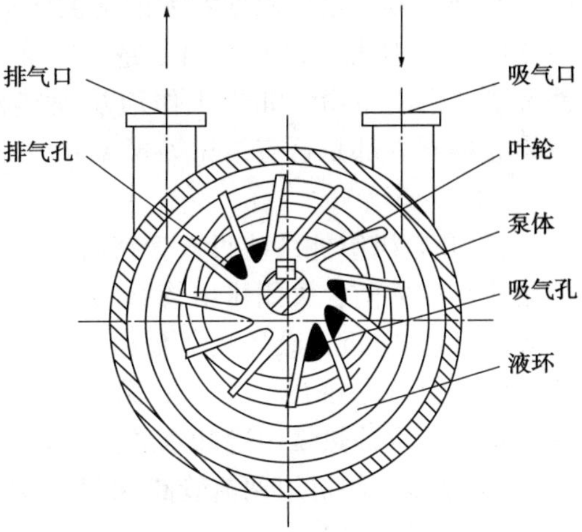

图5-47 水环泵的工作原理示意图

在水环泵中，辅助排气阀是一种特殊结构，一般采用橡皮球阀，它的作用是消除泵在运转过程中产生的过压缩与压缩不足的现象。这两种现象都会引起过多的功率消耗。因为水环泵没有直接的排气阀，而且排气压力始终是固定的，水环泵的压缩比决定于进气口的终止位置和排气口的起始位置，然而这两个位置是固定不变的，因而不适应吸入压力变化。为了解决这个问题，一般在排气口下方设置橡皮球阀，当泵腔内过早达到排气压力时，球阀自动开启，气体排出，消除了过压缩现象。一般在设计水环泵时都以最低吸入压力来确定压缩比，以此来确定排气口的起始位置，这样就解决了压缩不足的现象。

5.3.7.3 水环式真空泵的使用及维护

(1) 准备工作

1) 检查液环真空机组各手动阀门的开启状态，确认供液管路的阀门打开，液环真空泵气路阀门打开，以及备用泵相关阀门关闭。

2) 检查并确认热交换器已投入运行，冷却水管路通畅。

3) 检查气液分离器水位保持在液位计50%±5%。

4）检查并确认机组气液分离器的自动补排液系统控制开关处于“遥控”状态。

5）检查并确认液环真空泵轴封冷却系统的外供水通畅。

6）检查液环真空泵轴承的润滑情况，必要时添加或更换润滑脂。

7）检查液环真空泵联轴器及所有的地脚螺栓及连接螺栓是否上牢固。

8）检查机组各压力表、温度表、真空表读数是否准确，根部阀门是否开启。

9）点动，检查液环真空泵电机转向。

注意事项：

热交换器供水量根据实际情况供冷却水；工作液出口温度与冷却水进口温度温差一般在3~5℃或3~10℃；冷却水温度越低，液环真空泵所能达到的真空度就越高，这样更有利于液环真空泵的寿命。如果工作液从换热器出来的温度与换热器冷却水进口的温度差<3℃，请检查换器内部是否有结垢等现象。

（2）开车

1）开启机组外系统吸入管路阀门，并同时打开机组回流管路阀门，在真空机组未形成期望排出压力前，关闭排出管路阀门。

2）启动电机，液环真空泵运转，机内形成液环，并进入工作状态产生真空。系统的气体被液环真空泵抽出。工作液循环使用，由液环真空泵→气液分离器→换热器→液环真空泵；运行产生的热量由冷却水通过换热器带走。

3）逐步关闭机组回流管路阀门，使气液分离器出口压力达到工艺系统要求，此时打开机组排出管路阀门。

（3）注意事项

运行中，特殊情况时，调节回流管路上的阀开度可降低气液分离器的压力。当液环真空泵出现较大的汽蚀噪声时，可打开阀门使气体回流以消除出现的汽蚀，从而降低对液环真空泵的损害。

机组正常运时，经换热器冷却后的工作液温度要尽量低，否则可通过加大换热器的冷却水量来降低换热器冷却出口的工作液温度，这样有利于减少液环真空泵的汽蚀现象，降低汽蚀对液环真空泵的损害，以提高液环真空泵的效率。

现场检查真空泵的声音、振动、温度等正常，并记录其电流。

（4）正常维护

1）在运行中，应时常观察如下情况：

① 机组的排出压力是否超过机组允许的最大排出压力，否则要通过调节回流管路阀或安全阀进行减压。

② 供电电压和轴功率(电流)是否正常。

③ 气液分离器液位计的水位是否稳定。

④ 机组的轴承温升是否正常，轴承温升不超过35℃，实测温度最高不超过65℃。

2）检查气液分离器的压力表的读数。如果出现压力过大但安全阀未起作用的现象，容易导致电机电流过高而烧坏电机，甚至出现安全问题，请打开回流管路上的阀门，让一部分气体回流到液环真空泵入口处，降低分离器的压力，并停机检查安全阀的情况。

3）每运行2500h，检查更换一次轴承润滑脂。油脂量应占轴承室净空间的2/3左右。

（5）停车

1）停机前必须确认装置工艺条件能否进入停机状态。

2）关闭电机，液环真空泵停止工作。

3）停止补液管路上补充液的供给（若短时间内停机，可不停止供液）。

4）停止换热器冷却液的供给（若短时间内停机，可不停止供液）。

5）两天以上停机，应放去液环真空泵、管路内的工作液（如有出现冰冻的可能性，停机时必须立即把本机组中所有液体排放干净，以防冻裂机组）。需排空工作液时，同时打开泵清洗排液管路上阀及气液分离器排液管路阀。

5.3.7.4 水环式真空泵常见故障及处理

水环式真空泵常见故障及处理见表5-4。

表5-4 水环式真空泵常见故障及处理

序号	故障现象	可能原因	处理方法
1	启动困难，电机跳闸或机组在正常负荷下超电流	（1）启动时真空泵内液位过高 （2）填料压盖上得太紧 （3）内部机件生锈 （4）排气压力增高 （5）配电屏电流保护调整不当 （6）填料太干、太硬 （7）吸入侧吸入固体颗粒	（1）按规格水位启动（自动排水阀以下） （2）放松填料压盖 （3）用力扳动转子 （4）检查排汽管路及阀门口径是否过小 （5）调整热继电器至电流额定值 （6）松开填料，注入石墨润滑脂或更换填料 （7）定期清洗，必要时在吸入管路中增设滤网
2	试车或运转过程中出现卡死现象	（1）新管路有焊渣、铁屑等异物 （2）被气体带入泵体内 （3）结垢严重	（1）可松开前、后盖螺栓，转动叶轮并用水清洗，待转动灵活后才紧固螺栓 （2）如不能排除，须拆开检查 （3）拆卸清除或酸洗
3	吸气量明显下降，真空度降低	（1）工作液过少或温度过高 （2）系统有泄漏 （3）介质有腐蚀或带入物料磨蚀使内部机件间隙加大 （4）填料密封泄漏 （5）内部结垢严重 （6）内部泄漏	（1）加液至规定液位，检查循环管路是否堵塞 （2）检查管路连接的密封性 （3）净化介质，防止固体物料吸入泵体；更换磨损零件 （4）稍拧紧填料压盖 （5）清除水垢 （6）拆开泵检查密封面及密封材料的稳定性
4	运转声音异常	（1）气体冲刷或喷射 （2）吸、排气管壁太薄 （3）工作液温度过高，引起汽蚀	（1）把排气口引出室外 （2）采用管壁较厚的气管 （3）加大冷却水量或采用温度更低的冷却水（或打开喷淋管路阀）

续表

序号	故障现象	可能原因	处理方法
5	振动大	（1）机座与基础接触不良，地脚螺栓松动 （2）电机与泵对中不好 （3）工作液温度过高，引起汽蚀	（1）用混凝土填充底座空隙，拧紧地脚螺栓 （2）重新对中和锁紧 （3）开大气喷射器，或加大冷却液量或采用温度更低的冷却液
6	轴承部位发热	（1）轴承安装不当 （2）电机、减速机、泵不对中润滑不良，油脂干涸或太多 （3）V形轴封与轴承内盖压得过紧 （4）轴承锈蚀、磨蚀、滚道被划伤	（1）重新调整轴承位置，重新调整同轴度 （2）改善润滑条件 （3）适当调整V形圈的位置，减轻压力 （4）更换轴承
7	液位计液位不稳，气体从气水分离器排水阀漏出	（1）气水分离器液体排出阀门不当 （2）机组工作液供给不稳定	（1）适当调节气水分离器液体排出闸阀的开度 （2）使工作液供给稳定

5.3.8 离心泵

5.3.8.1 离心泵结构

离心泵结构见图5-48。

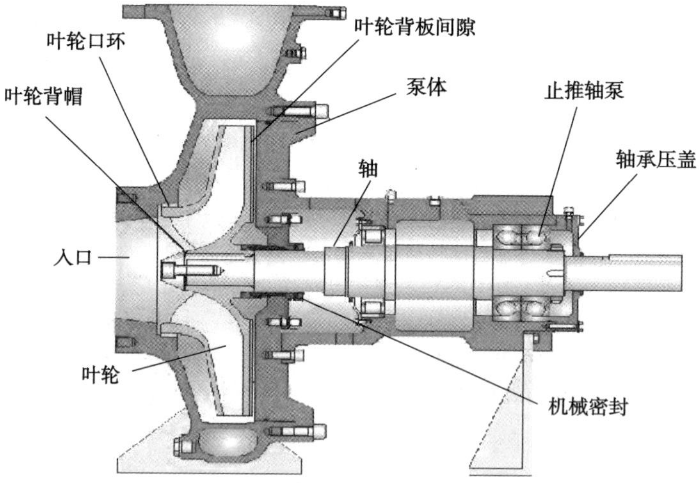

图5-48 离心泵的结构示意图

5.3.8.2 离心泵的工作原理

离心泵一般由电动机带动，在启动泵前，泵体及吸入管路内充满液体。离心泵在工作时，依靠高速旋转的叶轮，液体在惯性离心力作用下获得能量以提高压强。离心泵在工作前，泵体和进口管线必须灌满液体介质，防止气蚀现象发生。当叶轮快速转动时，叶片促使介质很快旋转，旋转着的介质在离心力的作用下从叶轮中飞出，泵内的水被抛出后，叶轮的中心部分形成真空区域。一面不断地吸入液体，另一面又不断地给予吸入的液体一定的能量，将液体排出。离心泵便如此连续不断地工作。

5.3.8.3 离心泵的操作

(1) 启动前的准备工作

1) 开工前检查泵的出入口管线阀门，压力表接头，有无泄漏，冷却水是否畅通，地脚螺丝及其他连接处有无松动。(高温油泵一定要先检查冷却水阀是否打开投用，否则机封会因温度过高而损坏，泵体也可能会受损。)

2) 按规定向轴承箱加入润滑油，油面在油标 1/2～2/3 处。清理泵体机座地面环境卫生。(无润滑油开工轴承将烧损。)

3) 盘车检查转子是否轻松灵活，泵体内是否有金属碰撞的声音。(启泵前一定要盘车灵活，否则强制启动会引起机泵损坏、电机跳闸甚至烧损。)

4) 全开冷却水出入口阀门。

5) 检查排水地漏使其畅通无阻。

6) 开泵入口阀使液体充满泵体，适当地打开出口放空阀，排出泵内空气后，关闭放空阀。(通常的做法是先开入口阀，再开暖泵阀升温，最后开一下出口阀后再关闭，这样即使泵内还有一部分气，但已不会影响泵的正常启动了。)

(2) 离心泵的启动

1) 泵入口阀全开，启动电机，全面检查泵的运转情况。

2) 检查电机和泵的旋转方向是否一致。(电机检修后的泵一定要检修此项。)

3) 当泵出口压力高于操作压力时，逐渐开大出口阀，控制好泵的流量压力。

4) 检查电机电流是否在额定值，超负荷时，应停车工检查。在启动完要检查电机、泵是否有杂音，是否异常振动，是否有泄漏等后才能离开。

(3) 离心泵的切换

1) 启动备用泵前，按启动前的准备步骤进行，热油泵应缓慢完全预热。

2) 全开备用泵入口阀，使泵体内充满介质，排尽泵体内气体后，启动电机。

3) 检查泵体振动及噪声情况，运转正常后，逐渐开大备用泵的出口阀，同时逐渐关小运转泵的出口阀。

4) 备用泵出口阀全开，运转泵出口阀全关后停车。(出口阀全关是停泵的标准，否则高压液体倒流，会损坏出口止回阀。)

5) 离心泵切换过程中的注意事项：

① 换泵时应严格遵循流量、压力等不变的原则。

② 严禁抽空等事故发生。

③ 停泵后，及时开启暖泵线。

④ 需检修时，被切换泵的各管线阀门需全部关死，切断电源。排尽泵体内物料。

(4) 离心泵的停车

1) 逐渐关闭泵的出口阀。

2) 当出口阀关闭后停电机。

3) 泵停止运转后，泵体温度降至常温后停止冷却水。

4) 热油泵停止运转后，将冷却水调小。打开泵出入口预热阀，使泵处于完全预热备用状态。

5）关入口阀门。

5.3.8.4 离心泵常见故障的判断和处理

离心泵故障原因及处理见表5-5。

表5-5 离心泵故障原因及处理

序号	故障现象	故障原因	处理方法
1	流量扬程降低	泵内或吸入管内存有气体	重新灌泵，排除气体
		泵内或管路有杂物堵塞	检查清理
		泵的旋转方向不对	改变旋转方向
		叶轮流道不对中	检查、修正流道对中
		中环等各部间隙增大	调整各部间隙
2	电流升高	转子与定子摩擦	解体修理
3	振动值大	泵转子或驱动机转子不平衡	重新校正
		泵轴与原动机轴对中不良	重新找对中
		轴承磨损严重，间隙过大	修理或更换损坏件
		转动部分平衡被破坏	重新检查并消除不平衡
		地脚螺栓松动或基础不牢固	紧固螺栓或加固基础
		支架不牢引起管线振动	管线支架加固
		转子零部件松动或损坏	紧固松动件或更换
		泵内部有摩擦	解体检查消除摩擦
		泵抽空	进行工艺调整
4	密封泄漏严重	泵轴与原动机对中不良或轴弯曲	重新校正
		轴承或密封环磨损过多形成转子偏心	更换并校正轴线
		机械密封损坏或安装不当	更换检查
		密封液压力不当	比密封前压力大0.05~0.15MPa
		填料过松	重新调整
		操作波动大	稳定工艺操作
5	轴承温度过高	轴承安装不正确	按要求重新装配
		转动部分平衡被破坏	检查并消除
		轴承箱内油过少、过多或太脏变质	按规定保持油位或更换油
		轴承磨损或松动	修理更换或紧固
		轴承冷却效果不好	检查调整
		泵与原动机对中不良	重新校正

5.3.8.5 离心泵的日常维护

1）严格按泵的操作规程启动、运行与停车，并做好运行记录。

2）每班检查润滑部位的润滑油是否符合规定，做到严格实行“五定”“三级过滤”。

3）每班检查轴承温度，应不高于环境温度35℃，滚动轴承的最高温度不得超过75℃；滑动轴承的最高温度不得超过70℃。每班检查电机温升，有氮气密封的泵检查氮气密封。

4）每班检查轴封处滴漏情况，标准为：填料密封保持每分钟10~20滴为宜；对于机械密封，应无任何泄漏。

5）每班观察泵的压力，电机电流是否正常和稳定，注意泵有无噪声等异常情况，发现问题及时处理。

6）每班保持机泵及周围场地整洁卫生，及时处理跑、冒、滴、漏。

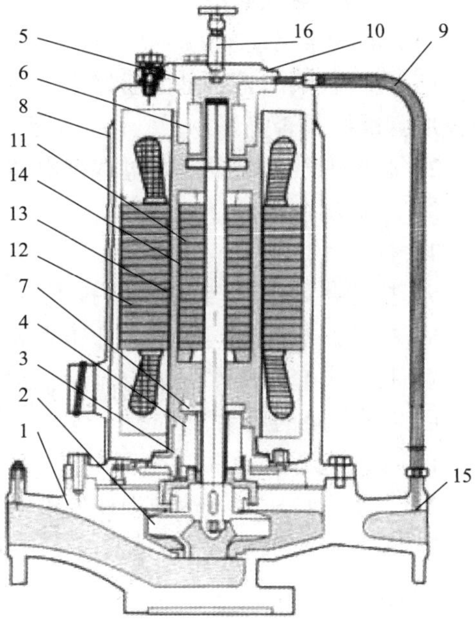

图 5-49　立式屏蔽泵的工作原理示意图

1—泵体；2—叶轮；3—平衡端盖；4—下轴承座；5—石墨轴承；6—轴套；7—推力盘；8—机座；9—循环管；10—上轴承座；11—转子组件；12—定子组件；13—定子屏蔽套；14—转子屏蔽套；15—过滤网；16—排出水阀

5.3.9　屏蔽泵

5.3.9.1　*屏蔽泵的结构*

立式屏蔽泵及卧式屏蔽泵的工作原理示意图如图5-49及图5-50所示。

5.3.9.2　*屏蔽泵工作原理*

普通离心泵的驱动是通过联轴器将泵的叶轮轴与电动轴相连接，使叶轮与电动机一起旋转而工作，而屏蔽泵是一种无密封泵，泵和驱动电机都被密封在一个被泵送介质充满的压力容器内，此压力容器只有静密封，并由一个电线组来提供旋转磁场并驱动转子。这种结构取消了传统离心泵具有的旋转轴密封装置，故能做到完全无泄漏。

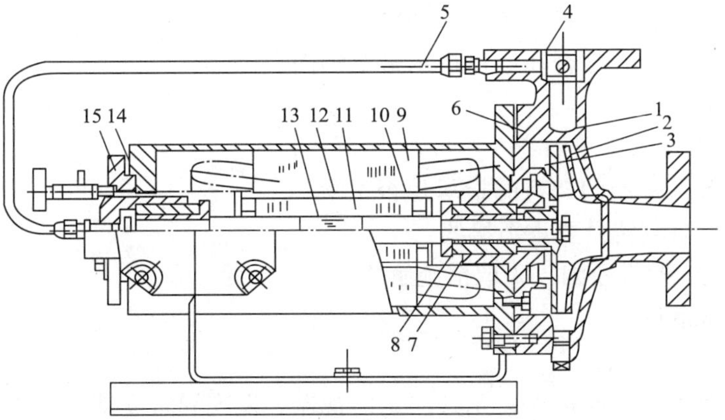

图 5-50　卧式屏蔽泵的工作原理示意图

1—泵体；2—叶轮；3—前轴承室；4—过滤器；5—循环管路；6—垫片；7—轴承；8—轴套；9—定子；10—定子屏蔽套；11—转子；12—转子屏蔽套；13—轴；14—垫片；15—后轴承室

屏蔽泵把泵和电机连在一起，电动机的转子和泵的叶轮固定在同一根轴上，利用屏蔽套将电机的转子和定子隔开，转子在被输送的介质中运转，其动力通过定子磁场传给转子。

5.3.9.3 屏蔽泵操作

(1) 屏蔽泵启动前的准备工作

1) 检查各阀门是否是灵活好用，电流表、电压表零点指示是否准确，电机接地是否完好，地脚螺栓是否完好。

2) 联系电气人员设定好过载继电器，并确认电机转向正确。

3) 关闭出口阀。

4) 打开入口阀引液体灌泵。

5) 打开各处排 PS 线阀充分排气后关阀。

6) 打开回流线上阀门，打开压力表根部阀。

7) 打开夹套冷却水到规定流量，约 10L/min。

(2) 屏蔽泵的启动

1) 接通电源启动泵。

2) 当泵出口压力表达到操作要求时，慢慢打开出口阀，使出口流量、压力达到规定值。

3) 全面检查机泵运行情况。

(3) 屏蔽泵的停车

1) 慢慢关小出口阀，直至出口流量达到最小流量为止。

2) 切断电源，停泵。

3) 关闭泵的入口阀。

4) 打开排 PS 线阀，放净泵体内残液。

5) 关闭夹套内冷却水。

5.3.9.4 屏蔽泵的日常维护与检查保养

(1) 日常检查主要内容

1) 出口压力表指针有无异常。

2) 检查电流值是否在额定值以内。

3) 检查运转声音、振动等有无异常现象。

4) 注意轴承监视指针是否在红色指示带范围内。

5) 泵各部件的温度。

6) 有无液体泄漏。

7) 检查轴旋转保护器(TRG)的指示是否正常。

① 超过量程，泵倒转，要重新接线。

② 黄色~红色，检查原因，采取措施解决。

③ 绿色为正常运行。

(2) 屏蔽泵维护的要点

1) 应定时对泵进行全面检查，尤其注意监视器，发现异常立即停机处理。

2) 屏蔽泵是靠自身环流润滑，绝对不可以截流运转，也绝对不能逆运转 1min 以上。

3) 节流孔板安装在泵体出口与管法兰之间，是一个通孔小于出口管的不锈钢板。因为屏蔽泵是靠自身循环润滑，如果没有节流孔板的节流作用，回流液体的压力就很低。不能完全润滑轴承，造成轴承损坏。另外，节流孔板还能进一步提高压力。

4) 夹套内部充满冷却水，用来降低设备温度，当输送液体温度较高时，就要设置夹套。

5) 组装时要注意以下几点：轴承在装进轴承座前要将衬片放入轴承外围的切开部，将轴承插入轴承座内，并将止动螺丝旋入至衬片，切忌不可过紧，否则容易造成轴承早期磨损；安装轴承座时，前轴承座的环流孔兼有排气、排液的功能，应使环流孔上下对齐。

5.3.9.5 屏蔽泵常见故障与处理

屏蔽泵常见故障与处理见表 5-6。

表 5-6 屏蔽泵常见故障与处理

序号	故障	原因	处理方法
1	电机过热	冷却水不足或缺水	加大冷却水量或设置缺水继电器
2	TRG 指示大	(1) 轴承磨损 (2) 电机反向转动 (3) 轴弯曲 (4) 异物卡塞	(1) 更换 (2) 重新接线 (3) 修理或更换 (4) 解体清理
3	轴承磨损	(1) 轴承荷重过大 (2) 异物堵塞 (3) 规格错或材质不行 (4) 液体黏度过大	(1) 修改回流量 (2) 清理 (3) 更换 (4) 调整工艺
4	流量、压力不正常	(1) 叶轮磨损 (2) 进、出口阻力大 (3) 排气不良 (4) 入口漏气	(1) 修理或清扫 (2) 重新审查管道铺设是否正确 (3) 重新进行排气 (4) 调整原因、采取对策
5	异常振动噪声大	(1) 轴承磨损 (2) 轴弯曲或叶轮不平衡 (3) 吸入阻力大	(1) 更换 (2) 校轴、使叶轮平衡 (3) 检查清扫

5.3.10 磁力泵

5.3.10.1 磁力泵的工作原理

磁力泵是利用磁性联轴器的工作原理无接触地传递扭矩的一种新泵型。当电动机带动外磁转子旋转时，通过磁场的作用带动内磁转子与叶轮同步旋转，从而达到抽送液体的目的，由于液体被封闭在静止的隔离套内，所以它是一种全密封、无泄漏的泵型。

磁力泵由泵、磁力传动器、电动机三部分组成，如图 5-51 所示。关键部件磁力传动器由外磁转子、内磁转子及不导磁的隔离套组成。当电动机带动外磁转子旋转时，磁场能穿透空气隙和非磁性物质，带动与叶轮相连的内磁转子做同步旋转，实现动力的无接触传递，将动密封转化为静密封。由于泵轴、内磁转子被泵体、隔离套完全封闭，从而彻底解决了“跑、冒、滴、漏”问题，消除了炼油化工行业易燃、易爆、有毒、有害介质通过泵密封泄漏的安全隐患，有力地保证了职工的身心健康和安全生产。

将 n 对磁体(n 为偶数)按规律排列组装在磁力传动器的内、外磁转子上，使磁体部分相互组成完整藕合的磁力系统。当内、外两磁极处于异极相对，即两个磁极间的位移角 $\Phi=0$ 时，此时磁系统的磁能最低；当磁极转动到同极相对，即两个磁极间的位移角 $\Phi=2\pi/n$ 时，此时磁系统的磁能最大。去掉外力后，由于磁系统的磁极相互排斥，磁力将使磁体恢复到磁能最低的状态。于是磁体产生运动，带动磁转子旋转。

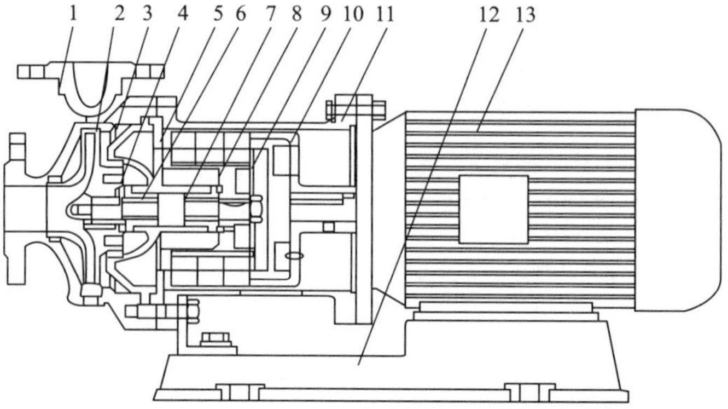

图 5-51　磁力泵的工作原理示意图

1—泵体；2—叶轮；3—轴承体；4—止推环；5—隔离套；

6—轴套；7—泵轴；8—轴承；9—内磁钢总成；

10—外磁钢总成；11—连接架；12—底座；13—电机

5.3.10.2　磁力泵的操作

(1) 启动前的准备工作

1) 清理设备周围影响设备和操作人员安全的杂物。

2) 检查密封水槽内的工艺水是否在正常工作液位，不足时应补加。

3) 为防止杂物进入泵内，泵进口处设过滤器，过滤面积大于管路截面积的 4 倍。保持过滤器清洁，各项工艺准备完毕，具备试车条件。

4) 检查设备零部件完整无缺，地脚螺栓等紧固无缺。

5) 附带仪表应灵敏、指示准确、可靠。

6) 若有滚动轴承箱的磁力泵，润滑系统应按设备技术资料中规定加注润滑油。

7) 检查密封水管道上所有阀门要开关正确。

8) 在长期停机或泵检修后第一次开车时，拆下电机的风扇罩并手动盘车，检查磁力泵转动是否灵活，在确认没有问题后装好风扇罩。

9) 关闭排出阀，打开吸入阀后打开排气阀充分排气。

10) 扬程高的泵在出口管路上应装止回阀，以防突然停机时水锤破坏。

11) 通知电工向现场操作盘送电。

12) 点动电机，检查泵的转向是否正确。

(2) 泵的启动

1) 磁力泵空负荷运行将导致轴承磁性体失磁，故本类泵严禁空负荷运行。

2) 开启泵前应全开吸入阀，泵内灌满液体，出口管线的排出阀拓开约 1/4，泵启动后待转速达到额定转速即应全开排出阀。

3) 检查电流值，是否超出设定值。

4) 泵启动后，检查泵的声音及振动情况。出口阀应缓慢开启，待泵达到正常运行状态后，再将出口阀调到所需开度。

5) 检查流量、扬程，应不低于铭牌值的 90%；密封罩根部工作温度在磁转子材料允许范围以内。

（3）泵运行中注意事项

1）防止颗粒进入。

① 不允许有铁磁杂质、颗粒进入磁力传动器和轴承摩擦副。

② 输送易结晶或沉淀的介质后要及时冲洗(停泵后向泵腔内灌注清水，运转 1min 后排放干净，以保障滑动轴承的使用寿命。

③ 输送含有固体颗粒的介质时，应在泵流管入口处过滤。注意吸入端过滤器的前后压力差，压力差增加时，表示过滤器上有异物堵塞，要停止泵运行，以便清洗粗滤器。

2）防止退磁。

① 磁力矩不可设计得过小。

② 应在规定温度条件下运行，严禁介质温度超标。可在磁力泵隔离套外表面装设铂电阻温度传感器检测环隙区域的温升，以便温度超限时报警或停机。

3）防止干摩擦。

① 严禁空转。

② 严禁介质抽空。

③ 在出口阀关闭的情况下，泵连续运转时间不得超过 2min，以防磁力传动器过热而失效。

4）排出量、排出压力是否符合规定值。

5）有无异常声音及振动，若发生异常声音或振动，一般情况说明有汽蚀或轴承过度磨损。

6）泵是否发生汽蚀：打开泵的出口阀门，当流量达到一定量，突然发出响声和振动，这时继续开大阀门，如果流量仍不增加，说明有汽蚀。有汽蚀时要进行排气操作。

注意：磁力泵在汽蚀状态下绝对不能运转，如果在这种状态下继续运转，则会引起轴承早期磨损。

7）电动机的电流值是否超过额定电流。

8）泵各部位的温度有无异常过热的状况。

9）氮气稳压系统的压力应保持在规定的范围内。

（4）泵的停车

1）正常停车关闭出口阀，然后立即停止电动机，随后再关闭进口阀。禁止在出口阀门未关闭的情况下停车，以免出口管路液体倒流使叶轮反转，损坏零件。

2）紧急停车立即停止电动机，然后再关闭出口阀和进口阀。

3）如环境温度低于液体凝固点时，要放净泵内液体，以防冻裂。

4）长期停机不用时，除将泵内的腐蚀性液体放净外，还要用清水冲洗干净，尤其是密封室认真冲洗干净，并切断电源。

（5）巡检的内容

1）注意机组的响声和振动情况是否正常。

2）观察电流表、电压表、压力表、真空表和流量计等仪表读数是否正常。

3）注意管路是否有漏气、漏液等。

4）备用泵，应定时启动一次。

5）轴承箱内的润滑脂要定期进行添加。

5.3.10.3 磁力泵的维护与保养

1）检查磁力泵管路及结合处有无松动现象。用手转动磁力泵，试看磁力泵是否转动灵活。

2）向轴承体内加入轴承润滑机油，观察油位应在油标的中心线处，润滑油应及时更换或补充。

3）拧下磁力泵泵体的引水螺塞，灌注引水(或引浆)。

4）关好出水管路的闸阀和出口压力表及进口真空表。

5）点动电机，试看电机转向是否正确。

6）开动电机，当磁力泵正常运转后，打开出口压力表和进口真空泵视其显示出适当压力后，逐渐打开闸阀，同时检查电机负荷情况。

7）尽量控制磁力泵的流量和扬程在标牌上注明的范围内，以保证磁力泵在最高效率点运转，才能获得最大的节能效果。

8）磁力泵在运行过程中，轴承温度不能超过环境温度35℃，最高温度不得超过80℃。

9）如发现磁力泵有异常声音，应立即停车检查原因。

10）磁力泵要停止使用时，先关闭闸阀、压力表，然后停止电机。

11）磁力泵在工作第一个月内，经100h更换润滑油，以后每个500h，换油一次。

12）经常调整填料压盖，保证填料室内的滴漏情况正常(以成滴漏出为宜)。

13）定期检查轴套的磨损情况，磨损较大后应及时更换。

14）磁力泵在寒冬季节使用时，停车后，需将泵体下部放水螺塞拧开将介质放净。防止冻裂。

15）磁力泵长期停用，需将泵全部拆开，擦干水分，将转动部位及结合处涂以油脂装好。

5.3.10.4 磁力泵常见故障及解决方法

磁力泵故障原因及处理见表5-7。

表5-7 磁力泵故障原因及处理

故障现象	可能原因	处理方法
泵出口压力低	(1) 叶轮或口环磨损 (2) 泵内截留空气	(1) 联系维修 (2) 停泵，重新排气后启动
泵不能启动	(1) 底阀泄漏 (2) 进口管道系统泄漏 (3) 系统压头过高 (4) 排放不良或止回阀未打开 (5) 出口管道堵塞 (6) 出口管道内有汽蚀现象	(1) 关严底阀或更换 (2) 处理漏点 (3) 检查工艺系统并联系处理 (4) 重新排气或检修止回阀 (5) 清理 (6) 查清原因并处理
磁性联轴节被拉开	(1) 外磁环碰着隔离套 (2) 内磁环碰着隔离套 (3) 泵轴承由于杂物聚集卡住 (4) 杂质聚集在壳体或叶轮处	(1) 联系厂家处理 (2) 联系厂家处理 (3) 清除杂物 (4) 清除杂质

续表

故障现象	可能原因	处理方法
泵出口压力急剧下降	(1) 进口压头太低 (2) 杂质聚集在进口管或底阀内 (3) 入口管道高度磨损 (4) 杂质聚集在叶轮或口环处 (5) 入口管道有汽蚀现象	(1) 提高入口压头 (2) 清除杂物 (3) 管道更换 (4) 清除杂物 (5) 查清原因，消除汽蚀
泵的流量或压头不足	(1) 叶轮或口环磨损 (2) 泵内截流气体 (3) 进口压头太低 (4) 杂质聚集在进口管或底阀 (5) 杂质聚集在叶轮或口环处	(1) 修理 (2) 重新排气 (3) 提高入口液位或压力 (4) 清除杂物 (5) 清除杂物
电机电流强度太高	(1) 电机转向不正确 (2) 出口流量太高 (3) 电机转子损坏 (4) 泵轴承损坏 (5) 杂质聚集	(1) 改正电源接线 (2) 调节流量 (3) 调换新的电机 (4) 更换轴承 (5) 清除杂质
噪声或振动过大	(1) 转动方向不正确 (2) 轴承损坏或磨损 (3) 泵内有杂质聚集 (4) 汽蚀 (5) 泵底座共振 (6) 外磁环没正确固定于驱动轴 (7) 联轴器同轴度差	(1) 改正电源接线 (2) 更换轴承 (3) 清除杂物 (4) 查清原因并处理 (5) 检查地脚螺栓紧固情况 (6) 联系厂家处理 (7) 重新找正

5.3.11 计量泵

5.3.11.1 计量泵的结构

计量泵由电机、机座和泵头组成如图 5-52 所示，电机经联轴器、带动蜗杆、蜗轮、N形轴转动，连杆套在偏心块上与十字头组成曲柄连杆机构，十字头带动柱塞做往复运行，使泵达到吸排液体的目的。隔膜泵通过油腔内的油，在液压作用下，使隔膜前后鼓动，从而达到吸排液体的目的。流量由调节机构进行调节，由调量表读数，调节范围在 0%～100%，最大行程时的计量精度±1%。

5.3.11.2 计量泵的操作

(1) 启动前的准备

1) 新安装泵内外表面应用煤油清洗干净，检查清洗所有润滑油孔。

2) 安装的管路应清洗干净，检查各连接处是否有堵塞或漏气的地方。

3) 检查各个连接部位有无松动。

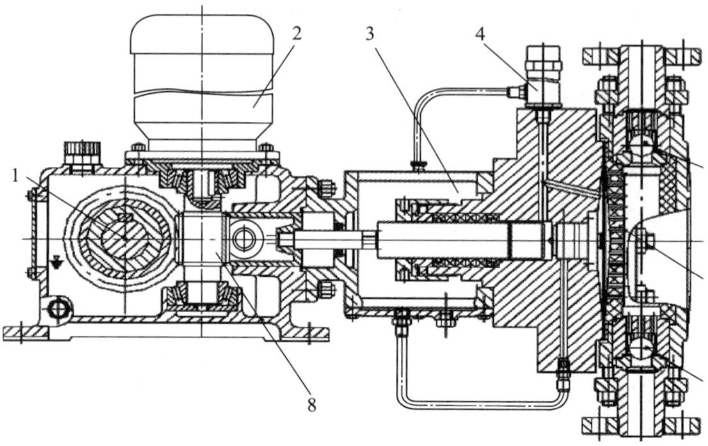

图 5-52　计量泵的工作原理示意图

1—行程调节箱；2—隔爆电动机；3—柱塞箱；4—安全阀；
5—出口单向阀；6—泵头；7—进口单向阀；8—曲轴箱

4）根据泵使用环境温度，转动机构箱体内应加入 20 号、30 号、40 号机械油或其他适应环境温度的润滑油至油标 1/2 处为止（排出压力为 10.0MPa 以上的计量泵应加入 100#机械油）。

5）启动前向隔膜腔、管路及补油阀组的油箱内加入变压器或开关油，（将泵行程调制 50%处）不应将泵行程调制 100%，否则会出现瞬间压力增大，导致隔膜片破裂。

6）用手转动联轴器，使泵运转两个往复以上，检查是否有影响运转的障碍。

7）开车时排出、吸入管路的阀门应全开。

8）做好启动准备后，可检查电路，启动电机。

9）补油系统阀组在出厂前已基本调好，若工况有变化，可适当予以调节，安全阀启跳压力应为泵工作压力的 1.25~1.45 倍，不应过高或过低，自动补偿不需人工调节。

10）根据使用要求，可从出厂的流量标定曲线或用户按实际工作的流量标定曲线查出对应的相对行程长度进行调节流量。

11）开机前泵的行程必须处在零位。

（2）停泵

1）停泵应按下列顺序：切断电源，必要时关闭吸入管阀门，关闭排出管阀门。

2）在有冰冻情况时停泵，应放净泵及管路内的液体，以免冻坏。

3）若长期停泵，应将泵内液体全部放出，拆洗零件，涂防锈油。

5.3.11.3　计量泵使用中的维护

1）要注意压力表、电流表等仪表的读数，压力增加要检查排出管路是否堵塞或阀门没有全开。电流增高不正常要检查泵本身及电器设备是否有问题。

2）要注意各传动部件有无异常响声及泵阀的工作情况。

3）检查柱塞处的漏损及温升，漏损不应超过规定。如果漏损太多或温升过高应调节填料压盖。

4）各运动件及轴承的温升不应太高，润滑油温度不应超过 60℃。

5）各连接处不应漏油、漏液。

6）经常检查润滑情况，润滑油要及时更换，新泵每半月换一次，2个月后每半年更换一次。

7）膈膜腔的油要定期更换，新泵每周更换一次，使用1~2个月后每半年更换一次，使用3个月以上后每半年更换一次。

8）泵除因某些原因临时更换一些零件外，运转4000h后应更换易损件，运转8000~16000h后应进行拆洗并全面检查。

5.3.11.4 计量泵常见故障及解决方法

计量泵故障原因及处理见表5-8。

表5-8 计量泵故障原因及处理

序号	故障	原　因	排除方法
1	电动机不能启动	（1）电源无电 （2）电源一项或多项断电	（1）检查电源供电情况 （2）检查保险丝及接触器接点是否良好
2	不排液或排液不足	（1）吸入管堵塞或吸入管路阀门未打开 （2）吸入管路漏气 （3）吸入管太长，急转弯多 （4）吸入阀或排出阀面损坏或落入外来物使阀面密封不严 （5）膈膜腔内残存空气 （6）补油阀组或隔膜等处漏气或漏油 （7）安全阀补偿动作不正常 （8）补油系统的油里有杂质，阀被垫上，密封不严 （9）柱塞填料处漏油严重 （10）电机转数不足或不稳定 （11）吸入液面太低	（1）检查吸入管、过滤器，打开阀门 （2）将漏气部位封严 （3）加粗吸入管，减少急转弯 （4）检查阀的密封性，必要时更换阀、阀座 （5）重新灌油，排出气体 （6）找出泄漏部位封严 （7）重新调节 （8）换干净油 （9）调节填料压盖或更换新填料 （10）稳定电机转速 （11）调整吸入液面高度
3	泵的压力达不到性能参数	（1）吸入、吸出阀损坏 （2）柱塞填料处漏损严重 （3）隔膜处或排出管线头密封不严	（1）更换新阀 （2）调节填料压盖或更新填料 （3）换出漏气部位封严
4	计量精度降低	（1）入口阀或出口阀面损坏或落入外来物使阀面密封不严 （2）膈膜腔内残存空气 （3）补油阀组或隔膜等处漏气或漏油 （4）安全阀补偿动作不正常 （5）补油系统的油里有杂质，阀被卡上，密封不严 （6）柱塞填料处漏油严重 （7）电机转数不足或不稳定 （8）吸入液面太低 （9）柱塞零点偏移	（1）检查阀的密封性，必要时更换阀、阀座 （2）重新灌油，排出气体 （3）找出泄漏部位封严 （4）重新调节 （5）换干净油 （6）调节填料压盖或更换新填料 （7）稳定电机转速 （8）调整吸入液面高度 （9）调节填料压盖或更换新填料 （10）换出漏气部位封严

续表

序号	故障	原　因	排除方法
5	零件过热	（1）转动机构中油箱内的油量过多或不足，油有杂质 （2）各油箱润滑油情况不好 （3）填料压的过紧	（1）更换新油，使油量适宜 （2）检查清洗各油空 （3）调整填料压盖
6	泵内有冲击响声	（1）各运动件间隙磨损严重 （2）阀升程太高	（1）调节或更换零件 （2）调节升程高度避免阀滞后

第6章 主要仪表控制及联锁

国内各套丙烯腈装置采用的控制系统和仪表配置会各有不同，本章以某丙烯腈装置的仪表配置及联锁为基础，结合仪表基本知识进行介绍。

6.1 仪表概述

6.1.1 丙烯腈装置概述

丙烯腈装置的生产原料丙烯、氨均为易燃、易爆介质，按照GB 50058—2014《爆炸和火灾危险环境电力装置设计规范》，丙烯腈装置划分为2区防爆场所。丙烯腈装置的产品丙烯腈为高度危害介质，副产品氢氰酸为极度危害介质。

6.1.2 生产装置对仪表及控制系统的要求

丙烯腈装置采用流化床催化技术使气态丙烯、氨气与空气在一定条件及催化剂作用下反应生成丙烯腈，并副产乙腈、氢氰酸。装置流程较长，技术水平高，要求控制水平高，仪表可靠性好。

由于装置的产品丙烯腈及副产品乙腈、氢氰酸均为有毒介质，所以一旦出现事故会影响人身安全，破坏环境。氢氰酸及含醋酸介质的腐蚀性强，在设计中应重点考虑现场仪表的防泄漏、防堵塞、防腐蚀等问题。

6.1.3 生产过程自动化水平

1）根据装置的生产特点，设计采用DCS系统对装置进行集中监视控制。

2）装置联锁系统采用冗余容错的紧急停工系统。

3）可燃气体及有毒气体检测信号引入可燃有毒气体报警盘，在盘上单独进行指示、报警，也可以引入独立的DCS卡件。

6.2 主要仪表控制回路介绍

6.2.1 系统简介

某公司推出的集散控制系统是将整个工厂信息系统与生产过程控制系统统一在一个平台上的自动化系统。它具有三层独立但又可以整体通信的网络：计算机局域网PCN、控制管理网络TPN(LCN)和过程控制网络。

在这三层网络中，过程控制网络为与控制过程的通道，即挂在这个网络中的设备对工艺控制过程进行数据采集和控制。控制管理网络TPN(LCN)连接一些负责高级控制、扩展数据采集和数据分析的模件，它将所有网络联在一起，构成一个整体。计算机局域网PCN以普通 PC 机作为操作平台，运行应用软件及该公司的一些离线组态软件。用户可根据具体的控制系统的要求对这些网络和各网络中的设备以及各设备中的卡件进行配置。

6.2.2 串级控制

串级控制的目的是提高控制质量，稳定主变量，一般主变量不允许有余差，所以主控制器通常选用比例积分控制规律，以实现主变量的无差控制。对象控制通道容量滞后较大时，为了克服容量滞后，可选择比例积分微分控制规律。副变量本来就是变化的，设置副回路的目的是快速克服干扰，稳定主变量，所以副控制器一般选用比例控制规律。串级控制回路图如图 6-1 所示。

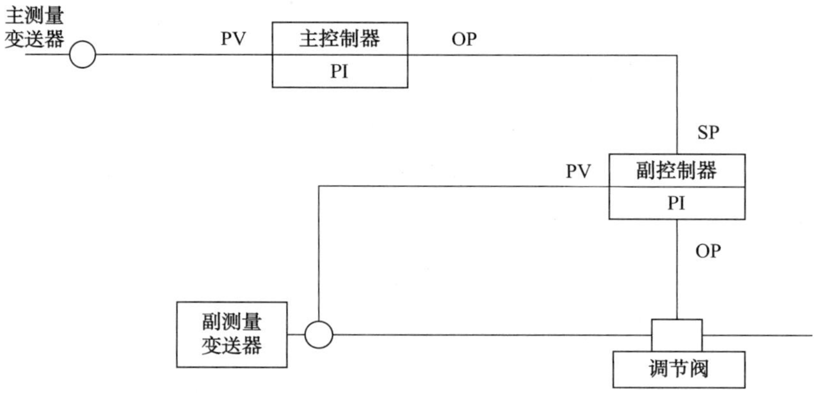

图 6-1　串级控制回路图

6.2.2.1 反应器进料比值控制系统

实现两个或两个以上的参数符合一定比例关系的控制系统，称为比值控制系统。通常为流量比值控制系统，用来使两种物料的流量保持一定的比值关系。图 6-2 为国内某丙烯腈装置反应器原料空气流量与丙烯流量的比值控制回路图。

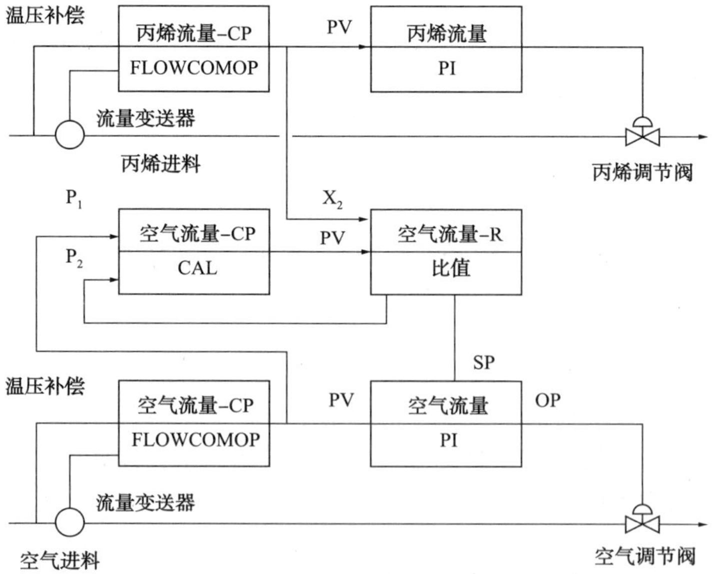

图 6-2　反应器进料比值控制

对于整个回路，就其性质而言，它是一个微调回路，只有当撤热水管带走的热量与反应热基本平衡时，即反应温度波动范围不超过给定值的±5%时，才投用此回路。

该回路实际上是一个以反应器床层温度(TC-21103)为主环(以某公司 13 万 t/a 丙烯腈装置为例)，以丙烯进料调节为副环，以丙烯流量为基准构成的丙烯(C_3H_6)、氨(NH_3)、空气(AIR)进料比值调节系统，该系统还包括对三种进料的温压补偿系统。

在此回路中，主环是一个定值调节系统，TC-21103 是主调节器，副环是一个随动系统，丙烯流量(FC-21101)是副调节器。主调节器根据反应温度的变化，不断调整副调节器的给定值，使副回路自动适合反应温度的变化。

首先根据调节器内部常数设定单元 FS-21101 和 FS-21102 丙烯目标值和丙烯纯度，计算出丙烯的目标流量(由调节器内部的 FY-21101)，通过流量×100%±5%对床层温度 TC-21103 输出阀位，即使 TC-21103 的输出值在±5%范围内波动，使 FC-21101 的设定值在±5%范围内变化。当床层温度变化时，使 FC-21101 的给定值变化，从而使调节阀再度变化，则使丙烯流量检测变化。变化的流量送往调节器内部的运算器 FY-21102，与丙烯纯度 FS-21102 的给定值 SV 值相乘，得出实际纯丙烯的用量，输出到比例调节器氨与丙烯比 FFI-21102、空气与丙烯比 FFI-24101。根据事先给定的比值(由工艺人员从操作台上输入)计算出氨(NH_3)和空气的实际流量，分别送往氨流量调节器(FC-21102)和空气流量调节器(FC-24101)的操作输出变化，改变氨和空气的流量。由于反应物的增加或减少，使反应热增加或减少，最终达到床层温度的升高或降低，使床层温度趋于平稳。

由于丙烯、氨、空气进料均为气体，当温度压力变化时，变化的温度压力信号与流量一起送往运算器，运用固定的公式进行运算，这样运算的结果虽然改变了各物料的体积流量，但其质量流量变化甚小，超前抵消了干扰，使床层温度的变化较小。

6.2.2.2 蒸汽发生器液位控制回路(三冲量)

此控制回路是一个汽包液位的三冲量(即三参数)调节回路。从回路构成来看，液位调节阀 LC-21102，蒸汽流量的前馈信号与供水量 FC-21115 构成一个前馈——串级复合回路。高调节器是 LC-21102，副调节器是 FC-21115，主调节器发出的主参数信号，是副调节器 FC-21115 的给定值，产汽量的变化作为 FC-21102 的输出补偿，使供水调节阀据此变化进行校正。其调节过程见图 6-3。

三冲量控制系统主要是指蒸汽发生器液位控制系统中，分别引入液位、蒸汽流量和给水流量三个信号，经过一定的运算后，共同控制一只给水控制阀。液位信号是该系统的被控变量，是反映蒸汽发生器工作状态的主要工艺指标，也是为了保证蒸汽发生器安全工作的必要指标。引入蒸汽流量信号的目的是及时克服蒸汽流量波动对蒸汽发生器液位的影响，并有效地克服由于“假液位”现象而引起的控制系统的误动作。引入给水流量信号的目的是将给水流量作为副变量，利用串级控制系统中副回路克服干扰的快速性来及时克服给水压力变化对蒸汽发生器液位的影响。图 6-3 为三冲量控制回路图。

首先，通过常数设定单元 FS-21106，给出汽包的目标产汽量，产汽量的变化由运算器 FY-21115 通过比较运算得出。当液位 LC-21102 变化时，产汽量亦随之变化，但其方向与液位相反，即液位增加，产汽量降低，反之，产汽量上升。将蒸汽量的变化作为液位输出的补偿，除了具有前馈作用，更是为了防止“伪虚液位”现象，因而就避免了供水调节阀的误动作。由图可见，供水流量调节器 FC-21115 的给定值是液位调节器 LC-21102 的输出和蒸汽流量变送器的前馈信号之和。当此合成输出信号变化时，供水量给定值随之变化。这样既防止了“伪虚液位”造成的误动作，又克服了给水量波动的影响，从而使汽包液位使于稳定状态。

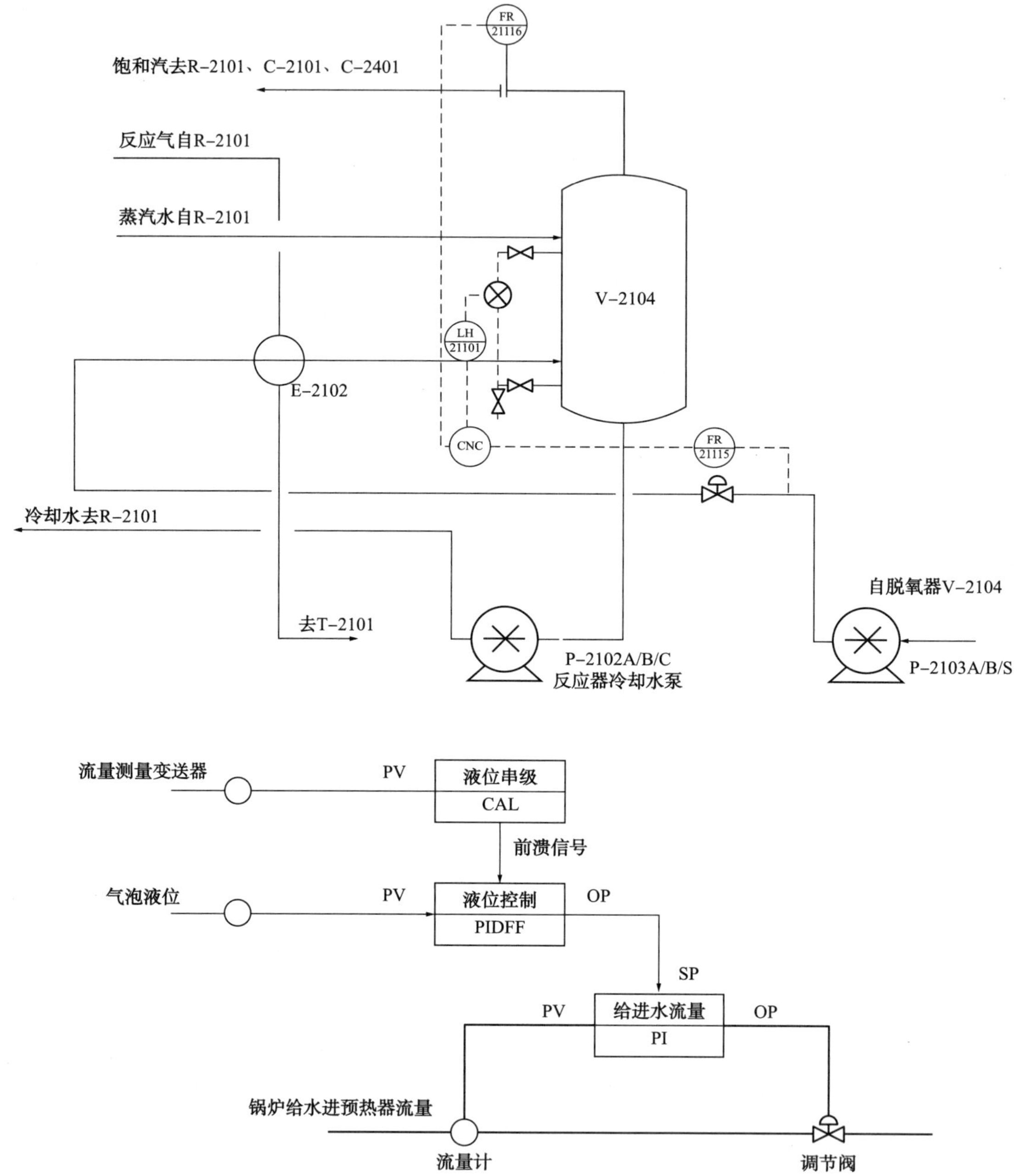

图 6-3　蒸汽发生器三冲量调节图

6.2.2.3　回收塔串级前馈控制系统

该控制回路是由回收塔 48[#] 板灵敏点温度 TRC-21233 与塔釜再沸器蒸汽流量 FRC-21227 组成的串级回路和灵敏点温度控制输出的前馈补偿构成，见图 6-4，其调节过程如下。

直接影响灵敏点温度的主要因素是进入再沸器的蒸汽量，但亦有其他干扰，如进料、溶剂水、出料等流量和温度的波动都能引起灵敏点温度的变化，为消除干扰，通常改变加热蒸汽流量，保持48#板温度的稳定。48#板温度调节器TRC-21233的输出作为蒸汽流量调节器FRC-21227的给定值，从而改变蒸汽量，使灵敏点温度趋于稳定，前馈补偿的作用就是超前增加或减少一些蒸汽，在干扰未影响灵敏点之前把它们消除。

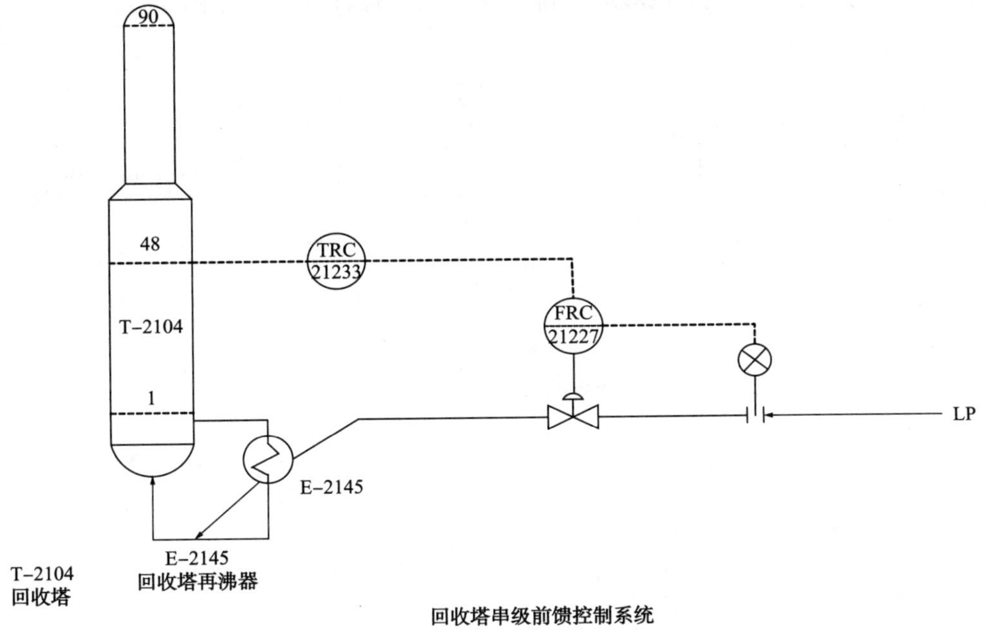

回收塔串级前馈控制系统

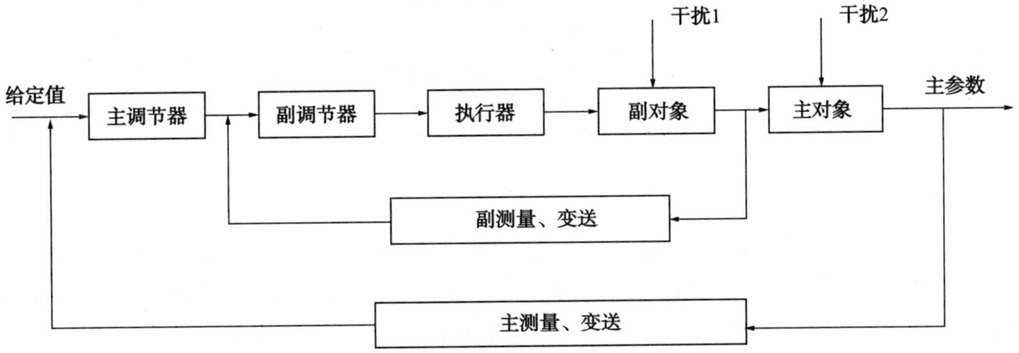

串级调节系统典型方框图

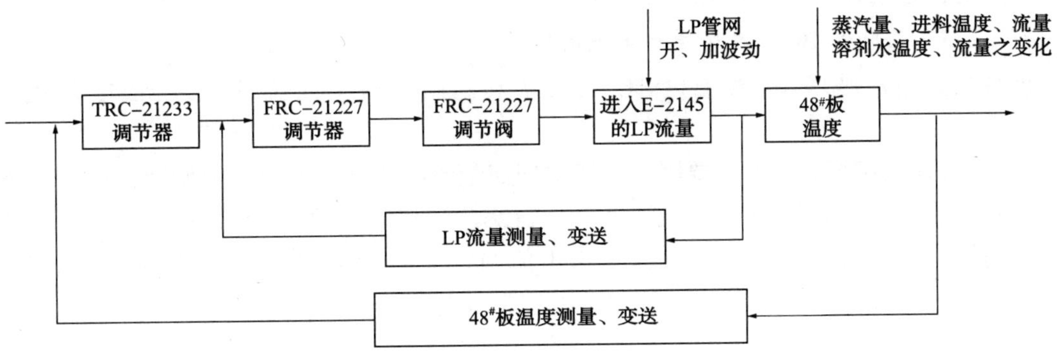

回收塔串级前馈控制调节系统方框图

图6-4　回收塔灵敏板串级图

6.2.2.4 回收塔分层器有机相液位控制串级回路

此回路实际上是一个串级型均匀调节回路，既要保持分层器有机相液位稳定，又不使脱氢氰酸塔进料负荷波动太大，即要使两者都在一个允许的范围内变化。该系统由回收塔分层器有机相液位 LICA-21214 和脱氢氰酸塔进料流量 FRC-21241 构成，见图 6-5。

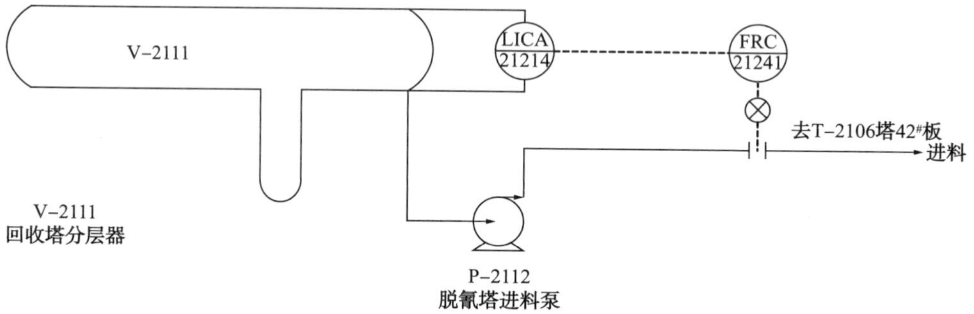

回收塔分层器有机相液位控制串级调节回路

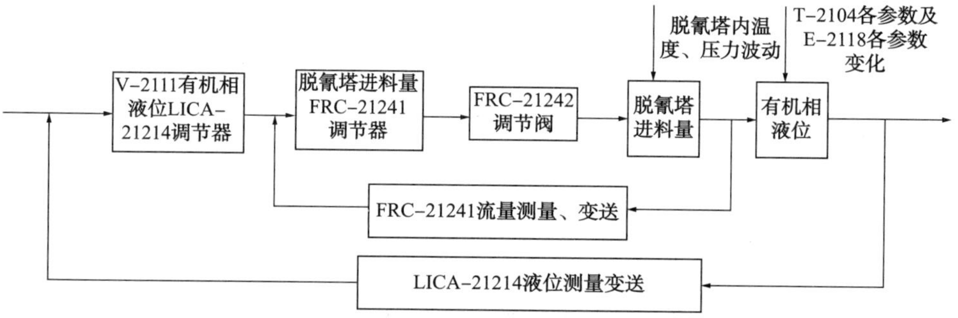

回收塔分层器有机相液位串级调节系统方框图

图 6-5　回收塔分层器油相液位串级控制图

如图 6-5 所示，该回路的主参数是分层器有机相液位，副参数是脱氢氰酸塔进料量，当脱氢氰酸塔内压力等波动时，副参数调节器可以及时调节流量，以直接克服干扰，保持输出流量稳定。当 LICA-21214 的实测值(PV)发生变化时，引起其输出值(MV)变化，即改变了副参数脱氢氰酸塔进料调节器 FRC-21241 的给定值(SV)，从而使其输出发生变化，改变阀门的开度，直至分层器有机相的液位 SV 和 PV 一致。

6.2.2.5 乙腈塔 10#板温度控制串级回路

该系统是由乙腈塔 10#板温度 TC-21267 和乙腈塔塔顶回流量 FC-21242 构成，见图 6-6。

影响乙腈塔 10#板温度的主要因素是塔顶回流量，因此将其温度串级调节，由图 6-6 可知，该系统的主参数是乙腈塔 10#板温度 TC-21267，副参数是顶回流量 FC-21242，当主参数的实测值(PV)发生变化时，引起操作输出值 MV 变化，即改变了塔顶回流量 FC-21242 的给定值(SV)，从而改变了其操作输出，改变回流量调节的开度，增加或减少回流量，使 10#板温度保持稳定。

6.2.2.6 脱氢氰酸塔串级前馈调节系统

该系统由两部分组成，一部分由脱氢氰酸塔 10#板温度 TC-21315 和脱氢氰酸塔再沸器贫水流量 FC-21308 构成的串级回路，另一部分是对 10#板温度调节器操作输出的前馈补偿系统，见图 6-7。

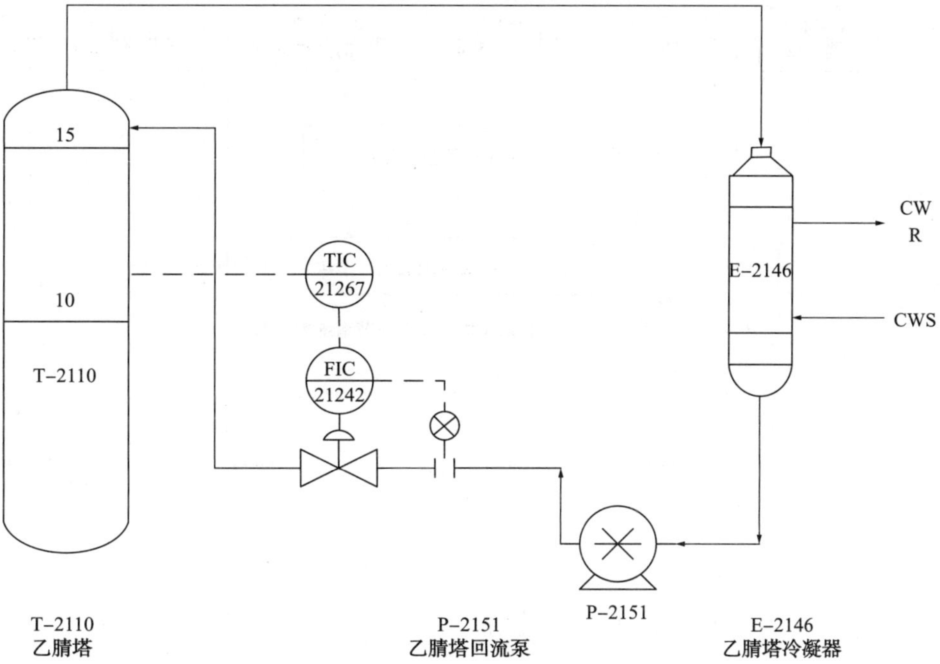

乙腈塔10#板温度控制串级回路

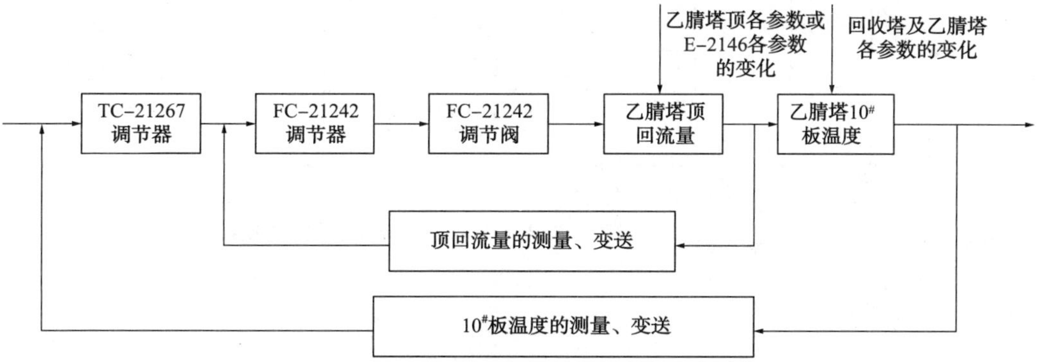

乙腈塔10#板温度串级调节系统方框图

图 6-6 乙腈塔 10#板串级控制图

影响脱氢氰酸塔 10#板温度的主要因素是进入再沸器的贫水量，但亦有其他因素的影响，如回流量、温度等因素的影响，亦会使 10#板温度发生变化。为防止干扰引起的 10#板温度波动，运用计算机内的计算器，对塔进行热衡算，计算出所需的贫水量，作为温度调节器 TC-21315 的输出补偿，这样就可以在温度未变化之前，超前增加或减少一些贫水量，补偿到 10#板温度调节器 TC-21315 的操作输出上，送往流量调节器 FC-21308 作为其给定值，因而当温度变化时，贫水调节器会正确地改变贫水量，尽快使温度稳定。

6.2.2.7 脱氢氰酸塔 52#板温度串级控制回路

该调节系统由脱氢氰酸塔 52#板温度 TC-21306 和塔顶回流量 FC-21305 组成，见图 6-8。

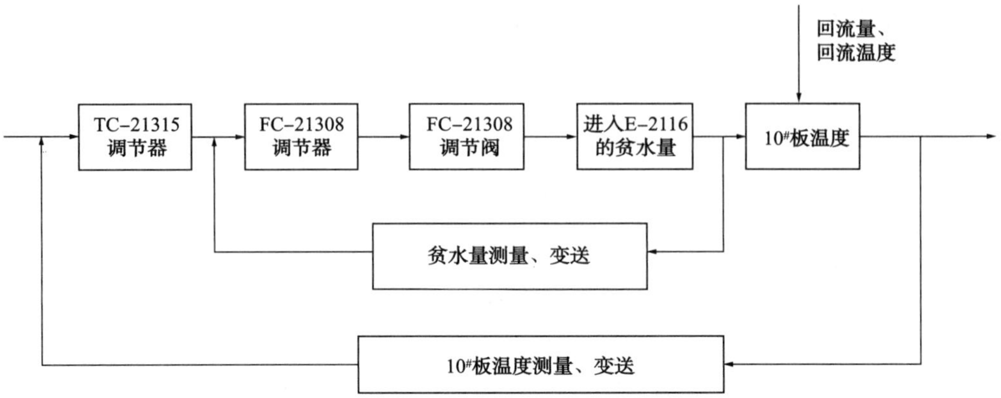

脱氰塔串级前馈调节系统方框图

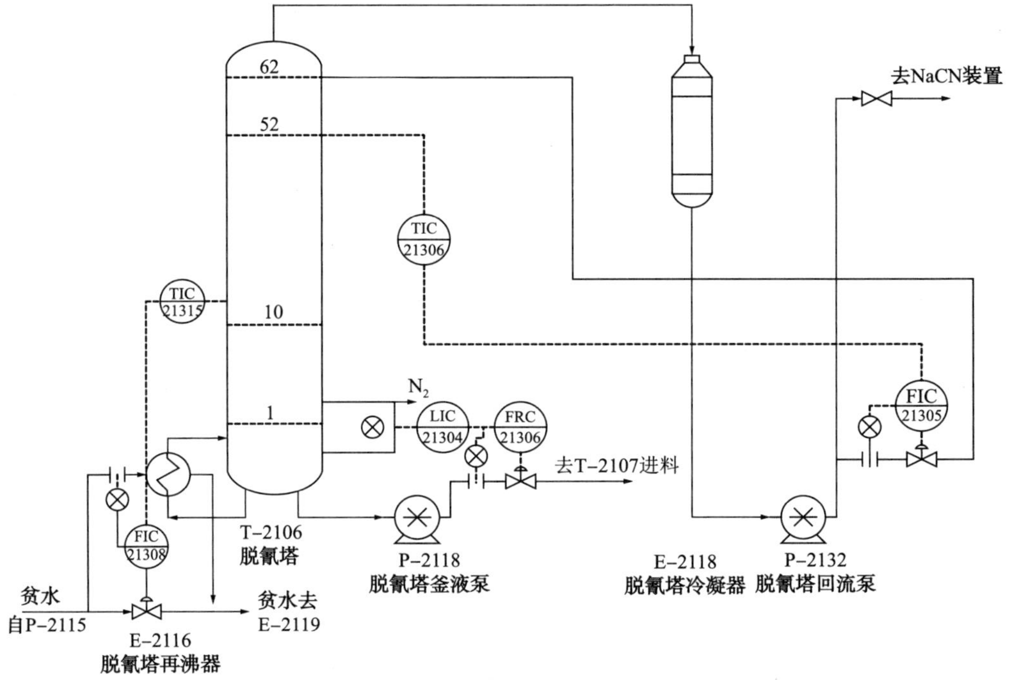

脱氰塔各串级调节回路

图 6-7 脱氢氰酸塔 10#板温度串级控制图

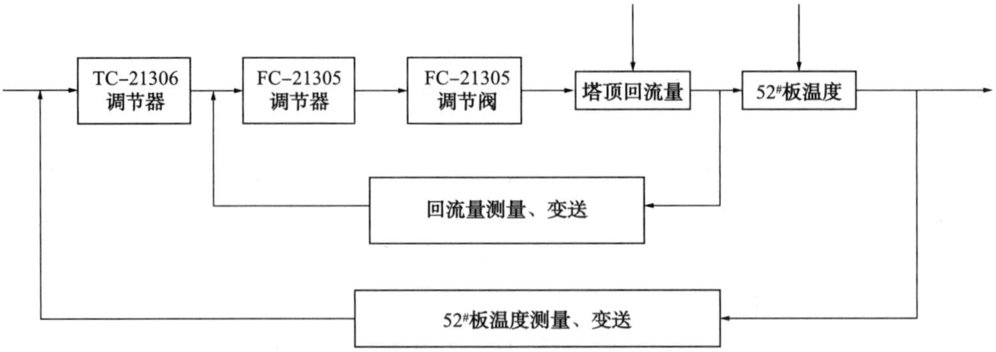

图 6-8 脱氢氰酸塔 52#板温度串级控制方框图

影响脱氢氰酸塔 52#板温度的主要因素是塔顶回流量，将其与 52#板温度串级调节，就构成了一个串级调节回路，主参数是 52#板温度 TC-21306，副参数是塔顶回流量 FC-21305，当 52#板温度 TC-21306 的实测值 PV 值发生变化时，其输出值(MV)变化，即改变了副参数 FC-21305 的给定值(SV)，从而改变了其操作的输出，改变了回流量调节阀的开度，这样就达到了改变回流量，稳定 52#板温度的目的。

6.2.2.8 脱氢氰酸塔塔釜液位控制串级回路

该系统是由脱氢氰酸塔塔釜液位 LIC-21304 和成品塔进料 FIC-21306 组成，见图 6-9。

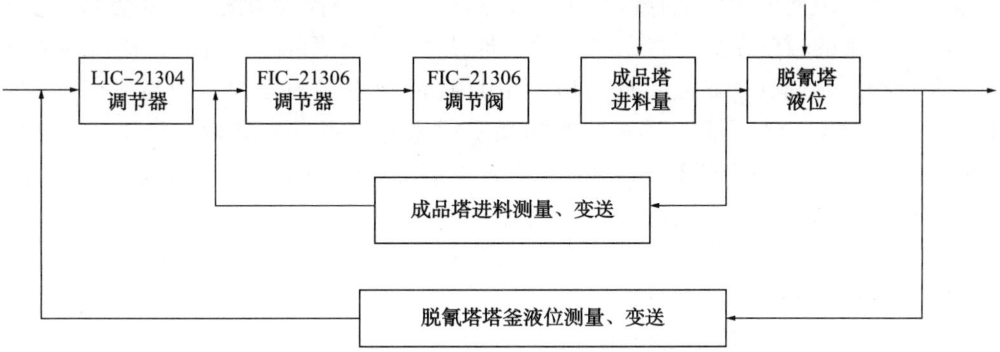

图 6-9　脱氰塔塔釜液位串级控制系统方框图

该回路亦是一个串级型均匀调节系统，既要保持脱氰塔釜液位相对稳定，又要使成品塔进料量波动不太大。该回路主参数是(T-2106)塔釜液位，当液位测量值(PV)变化时，其输出值(MV)亦随之变化，即改变了 FIC-21306 的给定值(SV)，其输出亦随之变化，从而改变了去(T-2107)的进料量。由于进料量改变，脱氰塔液位趋于稳定。当成品塔(T-2107)塔内压力的参数波动时，副参数调节器 FIC-21306 及时自行调节，克服干扰，保持流量稳定。

6.2.3 分程控制

分程控制系统就是一个控制器的输出信号被送往两个或两个以上的控制阀，每个控制阀都只在控制器的某段信号范围内工作。

分程控制系统的应用场合主要有用于扩大控制阀的可调范围，改善控制品质；用于控制两种不同的介质流量，以满足工艺生产的要求。图 6-10 为分程控制回路图。

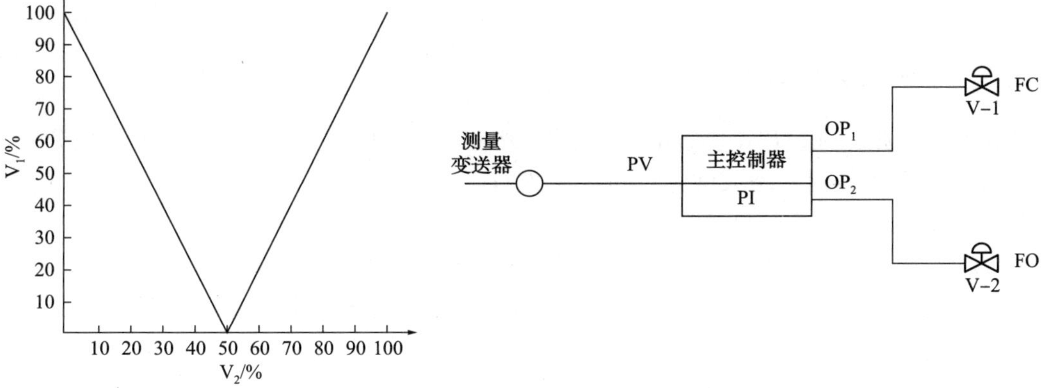

图 6-10　分程控制回路图

6.3 比例积分微分(PID)控制及调试

6.3.1 PID 原理

在工程实际中，应用最为广泛的调节器控制规律为比例、积分、微分控制，简称 PID 控制，又称 PID 调节。PID 控制器问世至今已有近 70 年历史，它因结构简单、稳定性好、工作可靠、调整方便而成为工业控制的主要技术之一。当被控对象的结构和参数不能完全掌握，或得不到精确的数学模型，控制理论的其他技术难以采用时，系统控制器的结构和参数必须依靠经验和现场调试来确定，这时应用 PID 控制技术最为方便；即当我们不完全了解一个系统和被控对象，或不能通过有效的测量手段来获得系统参数时，最适合用 PID 控制技术。PID 控制，实际也有 PI 和 PD 控制，PID 控制器就是根据系统的误差，利用比例、积分、微分计算出控制量进行控制的。

比例(P)控制是一种最简单的控制方式。其控制器的输出与输入误差信号呈比例关系。当仅有比例控制时系统输出存在稳态误差。

在积分(I)控制中，控制器的输出与输入误差信号的积分呈正比关系。对一个自动控制系统，如果在进入稳态后存在稳态误差，则称这个控制系统是有稳态误差或简称有差系统。为了消除稳态误差，必须在控制器中引入“积分项”。积分项对误差的消除取决于时间的积分，随着时间的增加，积分项会增大。这样，即便误差很小，积分项也会随着时间的增加而加大，它推动控制器的输出增大使稳态误差进一步减小，直到等于零。因此，比例+积分(PI)控制器，可以使系统在进入稳态后无稳态误差。

在微分(D)控制中，控制器的输出与输入误差信号的微分(即误差的变化率)呈正比关系。自动控制系统在克服误差的调节过程中可能会出现振荡甚至失稳。其原因是存在有较大惯性组件(环节)或有滞后组件，具有抑制误差的作用，其变化总是落后于误差的变化。解决的办法是使抑制误差的作用变化“超前”，即在误差接近零时，抑制误差的作用就应该是零。这就是说，在控制器中仅引入比例项往往是不够的，比例项的作用仅是放大误差的幅值，而微分项能预测误差变化的趋势，这样，具有比例+微分的控制器，就能够提前使抑制误差的控制作用等于零，甚至为负值，从而避免了被控量的严重超调。所以对有较大惯性或滞后的被控对象，比例+微分(PD)控制器能改善系统在调节过程中的动态特性。

6.3.2 PID 参数调试

PID 调试原则是在输出不振荡时，增大比例增益 P；在输出不振荡时，减小积分时间常数 T_i；在输出不振荡时，增大微分时间常数 T_d。

PID 调试有以下几个步骤：

1) 确定比例增益 P 时，首先去掉 PID 的积分项和微分项，一般是令 $T_i=0$、$T_d=0$(具体见 PID 的参数设定说明)，使 PID 为纯比例调节。输入设定为系统允许的最大值的 60%~70%，由 0 逐渐加大比例增益 P，直至系统出现振荡；再反过来，从此时的比例增益 P 逐渐减小，直至系统振荡消失，记录此时的比例增益 P，设定 PID 的比例增益 P 为当前值的 60%~70%。比例增益 P 调试完成。

2）比例增益 P 确定后，设定一个较大的积分时间常数 T_i 的初值，然后逐渐减小 T_i，直至系统出现振荡；之后再反过来，逐渐加大 T_i，直至系统振荡消失。记录此时的 T_i，设定 PID 的积分时间常数 T_i 为当前值的 150%～180%。积分时间常数 T_i 调试完成。

3）积分时间常数 T_d 一般不用设定，为 0 即可。若要设定，与确定 P 和 T_i 的方法相同，取不振荡时的 30%。

4）系统空载、带载联调，再对 PID 参数进行微调，直至满足要求。

6.4　仪表联锁知识

6.4.1　系统介绍

国内某丙烯腈装置仪表联锁是采用某公司的容错控制系统，它是基于三重模块冗余(TMR)结构的现代化的容错控制器，将三路隔离、并行的控制系统(每路称为一个分路器)和广泛的诊断集成在一个系统中，用三取二表决提供高度完善、无差错、不间断的过程操作，不会因为单点故障而导致系统失败。

现场变送器的输出信号在进入输入模件后被分成相互隔离的三路，通过三个独立的通道，被分别送到三个主处理器中，处理器之间以内部总线联系，容错控制系统按多数原则对数据进行表决，并纠正任何输入数据的偏差，用这个过程保证了每个处理器使用相同的表决数据完成应用程序。

主处理器的输出沿着三个通道，被送到输出模件并在输出模件中再次进行表决/选择。数字输出的表决通过“方形表决器”硬件电路完成，而模件信号则是在模拟选择器中进行选择。表决电路中包括反馈电路，用于对输出状态做检验和诊断潜在的故障。

容错控制系统使用非常简单，TMR 控制的使用跟普通单控制系统通道一样，将变送器的输出和执行器接在单一接线端子上，只编写一套程序，剩下的工作全由控制系统自动处理。

容错控制系统对每个独立的分电路、每个模件和每个功能电路进行广泛的诊断，对操作错误进行检测和报告。所有的诊断信息都存在系统变量里或由 LED 报警指示。这些信息可以供应程序使用以调整控制作用，或直接进行维护。所有故障元件都可以在线更换。

该容错控制系统主要特点是不会因为单点的故障而导致系统失效；可以在 3、2 或 1 个处理器完好的情况下正确操作；全面的系统诊断功能；全系列的输入/输出(I/O)模块；模块在线更换简单；极高的可靠性和可用率。

6.4.2　SIS 系统功能介绍及使用说明

6.4.2.1　SIS 系统配置

丙烯腈装置配置 1 套独立的 SM 系统，SM 采用 QMR-2oo4D 配置：冗余的中央控制器，冗余的 I/O，符合 TUV AK6 级及 IEC 61508 SIL3 级标准安全认证。

这种两套平行运行完全冗余的系统能对单套系统容错。

(1) I/O 余量及扩展空间

本方案包含了 20%的空槽扩展空间，所有的空卡槽都配置空槽盖板。

(2) 系统的 I/O 点表(表 6-1)

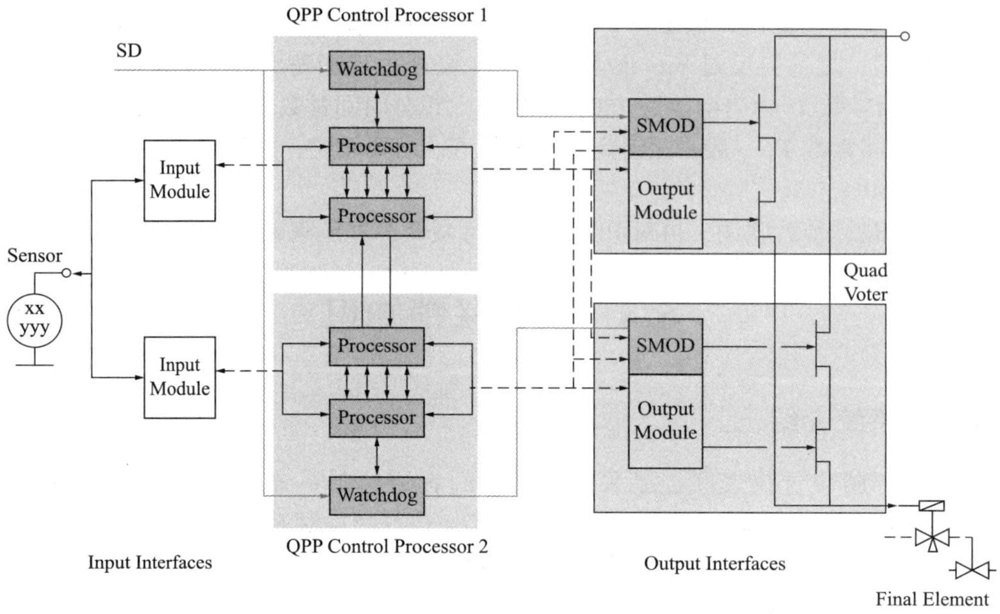

图 6-11　两套平行运行安全冗余系统图

表 6-1　I/O 点表

丙烯腈装置				
Area		装置 I/O		
		AI	DI	DO
No. of Points in FTA		16	16	8
Main Control Room		53	20	34
Spare(%)	20	11	4	7
Total		64	24	41
Quoted # of IOP		8	4	12
Quoted # of FTA		4	2	6
No. of Point Available		64	32	48
Actual Spare(%)		20	60	41

(3) 漏地检测器(ELD)

系统包含一个由 24V DC 供电的漏地检测器，ELD 将检测漏地故障并发出报警信号，以便采取及时有效的行动。

(4) 电缆进线

机柜上下都可进线，本方案采用下进线，接线电缆通过端子型 FTA 与系统连接。

(5) 通信

本方案提供了 SM 系统与下列设备的通信接口。

(6) 与 DCS 通信

SM 通过冗余 RS485 MODBUS RTU 协议与 DCS 通信。

(7) 时钟同步

霍尼韦尔安全管理系统负责 SM 系统时钟源，采用 DCS 系统硬接线实现同步。

(8) 工程师站(EWS)/SOE 站

本方案配 2 台 DellT5500E 作为工程师站和 SOE 站，详细配置见硬件清单。

作为 SM 系统维护及诊断的人机接口，可通过 TCP/IP 或 RS232 接口与 SM 系统通信。工程师站安装 Safety Builder 软件，SOE 站安装 SOE 软件 Safety Historian，具有下列功能：

1) 可以对记录的数据进行编排和调用，硬盘上的记录信息可以刻录到光盘上。

2) 显示 SM 系统的诊断信息，全面地诊断便于系统的快速修复。

3) 带有 I/O 强制功能，可让用户进行快速及高效的 I/O 仿真。

4) 可在线或离线修改及下装程序。

5) I/O 状态监视。

6.4.2.2 SM 系统说明

(1) 简介

霍尼韦尔安全管理系统(HSMS)是遍布世界的霍尼韦尔集团公司的子分支。霍尼韦尔公司致力于工业自动化，楼宇及太空探索领域内的控制设备、控制系统的研究、开发及应用，是世界控制领域著名的供应商。

SM 系统是装置内安全管理故障的有力保证，主要应用于世界各地的石油、石油化工及化工等行业。它的广泛应用充分证明了该系统能完全满足客户对装置安全生产和连续性方面的严格要求。使用 SM 系统，能使装置具有良好的安全性和生产连续性。

(2) SM 系统的设计构思

SM 系统在设计上具有多种配置方式，能满足 TUVAK6 级及 SIL3 级(SM2004D)标准的要求。SM 系统能保证在装置出现任何异常情况时，控制在一个安全的状态。高度的自诊断功能确保 SM 系统能在过程安全时间内发挥作用。在过程安全时间内，SM 系统可以完成诊断整个系统，并执行两次以上应用程序。这种自诊断可以消除内部一切可能存在的隐患，且该技术已经获得 TUV 认证。

(3) 通信功能

SM 系统具有符合 MODBUS/RTU 通信协议的标准通信接口，符合国际通信标准，可与任何具有同样通信接口的设备进行通信。同时，SM 系统还可通过专有的通信卡与霍尼韦尔 Experion PKS 系统的 FTE 高速容错以太网实现无缝集成，从而实现 SOE 功能的集成、报警功能的集成、操作界面的集成、数据共享等。

(4) 在线修改功能

在项目调试阶段及生产运行过程中，有时需要对运行程序作在线修改，HSMS 是第一家成功开发出 CPU 冗余结构，可实现无限制在线修改功能的安全管理系统。

(5) 文件自动归档功能

SM 系统具有强大的文件自动归档功能。当完成数据库组态及逻辑图后，可自动生成标准的文档格式，包括组态数据库、逻辑图、标签及版本号、日期等，并可通过 Excel 或 DebaseIII 输入输出。由此省去了整理资料的烦琐劳动，并确保系统运行的软件版本与最终资料相一致。

(6) 极易编程

SM 系统采用 FLD 功能逻辑图进行编程，采用符号库生成有关逻辑，简单方便，避免了编程可能导致的错误，友好的用户界面让工程师使用起来得心应手。

（7）仿真调试功能

仿真调试可以在 FLD 界面和系统界面上进行。通过 PC 工作站可存取所有的系统变量。输入输出强制(Force)功能，可改变输入输出变量的状态，输入输出的变化过程及强制操作状态都被记录下来。

（8）方便的维护功能

系统高度的自诊断功能，确保能随时监测出系统硬件、软件及操作所发生的故障，报警并记录下来，提醒维护工程师及时处理；所有新更换的硬件必须被系统 CPU 测试通过后才被接收，测试出的错误信息及过程变量可通过 SOE 设备存档；输入输出强制功能方便及时处理现场出现的各种故障；FLD 及回路状态的在线监测可方便及时了解过程状态信息。

（9）短路保护功能

SM 系统的输入输出电路都有短路保护功能，任何外部的短路都可被诊断检查出来并加以保护。

（10）高度自诊断功能

SM 系统采用微处理器技术，取消了母板结构，诊断覆盖面超过 99.99%。系统符合 DIN V 19250 AK1-6 级标准及 IEC61508 SIL3 标准。其高度的自诊断功能，确保系统安全性及高可靠性。

系统自诊断功能包括：在过程安全时间间隔内的自诊断；执行时间监视；所有 I/O 点检测；程序和数据存储器管理检测；内部数据传输检测；所有的通信检测；中央处理器 CPU 和内存的监测；当自检发现系统出现任何故障时，系统可以输出接点信号，提示操作人员。

（11）SOE 事故记录功能

SOE 事故记录功能，能完整记录系统本身及生产过程出现的各种问题，分辨率为 1ms，可通过打印机在线打印和存储起来供日后事故分析。

6.4.2.3 SIS 系统操作说明

本项目共一套系统，包括一个系统柜、一个辅助柜、一个工程师站、一个操作员站和一个 SOE 站。本说明主要对操作员介绍如何使用操作员站进行正常维护；工程师级别的安装、组态请参考培训资料。

（1）如何进入操作站

操作员站设置了自动登录，正常开机或重启后会自动进入。进入后权限为 Oper，可以查看逻辑图、报警信息、点细目等内容，进行报警信息确认等操作，其他功能比如退出操作站、文件浏览等都会被屏蔽掉。

（2）基本操作

1）如何查看逻辑图。

此项目逻辑图共有 7 张，分别为 Z1102－1、Z1102－2、Z1103－1、Z1103－2、Z2001、Z3400、Z4001。操作员在进入操作站后可在 command 栏输入联锁号进入相应的联锁逻辑图，也可在某张逻辑图上点击上一页或下一页进行切换。画面详见截图，如图 6-12 所示。

2）画面操作介绍。

如图 6-12 所示，逻辑图共分输入条件、逻辑关系、输出条件三部分。每个输入条件由报警灯、位号、描述三部分组成：报警灯为绿色时表示该条件正常，报警灯为红色时表示该条件触发联锁；旁路按钮的报警灯为绿色时表示联锁投用，为红色时表示联锁切除状态，旁路按钮的使用最低需要值班长级别的权限，复位按钮操作员权限即可正常使用。每个输出条件也由三部分组成：位号、描述、状态栏。正常状态时状态栏为绿色并显示正常字样，联锁触发后状态栏为红色并显示联锁字样。

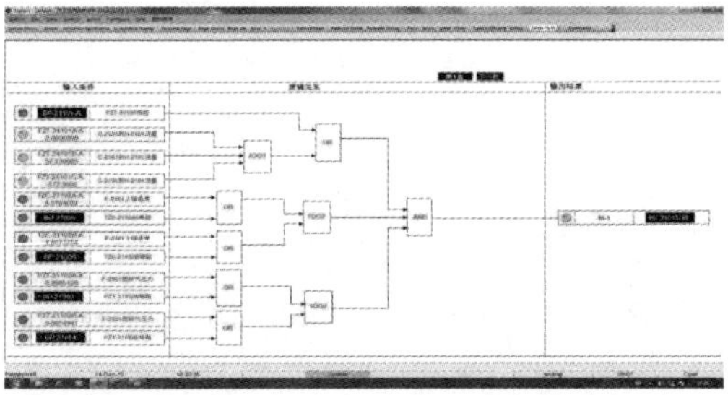

(a)开工空气加热炉F-2101紧急停车联锁逻辑

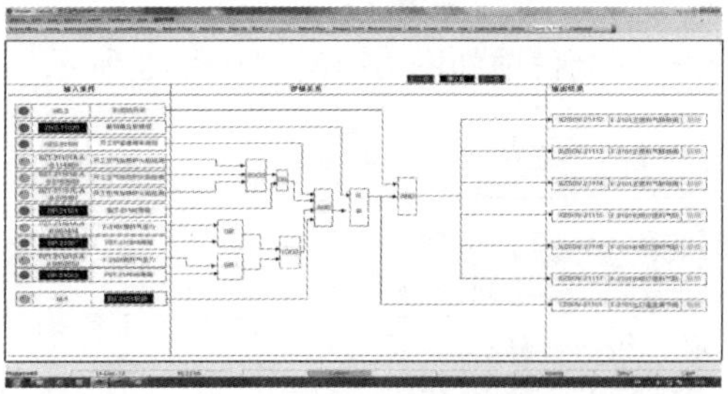

(b)开工空气加热炉F-2101紧急停车联锁逻辑

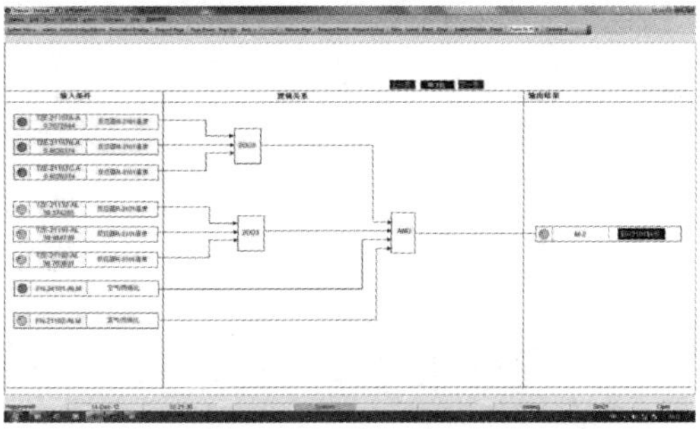

(c)反应器R-2101紧急停车联锁逻辑

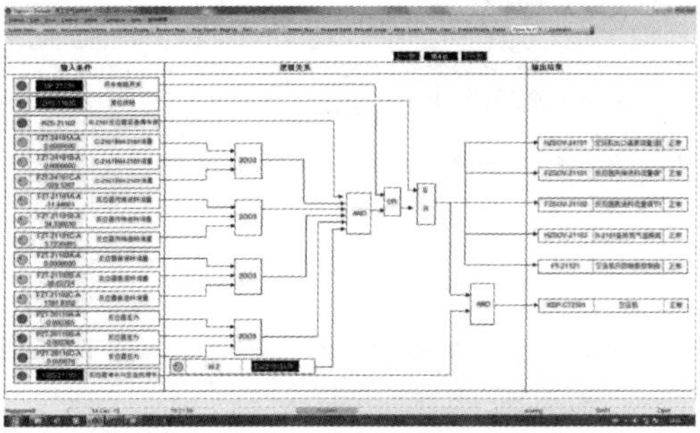

(d)反应器R-2101紧急停车联锁逻辑

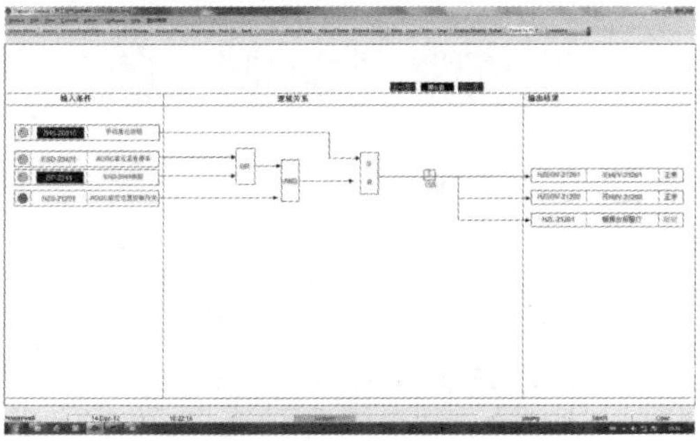

(e)吸收塔出口阀门联锁逻辑

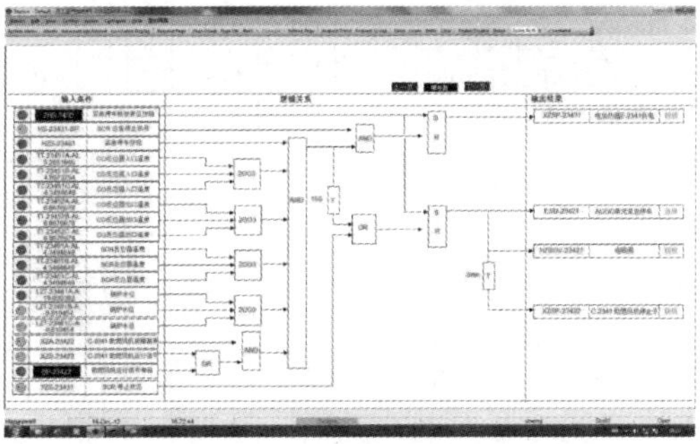

(f)AOGC单元联锁逻辑

图 6-12　逻辑图截图

3）报警信息。

报警分两种，系统报警和点报警：系统报警会出现在画面下方，显示蓝色 system 字样并闪烁，如图 6-12 所示；点报警在其左方，显示红色 alarm 字样并闪烁，也可以在菜单栏上点击 View-Alarm 进行查看。

看到报警信息双击则可进入该条报警对应的点细目。右键点击报警信息，选择 acknowledge 进行确认，如报警确实已经消除则可将这条报警信息删掉，如果报警未消除则只是消掉了声音和闪烁。

4）退出操作站。

操作员权限不能退出操作站。要退出操作站，只能选择 Ctrl+Alt+Delete，点击 log off 注销。

6.4.3 装置联锁逻辑图(以某公司13万t/a丙烯腈装置为例)

6.4.3.1 SIS系统联锁

SIS系统联锁如图6-13~图6-18所示。

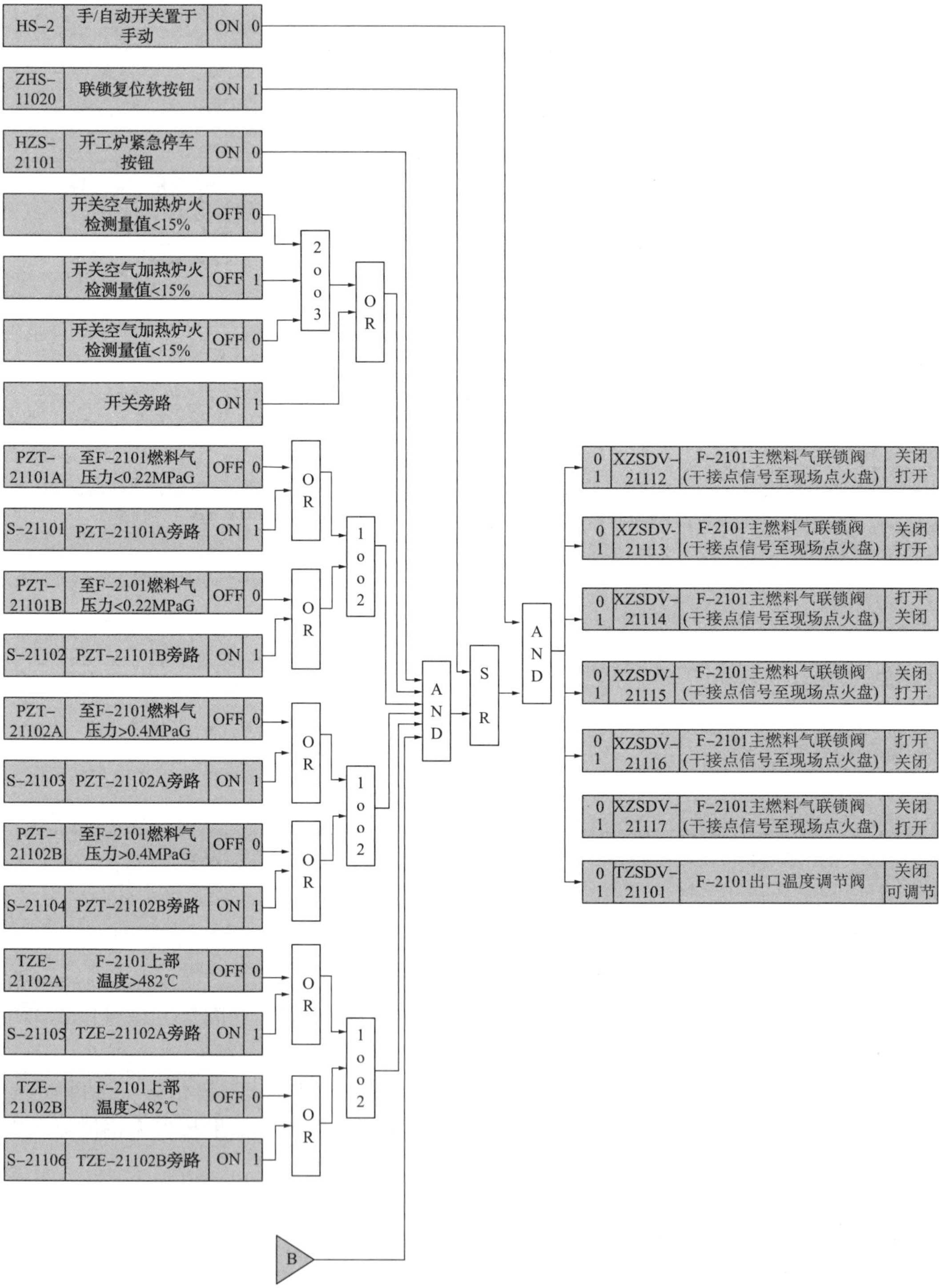

图6-13 开工空气加热炉F-2101紧急停车联锁

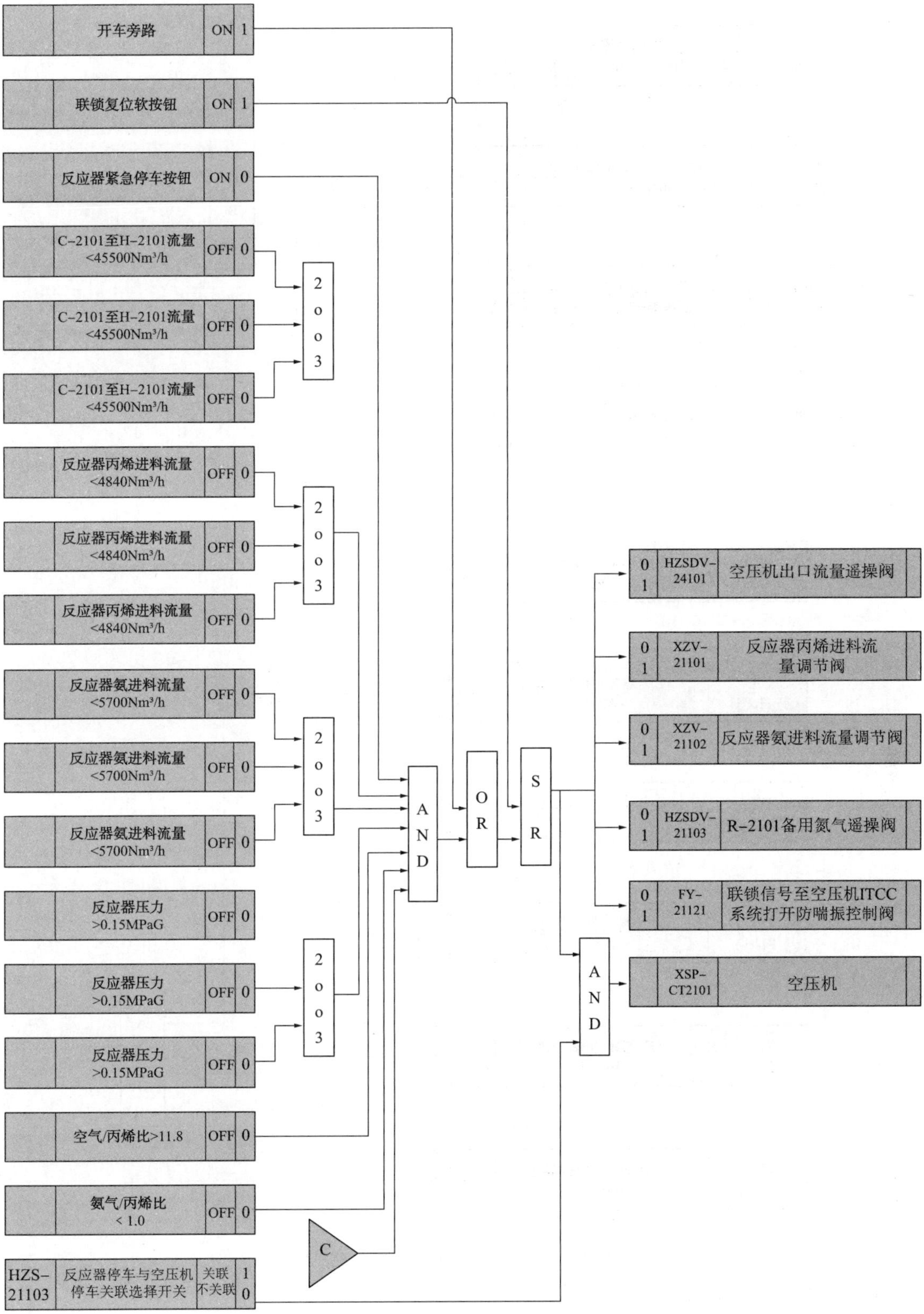

图 6-14　反应器 R-2101 紧急停车联锁

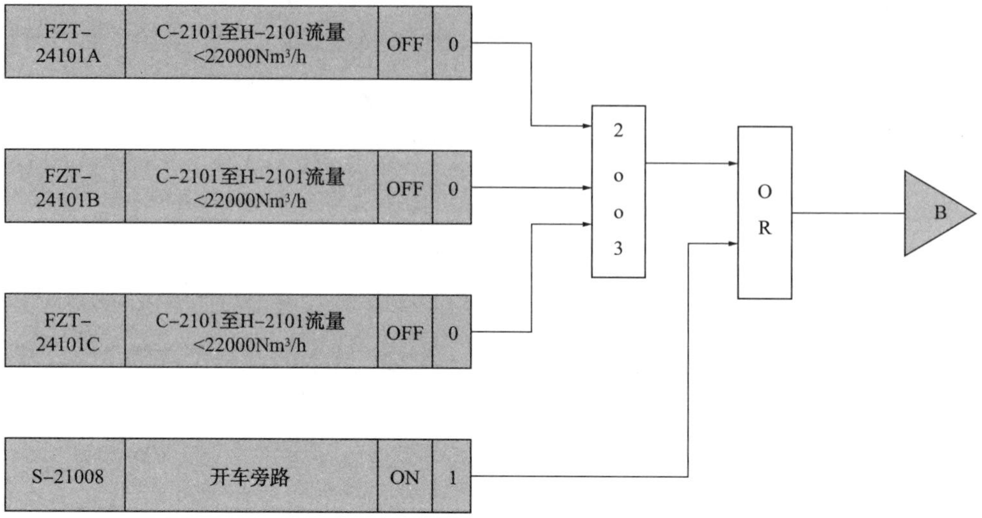

图 6-15　开工加热炉 F-2101 紧急停车联锁

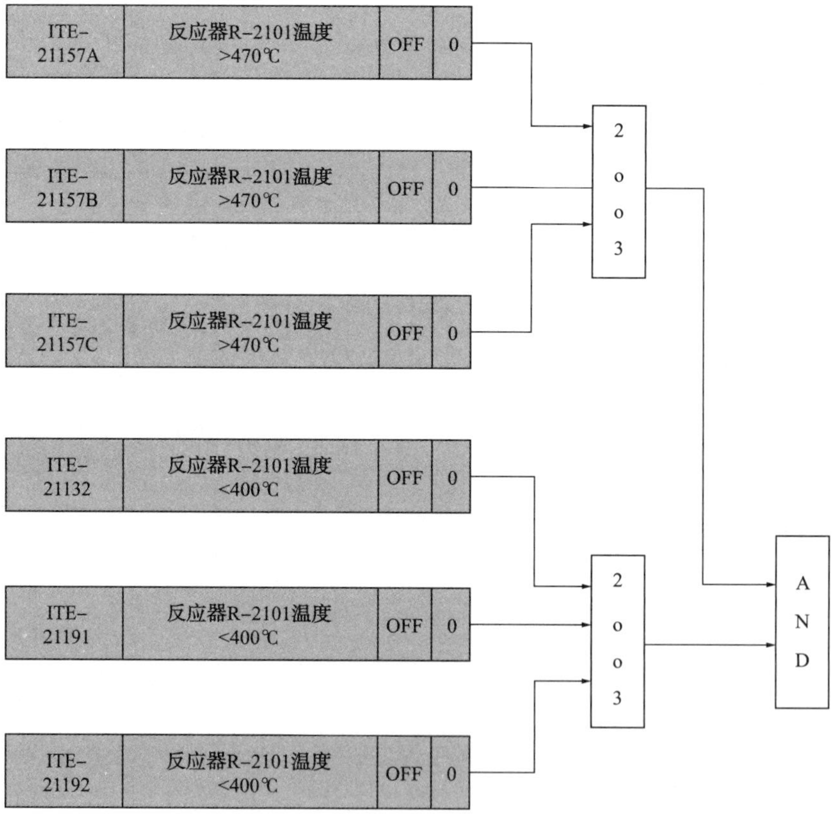

图 6-16　反应器 R-2101 紧急停车联锁

6.4.3.2　DCS 系统联锁

DCS 系统联锁如图 6-19～图 6-23 所示。

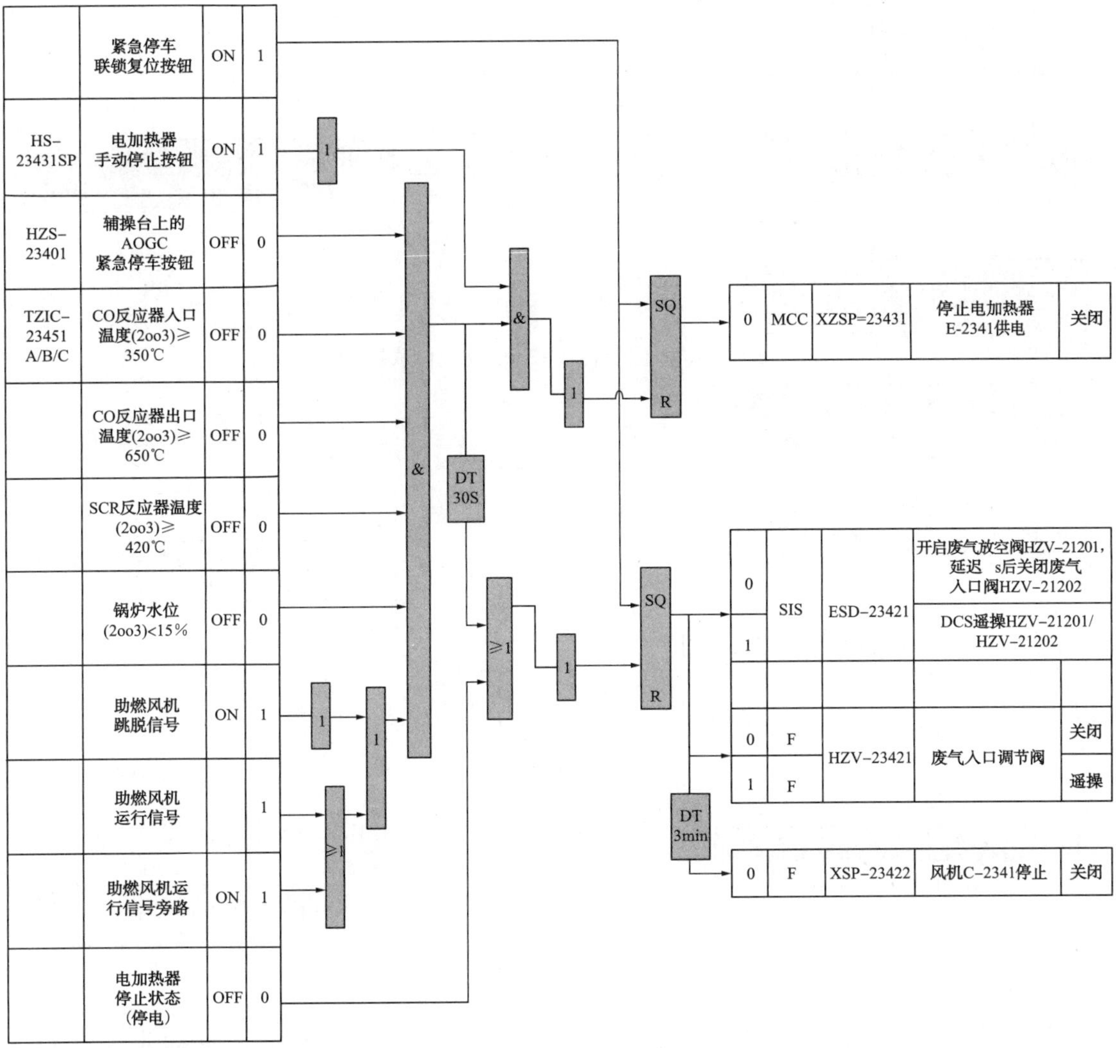

图 6-17　SIS 紧急停炉联锁

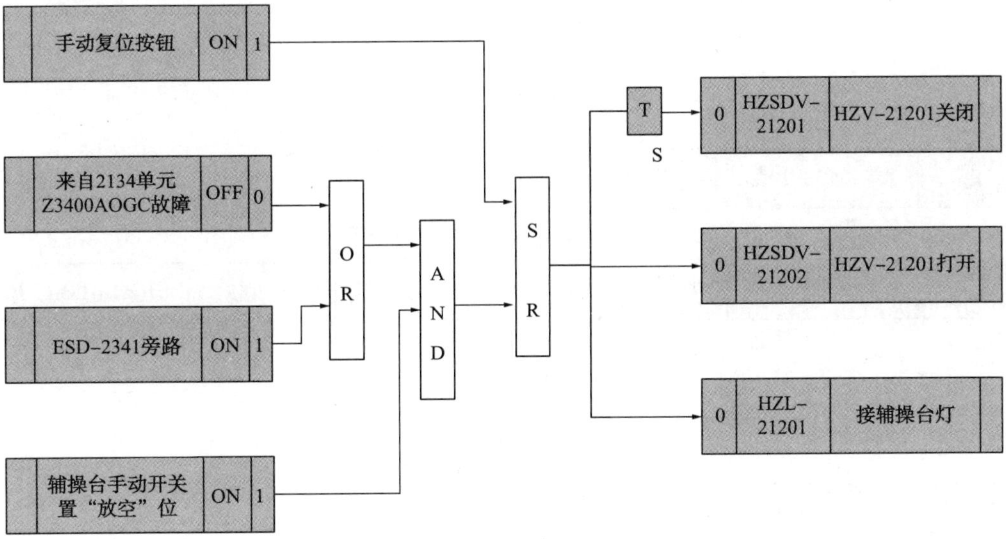

图 6-18　吸收塔出口阀门的联锁

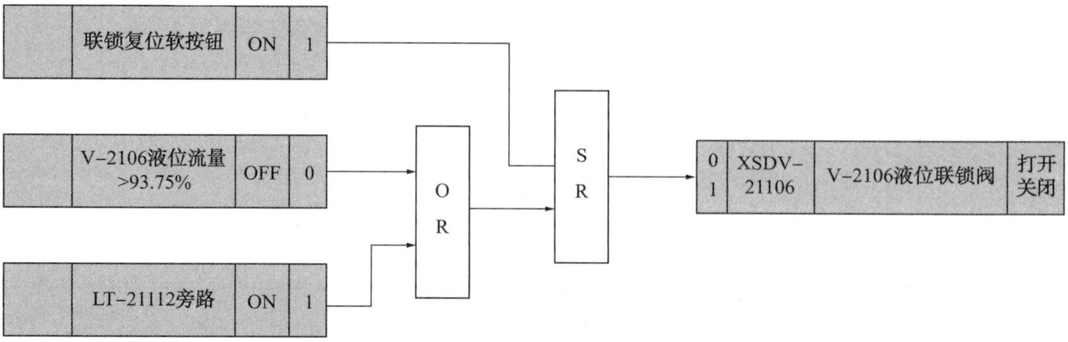

图 6-19　除氧器 V-2106 高液位联锁

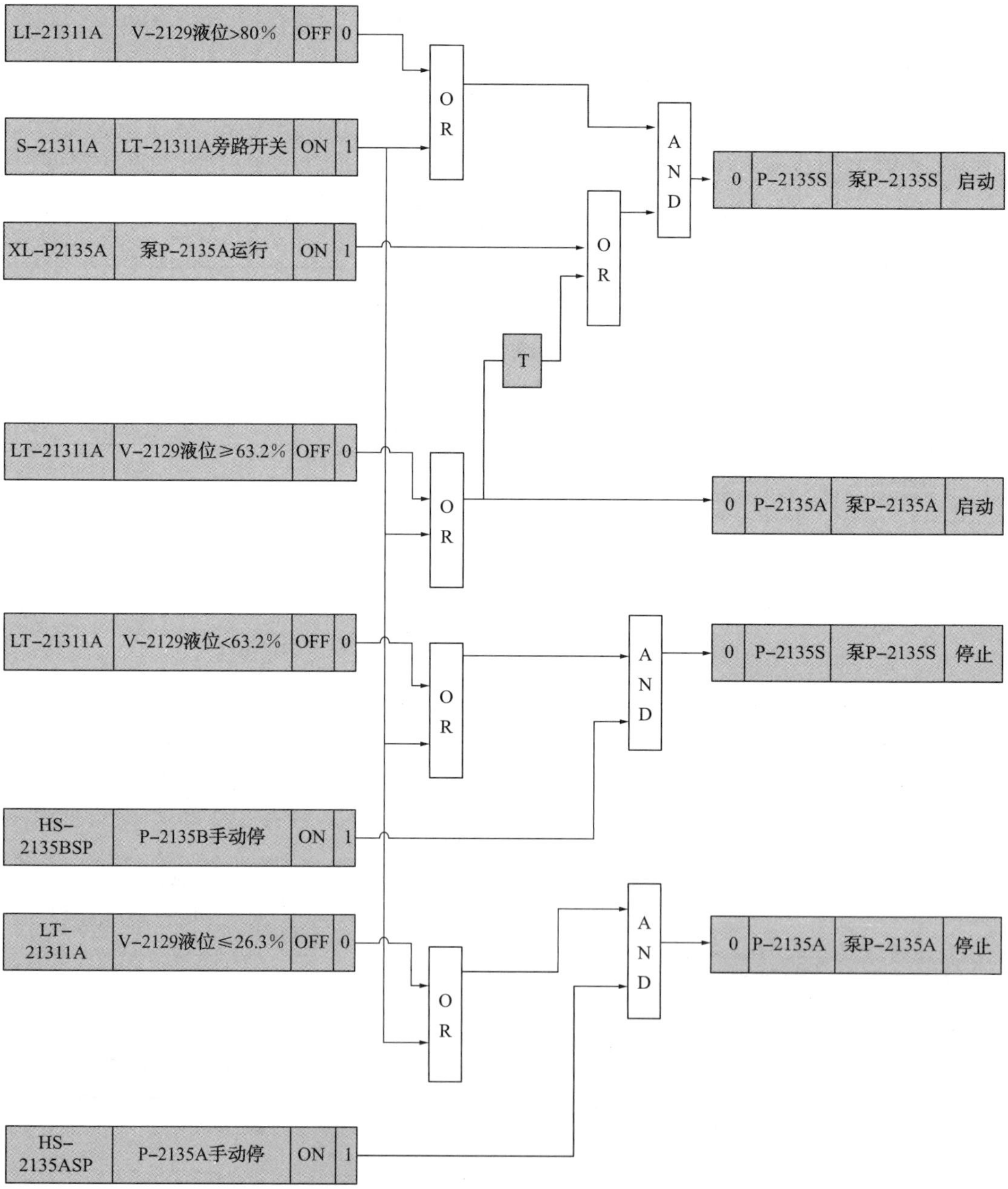

图 6-20　污水收集槽 P-2135A/S

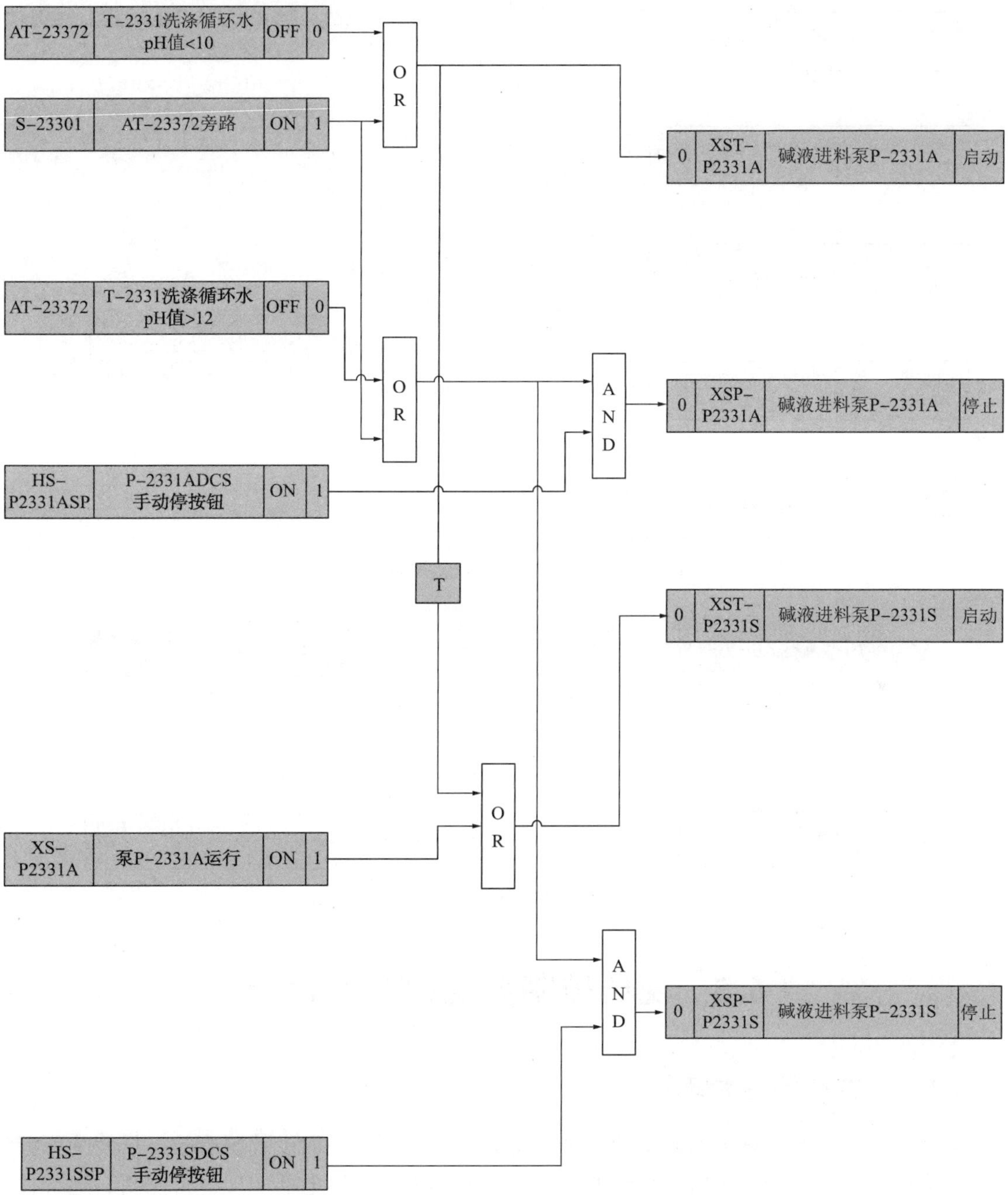

图 6-21　碱液进料泵联锁

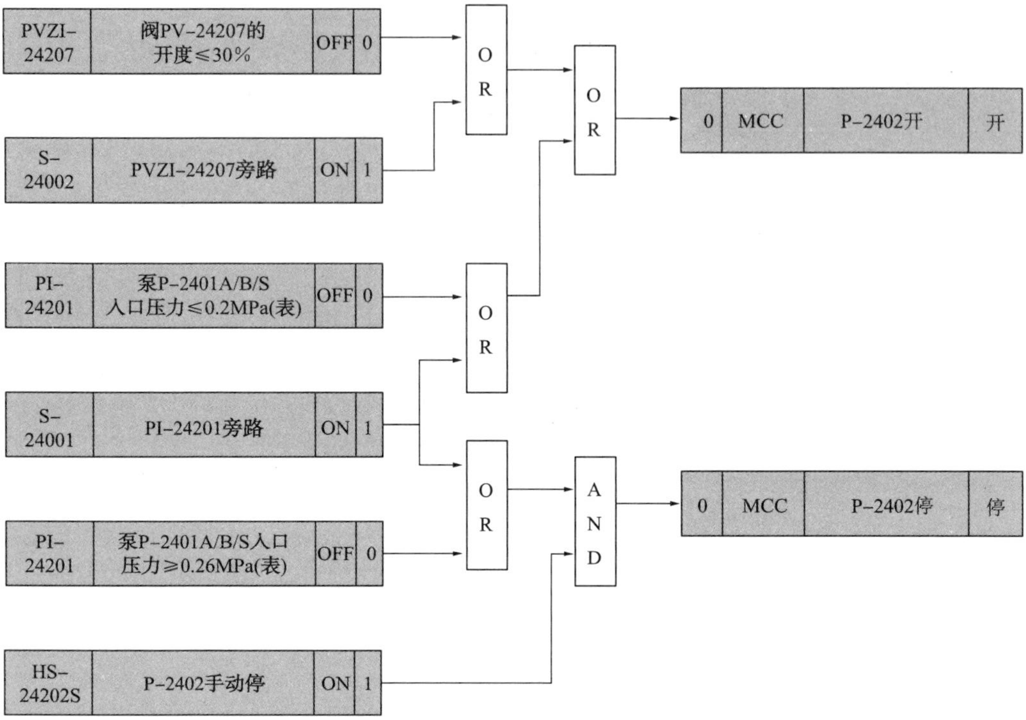

图 6-22　补充盐水泵 P-2402 启、停

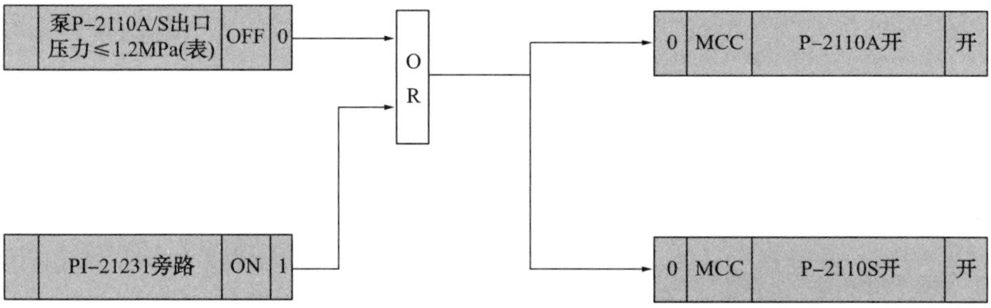

图 6-23　吸收塔侧线循环泵 P-2110A/S

6.5　现场控制系统(PLC)简介

6.5.1　PLC 的基本概念

可编程控制器是计算机家族中的一员，是为工业控制应用而设计制造的。早期的可编程控制器称作可编程逻辑控制器，简称 PLC，它主要用来代替继电器实现逻辑控制。随着技术的发展，装置的功能已经大大超过了逻辑控制的范围。可编程控制器，简称 PC，为了避免与个人计算机的简称混淆，所以将可编程控制器简称 PLC。

6.5.2　PLC 的基本结构与作用

PLC 的主机由中央控制单元、存储器、输入输出单元、输入输出扩展接口、外部设备接口以及电源等部分组成。各部分之间通过由电源总线、控制总线、地址总线和数据总线构成的内部系统总线进行连接，其基本结构如图 6-24 所示。

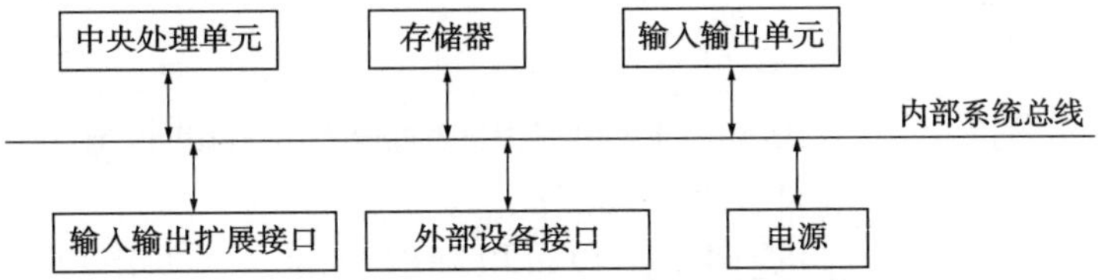

图 6-24　PLC 的基本结构

中央处理单元是 PLC 的运算控制中心，它包括微处理器和控制接口电路。存储器用来存储系统程序、用户程序和各种数据。

输入输出单元是 PLC 与工业现场之间的连接部件，有各种开关量 I/O 单元、模拟量 I/O 单元和智能 I/O 单元等。输入输出扩展接口是 PLC 主机扩展 I/O 点数和类型的部件，可连接 I/O 扩展单元、远程 I/O 扩展单元、智能 I/O 单元等。它有并行接口、串行接口、双口存储器接口等多种形式。

通过外部设备接口，PLC 可以和编程器、彩色图形显示器、打印机等外部设备连接，也可以与其他 PLC 或上位机连接。

电源单元的作用是把外部供给的电源换成系统内部各单元所需的电源，一般采用开关式电源。

6.5.3　PLC 的特性

PLC 可编程控制程序的主要特点如下：

1）构成控制系统简单。当需要组成控制系统时，简单的编程方法将程序存入存储器内，接上相应的输入、输出信号线，便可构成一个完整的控制系统。

2）改变控制功能容易，编程方法简单。可以用编程器在线修改程序，很容易实现控制功能的改变。程序编程可以用接点梯形图、逻辑功能图、语句表等简单的编程方法实现。

3）可靠性高。可编程控制器采用了集成电路，可靠性要比有接点的继电器系统高得多。同时，在其本身的设计中，又采用了冗余措施和容错技术。另外，由于它的外部硬件电路简单，大大减少了接线数量，从而减少了故障点。

4）适应于工业环境使用。

6.5.4　PLC 的应用实例

PLC 在丙烯腈装置的应用比较少，在废水焚烧炉袋式除尘系统、吹灰系统、小冰机、AOGC、废水焚烧锅炉磷酸盐加料系统等单元上有应用。现以国内某丙烯腈装置机组单元中-10℃冷冻盐水制冷冰机上的应用为例，介绍其基本操作过程。

下面就是用 PLC 编程的制冷冰机的基本操作说明。

6.5.4.1　概述

本机组使用触摸式操作显示屏，机组的运行状态和全部操作均在屏幕上进行。屏幕操作已为该机组设置了各相应的屏幕页面及其按钮，可以按照操作要求轻按各有关的按钮进行实际的操作。

屏幕中的按钮是轻触摸式的，不要使用工具或戴手套操作，以免划伤、擦毛屏幕。本控制器中显示的参数单位：

压力：kPa(绝压)。

温度：℃。

电流：A。

设备在完全正常的情况下，10min 内对屏幕无任何操作屏幕的灯光会自动关闭，以延长屏幕使用寿命。任意触摸一下屏幕立即自动点亮。

屏幕中含有设备的常见故障说明，用户可以随时翻阅，帮助用户及时查找原因排除故障。

6.5.4.2 主界面屏幕的操作说明

接通电源后屏幕将显示本说明书封面上的图案，见图 6-25。触摸该图案，屏幕就显示如下主界面。

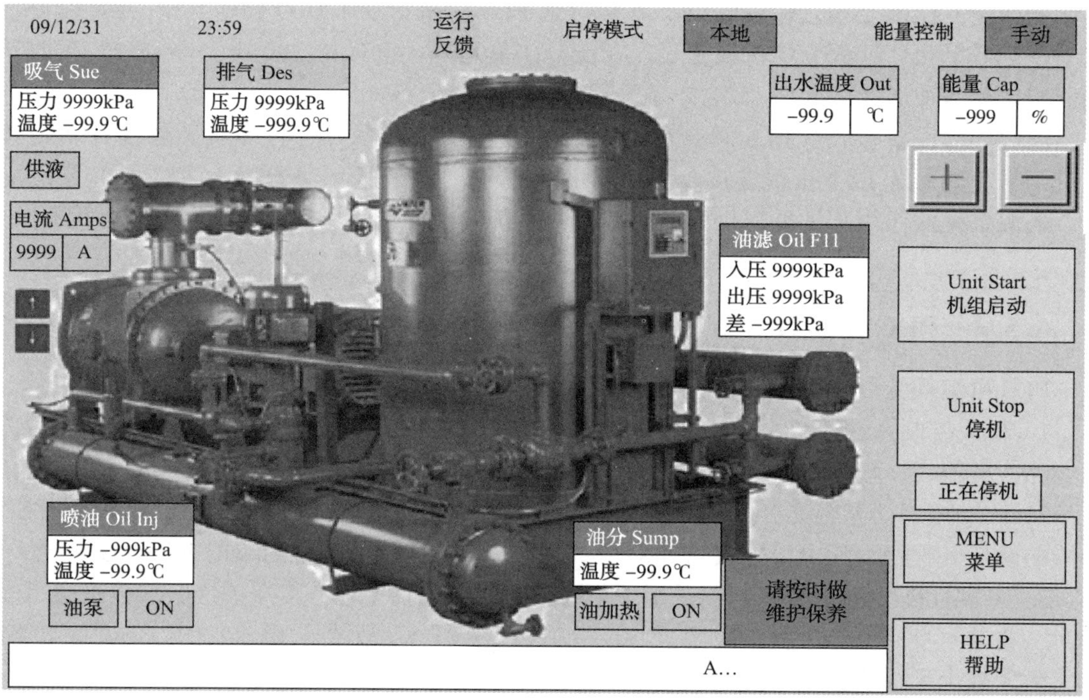

图 6-25 机组开机时显示

此界面中显示了常用的基本运行参数、机组状态和必要的操作按钮，当出现故障、报警时自动弹出信息条并用文字(走马灯形式)显示相应的内容，蓝色信息属报警(机组不停机)，红色信息属故障(机组停机，故障复位也不会自动启动)。

触摸“机组启动”按钮，在屏幕上会弹出如下窗条：

轻按“能量控制手动”按钮，在主界面的右上角能量位置值的下面将出现“+”“-”按钮，表示机组运行中能量控制由操作人员人为地增载、减载操作。但当运行参数超过安全保护设定值时，电脑仍会自动强制减载甚至故障停机。

轻按“能量控制自动”按钮，“+”“-”按钮将不出现，表示机组运行中能量控制由电脑自动地增载、减载操作。

轻按“本地启动”按钮(请注意：这是真正的启动按钮)，机组由电脑按指定的程序自动控制启动、运行、自动能量调节和液位控制。

启动过程：电脑首先检查无任何故障，再检查吸气压力或(出水温度)应大于“压缩机启动设定值”“主电机启动柜允许”“停机到启动间隔时间到”等；电脑启动油泵，检查能量位置应小于5%(否则自动减载)、喷油压差应大于150kPa；发出主机启动命令。

轻按“>”按钮，关闭该窗条。

触摸“停机”按钮，在屏幕上会弹出如下窗条：

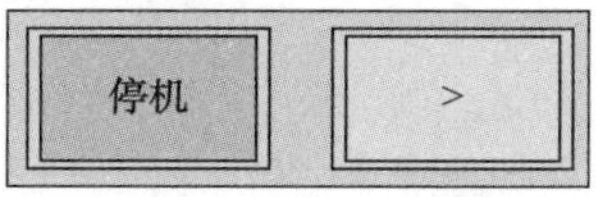

轻按红色“停机”按钮，电脑按停机要求逐步减载至能量位置小于5%，自动停主机、停油泵。

轻按“>”按钮，关闭该窗条。

上述的两个窗条是防止因无意间触摸到了主界面上的“机组启动”“停机”按钮引起不应该的误操作而设。

触摸“帮助”按钮，在屏幕上会打开“说明”页面，简单描述上述的操作。

触摸“菜单”按钮，在屏幕上会打开“菜单”页面。

6.5.4.3 菜单屏幕的操作说明

在主界面触摸“菜单”按钮，屏幕就显示如下菜单，见图6-26。

图6-26　机组菜单

触摸“帮助”按钮，在屏幕上会打开“说明”页面，简单描述该屏幕的操作，部分按钮的功能需要使用按钮右下角的“密码等级”才能进入。1 级密码：111；2 级密码：222；3 级密码：面授给专业制冷管理工程师。有一定的制冷专业技能的人员才能操作 3 级密码中的功能。

在菜单页面触摸“压缩机控制点设定”按钮(需要 1 级密码)，屏幕打开如图 6-27 所示页面。

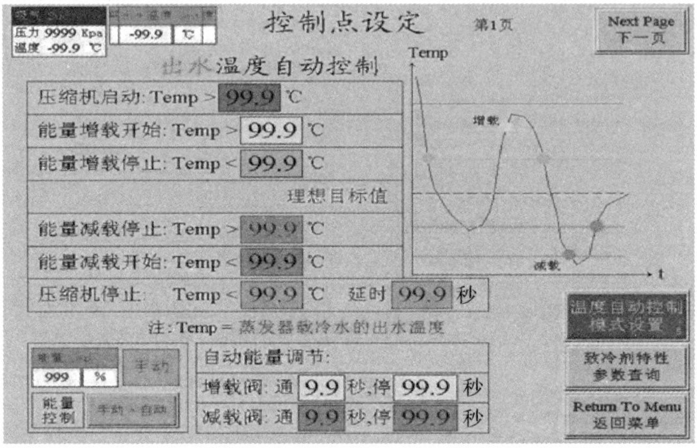

图 6-27 控制点设定

触摸需要修改的数字框，屏幕上会打开键盘，用户可以在规定的范围内修改设置需要的值(以下类同)。

Temp：温度。按不同的温度控制模式，表示不同的温度(见图中的注解)。

修改设置操作中请注意大于(>)、小于(<)符号的意义。

设置过程中可以按“致冷剂特性参数查询”按钮，(出现图 6-28)供查阅本机组使用的致冷剂饱和状态的特性参数(温度/压力)。输入温度查压力，输入压力查温度。

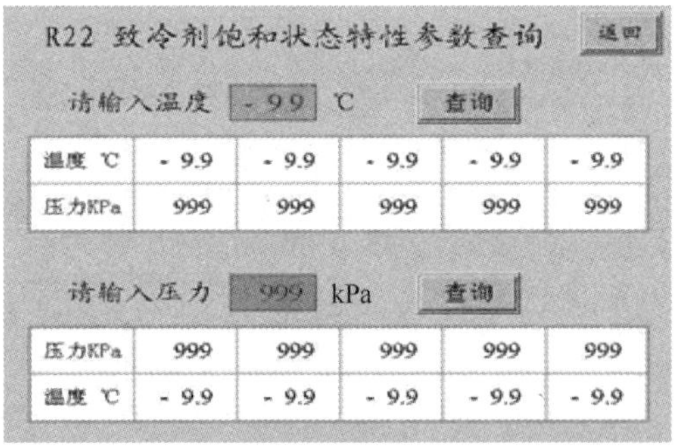

图 6-28 R22 致冷剂饱和状态特性参数查询

数据说明：

压缩机启动：当 Temp 大于该设定值，电脑会使机组自动启动(如果已按前述的“本地启动”按钮)。

能量增载开始：当 Temp 大于该设定值，电脑会使能量调节增载电磁阀按其通、停设定的时间周期地工作。

能量增载停止：当 Temp 小于该设定值，增载阀将暂停周期通、停工作。

能量减载开始：当 Temp 小于该设定值，电脑会使能量调节减载电磁阀按其通、停设定的时间周期地工作。

能量减载停止：当 Temp 大于该设定值，减载阀将暂停周期通、停工作。

压缩机停止：当 Temp 小于该设定值并经过延时，电脑会使机组自动停机。当 Temp 大于压缩机启动设定值，电脑会使机组自动启动（还必须满足规定的“停机至启动间隔时间”设定的延时）。

用户可以修改能量增载阀、减载阀的通、停时间，使机组运行在合理自动调节能量的工作范围。

用户也可以改变当前的能量控制模式（与主界面启动窗条中的操作等同）。

触摸“温度自动控制模式设置”按钮（需要 5 级密码），出现图 6-29，专用于调试初期按系统的设计指定使用模式。

确定后，请勿轻易改变控制模式。

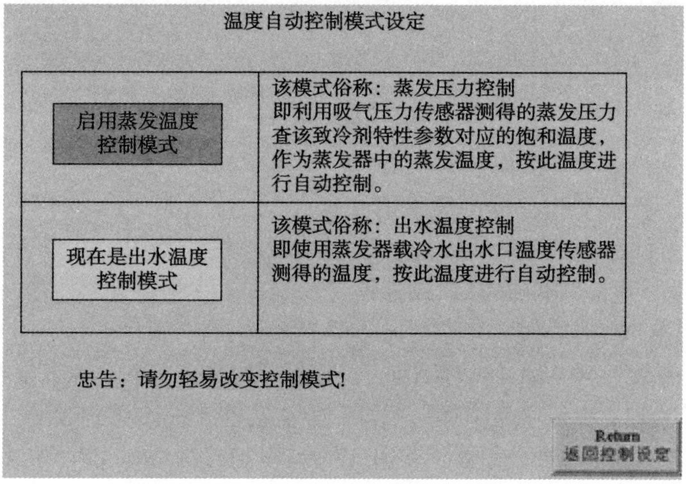

图 6-29　温度自动控制模式设定

轻按“下一页”按钮，屏幕打开如图 6-30 所示页面。

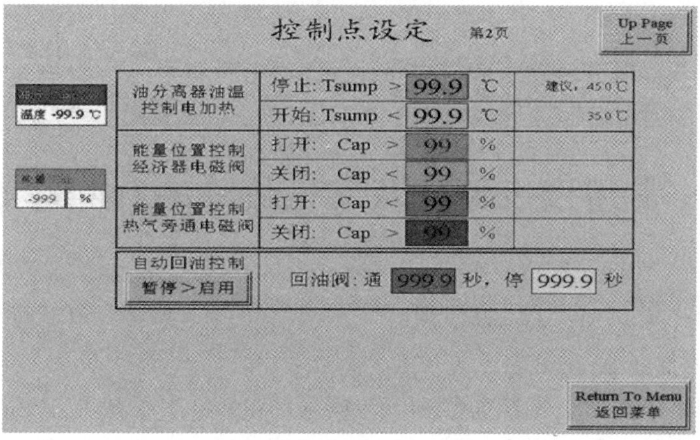

图 6-30　控制点设定

该屏幕的设置用于制冷系统的辅助控制。

Tsump：油分离器中的油温度。

Cap：能量滑阀位置。

在菜单页面触摸“压缩机报警、故障点设定”按钮(需要 2 级密码)，屏幕打开如图 6-31 所示页面。

图 6-31 报警、故障点设定

数据说明：

用户可以修改该屏幕中的各设定值，请注意大于(>)、小于(<)符号。

例如：吸气压力低，当 Psuc<故障值，机组故障停机。当 Psuc<报警值，机组报警不停机。当 Psuc>复位值，电脑关闭报警、故障信号。当 Psuc<强制减载“开”值，机组将自动强制减载，并周期地通、停减载阀，直到 Psuc>强制减载“停”值。

例如：电机电流大，当 Amps>故障值，机组故障停机。当 Amps>报警值，机组报警不停机。当 Amps<复位值，电脑关闭报警、故障信号。当 Amps>强制减载“开”值，机组将自动强制减载，并周期地通、停减载阀，直到 Amps<强制减载“停”值。其余的数据设置类同，不再一一列举。

强制减载通的时间应设置得稍长些，停的时间应设置得稍短些，使机组运行尽快脱离报警、故障区，以免造成机组超负荷运行引起的损坏，或因故障停机可能会影响用户生产过程。

为了防止传感器数据的突然波动引起故障停机，电脑留有适当的滤波时间，即当参数达到故障值后再经过延时时间后才停机。

6.6 常用仪表原理及常见故障的判断与处理

6.6.1 压力仪表

6.6.1.1 压力变送器

压力变送器是将压力信号转换为标准电流信号的仪表，其原理是被测压力作用在测量元件上，随着被测压力的变化，产生与被测压力成比例的微小位移。这个位移通过相应的转换机构，转换成标准电流信号，通过传送部件的运算放大后，输出与被测压力呈线性关系的标准电流信号。压力变送器可用于表压、绝压、真空度等的测量。压力变送器的常见故障及处理方法见表 6-2。

表 6-2　压力变送器的常见故障及处理方法

故障现象	故障产生原因	处理方法
指示不准、乱跳	隔离液丢失、汽化	检查伴热管是否过热或过冷导致汽化或者冻结
指示出现误差	冷凝液的气体或者有污垢的液体	压力变送器定期排污
	导压管、阀门及接头的渗漏	检修、消漏

6.6.1.2　差压变送器

差压变送器是利用节流装置或高低压差将介质分别由两根引压管引入变送器的两个测量室，形成的差压分别作用在测量室的正、负膜片上产生微变位移，再利用电容式、振玄式、扩散硅式等技术将微变位移转化为标准的直流电流信号或数字脉冲信号，进行现场表头指示和远距离传送。差压变送器可用于测量各种流体的差压、液位或压力等。

差压变送器的常见故障及处理方法见表 6-3。

表 6-3　差压变送器的常见故障及处理方法

故障现象	故障产生原因	处理方法
指示不准、乱跳	隔离液丢失、汽化	检查伴热管是否过热或过冷导致汽化或者冻结
指示不动作	导压管堵塞	疏通导压管

6.6.2　流量仪表

6.6.2.1　孔板流量计

孔板流量计是节流装置的一种，是设在管道中能使流体产生局部收缩的节流元件和取压装置，基于伯努利方程和流体连续性原理设计而成。当流体流经节流元件时，流通截面减小或突然收缩，流体速度增大，使节流元件前后产生压差。流量越大，压差越大，从而可通过测量压差来测量大小。

常见的故障及处理方法与差压变送器的故障及处理方法相同。

6.6.2.2　转子流量计

转子流量计是面积式流量计的一种。转子流量计的测量基于定压降可变环形流通面积的原理。测量部分主要由向上扩大的锥形管和管内随流体流量大小上下浮动的转子组成。根据转子所处平衡位置的高低，作为流量测量大小的尺度，转子上下部的压力差是固定的，而流量计中流通的截面是变化的。

转子流量计投入运行时，应缓缓地开启前后阀门，以免流体冲击转子，损坏仪表。在无旁路时，应先开启仪表下部阀门，再缓缓打开上部阀门；装有旁路时，应先开启旁路阀门，然后开仪表下部阀门和上部阀门，最后逐渐关闭旁路阀门。在使用中，仪表进口阀应开足，用出口阀门调节流量，特别在测量气体或液体可能产生闪蒸的情况下，更应如此；否则，易引起指示不稳定。

6.6.2.3　电磁流量计

电磁流量计是基于电磁感应定律而工作的流量测量仪表。当导电的被测介质垂直于磁力线方向流动时，在与介质流动和磁力线都垂直的方向上产生一个感应电动势，它与被测介质在磁场中运动的速度成正比。流体速度与管道截面积相乘，即可得体积流量，因此，它是一种速度式流量计。它由检测和转换两个单元组成。被测介质流经检测单元变换成感应电势放大，转换成 4~20mA 的直流标准信号输出，或转换成脉冲信号输出。

电磁流量计适用于导电液体的测量，不能测量气体和导电率极低的油类、有机溶剂。电磁流量计的常见故障及处理方法见表 6-4。

表 6-4　电磁流量计常见故障及处理方法

故障现象	故障产生原因	处理方法
零位的漂移	（1）传感器未充满液体 （2）液体中混有气泡 （3）阀门有泄漏 （4）接地不良 （5）被测介质导电率过小 （6）电极上粘有污物 （7）流量计靠近电机、变送器等其他电气设备	（1）使管道满管 （2）去除液体中气泡 （3）阀门消漏 （4）检查并重新接地 （5）改变流量测量方式 （6）清洗电极 （7）使流量计移位
无指示	（1）保险丝熔断 （2）流量计传感器壳体上的箭头与流体流向不一致 （3）传感器未充满液体 （4）接地不良好 （5）电极粘有污物	（1）更换保险丝 （2）更换流量计流向 （3）使管道满管 （4）检查并重新接地 （5）清洗电极
指示与实际流量不一致	（1）传感器中被测介质未满管，有气泡 （2）接地不良好 （3）零位及量程不正确 （4）被测介质的电导率过小 （5）电极上粘有污物 （6）上游阀门未全开	（1）使管道满管 （2）检查并重新接地 （3）零位或量程重新设定 （4）改变流量测量方式 （5）清洗电极 （6）使上游阀门全开

6.6.2.4　漩涡流量计

漩涡流量计的工作原理是当流体中插入柱形物体时，会在柱形物体两侧交替地产生有规则的漩涡，该漩涡在柱体的侧后方产生、分开，形成漩涡列，通常称作卡门涡街或卡门涡列。当满足一定条件时，所产生的卡门漩涡是稳定的，而且产生单列的漩涡的频率与柱状物迎流面的宽度和流体速度成正比，它几乎不受流体的温度、压力、成分、密度及黏度的影响。因此测出频率的高低就能得知流量的大小。漩涡流量计的常见故障及处理方法见表 6-5。

表 6-5　漩涡流量计常见故障及处理方法

故障现象	故障产生原因	处理方法
流体静止时仍有输出信号	（1）波形与电源频率重叠 （2）波形异常 （3）管道有强烈机械振动	（1）检查接地是否良好 （2）进行噪声平衡调整和触发电平调整 （3）固定流量计

续表

故障现象	故障产生原因	处理方法
误差较大或小流量不稳定	（1）漩涡发生体中有杂物 （2）接地不良好	（1）清洗漩涡发生体 （2）检查并重新接地
仪表无指示	（1）电源极性不正确 （2）电源电压和负载电阻不符合出厂要求 （3）放大器和漩涡发生器坏	（1）检查电源，并正确接线 （2）按厂家要求对电源电压和负载电阻进行安装 （3）更换放大器和漩涡发生器

6.6.3 液位仪表

6.6.3.1 浮筒液位计

浮筒液位计可对工艺容器内液位或界位进行连续测量和就地控制。该类仪表是基于浮力原理工作的，当液位在零位时，扭力管由于浮筒的重量产生扭力矩，扭力管转角处于“零”度；当液位逐渐上升时，浮筒在液体浮力的作用下，也随着上升，扭力管产生的扭力矩逐渐减小，此时将其产生的转角由变送器转换成4~20mA直流标准信号，这信号正比于被测量液位。

浮筒液位计的常见故障及处理方法见表6-6。

表6-6 浮筒液位计常见故障及处理方法

故障现象	故障产生原因	处理方法
实际液位有变化，但无指示或指示不跟踪	（1）引压阀、管堵或积有脏物 （2）浮筒被卡住 （3）变送器坏	（1）进行疏通、清洗或更换引压阀 （2）拆洗清理浮筒体内脏物 （3）更换变送器
无液位，但指示为最大	（1）浮筒脱落 （2）变送器故障	（1）进行重装 （2）更换变送器
有液位但指示最小	扭力管断	更换扭力管

6.6.3.2 超声波液位计

超声波液位计是利用声波碰到液面时，产生反射波的原理，通过测出发射波和反射波的时间差，从而计算出液面的高度。超声波液位计的常见故障及处理方法见表6-7。

表6-7 超声波液位计常见故障及处理方法

故障现象	故障产生原因	处理方法
指示不准	面板上出现符号警示	通过面板操作可以在诊断功能组里找出故障原因，针对错误处理
出现满液位	天线污染	及时对天线进行清洗

6.6.3.3 双法兰液位计

双法兰液位计由差压变送器、毛细管和带密封隔膜的双法兰组成。密封隔膜的作用是防止管道中的介质直接进入差压变送器，它与变送器之间是靠注满液体的毛细管连接起来的，当膜片受压后产生微小形变，形变位移或频率通过毛细管的液体传递给变送器，由变送器处理后转换成输出信号。双法兰液位计的常见故障及处理方法见表6-8。

表6-8 双法兰液位计常见故障及处理方法

故障现象	故障产生原因	处理方法
无指示	(1) 信号线脱落或电源故障 (2) 电路板坏	(1) 进行接线或处理电源故障 (2) 更换电路板
指示为最大值	(1) 低(高)压侧膜片、毛细管坏 (2) 低(高)压侧引压阀没有打开 (3) 低(高)压侧引压阀堵	(1) 更换新表 (2) 打开引压阀 (3) 清洗低(高)压侧引压阀
指示偏大(偏小)	(1) 低(高)压侧引压阀没全开或放空堵头漏 (2) 膜片有脏物	(1) 打开低(高)压侧引压阀或关闭放空堵头 (2) 清洗膜片
指示无变化	高低压侧膜片或毛细管同时损坏	更换新表

第 7 章　装置异常及处理

对于丙烯腈装置来说，一旦发生突发性生产异常，总的处理原则是在保障安全和环保的前提下，及时准确地采取措施以避免可能发生的人身伤害，以及超温、超压引起的设备和催化剂损坏等生产异常；同时要积极为重新恢复生产创造条件，将损失降至最小程度。

丙烯腈催化剂价格不菲，生产上的停车应首先确保催化剂的安全。操作人员要严格按照反应器停车预案的要求，将丙烯、氨、空气按先后顺序依次关闭，杜绝催化剂在缺氧情况下被还原。

重大的机组或设备发生着火、超温超压、仪表失灵等严重情况，在情况不明的前提下，应妥善安排紧急停车。

7.1　公用工程系统故障

7.1.1　电力系统故障

丙烯腈装置的电力系统一旦发生故障，则会导致现场机泵停运，如在电力恢复过程中处理不当，将直接导致装置停车，甚至发生安全事故。如何做到在电力系统故障情况下确保装置安全，并在安全的前提下尽可能地避免装置停车，是丙烯腈装置运行管理直接面临的问题，为此首先对丙烯腈装置的供电现状进行分析，并制定电力系统故障事故处理预案。

(1) 可能出现的电力故障种类和现象

根据丙烯腈装置的供电状况，可能出现的电力故障有以下几种：

1) 电厂故障，11 万伏总降失电，整个装置停电。

2) 系统晃电，导致部分机泵停运。

(2) 电力系统故障后丙烯腈装置应急处理原则和措施

① 电力系统故障时的处理原则是确保装置安全，严防人身、设备和生产事故发生，一旦供电系统故障并导致现场机泵停运后，如不能立即恢复机泵运转，则应果断地将装置紧急停工处理。

② 在保证装置安全的前提下应尽可能地避免装置停车。

③ 为避免在同时重启现场停运机泵时由于启动电流过大造成低压各段超电流，应严格按照先后原则恢复功率较大的机泵的运行，并随时和电气人员保持联系，确认低压各段不超电流。

④ 为防止电机同时启动造成启动电流过大，各机泵运行时的现场电源开关的考克位置应打在自动，机泵启运时应关闭出口阀或出口调节阀。

⑤ 对于进出口压差较大并导致反转的机泵，必须关闭出口阀，待其反转停止后方可启运。

（3）丙烯腈装置电力系统故障的事故处理措施

根据丙烯腈装置可能出现的电力故障的种类，制定相应的处理措施如下：

1）装置停电。

现象：

① 现场机泵停运。

② 现场及操作室照明失电。

③ DCS 由于有 UPS 电源，保持运行。

④ 机组仪表系统由于有 UPS 电源，保持正常。

处理步骤：

① 切断反应器进料，装置紧急停车处理。

② 由于机泵停运，各塔、器维持原状，待电力恢复后按紧急停车方案处理。

③ 对于冷路由于停电而中断的冷换设备要切出流程，重新恢复时要严格按照规程操作。

④ 在电力恢复重新启运机泵时，要按照规程逐台启动。

2）装置晃电。

① 重启现场停运机泵时应按照先后原则恢复下列功率较大的机泵的运行：随时和电气人员保持联系，确认低压各段的运行电流。

② 为防止电机同时启动造成启动电流过大，各机泵运行时的现场电源开关的考克位置应打在自动，机泵启运时应关闭出口阀或出口调节阀，尤其是进出口压差较大并导致反转的机泵，必须关闭出口阀，待其反转停止后方可启运。

3）DCS 失电。

DCS 不间断电源 UPS 将维持 30min 仪表电力，以供紧急处理。装置遭遇停电，应作全线停车处理。DCS 一旦发生失电，会引起现场所有调节器失控，风开阀将关闭，风关阀将打开。紧急处理程序如下：

合成单元：

① 切出反应器丙烯、氨、空气进料，打开事故氮气吹扫反应器。

② 打开蒸汽发生器压力控制调节阀和界外蒸汽进机组大阀，通知调度增加界外中压蒸汽量，维持机组运行。

③ 依次关闭进料管线上所有阀门，联系停丙烯氨蒸发器进料。

④ 利用调节阀副线现场调节脱盐水槽、除氧器液位，打开蒸汽发生器排污大阀控制蒸汽发生器液位。

⑤ 停止加入硫酸，氮气吹扫硫酸管线。

⑥ 利用调节阀副线控制吸收塔上、下段液位，维持大循环运转，贫水切出蒸发器，放尽蒸发器管程贫水。

⑦ 精制单元应按紧急停车方案处理。

⑧ 废物处理单元应按紧急停车方案处理。

⑨ 空压制冷单元应按紧急停车方案处理。

⑩ 随时向调度汇报外来中压蒸汽用量变化。

7.1.2 蒸汽系统故障

以国内某丙烯腈装置及其界外蒸汽使用情况为例进行介绍。该装置使用的界外蒸汽有

4.0MPa、1.0MPa 两种，以下分述这两种蒸汽故障时的处理方法：

（1）1.0MPa 蒸汽系统

丙烯腈装置使用 1.0MPa 蒸汽的地方有：

1）减压产生低压蒸汽；

2）用作催化剂储槽减压抽真空；

3）用作废水焚烧炉雾化蒸汽。

一旦 1.0MPa 蒸汽中断，机组主油泵将停车，辅助油泵将自动启动，维持机组正常运转。合成、精制岗位维持正常操作。装置根据蒸汽平衡状况，进行相应调整。废物处理单元按紧急停车方案处理。

（2）4.0MPa 蒸汽系统

丙烯腈装置 4.0MPa 蒸汽用于驱动机组透平，界外 4.0MPa 蒸汽系统故障后，装置操作人员按应急处理预案切断自产和界外蒸汽之间的联系，自产多余的蒸汽减压进入 1.0MPa 蒸汽管网以维持自产蒸汽压力。

在脱网运行期间，要加强各岗之间的联系，如发生冰机跳车事故，则应立即打开自产蒸汽放空，严防蒸汽发生器超压。在非正常运行期间，要加强各岗位间的联系，如发生制冷机跳车事故，则应立即打开自产蒸汽排放调节阀，严防蒸汽发生器超压。

（3）0.4MPa 蒸汽系统

本装置使用的部分 0.3MPa 蒸汽由 0.4MPa 蒸汽管网减压而来，一旦 0.4MPa 蒸汽管网出现问题，可关闭界区 0.4MPa 蒸汽总阀，界内所需 0.3MPa 蒸汽由 1.0MPa 蒸汽管网减压至 0.3MPa 蒸汽管网供两套装置使用，在此期间，注意保持界外 1.0MPa 蒸汽暖管进料量。

7.1.3 水系统故障

丙烯腈装置所用水主要有脱盐水、循环水、冷冻盐水。以下分述各种水系统故障时单元处理方法。

（1）停脱盐水

装置正常运转时脱盐水的用途是补充蒸汽发生器的撤热水和泵封水。一旦脱盐水中断，应立即通知调度人员要求恢复，同时调整工艺操作，适当增加低压蒸汽用量，以增加蒸汽凝水量，以及将封水补充改为四效蒸发系统凝液或工业水等措施，尽量做好装置内脱盐水平衡，延缓脱盐水储槽液位下降速度。对于撤热水系统，一旦脱盐水储槽液位下降，则处理方法是：

1）合成单元按降负荷调整，不能维持的按停车处理。

2）精制单元按合成紧急停车、精制倒料操作方案处理。

3）废物处理单元维持正常操作，做好接烧氢氰酸准备。

4）空压制冷单元维持正常操作，随时向调度汇报蒸汽用量变化。

（2）停循环水

丙烯腈装置使用循环水的冷换设备有各冷凝换热器、空压机油冷器、制冷机油冷器等，一旦循环水中断，装置将无法继续运行。

合成单元、精制单元、空压制冷、废物处理单元按紧急停车方案处理。需特别提醒注意的是在循环水中断时，冷换设备必须切出流程；在恢复使用时，要严格按照规程投用。废气焚烧炉按紧急停车方案处理。

(3) 停冷冻盐水

冷冻盐水主要用于部分塔塔顶气的深度冷凝，例如作为脱氢氰酸塔塔顶冷凝器冷介质等。

停冷冻盐水的原因以及对应的处理方式：

1) 制冷机故障，按照制冷机故障预案处理。

2) 冷冻盐水循环泵故障，启用备台，无备台则作停车处理。

3) 管道泄漏，及时消漏，并对损失的冷介质进行补充，若无法消漏，按系统停车处理。

4) 停电故障：按照系统停电统一处理，根据冷量情况，分步停车；调整温度分布，威胁到安全、环保，则全线停车。

7.1.4 风系统故障

丙烯腈装置使用氮气、仪表风、工业风，以下分述各种风源故障的处理方法。

(1) 氮气压力过低或中断

丙烯腈装置正常运行时氮气是作为部分仪表风源，一旦氮气压力过低或停供，则上述氮吹表将失灵，指示错误，此时处理方法如下：

1) 立即汇报总调并要求恢复。

2) 各岗位将本岗位用氮气反吹表的调节系统改为手动调节，派人现场观察液位并与室内保持联系，维持系统稳定，重点是精制系统油相液位。

3) 现场手动关闭各储罐和分层器充压阀，避免罐内气体倒窜至氮气管网。

4) 联系环境监测部门加强对氮气保护储罐如中间罐、成品罐、废水罐等区域的环境监测，操作人员在这些区域作业要戴有毒气体报警仪和防毒面具，以保证人身安全。

(2) 仪表风压力过低或中断

一旦仪表风系统压力过低或停供，则调节阀将自行打开或关闭(风开阀关闭、风关阀打开)，处理方法如下：

1) 立即汇报总调并要求恢复。

2) 由于空压机放空阀为风关阀，仪表风中断后该阀全开，导致反应器空气量大幅下降从而导致反应器进料连锁跳车，此时合成、精制、机组、废物处理岗位均按紧急停车方案处理。

单个调节阀或几个调节阀失去仪表空气时，必须立即切换至手动调节来控制流量。这些控制阀的旁路能够用人工控制。人工控制方法可以连续进行直到故障消除。

如果仪表空气完全失去，所有气动调节阀将处在或者完全关闭或者完全打开的状态，并且保持在这个位置。所有自动和遥控手动阀将不能动作，所有气动传输的指示仪和记录仪也将不能正常工作。

当仪表空气故障时，每个调节阀的开关状态都表示在 PID 上。这种动作是经过考虑后选择的，它使装置处于安全状态。例如，控制进入反应器的空气、氨、丙烯流量的调节阀在仪表空气故障时处于关闭状态。

从上述讨论可以得知，当仪表空气发生故障时，生产虽被迫停止，但设备在一定程度上得到了保护。在停车期间，调节阀管线前后的切断阀应该关闭，防止仪表空气供应恢复时，物料意外地通过。

(3) 工业风压力过低或中断

丙烯腈装置正常运行时工业风主要用于废水焚烧炉系统的废水及硫酸铵聚合物焚烧雾

化，烟气脱硫的氧化罐鼓风及袋式除尘器，废水焚烧炉系统将不能正常焚烧废水，此时主装置不会停车，但废水焚烧有较大压力，必须尽快恢复工业风供应，使废水焚烧炉系统正常运行，恢复废水焚烧。

7.2 设 备 故 障

当设备发生故障时，一般会引起一些工艺参数的波动，例如液位、压力、温度等，这时候需要分析情况并迅速作出原因判断，并加以验证。

对于常用的故障应急处理方法，可以根据检修规程进行常规处理，通常有参数修改法、问题避开法、改装修复法、设备调换法、短接法、替代法等。

7.2.1 阀门常见故障

阀门是化工最常见的管路配件，它虽然是主体设备的附属管件，但其所起的作用却不容忽视。生产中阀门使用不当或阀门故障会引起生产波动、停车甚至造成事故。因此，阀门的正确使用和常见故障处理在生产中十分重要。阀门常见故障及处理方法见表 7-1。

表 7-1 阀门的常见故障及处理方法

故障现象	原因	处理方法
密封圈不严	（1）阀座与阀体配合不严密 （2）关闭阀门使用辅助工具不当，关得过紧	（1）修理密封圈 （2）关阀用力适当，不要用加力杆开关阀门
密封面上有划痕、凹痕等缺陷	（1）阀体内有污垢 （2）焊渣、锈蚀杂质进入阀体 （3）操作不当，阀打开过量	（1）拆下清洗 （2）研磨密封面 （3）正确操作
法兰端面密封渗漏	（1）垫片损伤 （2）法兰密封面有伤痕	（1）更换垫片 （2）研磨密封面
填料处渗漏	（1）填料加入不合要求 （2）阀杆有伤痕 （3）填料选择不当或不干净	（1）分段添加填料 （2）阀杆研磨光滑 （3）更换优质填料
阀杆升降不灵活	（1）阀杆及衬套材料选择不当润滑不良 （2）螺纹磨损，阀杆歪斜	（1）更换合乎要求材质，如青铜等加强润滑 （2）更换阀杆与衬套

7.2.2 单向阀常见故障

单向阀是流体只能向一个方向流动而不能反向流动的方向控制阀。单向阀应用于不允许流体反向流动的场合，如空压机向气罐充气时，在空压机与气罐之间设置一单向阀，当空压机停止工作时，可防止气罐中的压缩空气回流到空压机。单向阀还常与节流阀、顺序阀等组合成单向节流阀、单向顺序阀使用。

单向阀的主要故障为弹簧发生不可逆转的形变，导致物理恢复能力下降或消失，引起物料的回流，单向作用消失，主要应对措施为定期检修，更换弹簧等。

7.2.3 轴承箱温度高

离心泵的轴承箱温度高，主要有以下几种情况。

1）因为润滑油位过低，进入轴承的油量少，使轴承不能充分润滑，所以泵在旋转后产生的热量不能被润滑油带走。处理方法是加油至正常油位。

2）冷却水流量小或中断。处理方法是调整冷却水流量。

3）因油孔或油沟堵塞，供油中断，轴承形成干磨。处理方法是疏通油孔或油沟，保证正常供油。

4）滚动轴承的滚动体卡死，不能滚动。处理方法是更换轴承。

5）轴承箱进水或进蒸汽，润滑油被污染，起不到润滑作用。处理方法是更换润滑油。

7.2.4 电机轴承温度高

电动机运行时，轴承外圈允许温度不超过95℃，过高时可能有以下几种情况：

1）轴承损坏，应换新轴承。

2）润滑脂牌号不对或量过多、过少。一般应用3号锂基脂或3号复合钙基脂、ZL3（SY1412-75）复合钙基脂，将轴承及盖清洗干净后，加油脂达净容积的1/2左右。

3）滑动轴承润滑油不够或有杂质，或油环卡住，应修复。

4）轴承与端盖配合过松（走外或过紧）。过松时将轴颈喷涂金属；过紧时重新加工。

5）轴承与端盖配合过松（走外圆）或过紧。过松时端盖镶套；过紧时重新加工。

6）电动机两侧端盖或轴承盖没装配好。重新装平。

7）传动带过紧或过松，联轴器不对中。应进行调整。

7.2.5 仪表调节阀故障

仪表调节阀的常见故障现象及处理方法见表7-2。

表7-2 仪表调节阀常见故障现象及处理方法

故障现象	原因	处理方法
使用寿命短	（1）调节阀开度较小 （2）流体长期保持同一流向造成汽蚀 （3）节流件汽蚀 （4）节流通道短	（1）大开度工作，延长寿命 （2）改变流体方向 （3）可改用耐汽蚀和冲刷的特殊材料来制造节流件 （4）增长节流通道
调节阀卡住或堵塞	（1）管路中的焊渣、铁锈、渣子堵塞 （2）流体介质含易沉淀物、含有固体颗粒	（1）卸开清洗渣物，密封面损伤应研磨；打开底塞，冲掉下阀盖内的杂物，并对管路进行冲洗；投运前，让调节阀全开一段时间 （2）安装管道过滤器 （3）下阀盖底塞处外接冲刷气体和蒸汽

7.2.6 压缩机轴头泵失效

制冷机（大冰机）的压缩机轴头泵失效的判断方法：制冷机（大冰机）启动升速至正常转

速后，手动停辅泵时油系统压力急剧下降，则轴头泵失效。

处理：维修或更换。

7.2.7 急冷后冷器管程内漏

急冷后冷器管程内走的物料为急冷塔出来的经过急冷塔除沫器的反应气及部分水汽，壳侧为循环冷却水。如果急冷后冷器管程发生内漏，则急冷后冷器的外送流量会异常上升，液位会异常上升，温度下降较快。

此时应该根据实际情况来处理。如果内漏量较小，可以不停车的话，先切断壳侧循环水，注意急冷后冷器的液位，保持吸收塔的进料，并适当调整吸收塔的吸收水量和吸收水温度，等待机会停车处理。若内漏量较大，则需尽快停车消漏。

7.2.8 反应器撤热水管故障

撤热水管故障常见的有两种类型：一是阀门故障，二是水管泄漏。

阀门故障主要有阀门内漏或阀门卡死。阀门内漏一般可以根据投用的撤热水管分布是否均匀，撤热水管个数是否正常等判断。阀门卡死一般表现为阀门关不上或打不开。阀门故障一般根据实际情况能够不拆装维修的，可以在线简易维修。如果需要停用撤热水管，那么可以根据需要维持到反应器停车时检修，不能维持的停车检修。

水管泄漏分为反应器内部泄漏和反应器外部泄漏。内部泄漏可以通过反应器温度、反应器床层催化剂密度、催化剂异常跑损等方面看出，外部泄漏可以从现场听到刺耳声音和观察到大量雾气。反应器撤热水管很少故障，如发生撤热水管泄漏，主要是水质的原因引起的，也有使用不当，切换不正常等原因造成穿孔。另外，固体沉积物或少量的水流过撤热水管导致水全部蒸发都可能增加撤热水管故障可能性。一旦撤热水管发生泄漏，一般都得紧急停车，进行维修。

7.2.9 吸收塔釜液泵跳车

现象：吸收塔塔釜液位上升，回收塔进料中断。

处理：吸收塔釜液泵跳车后，操作人员应立即到现场启动备用泵，同时，室内操作人员应立即增大溶剂水量和急冷后冷器凝液量，在控好低压蒸汽管网压力的同时，适当降低回收塔加热蒸汽量，控制好灵敏层温度，以避免回收塔冲塔。

7.2.10 脱氢氰酸塔釜液泵故障

现象：脱氢氰酸塔塔釜液位上升，成品塔进料中断。

处理：脱氢氰酸塔釜液泵故障停车时，操作人员应立即到现场按程序启动备用泵，成品塔应立即改为全回流操作，若现场切换备用泵未能及时启动，适当提高脱氢氰酸塔油水分层器油层液位，必要时通过脱氢氰酸塔油水分层器油相泵部分改送不合格罐等临时应急处理手段来控制脱氢氰酸塔釜液位正常。

7.2.11 大冰机跳车

现象：吸收塔吸收水温上升，脱氢氰酸塔压力上升。

正常生产中丙烯腈装置0℃冷量设计由大冰机提供，当大冰机运行中发生突发性跳车时，将会导致脱氢氰酸塔无法维持正常生产，处理不当时有可能还会发生安全事故。

1）大冰机跳车后，合成岗位应摘除反应进料联锁，同时逐步降反应器负荷至 80%（视大冰机能否重新开车开启进度，并以维持吸收水温度稳定为原则），增加 4.0MPa 减压到 1.0MPa 的蒸汽量，以保证界外蒸汽量不小于 15t/h，如蒸汽发生器压力持续增长不能维持，则立即打开界外蒸汽进空压机的阀门，并打开蒸汽放空阀放空。

2）合成岗位全开吸收塔塔顶进水调节阀，切除急冷塔后冷器凝液冷却器盐水，同时立即将吸收水比降至 12：1，并根据反应负荷变化调整吸收水量，以维持吸收塔的吸收水温度正常。

3）如吸收水温度仍无法维持，则仍需降低反应器负荷（最低可至 60%），降低吸收水量。

4）增加急冷后冷器、吸收水冷却器、第四效蒸发器馏出物冷凝器、成品塔冷凝器循环水用量，增大脱氢氰酸塔排气冷凝器的-10℃盐水用量。

5）精制岗位应立即降低脱氰塔进料，同时适降脱氢氰酸塔贫水，保证脱氢氰酸塔温度曲线正常；关闭脱氢氰酸塔釜泵至成品塔进料阀，维持脱氢氰酸塔全回流操作，通知焚烧炉岗位做好接收 HCN 准备，通知氰化钠装置密切关注 HCN 密度，当 HCN 密度异常时，氰化钠装置可即刻切断 HCN。

6）适当撤成品塔再沸器贫水，调小成品塔釜外送量，保持成品塔温度分布正常，维持成品塔全回流操作。

7）将脱氢氰酸塔釜粗丙烯腈退入不合格丙烯腈罐，控制脱氢氰酸塔釜液位在 50%～60%，控制脱氢氰酸塔操作平稳。

8）根据脱氢氰酸塔压力变化情况，精制岗位及时开启脱氢氰酸塔备台真空泵，尽可能控制脱氢氰酸塔顶压平稳，密切监控脱氢氰酸塔顶温及温度曲线变化，在压力为 70～80kPa（绝）下，当脱氢氰酸塔顶温超过 25℃，密度超过 735kg/m^3时应立即切除 HCN，并给氮气吹扫。

9）联系空压岗位，确认大冰机开启情况，当脱氢氰酸塔冷凝器冷后温度超过 15℃而大冰机又不能及时开启时，撤出脱氢氰酸塔贫水，脱氢氰酸塔冷凝器内物料退入脱氢氰酸塔釜后，由脱氢氰酸塔釜液泵退料入不合格罐，成品塔继续维持全回流操作。

7.2.12　丙烯、氨系统泄漏

丙烯、氨系统泄漏较大而无法隔离处理时，泄漏系统残存液氨或丙烯必须尽可能倒入丙烯、氨火炬系统，投用高压消防水炮，操作人员必须佩戴合适防护器材，从上风口进入，避免产生火花行为，用水进行掩护吸收，按照应急预案采取堵漏措施。若泄漏不可控制，须尽快撤离人员，保障人身安全及周围生产装置设备安全。

7.2.13　脱氢氰酸塔氢氰酸泄漏

发现物料管泄漏后，应立即启动事故应急预案，联系救护人员到现场，严禁非生产人员进入装置主框架区域；同时，在装置主框架区域内的人员立即安全、就近撤离主框架区域。

操作人员必须穿戴正压式防护用品（防化服、气防面具等），去现场切断泄漏源，必要时，视泄漏情况进行精制系统或整个装置系统停车。

因生产需要进入主框架区域，则必须探明风向，且严格遵循顺风进入、顶风撤离主框架等区域的原则。

单元操作人员在切断泄漏源之后，应立即对泄漏点现场进行冲洗，并通知废水单元，加强对废水处理的监控，防止环保排污超标。

7.2.14 丙烯腈成品罐重大泄漏

丙烯腈成品罐泄漏处理时应避免产生火花，并设警戒线；应佩戴合适防护器材；一般不用水进行冲洗、稀释；围堰雨水/污水排放阀均应关闭；应优先进行流程隔断以减少泄漏量；来不及挥发的丙烯腈迅速用常备的硫酸亚铁(液、固态的选择按照实际需要)进行中和。

7.2.15 重大设备泄漏

丙烯腈装置重大设备主要包括蒸汽发生器、大机组、塔设备以及中间罐、成品罐等。

蒸汽发生器泄漏：能够带压堵漏的设备按照规程进行带压堵漏作业，精制工序可按停料作业处理，否则按停车程序停车，排液后进行设备检修作业。

大机组如制冷机、原料空气压缩机等发生漏液、漏润滑油，不能够堵漏的要及时停止检修，及时清洗漏出的物料，以防燃烧事故发生。

塔设备发生泄漏的情况较少，一般为物料管与塔体结合的部位会发生泄漏。一旦发生泄漏，要根据泄漏的物质属性组织堵漏、收集泄漏物质。同时操作上进行相应调整。

丙烯腈装置物料多为有毒、易燃、易爆、易挥发物质，一旦中间罐或成品罐的物料发生泄漏，操作人员应根据泄漏情况，启动应急处理预案，应建立隔离安全带，组织处在下风向人员撤离，确认储罐防溢堤雨水阀关闭，防止物料沿明沟外流，发生泄漏的储罐要转移物料，然后进行消漏。

进入泄漏现场进行处理时，应注意以下几项：任何无关的人员疏散到不存在任何危险的安全区域，必要时启动紧急预案；如果泄漏的化学品具有易燃性，严禁使用易产生火花的工(器)具，周围区域严禁明火和其他形式的热源和火源，以降低发生火灾爆炸的危险性；由于泄漏现场是在高浓度环境下，进入现场人员必须配备必要的个人防护设备；对化学品溢出和泄漏的严重程度及厂内处理人员的处理能力进行评估，如有必要请求外援；要有监护人，必要时，必须用水枪、水炮掩护。

控制泄漏方面，工艺上关闭有关阀门、停止作业是切断化学危险品来源的最佳途径，但有些生产装置不能停止作业，可采取改变工艺流程、物料走副线、局部停车、打循环、减负荷运行等方法，或者进行带压堵漏。容器发生泄漏后，在确保安全、遵守各项安全规范的前提下，能采取措施修补和堵塞裂口。制止化学品的进一步泄漏，对整个应急处理是非常关键的。能否成功地进行堵漏还取决于以下几个因素：接近泄漏点的危险程度；泄漏孔的尺寸；泄漏点处实际的或潜在的压力；泄漏物质的特性。

对泄漏物的处理方面，一旦泄漏被控制后，要及时将现场泄漏物进行覆盖、收容、稀释或进行化学处理。化学处理主要通过加入另外一种无害的试剂与泄漏物反应成为低害或无害的物质，如丙烯腈泄漏可使用硫酸亚铁进行中和等。以上处理可使泄漏物得到安全可靠的处置，防止二次事故的发生。围堤堵截主要针对液体化学品，泄漏到地面上时会四处蔓延扩散，难以收集处理的情况，为此需要筑堤堵截或者引流到安全地点。对于储罐区发生液体泄漏时，要及时关闭雨水阀，防止物料沿明沟外流。对于气体而言，为减少大气污染，通常采用水枪或消防水带向有害物蒸汽云喷射雾状水。在使用这一技术时，将产生大量的污染水，因此应疏通污水排放系统。对于可燃物，也可以在现场施放大量水蒸汽或泡沫灭火剂，破坏燃烧条件。对于液体泄漏，为降低物料向大气中的蒸发速度，可用泡沫或其他覆盖物品覆盖外泄的物料，在其表面形成覆盖层，抑制其蒸发。当泄漏量大时，可选择用泵将泄漏出的物料抽入容器内或槽车内；当泄漏量小时，可用沙子或吸附材料吸收，或用中和材料进行中和。

7.3 工艺操作异常及处理

7.3.1 反应器过热蒸汽温度低

现象：过热蒸汽温度低于控制目标值。

原因：①反应器温度下降，热量小，导致过热蒸汽温度下降。

②过热蒸汽旁路阀开度大。

处理：①反应器温度非正常下降，首先核对原料进反应器的量和配比，并检查反应器的各个工艺指标是否正常；其次检查撤热水管的状态，根据撤热水管投用数目，判断是否有泄漏。

②调整过热蒸汽旁路阀，使温度达到目标值。

7.3.2 蒸汽发生器压力超高

现象：蒸汽发生器压力超压，报警。

原因：①压力排出调节阀失灵。

②反应器温度上升。

③开车过程中，撤热水管投用过快。

④压力指示失灵。

处理：①调节阀失灵，按照调节阀故障进行处理，通过旁路阀控制蒸汽发生器的压力，如果短期内无法维修，安排停车。

②确认反应器进料量、压力等指标，并检查撤热水管状态，控制好反应器温度。

③开车过程中，根据开车投料量逐步投用撤热水管。

④对压力指示表进行检修。

7.3.3 反应器催化剂失活

现象：反应器成绩中丙烯腈收率持续下降，实物量下降。

原因：①原料中砷、硫等使催化剂中毒的元素含量超标。

②尾氧长时间低于控制值。

③反应器内部撤热水管泄漏。

④催化剂表面结炭严重。

处理：①加强原料质量监控，催化剂置换或更换。

②控制好反应尾氧，催化剂置换或更换。

③一旦发现撤热水管内漏，立即停车检修，对撤热水管进行消漏。

④催化剂积炭的，可以在取样表征时发现，积炭可采用高温烧炭法恢复活性，或催化剂再生。

7.3.4 反应器催化剂异常跑损

现象：反应器催化剂藏量减少，催化剂床层降低。

原因：旋风分离器料腿堵塞，撤热水管内漏，反应器床层线速度过高，旋风分离器损坏等都能造成催化剂的额外、大量跑损。

处理：一旦发现仪表指示催化剂跑损量超过正常的设计损耗，首先看线速是否过高，并适降线速；其次，应检查旋风分离器的料腿吹扫风压力、流量情况，判断料腿是否有堵塞，并疏通；然后，确认料腿吹扫正常时，对撤热水管进行核算热量，看是否有漏点；最后，若上述情况都正常，应该检查反应器的内构件是否损坏，这需要反应器停车后进行。

7.3.5 反应器丙烯、氨进料波动大

现象：反应器进料量报警，丙烯、氨压力指示波动大，反应器温度变化大。

原因：①调节阀失灵，或者调节阀参数整定不当。

②蒸发器压力波动。

③丙烯、氨气相进料液沫夹带。

处理：①对故障调节阀维修，整定调节阀仪表参数。

②吸收水温度波动，导致蒸发器蒸发压力波动；蒸发器液位波动引起压力变化。

③正常生产中蒸发器液位超高引起气相带液将会导致反应器丙烯、氨进料量大幅上升；丙烯、氨自蒸发器出来后气相没有加热到指定进反应器的温度，造成带液等。

7.3.6 反应器进料中断

现象：反应器进料报警，联锁动作。

原因：①丙烯、氨或空气调节阀失灵导致反应器进料中断。

②蒸发器蒸发停止。

③关闭界外进装置阀。

④空压机故障引起进料的中断。

处理：以上情况均按反应器停车处理，若故障能及时排除，反应器可进行保温，以便及时恢复生产。

7.3.7 开工加热炉热负荷不足

现象：开工加热炉温度低。

原因：①开工加热炉主火嘴不畅。

②燃料气流量小、压力低。

③空气量异常。

处理：①每次开车前均需全面检查开工加热炉主火嘴，以确保其开工正常。

②调整燃料气压力、流量。

③调整空气量。

7.3.8 开工加热炉炉温超温

现象：开工加热炉温度飞升，联锁动作。

原因：①燃料气供应量过大。

②风门调节不当。

处理：①开工加热炉超温都有联锁保护，一旦超温联锁将启动，开车终止，所以开车过程中注意精心操作，确保合适的投料量以保证温度缓慢上升，一般每小时上升50℃左右。

②调节风门的角度，保证燃烧正常。

7.3.9 反应器径向温度分布不均

现象：反应器径向温差大。

原因：①撤热水管投用时分布差。

②撤热水管阀未关好或阀内漏。

③反应器内构件出现异常。

调整：①检查撤热水管投用状况，并调整其分布。

②检查撤热水管阀，检查阀门是否内漏，并采取措施。

③当空气分布板气流孔堵塞或丙烯氨分支管断裂时，会造成径向温差，严重时，必须停车检修。

7.3.10 反应器超温

现象：反应器温度飞升，报警。

原因：①反应器开车投料时，撤热水管投用不当。

②丙烯或氨进料异常，有液相进入。

③热水管系统故障，水量减少。

调整：反应器超温一般有联锁保护，一旦超温联锁将自动停车；无联锁的为避免事故应实施紧急停车。为避免超温事故发生，应做如下处理。

① 按反应器开车投料表，稳定投料、投撤热水管。

② 控制好蒸发器、气液分离罐液位，控制好过热器温度。

③ 确认汽包液位，检查循环水泵状态，并排除故障。

7.3.11 反应器压力高

现象：反应器压力指示高。

原因：①吸收塔压控阀控制不当。

②反应气体冷却器列管堵塞，压差增大。

③急冷塔液位异常。

④急冷后冷却器列管堵塞，压差增大。

调整：①按目标参数控制吸收塔压控阀开度。

②确认急冷塔上、下段液位，对液位计校验使其正常。

③反应器冷却器、急冷后冷却器压差大，严重时，停车清洗。

7.3.12 尾氧含量高

现象：DCS在线指示尾氧高。

原因：①反应温度下降。

②原料配比异常。
③尾氧检测仪表异常。
调整：①调整反应温度。
②按照下达的工艺指标，调整空比、氨比。
③校正尾氧检测仪表。

7.3.13 反应气体冷却器冷后温度低

现象：反应气体冷却器出口气体温度低。
原因：①反应气体冷却器列管出现渗漏。
②反应气体冷却器的调温水流量控制不当。
③急冷塔下段液位过高。
调整：①根据急冷塔下段排出量是否正常来判定内漏，视内漏量安排停车消漏。
②调整冷却器调温水量。
③增加急冷塔下段排出量，降低急冷塔下段液位。

7.3.14 急冷塔上段循环液 pH 值波动大

现象：急冷塔上段 pH 计指示变化大，硫酸耗用量波动大。
原因：①急冷塔上段循环喷淋喷嘴堵塞，喷淋不均，导致气液接触不均匀。
②反应器原料进料不稳定，氨烯比不正常，加酸系统来不及反应。
③pH 计指示仪表故障，或加酸调节阀故障。
④调节回路的 PID 参数设置不当。
处理：①检查喷嘴的压力，严重时停车检修。
②加强原料质量监测，稳定反应原料配比。
③仪表检修。
④重新设置调节回路的 PID 参数。

7.3.15 吸收水温度高

现象：正常吸收水量下，吸收水温度高于控制指标。
原因：①制冷机(大冰机)能力不足。
②吸收水冷却器换热效果差。
调整：①调整制冷机冷量。
②切换或停车清洗换热器。

7.3.16 吸收塔顶吸收水量低

现象：吸收水量低，流量提不上。
原因：①吸收水量控制调节阀故障。
②大循环水在精制单元的再沸器处阻力太大。
③吸收塔顶喷头堵塞。
④贫水泵故障造成出口压力低。
⑤流程中换热器或冷凝器堵塞。

处理：①切走调节阀旁路，联系仪表人员处理。

②与精制单元协调，减少精制单元再沸器处人为节流造成的阻力降。

③影响吸收塔操作时停车清洗。

④切用贫水泵备台运行，联系有关人员对泵进行检修。

⑤在吸收塔温度允许的情况下，适量部分走旁路，严重时停车清洗。

7.3.17 吸收塔中段吸收水量中断

现象：吸收塔中段吸收水量流量计读数为零，上段液位快速升高。

原因：①丙烯、氨蒸发器贫水管程冻结。

②吸收塔侧线循环泵故障。

③吸收塔上段液位控制调节阀故障。

处理：处理时要注意 AOGI(或 AOGC)系统的控制。

①切换备用蒸发器适当提高蒸发器压力和吸收水温度。

②检查备用泵自启动系统，人工切换备用泵，仍不行时作紧急停车处理。

③走旁路，联系仪表人员处理。

7.3.18 吸收塔液泛

现象：吸收塔压力及液面波动；塔的压降超过正常值；上段液位快速升高。

原因：①工艺空气或反应气体进吸收塔的量过大；提进料量过猛，吸收塔顶部排气调节阀动作太大。

②消泡剂加入量太少，塔内起泡。

③大循环水 pH 值呈严重碱性。

④塔内填料堵塞。

处理：①适当降低反应器进料量，注意提反应器进料量应缓慢进行，吸收塔顶部排气调节阀不能动作幅度太大。

②适当增加消泡剂加入量。

③调整大循环水 pH 值至正常范围。

④停车清洗或更换填料。

7.3.19 回收塔塔釜液位超高

现象：塔釜液面高于正常值。

原因：①回收塔塔釜液位调节阀失灵或指示不准。

②塔釜液抽出泵不上量。

③贫水缓冲槽液位调节阀失控。

④回收塔第 1 块塔盘故障漏液。

处理：①改走旁路控制，联系仪表人员修理调节阀，指示不准时要校表。

②切换备用泵，联系维修人员进行修理，检查四效蒸发器压力，确认是否四效压力过高。

③改走旁路控制，联系仪表人员修理调节阀。

④漏液不严重时可通过关小贫水缓冲槽液位调节阀开度或适当增加加热蒸汽流量来调

节，严重时停车检修塔盘。

7.3.20 回收塔顶压高

现象：回收塔顶压高于正常值。

原因：①回收塔塔釜塔顶压力指示仪表不准。

②回收塔顶冷凝器冷后温度过高。

③回收塔负荷过高。

④塔釜温度高。

处理：①指示不准时要校表。

②查看并纠正循环水管网压力及上水温度的变化，检查塔顶冷凝器换热效果。

③降低进料量，调整吸收水比。

④使塔釜温度控制在正常指标。

7.3.21 回收塔釜温高

现象：回收塔塔釜温度高于正常值。

原因：①塔釜温度指示不准。

②回收塔顶压力过高。

③回收塔塔板污染，塔板压降大。

④再沸器蒸汽量过大。

处理：①塔釜温度计校验或更换。

②降低塔顶操作压力。

③按期进行检修，确保塔板气液传质效率及塔顶冷凝器换热效率等良好。

④调整加热蒸汽流量和乙腈塔进料量，降低加热蒸汽流量。

7.3.22 回收塔油水分层器界位超高

现象：回收塔油水分层器界位超过正常值。

原因：①液位指示仪表不准。

②回收塔顶冷凝器内漏，水相外送来不及。

③油水分层器水相外送量不正常。

处理：①检查液位计状态，仪表校验。

②确认外送量过大后，调整回收塔顶冷凝器冷却水回水压力，减少内漏量，待机会检修。

③检查泵和调节阀是否正常，切换备泵或仪表检修。

7.3.23 回收塔顶乙腈超标

现象：回收塔油水分层器油层分析乙腈含量超标。

原因：①溶剂水中乙腈含量高。

②溶剂水流量过小，溶剂水温度过高。

③回收塔进料温度高。

④回收塔灵敏层温度过高。

⑤乙腈侧线抽出量不够。

⑥乙腈抽出位置不适当。

⑦塔的操作负荷大。

⑧塔的操作不正常，返回至回收塔的乙腈塔釜液中的乙腈含量高。

⑨回收塔内起泡，传热传质效果较差。

⑩塔内构件堵塞或损坏。

处理：①适当加大塔釜再沸器蒸汽量，提高塔釜温度。若塔釜温度提不上去，可能是再沸器管程结垢，这时可直接在塔釜通入少量汽提蒸汽或切换再沸器。

②适当提高溶剂水流量，降低溶剂水入塔温度。

③适当降低进料温度。

④适当降低灵敏层温度。

⑤增大乙腈气相侧线抽出量。

⑥调整回收塔乙腈侧线抽出口位置。

⑦减少粗丙烯腈或不合格丙烯腈的回炼配料量，必要时可降低反应负荷。

⑧检查乙腈塔操作情况，调整乙腈塔操作。

⑨加大消泡剂进回收塔或贫水缓冲罐注入量。

⑩停车清洗，检修塔内构件。

7.3.24　贫水、溶剂水缓冲槽液位低

现象：贫水/溶剂水缓冲槽液位低于正常值。

原因：①回收塔第 1 块塔盘故障漏液。

②回收塔液泛，液相在塔板上积聚。

③液位计指示失灵，液位调节阀故障。

处理：①漏液不严重时可通过关小贫水缓冲槽液位调节阀开度或适当增加加热蒸汽流量来调节，严重时停车检修塔盘。

②按回收塔液泛处理。

③液位计校验或联系仪表人员修理调节阀。

7.3.25　回收塔液泛

现象：塔顶、塔釜及侧线物料控制分析数据均不合格，塔内轴向温度分布异常，釜压高于正常值。

原因：①进料量过大或进料温度过低。

②再沸器蒸汽量提得过猛，塔釜蒸发量过大。

③溶剂水量过大。

④塔内起泡。

⑤塔盘或降液管污染。

处理：①停止任何配料操作，必要时降低反应器进料量，将进料温度控制在正常范围内。

②再沸器蒸汽提量要缓慢进行，若塔釜蒸发量过大则要适降再沸器蒸汽量，调整塔的操作。

③适降溶剂水量。

④检查消泡剂加入情况，适当加大消泡剂加入量。
⑤停车清洗，检修塔内构件。

7.3.26 回收塔热负荷不足

现象：回收塔整塔温度较低。
原因：①塔釜再沸器污染。
②再沸器凝水泵故障，凝水排不出。
③再沸器加热蒸汽压力不足。
处理：①切出一台，回收塔通入蒸汽，射流，冲洗列管。
②切换到备用泵运行。
③联系原料岗位调整低压蒸汽压力至正常值。

7.3.27 丙烯醛含量异常

现象：脱氢氰酸塔、成品塔丙烯醛含量高于正常值。
原因：①氨比过低，反应器中生成丙烯醛的量大。
②急冷塔、回收塔 pH 值异常，导致氰醇等分解成丙烯醛。
③精制系统丙烯醛积聚。
处理：①调整氨比，控制好原料质量。
②控制好急冷塔、回收系统 pH 值。
③可通过成品塔回流罐及塔釜向前系统排放。

7.3.28 乙腈塔顶丙烯腈含量高

现象：乙腈塔顶出料中丙烯腈含量高于正常值。
原因：①回收塔灵敏层温度过低。
②乙腈侧线抽出量过大。
③乙腈线抽出口位置不适当。
处理：①调整回收塔灵敏层温度。
②乙腈侧线抽出阀关小。
③调整乙腈抽出口位置。

7.3.29 四效蒸发系统换热能力差

原因：①凝液外送线不畅。
②蒸发器管程(壳程)结垢，换热能力下降。
③循环量不足。
处理：①检查凝液泵，疏通管线。
②检查蒸发器列管是否结垢，严重时需停车清洗。
③循环泵不上量，检查循环泵进出口阀开度，拆洗过滤器，定期切换备台保养设备。

7.3.30 脱氢氰酸塔顶回流中断

现象：脱氢氰酸塔回流量指示无，塔顶温度上升。

原因：①脱氢氰酸塔顶回流泵故障。

②脱氢氰酸塔顶回流流量调节阀故障。

③脱氢氰酸塔凝液罐液位异常。

处理：①岗位人员需立即关闭氢氰酸外供阀，同时上现场启动备用泵以控制好脱氢氰酸塔温度曲线。

②岗位人员应立即停止氢氰酸外供，并在采取调整贫水等措施的同时，立即到现场手动打开顶回流流量调节阀旁路阀，采取好安保措施，让检修人员检修。

③确认凝液罐液位，并排除故障。

7.3.31 脱氢氰酸塔冲塔

现象：脱氢氰酸塔塔顶液位上升，塔釜液位下降，压降大。

原因：①正常生产中脱氢氰酸塔压力大幅度下降时处理不当。

②顶回流不足或顶回流量中断。

③塔釜加热贫水大。

处理：脱氢氰酸塔出现冲塔时，应在第一时间切断氢氰酸外供，脱氢氰酸塔冷凝罐内物料应改送焚烧炉焚烧。

①正常生产中脱氢氰酸塔压力大幅变化情况下，应在稳定脱氢氰酸塔压力的同时，及时将上段灵敏层温控串级解除，并根据脱氢氰酸塔温度曲线变化情况，手动调节脱氢氰酸塔顶回流量，以防止脱氢氰酸塔冲塔。

②调整塔顶回流量，若塔顶回流泵跳车应切换备泵。

③调整贫水旁路。

7.3.32 成品塔顶压波动大

现象：成品塔塔顶压力波动大。

原因：①仪表指示失灵。

②真空泵故障。

③塔顶冷凝器换热效果下降。

④压力调节阀失灵或参数设置不当。

处理：①校正仪表，清洗导压管，更换表头等。

②切换备泵，设备检修。

③检修、清洗列管。

④调节阀手动控制，仪表检修或参数重新设置。

7.3.33 成品塔侧线氢氰酸含量超标

现象：成品塔侧线氢氰酸含量分析超标。

原因：①成品塔操作控制不当加剧氰醇分解将有可能导致产品中氢氰酸含量超标。

②脱氢氰酸塔釜氢氰酸含量高。

处理：①增大成品塔顶外送量。

②提高脱氢氰酸塔塔釜温度，降低脱氢氰酸塔釜氢氰酸含量。

7.3.34 成品塔侧线丙腈含量超标

现象：成品塔侧线丙腈含量高。

原因：①回收塔灵敏层温度高，分离不完全。

②精制系统积累。

处理：①调整回收塔灵敏层温度。

②适当增加成品塔回流比和成品塔釜外送量。

7.3.35 脱氰氰酸塔侧线抽出系统故障

现象：脱氢氰酸塔上段液位高于正常值。

原因：①脱氢氰酸塔侧线抽出泵过滤器堵塞。

②脱氢氰酸塔上段液位假指示。

③脱氢氰酸塔侧线换热器或脱氢氰酸塔侧线冷却器存在堵塞现象。

处理：①岗位人员需立即切换脱氢氰酸塔侧线抽出泵，将切出的机泵进行工艺处理，采取好安保措施，联系检维修人员清洗过滤器。

②岗位人员需立即前往现场查看脱氢氰酸塔上段液位计，发现现场液位计与远传液位计指示存在偏差，联系仪表专业人员进行校表。

③认真编制脱氢氰酸塔侧线换热器或脱氢氰酸塔侧线冷却器在线切出射流清洗方案，认真落实安全环保措施，调整工艺操作，确保氢氰酸不出现中断现象，方案经审批后，择机在线切出换热器，对换热器及相关的管线进行射流清洗。

7.3.36 燃料气中断

燃料气主要用于废水、废气焚烧炉，作为助燃气使用。

停燃料气的原因及对应的处理措施：

①上游厂供应中断，立即停炉。

②管道泄漏，及时消漏。

③控制系统故障，进行检修。

④若废水焚烧炉温度无法保证，则停止焚烧废水，待燃料气恢复后，升温恢复焚烧废水。

第 8 章　安全、环保与节能

8.1　丙烯腈装置主要风险源及管控

8.1.1　丙烯腈装置主要风险源及管控

装置生产过程中存在的危险和有害因素见表 8-1。

表 8-1　生产过程中的危险及有害因素表

代码	名称	说明
1	人的因素	
11	心理、生理性危险和有害因素	
1101	负荷超限	
110101	体力负荷超限	包括劳动强度、劳动时间延长引起的疲劳、劳损、伤害等的负荷超限
110102	听力负荷超限	
110103	视力负荷超限	
110199	其他负荷超限	
1102	健康状况异常	伤、病等
1103	从事禁忌作业	
1104	心理异常	
110401	情绪异常	
110402	冒险心理	
110403	过度紧张	
110499	其他心理异常	包括泄愤心理
1105	辨识功能缺陷	
110501	感知延迟	
110502	辨识错误	
110599	其他辨识功能缺陷	
1199	其他心理、生理性危险和有害因素	
12	行为危险和有害因素	
1201	指挥错误	
120101	指挥失误	包括生产过程中各级管理人员的指挥
120102	违章指挥	

续表

代码	名称	说明
120199	其他指挥错误	
1202	操作错误	
120201	误操作	
120202	违章操作	
120299	其他操作错误	
1203	监护失误	
1299	其他行为性危险和有害因素	包括脱岗等违反劳动纪律的行为
2	物的因素	
21	物理性危险和有害因素	
2101	设备、设施、工具、附件缺陷	
210101	强度不够	
210102	刚度不够	
210103	稳定性差	抗倾覆、抗位移能力不够，包括重心过高、底座不稳定、支承不正确、坝体不稳定等
210104	密封不良	密封件、密封介质、设备、加工精度、装配工艺等缺陷以及磨损、变形、汽蚀等造成的密封不良
210105	耐腐蚀性差	
210106	应力集中	
210107	外形缺陷	设备、设施表面的尖角利棱和不应有的凹凸部分等
210108	外露运动件	人员易接触的运动件
210109	操纵器缺陷	结构、尺寸、开关、位置、操纵力不合理及操纵器失灵、损坏等
210110	制动器缺陷	
210111	控制器缺陷	
210112	设计缺陷	
210113	传感器缺陷	精度不够，灵敏度过高或过低
210199	设备、设施、工具、附件其他缺陷	
2102	防护缺陷	
210201	无防护	
210202	防护装置、设施缺陷	防护装置、设施本身安全性、可靠性差，包括防护装置、设施、防护用品损坏、失效、失灵等
210203	防护不当	防护装置、设施和防护用品不符合要求，使用不当，不包括防护距离不够
210204	支撑(支护)不当	包括矿井、隧道、建筑施工支护不符合要求

续表

代码	名称	说明
210205	防护距离不够	设备布置、机械、电气、防火、防爆等安全距离不够和卫生防护距离不够等
210299	其他防护缺陷	
2103	电危害	
210301	带电部位裸露	人员易触及的裸露带电部位
210302	漏电	
210303	静电和杂散电流	
210304	电火花	
210305	电弧	
210306	短路	
210399	其他电危害	
2104	噪声	
210401	机械性噪声	
210402	电磁性噪声	
210403	液体动力性噪声	
210499	其他噪声	
2105	振动危害	
210501	机械性振动	
210502	电磁性振动	
210503	液体动力性振动	
210599	其他振动危害	
2106	电离辐射	包括X射线、γ射线、α粒子、β粒子、中子、质子、高能电子束等
2107	非电离辐射	
210701	紫外辐射	
210702	激光辐射	
210703	微波辐射	
210704	超高频辐射	
210705	高频电磁场	
210706	工频电场	
210799	其他非电离辐射	
2108	运动物危害	
210801	抛射物	
210802	飞溅物	

续表

代码	名称	说明
210803	坠落物	
210804	反弹物	
210805	土、岩滑动	
210806	料堆(垛)滑动	包括排土场滑坡、尾矿库滑坡、露天采矿场滑坡
210807	气流卷动	
210808	撞击	
210899	其他运动物危害	
2109	明火	
2110	高温物质	
211001	高温气体	
211002	高温液体	
211003	高温固体	
211099	其他高温液体	
2111	低温物质	
211101	低温气体	
211102	低温液体	
211103	低温固体	
211199	其他低温液体	
2112	信号缺失	
211201	无信号设施	应设信号设施处无信号，例如无紧急撤离信号靠墙等
211202	信号选择不当	
211203	信号位置不当	
211204	信号不清	信号量不足，例如响度、亮度、对比度、信号维持时间不够等
211205	信号显示不准	包括信号显示错误、显示滞后或超前
211299	其他信号缺陷	
2113	标志标识缺陷	
211301	无标志标识	
211302	标志标识不清晰	
211303	标志标识不规范	
211304	标志标识选用不当	
211305	标志标识位置缺陷	
211306	标志标识设置顺序不规范	例如多个标志牌在一起设置时，应按警告、禁止、提示类型的顺序

续表

代码	名称	说明
211399	其他标志标识缺陷	
2114	有害光照	包括直射光、反射光、眩光、频闪效应等
2115	信息系统缺陷	
211501	数据传输缺陷	例如是否加密
211502	自供电装置电池寿命过短	例如标准工作时间过短、经常出现监测设备断电
211503	防爆等级缺陷	例如 Exib 等级较低，不适合在涉及“两重点一重大”环境安装
211504	等级保护缺陷	防护不当导致信息错误、丢失、盗用
211505	通信中断或延迟	光纤或 GPRS/NB—IOT 等传输方式不同导致延迟严重
211506	数据采集缺陷	导致监测数据变化过于频繁或遗漏关键数据
211507	网络环境	保护过低导致系统被破坏、数据丢失、被盗用等
2199	其他物理性危险和有害因素	
22	化学性危险和有害因素	见 GB 13690 规定
2201	理化危险	
220101	爆炸物	见 GB 3000. 2
220102	易燃气体	见 GB 3000. 3
220103	易燃气溶胶	见 GB 3000. 4
220104	氧化性气体	见 GB 3000. 5
220105	压力下气体	见 GB 3000. 6
220106	易燃液体	见 GB 3000. 7
220107	易燃固体	见 GB 3000. 8
220108	自反应物质或混合物	见 GB 3000. 9
220109	自燃液体	见 GB 3000. 10
220110	自燃固体	见 GB 3000. 11
220111	自热物质和混合物	见 GB 3000. 12
220112	遇水放出易燃气体的物质或混合物	见 GB 3000. 13
220113	氧化性液体	见 GB 3000. 14
220114	氧化性固体	见 GB 3000. 15
220115	有机过氧化物	见 GB 3000. 16
220116	金属腐蚀物	见 GB 3000. 17
2202	健康危害	
220201	急性毒性	见 GB 3000. 18
220202	皮肤腐蚀/刺激	见 GB 3000. 19

续表

代码	名称	说明
220203	严重眼损伤/眼刺激	见 GB 3000.20
220204	呼吸或皮肤过敏	见 GB 3000.21
220205	生殖细胞致突变性	见 GB 3000.22
220206	致癌性	见 GB 3000.23
220207	生殖毒性	见 GB 3000.24
220208	特异性靶器官系统毒性　一次接触	见 GB 3000.25
220209	特异性靶器官系统毒性　反复接触	见 GB 3000.26
220210	吸入危险	见 GB 3000.27
2299	其他化学性危险和有害因素	
23	生物性危险和有害因素	
2301	致病微生物	
230101	细菌	
230102	病毒	
230103	真菌	
230199	其他致病微生物	
2302	传染病媒介物	
2303	致害动物	
2304	致害毒物	
2399	其他生物性危险和有害因素	
3	环境因素	包括室内、室外、地上、地下(如隧道、矿井)、水上、水下等作业(施工)环境
31	室内作业场所环境不良	
3101	室内地面滑	室内地面、通道、楼梯被任何液体、熔融物质润湿，结冰或有其他易滑物等
3102	室内作业场所狭窄	
3103	室内作业场所杂乱	
3104	室内地面不平	
3105	室内梯架缺陷	包括楼梯、阶梯、电动梯和活动梯架，以及这些设施的扶手、扶梯和护栏、护网等
3106	地面、墙和天花板上的开口缺陷	包括电梯井、修车坑、门窗开口、检修孔、孔洞、排水沟等
3107	房屋基础下沉	
3108	室内安全通道缺陷	包括无安全通道、安全通道狭窄、不畅等
3109	房屋安全出口缺陷	包括无安全出口、设置不合理等

续表

代码	名称	说明
3110	采光照明不良	照度不足或过强、烟尘弥漫影响照明等
3111	作业场所空气不良	自然通风差、无强制通风、风量不足或气流过大、缺氧、有害气体超限等，包括受限空间作业
3112	室内温度、湿度气压不适	
3113	室内给、排水不良	
3114	室内漏水	
3199	其他室内作业场所环境不良	
32	室外作业场所环境不良	
3201	恶劣气候与环境	
3202	作业场地和交通设施湿滑	
3203	作业场地狭窄	
3204	作业场地杂乱	
3205	作业场地不平	包括不平坦的地面和路面，有铺设的、未登高的、草地、小鹅卵石或矿石地面和路面
3206	交通环境不良	包括道路、水路、轨道、航空
320601	航道狭窄、有暗礁或险滩	
320602	其他道路、水路环境不良	
320699	道路急转陡坡、临水临崖	
3207	脚手架、阶梯和活动梯架缺陷	包括这些设施的扶手、扶梯和护栏、护网等
3208	地面及地面开口缺陷	包括升降梯井、修车坑、水沟、水渠、路面、排土场、尾矿库
3209	建(构)长物和其他结构缺陷	包括建筑中或拆除中的墙壁、桥梁、建筑物、筒仓、固定式粮仓和容器，屋顶、塔楼、排土场、尾矿库等
3210	门和周界设施缺陷	包括大门、栅栏、畜栏、铁丝网电子围栏等
3211	作业场地地基下沉	
3212	作业场地安全通道缺陷	包括无安全通道、安全通道狭窄、不畅等
3213	作业场地安全出口缺陷	包括无安全出口、设置不合理等
3214	作业场地光照不良	光照不足或过强、烟尘弥漫影响光照等
3215	作业场所空气不良	自然通风差或气流过大、作业场地缺氧、有害气体超限等，包括受限空间作业
3216	作业场地温度、湿度、气压不适	
3217	作业场地漏水	
3218	排水系统故障	例如排土场、尾矿库、隧道等

续表

代码	名称	说明
3299	其他室外作业场地环境不良	
33	地下(含水下)作业环境不良	不包括以上室内、室外作业环境已列出的有害因素
3301	隧道/矿井顶板或巷帮缺陷	例如矿井冒顶
3302	隧道/矿井作业面缺陷	例如矿井片帮
3303	隧道/矿井底板缺陷	
3304	地下作业面空气不良	包括无风、风速超过规定的最大值或小于规定的最小值，氧气浓度低于规定值、有害气体浓度超限等，包括受限空间作业
3305	地下火	
3306	冲击地压(岩爆)	井巷或工作面周围岩体，由于弹性变形能的瞬时释放而产生突然剧烈破坏的动力现象
3307	地下水	
3308	水下作业供氧不当	
3399	其他地下作业环境不良	
39	其他作业环境不良	
3901	强迫体位	生产设备、设计或作业位置不符合人类工效学要求而易引起作业人员疲劳、劳损或事故的一种作业姿势
3902	综合性作业环境不良	显示有两种以上作业环境致害因素且不能分清主次的情况
3999	以上未包括的其他作业环境不良	
4	管理因素	机构和人员、制度及落实情况
41	职业安全卫生管理机构设置和人员配备不健全	
42	职业安全卫生责任制不完善或未落实	包括平台经济等新业态
43	职业安全卫生管理制度不完善或未落实	
4301	建设项目“三同时”制度	
4302	安全风险分级管控	
4303	事故隐患排查治理	
4304	培训教育制度	
4305	操作规程	包括作业指导书
4306	职业卫生管理制度	
4399	其他职业安全卫生管理规章制度不健全	包括事故调查处理等制度不健全
44	职业安全卫生投入不足	
46	应急管理缺陷	

续表

代码	名称	说明
4601	应急资源调查不充分	
4602	应急能力、风险评估不全面	
4603	事故应急预案缺陷	包括预案不健全、可操作性不强、无针对性
4604	应急预案培训不到位	
4605	应急预案演练不规范	
4606	应急演练评估不到位	
4699	其他应急预案缺陷	
49	其他管理因素缺陷	

8.1.2 日常操作风险识别

8.1.2.1 日常操作潜在风险

日常操作潜在风险火灾、爆炸、中毒和窒息、高处坠落、物体打击、车辆伤害、起重伤害、机械伤害、触电、灼烫、坍塌、生产事故、设备事故、场(厂)内交通事故、环境污染、其他事故。

8.1.2.2 日常操作风险识别与管控

(1) 氨蒸发器定期排污作业

1) 危害识别与评估。

丙烯腈原料氨中有一定的水含量，在蒸发汽化的过程中，水不能被蒸发，随着时间的推移，氨蒸发器中水的液位将提高，将影响反应器进料稳定，必须对蒸发器进行脱水操作。但脱去的水中又有一定的氨，通过蒸汽加热的方式将水中的氨汽化后作为反应器进料，如果蒸汽量投入太大，将导致进料带液，造成装置停车。

2) 风险控制措施。

① 加强对员工的岗位操作技能培训，上岗考核合格后方可作业。

② 排污槽液位控制在 2 板 4 钉以下，注意观察现场液位计。

③ 投加热蒸汽时速度要缓慢，开疏水阀防止水击发生。

④ 排污槽温度控制在 80℃以下，加强观察现场温度计。

⑤ 操作时保持与主控制室联系。

⑥ 必要时将反应器进料改为手动操作。

(2) 开工加热炉点火及升温作业

1) 危害识别与评估。

由于丙烯腈装置反应器开车前，必须对反应器进行升温，而作为升温用开工加热炉点火升温是否顺利，将直接关系到丙烯腈装置的开车。是否顺利由于开工加热炉点火是采用爆炸气点火方式，在丙烯气与风压力配比不正常或点火不成功未重新吹扫炉膛时，容易发生火灾爆炸事故。

2) 风险控制措施。

① 结合装置现场实际，制定严密的开车方案，并经相关职能部门审核、批准。

② 合成系统的施工项目必须按照停车检修节点全部结束。

③ 系统管线、电气、仪表、蒸汽、燃料气，点火系统达到投用条件。

④ 空压机已经运行正常，催化剂具备装入反应器的条件。

⑤ 燃料气-丙烯管线处于氮保状态，界区盲板已经拆除。

⑥ 将丙烯气放火炬或引入低压瓦斯系统进行实气置换后，引入开工加热炉点火器前。

⑦ 调整好风与燃料气的压力，对炉膛进行测爆合格后，实施点火。

⑧ 操作现场人员尽可能少，不得同时超过 9 人，如果一次点火不成功，须重新吹扫炉膛，经测爆合格后，方可点火，直至点火成功为止。

⑨ 开工加热炉点火成功后，丙烯腈装置区原则上不动火，必须进行用火作业，按照一级用火许可证申请、办理审批手续。

（3）反应器投料作业

1）危害识别与评估。

丙烯腈反应器投料操作是丙烯腈装置的核心操作，其原料丙烯、氨都是可燃易爆物质，一旦丙烯进料表、尾氧表不准确，可能导致投料过程出现严重偏差，将会严重的爆炸事故，造成人员严重伤害、财产的严重损失，给生产装置带来不可估量的损失。

2）风险控制措施。

① 加强对员工的岗位技能培训，仪表及检验人员持证上岗。

② 选择有经验的员工进行投料操作，控制尾氧浓度在 7%以下开始投料，投料时保持反应器床温在 440℃。

③ 将丙烯、氨、空气进料表及尾氧表校验准确，将尾氧表数据与人工检测结果进行比较。

④ 保持丙烯过热温度在 66℃以上，防止进料带液。

⑤ 投料过程保持缓慢，防止反应器床温快速上涨，注意尾氧保持下降。

⑥ 紧急情况下停止投料，充氮气保护。

⑦ 撤热水管的投用应保持对称均匀。

⑧ 投料时保持主控制室和作业现场通信畅通。

（4）氢氰酸外送（送氰化钠装置）作业

1）危害识别与评估。

氰氢酸属剧毒品而且极易发生自聚，在送往氰化钠装置的过程中，可能出现泄漏或管线聚合堵塞事故。如果出现泄漏，若作业人员个体防护不到位将会导致严重的人身伤害，严重者可能导致死亡；管线聚合将导致氰氢酸无法外送，需重新进行布管，此时氰氢酸送入焚烧炉焚烧又增加了装置的作业风险。

2）风险控制措施。

① 采用高性能密封材质，提高设备的密封性能。

② 作业现场不得同时超过 3 人，一人指挥、一人操作、一人监护，作业人员佩戴空气呼吸器，现场指挥，备滤毒罐，配氢氰酸报警仪。

③ 安全、生产技术人员现场指导，消防、急救人员现场待命。

④ 加强岗位联系，保持联系畅通。

（5）急冷塔系统停车处理（含硫酸备用线吹扫）作业

1）危害识别与评估。

硫酸为强腐蚀性介质，遇水大量放热，可发生沸溅，有强烈的腐蚀性和吸水性，对皮肤、黏膜等组织有强烈的刺激和腐蚀作用，蒸气或雾可引起结膜炎、结膜水肿、角膜混浊，以致失明；引起呼吸道刺激，重者发生呼吸困难和肺水肿；高浓度引起喉痉挛或声门水肿而窒息死亡。皮肤灼伤轻者出现红斑、重者形成溃疡，愈后瘢痕收缩影响功能。溅入眼内可造成灼伤，甚至角膜穿孔、全眼炎以至失明。对环境有危害，应特别注意对水体和土壤的污染。

2）风险控制措施。

① 操作人员必须经过严格培训，严格遵守操作规程。

② 佩戴自吸过滤式防毒面具(全面罩)或空气呼吸器。

③ 穿橡胶耐酸碱服，戴橡胶耐酸碱手套。

④ 吹扫时先开硫酸线阀门，后开氮气管线阀门。

⑤ 停止作业时，先关氮气阀门，后关硫酸线阀门。

⑥ 先泄压，再拆除胶带。

（6）精制系统蒸塔作业

1）危害识别与评估。

精制系统在停车处理过程中，对所有塔要进行蒸汽 24h 蒸煮。在蒸煮的过程中要绑接一定数量的临时胶带，如果胶带绑接不牢固，在开阀门投用蒸汽的过程中，在蒸汽压力的作用下，胶带会崩脱打击作业人员。此外，带一定压力的高温气体也会造成灼烫事故，存在一定的作业风险，需要重点防范。

2）风险控制措施。

① 胶带绑扎牢固，绑扎处无裂痕、裂口。

② 捆绑胶带的铁丝等捆绑材料应固定，防止胶带脱落时甩出伤人。

③ 投蒸汽前应先排冷凝水暖管防止水击发生，损坏管道或设备。

④ 投蒸汽时应先开设备管道阀门，后开蒸汽阀门。

⑤ 停用时应先关闭蒸汽阀门，后关管线阀门。

⑥ 拆除胶带时应让胶带充分冷却，确保管道无压力后再拆除。

（7）污水收集泵检修作业

1）危害识别与评估。

丙烯腈污水收集泵处在地表面以下 3m 的地坑中，主要将丙烯腈装置各 PS 系统排放的污水，收集后回用。由于在地表面以下，有毒有害气体易在此积累形成有害区域空间，如果人员作业防护不当，极易造成人身伤亡。此外，地面以下作业空间管道较多，扶梯狭小，都会给事故状态下的逃生带来一定困难。

2）风险控制措施。

① 地坑作业环境测氧、测爆、测毒合格，作业期间内每 2h 监测一次。

② 检修人员不得同时超过 3 人，佩戴长管空气呼吸器或移动气源呼吸器，长管顺畅无缠绕。

③ 设置警示线，无关人员严禁出入，专人监护，监护人员备空气瓶或滤毒罐。

④ 保持上下扶梯通畅无阻塞。

⑤ 受限空间作业票证齐全合格，作业期间监护人员不得擅离开现场。

（8）脱氰氢酸系统检修作业

1）危害识别与评估。

脱氢氰酸塔系统检修是丙烯腈装置检修的重要工作内容，如果系统处理不净、存在死角，或采样分析不具有代表性，则剧毒的氢氰酸，除极易导致人身伤亡事故外，其蒸气与空气可形成爆炸性混合物；若遇高热，可发生聚合反应，产生大量热量而引起容器破裂爆炸性事故，此外，内部作业照明接电如果不采用人体安全电压又能引起触电事故。

2）风险控制措施。

① 对塔内上、中、下环境测氧、测爆、测毒合格，且采样应具有代表性，采样人员应持证上岗，必要可做比对样，样品保留到检修结束。

② 人孔已打开自然通风 4h 以上，温度降到常温，通风通畅。

③ 专人监护，备滤毒罐，受限空间作业票证齐全合格。

④ 塔内作业接安全电压照明，电压低于 12V。

⑤ 塔内作业临时用时，使用隔离式变压器。

⑥ 对进出作业人员、工具进行清点记录，避免工具遗漏设备内。

（9）脱氰塔回流泵切换操作作业

1）危害识别与评估。

脱氰塔回流泵切换作业过程，由于氢氰酸具有剧毒和火灾爆炸的特性，一旦发生法兰等静密封点泄漏，存在人员中毒、环境污染等重大风险，极容易导致人身伤亡和环境污染事故的发生。

2）风险控制措施。

① 完善安全生产责任制和安全规章制度，组织员工学习讨论，作业人员清楚危险危害因素，自觉做好个体防护，全面提高全员安全意识，力争实现本质安全化。

② 在脱氢氰酸塔回流泵切换作业过程中，作业现场不得同时超过 3 人，按照“推行工艺作业程序和操作标准化”要求，规范和引导操作人员进行规范化操作。

③ 加强直接作业环节安全监督检查，对作业人员进入精制区域未严格执行安全规定，佩戴不规范或未佩戴适合的安全防护用品，立即责令整改并进行经济责任制考核，杜绝“三违”现象的发生。

④ 完善氢氰酸系统泄漏的突发事件应急处理预案，定期组织各班组开展经常性演练，使全体员工都能熟练对氢氰酸系统泄漏事件进行应急处理，体现“以人为本”的理念，从管理措施上降低风险系数，杜绝危害的发生。

⑤ 设备专业要定期检查氢氰酸系统的静密封点，尤其是在检修后，所有动改的静密封点要进行一次冷紧，法兰使用的不锈钢螺栓要加弹簧垫。

（10）脱氰氢酸塔系统停车处理作业

1）危害识别与评估。

脱氢氰酸塔尤其是氢氰酸系统的停车处理，存在系统处理不彻底、排 PS 线堵塞或存在死角、操作人员和检修人员防护用品佩戴不规范的重大风险。由于其具有剧毒和火灾爆炸的特性，容易导致人员中毒窒息、火灾爆炸事故。操作人员如果在停车、吹扫、水冲洗作业过程中，不严格执行停车处理方案和安全规定，也极易导致中毒窒息的人身伤亡事故。在工艺停车处理过程中，如果现场乱排、乱放，会对腈纶污水处理场造成冲击，严重情况下，会导致水体污染事故。

2）风险控制措施。

① 编制完善的氢氰酸系统处理方案并进行交底或培训，使作业人员清楚危险危害因素，自觉做好个体防护，按照系统处理方案和步骤，精心处理。

② 在氢氰酸系统漏点检修过程中，按照“推行工艺作业程序和操作标准化”要求，全面提高全员安全意识，力争实现本质安全。

③ 加强直接作业环节安全检查，对作业人员未执行严格的劳动保护规定、佩戴不规范或未佩戴适合的，责令整改并进行经济责任制考核。

④ 工艺专业制定详细的系统停车处理、蒸汽吹扫、水冲洗和氮气吹扫等操作步骤，操作人员进行每条管线处理、签名的责任确认制，技术及管理人员的节点控制和检查制，使停车处理过程处于可控状态。

⑤ 经常对个体防护和气防急救用品的完好情况进行检查、登记、更换，确保其完好备用。

⑥ 完善氢氰酸系统重大泄漏处理预案，定期组织各班组开展经常性演练，使全体员工都能熟练对氢氰酸系统泄漏进行应急处理；设备专业加大设备检查、考核的力度，对班组的设备日常、定期工作增加检查频次，从管理措施上降低风险系数，杜绝危害发生。

⑦ 加强员工环保意识教育和现场停车处理过程的环保监督，严禁未经处理的污水乱排、乱放，尤其要杜绝夜间的偷排。

（11）丙烯氨进料系统盲板抽堵作业

1）危害识别与评估。

由于丙烯氨进料系统管线盲板安装难度较大，同时在安装过程中，需关闭调节阀前后阀门，将管线内介质排入丙烯火炬或低压瓦斯系统，再用氮气吹扫管线并确认管线内无压，一旦大量丙烯、氨喷出产生静电火花或工器具不防爆产生撞击火花等，都有可能发生火灾爆炸事故或人员中毒事故。

2）风险控制措施。

① 按照停车方案要求，关闭进料调节阀前后阀门。

② 管线内丙烯排往丙烯火炬或低压瓦斯系统，氨气体排往氨火炬，确认阀门无内漏情况。

③ 用氮气吹扫管线。

④ 安排专人处理并对加盲板作业进行监护，作业结束后在盲板处挂牌上锁。

⑤ 作业尽可能安排白天，作业时间尽可能短，现场通信手段可靠。

⑥ 做好作业人员的个体防护，现场准备好防护面罩和防毒面具。

（12）脱氢氰酸塔开人孔作业

1）危害识别与评估。

脱氢氰酸塔在一个周期的运行后，1~20 层塔盘、塔顶冷凝器，都存在一定量聚合物的集聚，塔顶在正常生产时，为高纯度的氢氰酸，在工艺处理过程不彻底或因堵塞而无法处理的情况下，存在局部氢氰酸的浓度高，容易导致中毒和窒息事故的发生，如果在开顶部人孔时，安全措施落实不到位，极易发生人员中毒。

2）风险控制措施。

① 脱氢氰酸塔顶部人孔打开，原则上安排在白天作业。

② 检修前，由设备技术人员及时向施工单位进行现场交底，告知危险危害因素和可能导致的严重后果。

③ 在作业前，由工艺技术人员确认已经具备开人孔的条件；由设备技术人员按照规定签发检维修工作票；安全技术人员进行现场监督，并向检维修人员告知作业危险危害因素，

共同落实可靠的安全防范措施，方可作业。

④ 安排熟悉工艺，具有较强应对突发事件处理能力的人员作为专门的监护人员，并携带齐全的个体防护用品如防毒面具、报警仪等。

⑤ 检维修人员清点好检修工具、防护用品，放入工具包内后上塔，检修人员和监护人员，依次上塔，不能两人同时攀爬同一段直梯，必须错开，防止意外的物体打击事故的发生。

⑥ 开人孔期间，保证塔内温度不超过 50℃，所有监护工作须持续到脱氰塔顶部人孔拆除完毕。

⑦ 拆除人孔螺栓时，应先错开拆除，并留有一定数量的螺栓，然后佩戴防毒面具作业，松开全部螺栓，卸压，以防余压伤人；最后全人孔通风。

（13）急冷塔上段喷淋系统管线、喷头疏通作业

1）危害识别与评估。

丙烯腈装置急冷塔上段，正常生产时加入浓硫酸中和反应气体中的过剩氨，在停车处理过程中，由于本身喷淋及其管线存在堵塞，加上上段系统聚合物浓度较高，工艺处理比较困难等因素，存在丙烯腈等有毒介质，存在较高的中毒和窒息的风险。塔内作业空间狭小、脚手架搭设不规范，又会导致脚手架垮塌引起高处坠落事故。对管线、喷淋头检修的疏通，由于需要进行明火作业，而塔内环境一旦发生变化，有毒气体浓度超标后，就有可能遇明火而发生火灾事故。

2）风险控制措施。

① 尽量打开全部人孔，外接风机从人孔处进行强制通风，使急冷塔化验采样有毒气体、氧含量和测爆尽快合格，且保持有毒气体浓度在作业期间不超标。

② 与外界系统有效隔断，尤其是氮气系统，设备内上、下两段分别测氧、测爆、测毒合格且具有代表性，办理《进入受限空间作业许可证》和《用火作业许可证》。

③ 指派熟悉工艺，并具有较强应对、处理突发事件能力的人员担负监护任务，加强急冷塔内外的监护。

④ 急冷塔内设置 12V 安全照明电压，保持足够照度，手持电动工具如磨光机(的)、电焊机等，必须使用隔离变压器。

⑤ 所有进入急冷塔作业或监护的人员，必须领取符合防护等级和条件的劳动保护用品，杜绝职业危害的发生。

⑥ 特种作业人员必须持有效证件，严格规范操作。

⑦ 全部使用钢质脚手架，必须经专业部门验收合格方可使用。

⑧ 管线冲洗的污水排放，必须提前申请并经过管理部门批准后，方可排放，避免对污水处理装置造成冲击。

⑨ 上段喷淋器壁阀门更换，吊车钢丝绳等附件必须检查并确认合格，起重作业要服从指挥，避免发生高处坠落或物体打击事故的发生。

⑩ 塔内的聚合物清理后，必须装袋后集中存放，资质单位统一处理。

（14）丙烯腈成品罐、不合格(粗)罐、中间罐处理、检测作业

1）危害识别与评估。

① 受限空间作业，作业环境不良，存在中毒和窒息风险。

② 施工过程需搭设脚手架，高处作业存在高处坠落的风险。

③ 作业过程需接临时电源照明，使用手动工具喷砂，存在触电风险。

④ 同一作业面或交叉作业面，存在物体打击的风险。

⑤ 喷砂作业过程可能产生粉尘，会造成职业危害等。

2）风险控制措施。

① 办理受限空间作业票证，保持通风良好，检测合格后方可作业，派专人监护，每隔 2h 检测一次并做好记录。

② 搭设脚手架人员需持证上岗，验收合格后使用，作业时挂安全带。

③ 加强临时用电管理，照明使用 12V 以下安全电压，一机一闸一保护。

④ 禁止垂直交叉作业。

⑤ 喷砂或内部检测作业时，容器内部不得超过 3 人。

⑥ 喷砂作业时戴防护眼镜、防尘口罩。

8.1.3 现场特殊作业监护

8.1.3.1 特殊作业监护要求

监护人应由具有生产、作业实践经验的人员担任，并佩戴明显标识。监护人的通用职责包括但不限于：

1）作业前，检查作业许可证与作业内容相符并在有效期内，许可证中各项风险防控措施得到落实，作业部位已贴挂标识。

2）核查相关作业人员的有效资格证书。

3）对作业时使用的脚手架、起重机械、电气焊(割)用具、手持电动工具等各种工器具的合格标识进行确认。

4）检查作业人员配备和使用的个体防护装备满足作业要求。

5）对作业人员的行为和现场安全作业条件进行检查与监督，负责作业现场的安全协调与联系，确保作业全过程安全风险受控。

6）当作业现场出现异常情况时，应立即中止作业并采取安全有效应急措施；当作业人员违章时，应及时制止违章，情节严重时，应收回作业许可证、中止作业。

7）作业期间，监护人不得擅自离开作业现场且不得从事与监护无关的工作。

8.1.3.2 用火作业

（1）用火作业主要风险(危险点)

1）不按规定办理动火票、不执行动火票规定的安全措施或动火点与许可证不一致。

2）高处动火作业无防止火花飞溅措施。

3）动火点安全距离不足。

4）设备内动火的，设备清洗置换不彻底，达不到动火条件。

5）用火点周围或其下方可燃物、孔洞、窨井、地沟、水封等未采取清除、封堵等措施。

6）系统安全措施不到位、容器内存在死角、盲板插堵(加)不合理、相连物料管线未隔开、阀门内漏。

7）在盛装可燃气体、液体、有毒有害介质的设备、容器、管线上进行焊接和打磨作业。

8）电焊把线和电源线绝缘破损造成与在用设备、管线发生乱打火现象。

（2）作业监护人职责

1）动火监护人应持有监护资格证，佩戴明显标识；应有较强的责任心，具备应急处置能力；基层单位动火监护人应了解动火区域生产过程，熟悉工艺操作和设备状况。

2）核查动火作业人员的有效资格证书。

3）确保动火作业人员配备和使用的个体防护装备满足作业要求。

4）检查与动火点相连接的管线、容器等设备，确保物料切断和能量隔离有效，作业部位贴挂标识。

5）检查动火点周围可燃气体、可燃液体排放和可燃溶剂清洗、喷漆等作业环境风险防控措施的落实情况。

6）检查动火点及周边环境可燃气体检测分析结果，确保作业环境符合要求。

7）当发现动火部位与许可证不相符或安全风险防控措施不落实，有权制止动火。当动火出现异常情况时应及时采取措施，有权停止动火。当动火作业人不执行“三不动火”且不听劝阻时，有权收回许可证，并向上级报告。

8）动火过程中，监护人不得擅自离开作业现场且不得从事与监护无关的工作。确需离开时，收回作业人的动火作业许可证，暂停动火作业。

①（监护人）应佩戴明显标志，持证上岗；了解用火区域或岗位的生产过程、工艺、设备状况。

② 逐项检查落实防火措施，检查用火现场情况。

③ 监护人应具有较强的责任心，有处理应对突发事故的能力。

④ 监护人不得随意离开作业现场，确需离开，收回许可证，暂停用火。

⑤ 出现异常情况监护人应及时采取措施，对不执行安全要求的，有权收回许可证。

⑥ 注意内部数据和环境分析数据，分析不合格时停止作业。

⑦ 注意气瓶之间的距离（大于 5m）以及与用火点的距离（大于 10m）。

⑧ 作业环境发生改变时、安全措施不落实时、作业票与作业内容不一致时、存在违章作业时可立即停止作业。

⑨ 高处动火作业应采取防止火花飞溅的遮挡措施，电焊机接线规范，焊把线、地线绝缘应完好，不得破损裸露。二次回路应就近搭接在焊件上，不得将裸露地线搭接在装置、设备的框架上。

⑩ 用火期间，距用火点 30m 范围内严禁排放各类可燃气体，15m 范围内严禁排放各类可燃液体。在同一动火区域 10m 范围内不应同时进行可燃溶剂清洗和喷漆等施工。

⑪ 双方监护人有一人离开时，要暂停作业。

8.1.3.3 高处作业

（1）主要风险

1）人的不安全行为：患有妨碍高处作业的疾病和有心理、生理缺陷；酒后上岗；乘非载人吊篮上下；攀、坐不安全位置；在必须使用个人防护用品的作业或场所中，忽视其使用；操作错误，忽视警告；使用不安全的设备；冒险进入危险场所。

2）物的不安全状态：临边无防护；洞口无防护，无警示标志；个人防护用品不符合安全要求；缺少安全防护措施；设计不当，结构不符合安全要求；自制攀爬工具；物品存放不当。

3）恶劣的作业环境因素：大风、大雪、大雾、雷电天气，照明不足，作业区域附近有毒有害气体排放。

（2）作业监护人职责

1）在条件允许的情况下，监护人员应在同一作业水平面实施监护，无法做到时必须进行实时视频监控。

2）应检查作业人员高空防护装备，确认无误后方可允许进行施工作业。

3）了解作业区域或岗位的生产过程，熟悉工艺操作和设备状况；了解周边环境和风险，熟悉应对突发事件的处置程序。

4）接到许可证后，应在技术人员和单位负责人的指导下，逐项检查落实安全措施。

5）应佩戴明显标志，当发现高处作业内容与许可证不相符合，或者相关安全措施不落实时，有权制止作业；作业过程中出现异常时，应及时采取措施，有权终止作业。

6）作业过程中，监护人不得随意离开现场，确需离开时，收回作业许可证，暂停作业。

7）监护人员要做好高处作业过程中区域警戒，禁止与作业无关人员进入。

8.1.3.4 进入受限空间作业

（1）主要作业风险

中毒窒息、挤压、淹溺、火灾爆炸、触电、物体打击、坠落伤害等。

（2）作业监护人职责

1）应持有监护资格证，佩戴明显标识；熟悉作业区域的环境和工艺情况，有判断和处理异常情况的能力，掌握急救知识。

2）核查相关作业人员的有效资格证书。

3）检查作业人员配备和使用的个体防护装备满足作业要求。

4）在作业人员进入受限空间作业前，负责对风险防控措施落实情况进行检查，发现措施不落实或不完善时，有权中止作业。

5）检查与受限空间相连接的阀门、管线隔离情况，以及受限空间内可燃气体、有毒气体检测分析结果，确保作业环境符合要求。

6）应对进出受限空间的人员及其携带的工器具种类、数量进行登记，作业完毕后再次清点，防止遗漏在受限空间内；作业过程中，监护人在出入口处保持与作业人员的联系。当发现异常情况时，应立即制止作业。

7）应在受限空间外实行全程监护，作业期间不得离开作业现场或从事与监护无关的工作，严禁在无有效防护措施的情况下探入受限空间。

（3）作业过程监护

1）作业环境、条件有无发生变化。

2）作业人员是否有冒险作业、违章作业。

3）作业人员是否从事与作业计划内容或范围不相同的作业。

4）劳动保护用具的使用情况。

8.1.3.5 临时用电作业

（1）主要风险

1）触电：

① 送电过程中，用配电设备的缺陷、线路破损及违规操作或操作不当造成短路等，导致人员触电等事故。

② 带电作业中使用的工具、防护和劳动保护措施不符合要求，违规操作或操作不当造成人员触电等事故。

③ 用配电设备、线路老化、绝缘破损导致相间、对地短路造成触电等事故。

④ 在潮湿、粉尘环境下电气的绝缘电阻降低，导致漏电造成人员触电等事故。

⑤ 检维修作业时挂牌上锁的措施未落实等，误送电造成作业人员触电等事故。

2）电气火灾：

设备线路绝缘老化破损、短路、过负荷、线路接触不良、火灾爆炸场所、保护不符要求。

（2）作业监护人职责

执行 8.1.3.1 特殊作业监护要求相关条款。

8.1.3.6 盲板抽堵作业

（1）作业主要风险

1）中毒窒息：

在初始打开存在有毒有害介质管线上的导淋或阀门法兰口时容易中毒窒息。

2）火灾爆炸：

在存有易燃易爆介质的管线设备，因安全处置不彻底，未使用防爆铜质工具拆卸螺栓，易产生火花、敲击管线或设备产生火花、作业人员未穿防静电服产生静电火花、通风不良容易聚积可燃物质、未使用防爆照明引火灾发生爆炸。

3）物体打击：

在高处进行盲板作业时，使用打击扳手，大锤及其他工具，若没有防坠绳易坠落；攀登高空时，未使用工具袋，手中拿工具卸拆螺栓；未使用盛螺栓盆；盲板未放至安全位置滑脱等容易坠落造成物体受打击。

4）高处坠落：

在高处进行盲板作业时，未搭设合格操作平台，作业时未系挂合格安全带，作业人员未经体检，有禁忌症者登高作业、使用梯子未固定，临边孔洞未防护进行盲板作业容易发生坠落。

5）灼烫伤：

在盲板作业时管线设备内介质温度超过 60℃ 容易烫伤或低于 -10℃ 冻伤。拆卸阀门连接法兰螺栓或打开导淋时，防护不到位容易出现管线或设备内的残余介质灼烫伤的危险。

6）触电：

在盲板作业时使用电动工具，在易燃易爆区未使用防爆工具，电源箱配置不合格未设二次接地、未使用防爆照明，使用电动工具及电源箱的电源线不符合要求。有老化、破损、未采取绝缘保护等容易引发触电事故的危害。

（2）作业监护人职责

1）应熟悉工艺操作和设备状况，具有判断和处理异常情况的能力。

2）检查作业许可证与作业内容相符情况，以及各项风险防控措施落实情况。

3）对作业点上下游阀门的有效隔离和上锁挂牌情况进行检查确认，当发现异常情况时，有权中止作业。

4）作业期间不得离开作业现场或从事与监护无关的工作。

5）担任盲板作业监护人，要有较强的责任心和敬业精神。佩戴明显标识。

6）盲板作业监护人必须熟练掌握现场工艺流程，生产设备，物料走向、物料特点、管线内介质温度和环境状况。

7）盲板作业监护人必须熟练掌握防火、防爆、防中毒、防窒息、防触电的一般知识，应掌握现场救护的一般知识，必须熟练掌握防毒面具、正压式空气呼吸器和各式常用灭火器的使用方法。

8）盲板作业监护人必须掌握盲板作业现场危害分析方法，参与作业前的工作危害分析（JSA）。

9）盲板作业监护人必须掌握报告火警，紧急救护的方法。

10）盲板作业监护人必须熟练掌握本车间撤离路线，发生紧急情况时的报告程序，出现紧急情况时能及时报警并带领作业人员撤离危险区域，并向相关人员报告。

11）盲板作业监护人必须掌握盲板作业的工作内容，工作范围和作业的安全施工方案。

12）在接到“盲板作业许可证”后应在相关人员指导下、逐项检查落实的防范措施；检查盲板作业现场的安全情况；作业过程中发现异常情况及时采取措施；执行监护人监督权力，作业过程不应离开作业现场。

13）监护人因故离开作业现场应及时向作业负责人和审批人报告，并向区域内班长以上人员指定其他具有监护人资格的接替，如找不到接替人，监护人离开现场期间，收走作业证，停止作业。

14）当发现盲板作业部位与作业许可证不相符合，或者防范措施不落实时，监护人有权制止作业；当作业出现异常情况时有权停止作业；对作业人员不执行相关规章制度又不听劝阻时，有权收回作业许可证，并报告有关领导及安环部门。

15）当发生意外事件时及时终止作业，协助作业人员撤离，并向相关报告。

（3）盲板作业监护人终止作业的条件

1）作业时间，部位、人员、内容发生变化。

2）作业环境和条件发生变化。

3）进行的作业与施工方案发生重大变化不符。

4）发现有可能造成人身伤害的违章行为。

5）发现在易燃易爆场所使用非防爆工具及防爆灯具。

6）现场作业人员发现重大安全隐患。

7）在同一条管线上有多点盲板抽堵作业。

8）事故状态下。

（4）盲板抽堵监护安全措施

1）在有毒介质的管道，设备上进行盲板抽堵作业，应尽可能降低系统压力，作业点应为常压，通风不良作业场所要采取强制通风等措施，防止可燃气体积聚。

2）作业过程与控制室保持必要的通信联系，在危及作业人员生命健康时，应立即停止盲板作业，由甲方监护人引导撤离至安全区域。

3）作业前30min内，应根据受限空间设备的工艺条件对受限空间进行有毒有害、可燃气体、氧含量分析合格后方可进入，分析结果报出后，样品至少保留4h。作业中断时间超过1h时，应重新进行分析，分析仪器应在效验有效期内，使用前应保证其处于正常工作状态，检测人员对受限空间检测时应采取有效的个体防护措施。

（5）作业前的注意事项

1）熟悉被监护人的作业任务。作业内容、范围、确认作业许可证中相关条件签字确认。

2）熟悉施工负责人和实际作业人，包括对方姓名、作业资质、体检报告、职务和联系方式。

3）对作业环境查看和相关人员一起检查确认(安全作业条件：如气体分析结果、高空操作平台等)。

4）检查安全措施的落实情况（吹扫置换、封堵、电源、脚手架平台、工具，使用设备）确认到位后在盲板作业许可证上签字确认。

（6）盲板监护作业确认五信原则

信盲板不信阀门；信自己检查不信别人介绍；信分析化验数据结果，不信感觉和嗅觉；信签字不信口头同意；信科学不信经验主义。

8.1.3.7 起重作业

（1）作业现场吊装风险识别

1）吊索具或附件、吊点断裂或滑脱（未试吊）；

2）起重机吊臂（悬梁）倾覆或钢丝绳断裂；

3）吊件突然摆动、倾覆、旋转伤人（人的站位）；

4）起吊后用手去碰吊索或吊物（不用引绳）致夹手压脚；

5）高空吊装坠落伤人；

6）吊索具、吊物碰到带电体触电；

7）吊车转盘旋转挤伤人，收支撑夹手夹脚；

（2）现场监护牢记“十不吊”

歪拉斜吊不准吊，超载不准吊，散物捆扎不牢不准吊，信号指挥不明不准吊，棱刃物与钢丝绳直接接触无保护措施不准吊，吊车支腿不稳不吊，吊物上有人不准吊，埋在地下物不准吊，安全装置失灵或带病不准吊，现场光线阴暗看不清吊物起落点不准吊。

（3）作业监护人职责

1）作业前，监护人员应检查吊装指挥人员和吊装机械操作人员的《特种设备安全管理和作业人员证》。

2）监护人员应及时制止无关人员或车辆违章穿越警戒区的行为。

8.1.3.8 动土作业

（1）主要风险

基坑坍塌、机械伤害、粉尘、噪声、触电、物体打击、中毒和窒息等。

（2）作业监护人职责

执行 8.1.3.1 特殊作业监护要求相关条款。

8.1.4 装置主要风险及控制措施

8.1.4.1 装置泄漏火灾爆炸、中毒和窒息

（1）基本情况

通过重大安全风险管控措施的落实，重大隐患得到有效整治，装置风险级别逐步降低。风险等级：E4。风险值：22。风险级别：较大风险。

（2）风险因素

1）固有风险：

① 装置具有的丙烯、氨、氰化氢、丙烯腈等介质，属重点监控危险化学品。

② 丙烯腈装置生产工艺为胺基化工艺，属重点监控的危险化工工艺。

③ 生产区域与储存区域均构成危险化学品重大危险源。

2）内外部环境风险：

① 与外部的社会单位、居民生活区、交通道路、饮用水源等安全距离不足。

② 与内部其他生产装置安全距离不足，不满足防火防爆的要求。
③ 安全控制与设备设施可能存在的缺陷。
④ 消防安全隐患。
⑤ 可燃、有毒气体、火灾报警系统误报警或不报警隐患。
⑥ HAZOP、SIL、QRA 评估确定的隐患等。
（3）主要管控措施
1）安全技术措施：
① 依据新修订的技术法规标准，及时对装置进行隐患排查和治理。
② HAZOP 分析、SIL 评定及专项排查发现的问题整改与技术改造等。
2）安全管理措施：
① 控制反应温度在工艺卡片范围内的 420~445℃。
② 抓好隐患专项排查治理。
③ 按规范要求对可燃、有毒气体报警仪进行检测和维护。
④ 便携式视频监控设备。
⑤ 配备适应的应急物资。
3）个体防护措施：
① 开展针对性事故警示教育。
② 开展隔热避火服、重型防化服穿戴培训。
③ 高危区域现场重新标识。
④ 进入高危区必须佩戴隔离式防毒面具、携带适用的报警仪。
⑤ 应急器材和急救药品进行维护。
4）应急处置措施：
① 装置、罐区发生泄漏，立即报警并及时启动相应应急预案。
② 立即切断泄漏物料，切换工艺流程。
③ 罐区发生火灾，立即启动消防炮和消防泡沫系统，相邻储罐开消防喷淋。
④ 配备氢氰酸中毒急救药品，落实防毒急救各项措施。

8.1.4.2 装置检修、清污氢氰酸中毒

（1）风险状况描述
1）基本情况：
风险等级：D5。风险值：25。风险级别：较大风险。
2）风险因素：
① 固有风险。

丙烯腈装置内丙烯、氨、氢氰酸(剧毒)、丙烯腈等介质，具有易燃易爆、剧毒有害等危险特性，属重点监控危险化学品。装置构成险化学品重大危险源，装置胺基化工艺属一级危险化工工艺。

② 内外部环境风险。

与外部的社会单位、居民生活区、交通道路、饮用水源等安全距离不足；检修产生的废水、废气对社会环境造成影响；吹扫试压噪声超标扰民。

③ 安全控制与设备设施存在的缺陷。

装置生产过程中有机物聚合及工艺处理不彻底；装置现场无直接空气源，应急处置过程

风险加大；未进行盲板有效隔绝；检维修人员素质低，自我保护意识不强；监护人员未认真履行职责。

（2）主要管控措施

1）安全技术措施：

① 已采取的措施：配备视频监控、设置可燃、有毒气体报警仪。

② 计划落实的措施：评估清污单位设备、技术满足高风险作业资质要求。

2）安全管理措施：

① 严格执行检修作业安全管理规定。

② 加强装置检修方案的编制与审批。结合检修施工内容，在风险评估基础上，业主与施工单位共同编制施工方案，制定突发事件应急处置措施。

③ 加强装置检修工艺处理与隔离，确保安全交出。加强装置停车工艺处理，认真做好工艺管线物理隔离，对于设备、容器与多根工艺管线相连接的受限空间作业，从设备、容器本体就近法兰进行断开或盲板隔离，防止相连管线内可能残存介质串人。

④ 严格落实安全风险“双交底”。对所有作业，实行书面安全风险“双交底”，即属地单位向施工方交底，施工方向属地单位交底，并留下痕迹。

⑤ 加强特殊时段装置检修作业领导带班。严格执行总部“直接作业环节十条规定”，夜间原则上不允许进入受限空间、登高等作业，确属生产急需的，一律实行作业部领导现场带班，作业监护人必须坚守现场，督促作业票证措施落实。

⑥ 强化分包商管理。严格按照《中国石化建设工程分包发包管理办法》及《中国石化承包商安全监督管理办法》的加强分包管理，严禁以包代管、包而不管现象。

3）个体防护措施：

① 开展安全教育和特种作业技能培训，提高个体安全防护意识。

② 配备正压式空气呼吸器、长管呼吸器、移动气源、防毒面罩、便携式报警仪等个体防护器材。

③ 对清淤等作业过程中可能产生有毒有害物质的进入受限空间作业，一律使用隔离式防护用品。

④ 加强个体防护装备管理。所有个体防护用品均进行登记建档，对其有效期、发放日期、更换日期、领用人进行签字记录。同时，加强个体防护用品完好性、正确佩戴等情况的检查，确保完好。

4）应急处置措施：

① 编制整体、专项应急预案和现场事故应急处置方案。

② 加强员工应急预案学习和演练。

③ 成立应急处置队伍，加强信息沟通，明确应急处置分工。

④ 必要时配备空气呼吸器、对讲机、报警仪、应急药品等应急防护设施。

8.1.4.3 承包商现场施工作业

（1）风险状况描述

1）基本情况：

自2019年以来，集团公司开展了承包商安全管理专项集中整治，采取了一系列安全管理措施，承包商安全面貌和管理状况得到极大改善，安全风险得到进一步管控，公司将继续对承包商安全风险实行重点管控。

总公司范围内各分公司均建立了门禁系统、承包商管理系统和承包商人员人脸识别系统等，助力承包商的安全管理。

2）风险因素：

① 承包商的能力缺陷：

a. 个别承包商自主管理能力较差。存在少数施工单位超能力承揽项目、施工管理力量投入不足、以劳务分包之名行转包之实、施工方案编制、审批和风险交底流于形式等。

b. 承包商专业能力不足，关键人员安全能力欠缺。承包商自身缺乏施工员工，大量外包工程组织力量不足，安全管理能力不匹配。

c. 外包员工上岗操作前缺乏足够的操作技能及安全教育培训。

d. 外部承包商作业人员普遍流动性较高，缺乏固定作业员工，导致承包商整体安全作业和管理水平持续低下。

② 检修过程管理缺陷：

a. 装置生产过程中有机物聚合及工艺处理不彻底。

b. 未进行盲板有效隔绝；检维修人员素质低，自我保护意识不强。

c. 监护人员未认真履行职责。

d. 承包商入场工器具不符合安全要求，二维码制作、张贴不规范。

e. 生产装置区缺少人脸识别设备。

f. 实操验证基地功能设置不完善。

（2）主要管控措施

1）安全技术措施：

① 培育战略合作承包商。

② 完善门禁和承包商管理系统。

③ 建立完善特种作业实操验证基地。

④ 承包商关键人员 GPS 定位。

⑤ 计划落实的措施：评估清污单位设备、技术满足高风险作业资质要求。

2）安全管理措施：

① 严格执行公司安全生产管理规定；按照要求对施工作业人员进行作业部级安全教育并考核合格后，办理进入施工区域门禁卡。

② 加强装置检修方案的编制与审批。结合检修施工内容，在风险评估基础上，业主与施工单位共同编制施工方案，制定突发事件应急处置措施。

③ 加强装置检修工艺处理与隔离，确保安全交出。加强装置停车工艺处理，确保安全交出；认真做好工艺管线物理隔离，对于设备、容器与多根工艺管线相连接的进入受限空间作业，从设备、容器本体就近法兰进行断开或盲板隔离，防止相连管线内可能残存介质串入。

④ 严格落实安全风险“双交底”。对所有作业，实行书面安全风险“双交底”，并留下痕迹；严格执行作业许可制度，规范票证签发，落实属地安全管理责任。

⑤ 加强特殊时段装置检修作业领导带班。夜间原则上不允许进入受限空间、登高等作业，确属生产急需的，一律实行作业部领导现场带班，作业监护人必须坚守现场，督促作业票证措施落实。

⑥ 强化分包商管理。严格按照《中国石化建设工程分包发包管理办法》及《中国石化承

包商安全监督管理办法》的加强分包管理，严禁以包代管，包而不管现象；加强施工作业现场的检查与考核。

3）个体防护措施：

① 开展安全教育和特种作业技能培训，提高个体安全防护意识。

② 配备正压式空气呼吸器、长管呼吸器、移动气源、防毒面罩、便携式报警仪等个体防护器材。

③ 对清淤等作业过程中可能产生有毒有害物质的进入受限空间作业，一律使用隔离式防护用品。

④ 加强个体防护装备管理。所有个体防护用品均进行登记建档，对其有效期、发放日期、更换日期、领用人进行签字记录。同时，加强个体防护用品完好性、正确佩戴等情况的检查，确保完好。

4）应急处置措施：

① 编制整体、专项应急预案和现场事故应急处置方案。

② 加强员工应急预案学习和演练。

③ 成立应急处置队伍，加强信息沟通，明确应急处置分工。

④ 必要时配备空气呼吸器、对讲机、报警仪、应急药品等应急防护设施。

风险等级：D5。风险值：25。风险级别：较大风险。

8.1.4.4 检修高处坠落风险

（1）基本情况

丙烯腈装置的部分塔、火炬等设备都比较高，有的超过30m，检修时存在Ⅳ级高处作业，对参与高处作业人员有一定的要求，尤其是火炬系统。目前，丙烯腈装置火炬系统随着装置而建，以丙烯、氨和空气为原料，设计生产能力有8万t AN/a、13万t AN/a、26万t AN/a，副产氢氰酸、粗乙腈、稀硫酸铵，年运行时间8000h。火炬系统主要介质为丙烯、液氨、丙烯腈、氢氰酸及燃料气等危险化学品。

风险等级：D4。风险值：17。风险级别：一般风险。

（2）风险因素

1）固有风险：

高处作业存在高处坠落、物体打击等固有风险，如果涉及动火、临时用电的还存在火灾、爆炸、触电等风险，其塔器一旦发生泄漏，作业人员还存在中毒和窒息的风险。

2）内外部环境风险：

① 系统性检修，多种作业并在，可能存在相互干扰和影响，尤其是起重作业可能对高处作业人员造成伤害风险。

② 外部有害介质的排放、对作业人员的伤害，与输电线路的安全距离的不足等风险。

（3）安全控制与设备设施存在的缺陷

存在装置工艺处理过程不彻底；无垂直安装生命线，检修过程风险加大；未进行盲板有效隔绝；检维修人员素质低，自我保护意识不强；监护人员未认真履行职责等因素。

1）安全技术措施。

① 配备视频监控。

② 配备便携式有毒气体报警仪。

③ 对高处作业的平台进行检查，腐蚀的更新加固。

④ 对临时搭设的平台验收合格后使用。

2）安全管理措施。

① 严格执行公司高处作业安全管理规定。

② 加强装置检修方案的编制与审批。结合检修施工内容，在风险评估基础上，业主与施工单位共同编制施工方案，制定检修应急处置措施。

③ 加强装置检修工艺处理与隔离，确保安全交出。加强装置停车工艺处理，确保安全交出；认真做好工艺管线物理隔离，从设备、容器本体就近法兰进行断开或盲板隔离，防止相连管线内可能残存介质串入。

④ 严格落实安全风险“双交底”。对所有作业，实行书面安全风险“双交底”，并留下痕迹。

⑤ 加强特殊时段、Ⅳ级高处作业领导带班和监护管理。夜间原则上不允许登高等作业，作业过程中，作业监护人必须坚守现场，督促作业票证措施落实。

⑥ 强化分包商管理。严格按照《中国石化建设工程分包发包管理办法》及《中国石化承包商安全监督管理办法》的加强分包管理，严禁以包代管、包而不管现象。

⑦ 高处作业人员女性不得超过45岁，男性不得超过50岁，且身体符合高处作业要求。

⑧ 超过15m的高处作业配通信对讲设备。

3）个体防护措施。

① 开展安全教育和特种作业技能培训，提高个体安全防护意识。

② 必要时配备正压式空气呼吸器、防毒面罩、便携式报警仪等个体防护器材。

③ 加强个体防护装备管理。所有个体防护用品均进行登记建档，对其有效期、发放日期、更换日期、领用人进行签字记录。同时，加强个体防护用品完好性、正确佩戴等情况的检查，确保完好。

④ 作业人员穿软底鞋，系五点双钩安全带，攀爬时不得手持物品，攀爬及作业过程中安全带挂在牢固点。

4）应急处置措施。

① 编制现场高处坠落事故应急处置方案。

② 加强员工及作业人员应急预案学习和演练。

③ 成立应急处置队伍，加强信息沟通，明确应急处置分工。

④ 配备空气呼吸器、对讲机、报警仪、应急药品、担架、夹板、绷带等应急防护设施。

8.1.5 危险化学品安全操作与急救措施

8.1.5.1 氨

（1）燃烧和爆炸危险性

氨极易燃，能与空气形成爆炸性混合物，遇明火、高热引起燃烧爆炸。

（2）活性反应

与氟、氯等接触会发生剧烈的化学反应，爆炸极限为15.7%~27.4%（体）。

（3）健康危害

对眼、呼吸道黏膜有强烈刺激和腐蚀作用。急性氨中毒引起眼和呼吸道刺激症状、支气管炎或支气管周围炎、肺炎，重度中毒者可发生中毒性肺水肿。高浓度氨可引起反射性呼吸和脉搏停止，可致眼和皮肤灼伤。

PC-TWA(时间加权平均容许浓度)(mg/m^3)：20；PC-STEL(短时间接触容许浓度)(mg/m^3)：30。

（4）安全措施一般要求

操作人员必须经过专门培训，严格遵守操作规程，熟练掌握操作技能，具备应急处置知识。

严加密闭，防止泄漏，工作场所提供充分的局部排风和全面通风，远离火种、热源，工作场所严禁吸烟。

生产、使用氨气的车间及贮氨场所应设置氨气泄漏检测报警仪，至少配备两套正压式空气呼吸器、长管式防毒面具、重型防护服等防护器具。操作人员戴化学安全防护眼镜，穿防静电工作服，戴橡胶手套。工作场所浓度超标时，操作人员应该佩戴过滤式防毒面具。可能接触液体时，应防止冻伤。

储罐等压力容器和设备应设置安全阀、压力表、液位计、温度计，并应装有带压力、液位、温度远传记录和报警功能的安全装置，设置整流装置与压力机、动力电源、管线压力、通风设施或相应的吸收装置的联锁装置。重点储罐需设置紧急切断装置。

避免与氧化剂、酸类、卤素接触。

生产、储存区域应设置安全警示标志，配备相应品种和数量的消防器材及泄漏应急处理设备。

（5）安全措施特殊要求

1）操作安全：

① 严禁利用氨气管道做电焊接地线。严禁用铁器敲击管道与阀体，以免引起火花。

② 在含氨气环境中作业应采用以下防护措施：

A. 根据不同作业环境配备相应的氨气检测仪及防护装置，并落实人员管理，使氨气检测仪及防护装置处于备用状态。

B. 作业环境应设立风向标。

C. 进行检修和抢修作业时，应携带氨气检测仪和佩戴正压式空气呼吸器。

D. 充装时，使用万向节管道充装系统，严防超装。

2）储存安全：

① 保持阴凉，储存温度不宜超过30℃。

② 储罐远离火种、热源；采用防爆型照明、通风设施；禁止使用易产生火花的机械设备和工具；储存区应备有泄漏应急处理设备。

③ 注意防雷、防静电，液氨储罐应按GB 50057《建筑物防雷设计规范》的规定设置防雷、防静电设施。

3）运输安全：

输送氨的管道不应靠近热源敷设；管道采用地上敷设时，应在人员活动较多和易遭车辆、外来物撞击的地段，采取保护措施并设置明显的警示标志；氨管道架空敷设时，应敷设在非燃烧体的支架或栈桥上。在已敷设的氨管道下面，不得修建与氨管道无关的建筑物和堆放易燃物品；氨管道外壁颜色、标志应执行GB 7231《工业管道的基本识别色、识别符号和安全标识》的规定。

（6）急救措施

1）吸入：迅速脱离现场至空气新鲜处，保持呼吸道通畅，如呼吸困难，给氧；如呼吸停止，立即进行人工呼吸，就医。

2）皮肤接触：立即脱去污染的衣着，应用2%硼酸液或大量清水彻底冲洗，就医。

3）眼睛接触：立即提起眼睑，用大量流动清水或生理盐水彻底冲洗至少15min，就医。

8.1.5.2 丙烯腈

（1）燃烧和爆炸危险性

丙烯腈高度易燃，其蒸气与空气能形成爆炸性混合物，遇明火、高热易引起燃烧或爆炸，并放出有毒气体，爆炸极限3.05%~17%（V/V）。

（2）活性反应

与氧化剂、强酸、强碱、胺类、溴反应剧烈，在高温下，可发生聚合放热反应，使容器破裂。

（3）健康危害

可经呼吸道、胃肠道和完整皮肤进入体内；在体内析出氰根，抑制呼吸酶；对呼吸中枢有直接麻痹作用；重度中毒出现癫痫大发作样抽搐、昏迷、肺水肿。列入《剧毒化学品目录》。

解毒剂：亚硝酸异戊酯、亚硝酸钠、硫代硫酸钠、4-二甲基氨基苯酚。

职业接触限值：PC-TWA（时间加权平均容许浓度）（mg/m^3），1（皮）；PC-STEL（短时间接触容许浓度）（mg/m^3）：2（皮）。

IARC：可疑人类致癌物。

（4）安全措施一般要求

操作人员必须经过专门培训，严格遵守操作规程，熟练掌握操作技能，具备应急处置知识。

操作应严加密闭，远离火种、热源，工作场所严禁吸烟。在作业现场应提供安全淋浴和洗眼设备，安全喷淋洗眼器应保持完好。

设置固定式可燃气体报警器，或配备便携式可燃气体报警器。使用防爆型的通风系统和设备，配备两套以上重型防护服。操作人员戴化学安全防护眼镜，穿防静电工作服，戴橡胶手套；可能接触其蒸气时，必须佩戴自吸过滤式全面罩防毒面具，穿连体式胶布防毒衣。

储罐等容器和设备应设置液位计、温度计，并应装有带液位、温度远传记录和报警功能的安全装置，重点储罐需设置紧急切断装置。选用无泄漏泵来输送本介质，如屏蔽泵或磁力泵输送，最大限度地减少其泄漏的可能性。

禁止与氧化剂、强酸、强碱、胺类、溴等接触。

生产、储存区域应设置安全警示标志。在传送过程中，容器、管道必须接地和跨接，防止产生静电。

（5）安全措施特殊要求

1）操作安全：

① 设置必要的安全联锁及紧急排放系统，配备便携式可燃气体报警仪，生产装置重要岗位设置工业电视监控。

② 设置DCS集散控制系统，同时设置安全联锁与紧急停车系统（ESD）并独立设置；设置HCN浓度监测系统；根据职工人数及巡检需要配置多台便携式氢氰酸浓度检测报警仪。生产装置内使用在线氧分析仪，用以检测反应气体氧含量，以免形成爆炸性混合物。

③ 对有可能失控的工艺过程，采取的应急措施有：排出物料或停止加入物料；紧急泄

压；停止供热或由加热转为冷却；加入稀释物料；加入易挥发性物料；通入惰性气体；与灭火系统联锁。

④ 丙烯腈物料有自聚性质，因此管道系统法兰应采用高等级密封法兰，要注意对操作温度的检查和按规定添加阻聚剂，防止物料发生高温自聚而堵塞设备和管道，设计应为泄放上述介质的安全阀设置连续吹氮系统。丙烯腈的水溶液或成品在碱性条件下更易发生聚合而引起爆炸，因此，要加强碱性物料，如碱性污水等的管理，禁止将碱性物料送到承装介质的容器或废水槽中。

⑤ 生产装置应设置或依托急救站。

2）储存安全：

① 储存于阴凉处，远离火种、热源，温度不宜超过30℃，防止阳光直射，不宜大量储存或久存。

② 配备相应品种和数量的消防器材，定期检查是否有泄漏现象。

③ 储罐应设固定或移动式消防冷却水系统。

（6）急救措施

1）吸入：迅速脱离现场至空气新鲜处，保持呼吸道通畅；如呼吸困难，给氧；呼吸心跳停止时，立即进行人工呼吸（勿用口对口）和胸外心脏按压术；给吸入亚硝酸异戊酯，就医。

2）食入：饮足量温水，催吐。用1∶5000高锰酸钾溶液或5%硫代硫酸钠溶液洗胃，就医。

3）皮肤接触：立即脱去污染的衣着，用流动清水或5%硫代硫酸钠溶液彻底冲洗至少20min，就医。

4）眼睛接触：提起眼睑，用流动清水或生理盐水冲洗至少15min。就医。

8.1.5.3 氢氰酸

特别警示：氢氰酸剧毒液体，极易燃，火场温度下易发生危险的聚合反应，列入《剧毒化学品目录》。

（1）燃烧和爆炸危险性

氢氰酸极易燃，其蒸气与空气可形成爆炸性混合物，遇明火、高热能引起燃烧爆炸，爆炸极限为5.6%~40%（体）。

（2）活性反应

长期放置则因水分而聚合，聚合物本身有自催化作用，可引起爆炸。

（3）健康危害

氢氰酸抑制呼吸酶，造成细胞内窒息，短时间内吸入高浓度氰化氢气体，可立即因呼吸停止而死亡。非骤死者临床分为4期：前驱期有黏膜刺激、呼吸加快加深、乏力、头痛；口服有舌尖、口腔发麻等。呼吸困难期有呼吸困难、血压升高、皮肤黏膜呈鲜红色等。惊厥期出现抽搐、昏迷、呼吸衰竭。麻痹期全身肌肉松弛，呼吸心跳停止而死亡。可致眼、皮肤灼伤，吸收引起中毒。慢性影响表现为神经衰弱综合征、皮炎。

职业接触限值：MAC（最高容许浓度）（mg/m^3）：1（皮）。

（4）安全措施一般要求

操作人员必须经过三级安全教育和安全、消防、职业卫生的专业培训，具备掌握氰化氢和氢氰酸方面的知识。严格遵守工艺规程和安全操作规程，熟练掌握操作技能和具备应急处理能力。

严加密闭，防止泄漏，提供安全淋浴和洗眼设备。

作业现场应设置氰化氢有毒气体检测仪。配备两套以上重型防护服。操作人员应该穿连体式防毒衣，戴橡胶手套，工作场所浓度超标的，应该佩戴隔离式呼吸器。紧急事态抢救或撤离时，必须佩戴正压式空气呼吸器。工作现场禁止吸烟、进食和饮水，远离火种、热源，工作场所严禁吸烟，采用隔离式、机械化、自动化操作。

避免与氧化剂、酸类、碱类接触。

生产、储存区域应设置安全警示标志，配备相应数量的消防器材及泄漏应急处理设备，装置应配备急救设备及药品，作业人员应学会自救互救。

（5）安全措施特殊要求

1）操作安全：

① 避免直接接触氢氰酸，操作人员应配戴必要的防护用品；避免吸入氰化氢，应戴上防毒面具。

② 氰化氢气体比空气略轻，发生泄漏后气体向上扩散，应注意风向和人站立位置。巡检人员配备便携式氰化氢气体检测仪。

③ 氢氰酸易聚合，工艺操作中要防止碱性物质和保持低温状态。

④ 严禁利用氢氰酸管道做电焊接地线，严禁用铁器敲击管道与阀体，以免引起火花。

⑤ 生产区域内，严禁明火和可能产生明火、火花的作业。生产需要或检修期间需动火时，必须办理动火审批手续；要有可靠的防火、防爆措施。一旦发生物品着火，应用干粉灭火器、二氧化碳灭火器、砂土灭火。

⑥ 氢氰酸运转设备的外漏部分或危及人身安全的部位，应设置防护罩、安全护栏挡板，防止无关人员靠近。

⑦ 在氢氰酸环境中作业还应采用以下防护措施：

A. 根据不同作业环境配备相应的固定式氰化氢检测仪及防护装置，并落实人员管理，使氰化氢检测仪及防护装置处于完好状态。

B. 作业环境应设立风向标和逃生疏散通道标志。

C. 作业人员应使用隔离式呼吸器。

D. 重点检测区应设置醒目的标志、氰化氢检测仪、报警器及排风扇；在可能发生氰化氢中毒的主要出入口应设置醒目的中文危险危害因素告知牌。

E. 在涉及氢氰酸系统进行检修和抢修作业时，应携带便携式氰化氢检测仪和佩戴正压自给式空气呼吸器。

F. 工作场所配备洗眼器、喷淋装置。生产车间和作业场所应配备急救药品和相应滤毒器材、正压自给式空气呼吸器、防尘器材、防溅面罩、防护眼镜和耐碱的胶皮手套等防护用品。

G. 生产设备的清洗污水及生产车间内部地坪的冲洗水须收入应急池，经处理合格后才可排放。

H. 进入密闭有限空间前应强制机械通风，并对氰化氢气体和氧气浓度进行检测，其中氰化氢浓度小于国家规定的空气中最高容许浓度，氧含量>19.5%方可进入，作业过程中有专人监护，每隔 30min 监测一次。

⑧ 为减少氢氰酸在输送过程中发生泄漏，应采用以下措施：

A. 泵应采用密封性较好的无泄漏泵(如屏蔽泵、磁力泵等)。

B. 阀门应采用密封性较好无泄漏阀门(如波纹阀等)。

C. 输送管道、阀门等宜采用焊接式连接，管道、阀门的使用等级比常规要求提高一个等级。

2) 储存安全：

① 储存于温度不宜超过30℃，作业过程中应避免氧化剂、酸类、碱类、食用化学品进入系统。

② 氢氰酸若留存时间长，则因少量水分的作用而发生聚合，生成黑褐色的聚合物。由于聚合是放热反应，且有自动催化作用，有时会突然爆炸，因此贮存时间不宜太长，并注意添加稳定剂。

③ 采用防爆型照明，禁止使用易产生火花的机械设备和工具，地面进行防渗透处理。

④ 注意防雷、防静电，按《建筑物防雷设计规范》(GB 50057)的规定设置防雷设施。

3) 运输安全：

输送氢氰酸溶液的管道不应靠近热源敷设；氢氰酸管道宜采用架空敷设，设置明显的警示标志；氢氰酸管道下面，不得堆放易燃物品；氢氰酸管道外壁颜色、标志应执行GB 7231的规定。

(6) 急救措施

1) 吸入：迅速脱离现场至空气新鲜处，保持呼吸道通畅；如呼吸困难，给氧；呼吸心跳停止时，立即进行人工呼吸(勿用口对口)和胸外心脏按压术。给吸入亚硝酸异戊酯，就医。

2) 食入：饮足量温水，催吐。用1∶5000高锰酸钾溶液或5%硫代硫酸钠溶液洗胃。就医。

3) 皮肤接触：立即脱去污染的衣着，用流动清水或5%硫代硫酸钠溶液彻底冲洗至少20min。就医。

4) 眼睛接触：立即提起眼睑，用大量流动清水或生理盐水彻底冲洗至少15min，就医。

8.1.5.4 丙烯

(1) 燃烧和爆炸危险性

丙烯极易燃，与空气混合能形成爆炸性混合物，遇热源或明火有燃烧爆炸危险。密度比空气大，能在较低处扩散到相当远的地方，遇火源会着火回燃，爆炸极限为1.0%~11.0%(体)。

(2) 活性反应

丙烯与二氧化氮、四氧化二氮、氧化二氮等易发生剧烈化合反应，与其他氧化剂发生剧烈反应。

(3) 健康危害

主要经呼吸道侵入人体，有麻醉作用，直接接触液态产品可引起冻伤。

(4) 安全措施一般要求

操作人员必须经过专门培训，严格遵守操作规程，熟练掌握操作技能，具备应急处置知识。

密闭操作，严防泄漏。远离火种、热源，工作场所严禁吸烟，生产、使用及贮存场所应设置泄漏检测报警仪，穿防静电工作服。

储罐等压力容器和设备应设置安全阀、压力表、液位计、温度计，并应装有带压力、液位、温度远传记录和报警功能的安全装置，储罐需设置紧急切断装置。

避免与氧化剂、酸类接触。

生产、储存区域应设置安全警示标志，配备相应品种和数量的消防器材及泄漏应急处理设备。

（5）安全措施特殊要求

1）操作安全：

① 丙烯系统运行时，不准敲击，不准带压修理和紧固，不得超压，严禁负压。

② 管道、阀门和水封装置冻结时，只能用热水或蒸汽加热解冻，严禁使用明火烘烤。吹洗置换，应立即切断气源，进行通风，不得进行可能发生火花的一切操作。

③ 装置内的丙烯设备、管道应按《化工企业静电接地设计技术规定》要求采取防静电措施，并在避雷保护范围之内。

④ 严禁储罐超液位运行。

2）储存安全：

① 储存于温度不宜超过30℃，远离火种和热源。

② 注意防雷、防静电，按 GB 50057 的规定设置防雷设施。

3）运输安全：

输送丙烯溶液的管道不应靠近热源敷设；丙烯管道宜采用架空敷设，设置明显的警示标志；丙烯管道下面，不得堆放易燃物品；丙烯管道外壁颜色、标志应执行 GB 7231 的规定。

（6）急救措施

吸入：迅速脱离现场至空气新鲜处，保持呼吸道通畅；如呼吸困难，给氧；如呼吸停止，立即进行人工呼吸，就医。

8.1.5.5　乙腈

（1）燃烧和爆炸危险性

乙腈属高度危险品，具有燃烧、爆炸性质，爆炸极限为4.4%~16%（体）。

（2）活性反应

与氧化剂、还原剂、酸、碱类可以发生反应，避免接触的条件：光、热、火源；加热分解生产氰羟酸剧烈；在高温下，可发生聚合放热反应，使容器破裂。

（3）健康危害

乙腈有毒，易挥发，对皮肤和黏膜有刺激作用，可经呼吸道、胃肠道和完整皮肤进入体内。吸入160mg/kg在4h后，约半数人感到胸闷，部分人面部轻度充血，吸入大量乙腈可引起急性中毒。

职业接触限值：PC-TWA（时间加权平均容许浓度）：30mg/m^3。

（4）安全措施一般要求

操作人员必须经过专门培训，严格遵守操作规程。熟练掌握操作技能，具备应急处置知识。

操作应严加密闭，远离火种、热源，工作场所严禁吸烟，在作业现场应提供安全淋浴和洗眼设备，安全喷淋洗眼器应保持完好。

设置固定式可燃气体报警器，或配备便携式可燃气体报警器，使用防爆型的通风系统和设备，配备两套以上重型防护服。操作人员戴化学安全防护眼镜，穿防静电工作服，戴橡胶手套，可能接触其蒸气时，必须佩戴自吸过滤式全面罩防毒面具，穿连体式胶布防毒衣。

储罐等容器和设备应设置液位计、温度计，并应装有带液位、温度远传记录和报警功能的安全装置，重点储罐需设置紧急切断装置。选用无泄漏泵来输送本介质，如屏蔽泵或磁力泵输送，最大限度地减少其泄漏的可能性。

禁止与氧化剂、还原剂、酸、碱类等接触。

生产、储存区域应设置安全警示标志，在传送过程中，容器、管道必须接地和跨接，防止产生静电。

（5）特殊要求

1）操作安全：

① 设置必要的安全联锁及紧急排放系统，配备便携式可燃气体报警仪。生产装置重要岗位设置工业电视监控。

② 设置 DCS 集散控制系统，设置 HCN 浓度监测系统；根据职工人数及巡检需要配置多台便携式氢氰酸浓度检测报警仪。

③ 对有可能失控的工艺过程，采取的应急措施有：排出物料或停止加入物料；紧急泄压；停止供热或由加热转为冷却；加入稀释物料；加入易挥发性物料；通入惰性气体；与灭火系统联锁。

④ 乙腈物料有自聚性质，因此管道系统法兰应采用高等级密封法兰，要注意对操作温度的检查和按规定添加阻聚剂，防止物料发生高温自聚而堵塞设备和管道，设计应为泄放上述介质的安全阀设置连续吹氮系统。丙烯腈的水溶液或成品在碱性条件下更易发生聚合而引起爆炸，因此，要加强碱性物料，如碱性污水等的管理，禁止将碱性物料送到承装介质的容器或废水槽中。

⑤ 生产装置应设置或依托急救站。

2）储存安全：

① 储存于阴凉处，远离火种、热源，温度不宜超过 30℃，防止阳光直射，不宜大量储存或久存。

② 配备相应品种和数量的消防器材，定期检查是否有泄漏现象。

③ 储罐应设固定或移动式消防冷却水系统。

（6）急救措施

1）吸入：迅速脱离现场至空气新鲜处，保持呼吸道通畅；如呼吸困难，给氧；呼吸心跳停止时，立即进行人工呼吸（勿用口对口）和胸外心脏按压术，就医。

2）食入：饮足量温水，催吐。用 1∶5000 高锰酸钾溶液或 5%硫代硫酸钠溶液洗胃，就医。

3）皮肤接触：立即脱去污染的衣着，用肥皂水或清水彻底洗净，就医。

4）眼睛接触：提起眼睑，用流动清水或生理盐水冲洗至少 15min，就医。

8.1.5.6 浓硫酸（98%）

（1）燃烧和腐蚀危险性

浓硫酸不燃，助燃性，具强腐蚀性、强刺激性，可致人体灼伤。

（2）活性反应

稳定性：稳定。

禁配物：强还原剂、碱类、碱金属、水及易燃或可燃物。

避免接触的条件：潮湿空气。

聚合危害：不聚合。

分解产物：氧化硫。

（3）健康危害

对皮肤、黏膜等组织有强烈的刺激和腐蚀作用。蒸气或雾可引起结膜炎、结膜水肿、角膜混浊，以致失明；引起呼吸道刺激，重者发生呼吸困难和肺水肿；高浓度引起喉痉挛或声门水肿而窒息死亡。口服后引起消化道烧伤以致溃疡形成；严重者可能有胃穿孔、腹膜炎、肾损害、休克等。皮肤灼伤轻者出现红斑、重者形成溃疡，愈后瘢痕收缩影响功能。溅入眼内可造成灼伤，甚至角膜穿孔、全眼炎以至失明。

（4）一般要求

操作人员必须经过专门培训，严格遵守操作规程，熟练掌握操作技能，具备应急处置知识。密闭操作，注意通风，尽可能采用机械化、自动化，提供安全淋浴和洗眼设施。生产全过程中均要严格遵守操作规程，对使用、运输、维修等亦同样必须严格执行有关的安全制度，对生产作业人员应进行经常性的安全生产教育；加强管路、设备的密闭管理和定期维修，防止跑、冒、滴、漏，全程密闭，加强通风。

（5）特殊要求

1）操作安全：

浓硫酸具有强腐蚀性。操作人员佩戴自吸过滤式防毒面具（全面罩），带化学安全防护眼镜，穿橡胶耐酸碱工作服，戴橡胶耐酸碱手套。远离火种、热源、易燃和可燃物，工作场所严禁烟火，使用防爆型通风系统和设备，防止蒸气泄漏到工作场所空气中。避免与还原剂、碱类、碱金属接触。配备相应品种和数量的消防器材及泄漏应急处理设备。稀释或制备溶液时，应把酸加入水中，避免沸腾和飞溅。

2）储存安全：

储存温度不超过35℃，相对湿度不超过85%。远离火种、热源，保持容器密封。切忌混入易燃或可燃物、还原剂、碱类、碱金属、食用化学品等，储罐区应设有围堰，储存区应备有泄漏应急处理设备和适宜的收容材料。

（6）急救措施

1）吸入：迅速脱离现场至空气新鲜处；保持呼吸道通畅；如呼吸困难，给输氧。如呼吸停止，立即进行人工呼吸，就医。

2）食入：用水漱口，饮牛奶或蛋清，就医。

3）眼睛接触：立即提起眼睑，用大量流动清水或生理盐水彻底冲洗至少15min，就医。

4）皮肤接触：立即脱去污染的衣着，用大量流动清水冲洗至少15min，就医。

8.1.5.7　氢氧化钠

（1）燃烧和腐蚀危险性

本品不燃，具强腐蚀性、强刺激性，可致人体灼伤，遇水和水蒸气大量放热，形成腐蚀性溶液。

（2）活性反应

稳定性：稳定。

禁配物：强酸、易燃或可燃物、二氧化碳、过氧化物、水。

避免接触的条件：潮湿空气。

聚合危害：不聚合。

分解产物：不分解。

(3) 健康危害

有强烈刺激和腐蚀性。粉尘刺激眼和呼吸道，腐蚀鼻中隔；皮肤和眼直接接触可引起灼伤；误服可造成消化道灼伤，黏膜糜烂、出血和休克。

(4) 操作安全

密闭操作，操作人员必须经过专门培训，严格遵守操作规程，建议操作人员佩戴头罩型电动送风过滤式防尘呼吸器，穿橡胶耐酸碱服，戴橡胶耐酸碱手套。远离易燃、可燃物，避免产生粉尘，避免与酸类接触。搬运时要轻装轻卸，防止包装及容器损坏。配备泄漏应急处理设备，倒空的容器可能残留有害物，稀释或制备溶液时，应把碱加入水中，避免沸腾和飞溅。

(5) 储存安全

储存于阴凉、干燥、通风良好的库房，远离火种、热源。库内湿度最好不大于85%。包装必须密封，切勿受潮，应与易(可)燃物、酸类等分开存放，切忌混储。储区应备有合适的材料收容泄漏物。

(6) 急救措施

1) 吸入：迅速脱离现场至空气新鲜处，保持呼吸道通畅；如呼吸困难，给输氧；如呼吸停止，立即进行人工呼吸，就医。

2) 食入：用水漱口，给饮牛奶或蛋清，就医。

3) 眼睛接触：立即提起眼睑，用大量流动清水或生理盐水彻底冲洗至少15min，就医。

4) 皮肤接触：立即脱去污染的衣着，用大量流动清水冲洗至少15min，就医。

8.1.5.8 醋酸

(1) 燃烧和腐蚀危险性

易燃，具腐蚀性、强刺激性，可致人体灼伤。

(2) 活性反应

易燃，其蒸气与空气可形成爆炸性混合物，遇明火、高热能引起燃烧爆炸，与铬酸、过氧化钠、硝酸或其他氧化剂接触，有爆炸危险。

(3) 健康危害

蒸气对鼻、喉和呼吸道有刺激性，对眼有强烈刺激作用，皮肤接触，轻者出现红斑，重者引起化学灼伤。误服浓乙酸，口腔和消化道可产生糜烂，重者可因休克而致死。慢性影响：眼睑水肿、结膜充血、慢性咽炎和支气管炎；长期反复接触，可致皮肤干燥、脱脂和皮炎。

(4) 操作安全

密闭操作，加强通风。操作人员必须经过专门培训，严格遵守操作规程。建议操作人员佩戴自吸过滤式防毒面具(半面罩)，戴化学安全防护眼镜，穿防酸碱塑料工作服，戴橡胶耐酸碱手套。远离火种、热源，工作场所严禁吸烟，使用防爆型的通风系统和设备，防止蒸气泄漏到工作场所空气中，避免与氧化剂、碱类接触。搬运时要轻装轻卸，防止包装及容器损坏。配备相应品种和数量的消防器材及泄漏应急处理设备，倒空的容器可能残留有害物。

(5) 储存安全

储存于阴凉、通风的库房。远离火种、热源。冻季应保持库温高于16℃，以防凝固。

保持容器密封，应与氧化剂、碱类分开存放，切忌混储，采用防爆型照明、通风设施，禁止使用易产生火花的机械设备和工具。储区应备有泄漏应急处理设备和合适的收容材料。

（6）急救措施

1）皮肤接触：立即脱去污染的衣着，用大量流动清水冲洗至少 15min，就医。

2）眼睛接触：立即提起眼睑，用大量流动清水或生理盐水彻底冲洗至少 15min，就医。

3）吸入：迅速脱离现场至空气新鲜处，保持呼吸道通畅；如呼吸困难，给输氧，如呼吸停止，立即进行人工呼吸，就医。

4）食入：用水漱口，就医。

8.1.6 主要化学品的泄漏处理与灭火

丙烯腈装置生产过程中存在的危险化学品有丙烯、丙烯腈、氨、氢氰酸、硫酸、乙腈。其中，氢氰酸为剧毒化学品。

8.1.6.1 氨

（1）泄漏紧急处理

迅速撤离泄漏污染区人员至上风处，并立即隔离 150m，严格限制出入。切断火源。建议应急处理人员戴自给正压式呼吸器，穿防静电工作服。尽可能切断泄漏源，合理通风，加速扩散。高浓度泄漏区，喷含盐酸的雾状水中和、稀释、溶解，构筑围堤或挖坑收容产生的大量废水。储罐区最好设稀酸喷洒设施。

（2）泄漏应急处置

消除所有点火源。根据气体的影响区域划定警戒区，无关人员从侧风、上风向撤离至安全区。建议应急处理人员穿内置正压自给式空气呼吸器的全封闭防化服。如果是液化气体泄漏，还应注意防冻伤。禁止接触或跨越泄漏物，尽可能切断泄漏源，防止气体通过下水道、通风系统和密闭性空间扩散。若可能翻转容器，使之逸出气体而非液体。构筑围堤或挖坑收容液体泄漏物。用醋酸或其他稀酸中和，也可以喷雾状水稀释、溶解，同时构筑围堤或挖坑收容产生的大量废水。如有可能，将残余气或漏出气用排风机送至水洗塔或与塔相连的通风橱内。如果钢瓶发生泄漏，无法封堵时可浸入水中。储罐区最好设水或稀酸喷洒设施，隔离泄漏区直至气体散尽，漏气容器要妥善处理，修复、检验后再用。

（3）隔离与疏散距离

小量泄漏，初始隔离 30m，下风向疏散白天 100m、夜晚 200m；大量泄漏，初始隔离 150m，下风向疏散白天 800m、夜晚 2300m。

（4）灭火方法

消防人员必须穿全身防火防毒服，在上风向灭火。切断气源，若不能切断气源，则不允许熄灭泄漏处的火焰。喷水冷却容器，尽可能将容器从火场移至空旷处。

灭火剂有雾状水、抗溶性泡沫、二氧化碳、砂土。

（5）灭火注意事项

消防人员必须穿全身防火防毒服，在上风向灭火，戴正压自给式呼吸器。用水喷射逸出液体，使其稀释成不燃性混合物，并用雾状水保护消防人员。

（6）操作处置注意事项

严加密闭，提供充分的局部排风和全面通风。操作人员必须经过专门培训，严格遵守操作规程。建议操作人员佩戴过滤式防毒面具，戴化学品安全防护眼镜，穿防静电工作服，戴橡胶手套。远离火种、热源，工作场所严禁吸烟。使用防爆型的系统和设备。防止气体泄漏到工作场所的空气中。避免与氧化剂、酸类、卤素接触。配备相应品种和数量的消防器材及泄漏应急设备。

8.1.6.2 丙烯腈

(1) 泄漏紧急处理

迅速撤离泄漏污染区人员至安全区，并进行隔离，严格限制出入，切断火源。建议应急处理人员戴自给正压式呼吸器，穿防静电工作服。尽可能切断泄漏源。小量泄漏：用砂土或其他不燃材料吸收，也可以用不燃性分散剂制成的乳液刷洗，洗液稀释后放入废水系统。大量泄漏：构筑围堤或挖坑收容，用泡沫覆盖，降低蒸气灾害。用防爆泵转移至槽车或专用收集器内，回收或运至废物处理场所处置。

(2) 泄漏应急处置

消除所有点火源。根据液体流动和蒸气扩散的影响区域划定警戒区，无关人员从侧风、上风向撤离至安全区。建议应急处理人员戴正压自给式空气呼吸器，穿防毒、防静电服，作业时使用的所有设备应接地。禁止接触或跨越泄漏物，尽可能切断泄漏源，防止泄漏物进入水体、下水道、地下室或密闭性空间。小量泄漏：用砂土或其他不燃材料吸收，使用洁净的无火花工具收集吸收材料。大量泄漏：构筑围堤或挖坑收容，用石灰粉吸收大量液体。用抗溶性泡沫覆盖，减少蒸发。喷水雾能减少蒸发，但不能降低泄漏物在受限制空间内的易燃性。用防爆泵转移至槽车或专用收集器内。喷雾状水驱散蒸气、稀释液体泄漏物。

作为一项紧急预防措施，泄漏隔离距离至少为50m。如果为大量泄漏，在初始隔离距离的基础上加大下风向的疏散距离。

(3) 灭火方法

消防人员必须穿特殊防护服，在掩蔽处操作。

灭火剂有抗溶性泡沫、二氧化碳、干粉、砂土。用水灭火无效，但须用水保持火场容器冷却。

(4) 灭火注意事项

用水灭火无效。消防人员必须佩戴空气呼吸器、穿全身防火防毒服，在上风向灭火。处在火场中的容器若已变色或从安全泄压装置中产生声音，必须马上撤离。喷水保持火场容器冷却，直至灭火结束。

(5) 操作处置注意事项

严加密闭。操作人员必须经过专门培训，严格遵守操作规程。建议操作人员佩戴自吸过滤式防毒面具(全面罩)，穿连衣式胶布防毒衣，戴橡胶手套。远离火种、热源，工作场所严禁吸烟，使用防爆型的通风系统和设备。防止蒸气泄漏到工作场所的空气中，避免与氧化剂、酸类、碱类接触，配备相应品种和数量的消防器材及泄漏应急处理设备。倒空的容器可能残留有害物质。

操作人员必须经过专门培训，严格遵守操作规程。熟练掌握操作技能，具备应急处置知识。

操作应严加密闭。远离火种、热源，工作场所严禁吸烟。在作业现场应提供安全淋浴和洗眼设备，安全喷淋洗眼器应在生产装置开车时进行校验。

设置固定式可燃气体报警器，或配备便携式可燃气体报警器，使用防爆型的通风系统和设备，配备两套以上重型防护服。戴化学安全防护眼镜，穿防静电工作服，戴橡胶手套，可能接触其蒸气时，必须佩戴自吸过滤式全面罩防毒面具，穿连体式胶布防毒衣。

8.1.6.3 氢氰酸

(1) 泄漏紧急处理

迅速撤离泄漏污染区人员至安全区，并进行隔离150m，严格限制出入，切断火源。建议应急处理人员戴自给正压式呼吸器，穿防毒服。不要直接接触泄漏物，尽可能切断泄漏源。小量泄漏：用砂土或其他不燃材料吸收，也可以用不燃材性吸附或吸收，收集于密闭容器中。大量泄漏：构筑围堤或挖坑收容。用泡沫覆盖，降低蒸气灾害。喷雾状水冷却和稀释蒸汽，保护现场人员，但不要对泄漏点直接喷水。用防爆泵转移至槽车或专用收集器内，回收或运至废物处理场所处置。

(2) 泄漏应急处置

消除所有点火源。根据气体的影响区域划定警戒区，无关人员从侧风、上风向撤离至安全区。建议应急处理人员戴正压自给式空气呼吸器，穿防毒、防静电服。作业时使用的所有设备应接地。禁止接触或跨越泄漏物，尽可能切断泄漏源。喷雾状水抑制蒸气或改变蒸气云流向，避免水流接触泄漏物。禁止用水直接冲击泄漏物或泄漏源。防止气体通过下水道、通风系统和密闭性空间扩散。隔离泄漏区直至气体散尽。可考虑引燃漏出气，以消除有毒气体的影响。

无水稳定的氰化氢小量泄漏，初始隔离60m，下风向疏散白天200m、夜晚600m；大量泄漏，初始隔离400m，下风向疏散白天1600m、夜晚4100m。

当氰化氢含量小于45%的乙醇溶液小量泄漏，初始隔离30m，下风向疏散白天100m、夜晚300m；大量泄漏，初始隔离200m，下风向疏散白天500m、夜晚1900m。

稳定的氰化氢(被吸收的)小量泄漏，初始隔离60m，下风向疏散白天200m、夜晚600m；大量泄漏，初始隔离150m，下风向疏散白天600m、夜晚1700m。

(3) 灭火方法

切断泄漏源。若不能切断泄漏源，则不允许熄灭泄漏处的火焰。消防人员必须穿戴全身专用防护服，佩戴氧气呼吸器，在安全距离以外或有防护措施处操作。

灭火剂有干粉、抗溶性泡沫、二氧化碳。用水灭火无效，但须用水保持火场容器冷却。用雾状水驱散蒸气。

(4) 灭火注意事项

消防人员必须佩戴空气呼吸器、穿全身防火防毒服，在上风向灭火。处在火场中的容器若已变色或从安全泄压装置中产生声音，必须马上撤离。喷水保持火场容器冷却，直至灭火结束。

(5) 操作处置注意事项

严加密闭。操作人员必须经过专门培训，严格遵守操作规程。建议操作人员佩戴自吸过滤式防毒面具(全面罩)，穿连衣式胶布防毒衣，戴橡胶手套。远离火种、热源，工作场所严禁吸烟。使用防爆型的通风系统和设备，防止蒸气泄漏到工作场所的空气中，避免与氧化剂、碱类接触。配备相应品种和数量的消防器材及泄漏应急处理设备。倒空的容器可能残留有害物质。

操作人员必须经过三级安全教育和安全、消防、职业卫生的专业培训，具备掌握氰化氢和氢氰酸方面的知识。严格遵守工艺规程和安全操作规程。熟练掌握操作技能和具备应急处理能力。

严加密闭，防止泄漏，提供充分的局部排风和全面通风或采用露天设置。提供安全淋浴和洗眼设备。

作业现场应设置氰化氢有毒气体检测仪。操作人员使用防爆型的设备，配备两套以上重型防护服，穿连衣式防毒衣，戴橡胶手套，工作场所浓度超标的，应该佩戴隔离式呼吸器。紧急事态抢救或撤离时，必须佩戴正压式空气呼吸器。工作现场禁止吸烟、进食和饮水。远离火种、热源，工作场所严禁吸烟。使用防爆型的通风系统和设备，宜采用隔离式、机械化、自动化操作，避免与氧化剂、酸类、碱类接触。

生产、储存区域应设置安全警示标志。车间应配备急救设备及药品。作业人员应学会自救互救。

8.1.6.4 丙烯

（1）泄漏紧急处理

迅速撤离泄漏污染区人员至上风，并进行隔离，严格限制出入，切断火源。建议应急处理人员戴自给正压式呼吸器，穿防静电工作服。尽可能切断泄漏源。用工业覆盖层或吸附/吸收剂盖住泄漏点附近的下水道等地方，防止气体进入。合理通风，加速扩散，喷雾状水稀释、溶解。构筑围堤或挖坑收容产生的大量废水。

（2）泄漏紧急处置

消除所有点火源。根据气体的影响区域划定警戒区，无关人员从侧风、上风向撤离至安全区。建议应急处理人员戴正压自给式空气呼吸器，穿防静电服，作业时使用的所有设备应接地。处理液体时，应防止冻伤。禁止接触或跨越泄漏物，尽可能切断泄漏源。喷雾状水抑制蒸气或改变蒸气云流向，避免水流接触泄漏物。禁止用水直接冲击泄漏物或泄漏源，防止气体通过下水道、通风系统和密闭性空间扩散。隔离泄漏区直至气体散尽。

作为一项紧急预防措施，泄漏隔离距离至少为100m。如果为大量泄漏，下风向的初始疏散距离应至少为800m。

（3）灭火方法

切断气源。若不能切断气源，则不允许熄灭泄漏处的火焰。喷水冷却容器，尽可能将容器从火场移至空旷处。

灭火剂有雾状水、泡沫、二氧化碳、干粉。

（4）灭火注意事项

若不能切断气源，则不允许熄灭泄漏处的火焰。消防人员必须佩戴空气呼吸器、穿全身防火防毒服，在上风向灭火。处在火场中的容器若已变色或从安全泄压装置中产生声音，必须马上撤离。喷水保持火场容器冷却，直至灭火结束。

（5）操作处置注意事项

密闭操作，全面通风。操作人员必须经过专门培训，严格遵守操作规程。远离火种、热源，工作场所严禁吸烟。使用防爆型的通风系统和设备，防止气体泄漏到工作场所的空气中，避免与氧化剂、酸类接触。配备相应品种和数量的消防器材及泄漏应急设备。

8.1.6.5 乙腈

（1）泄漏紧急处置

迅速撤离泄漏污染区人员至安全区，并进行隔离，严格限制出入，切断火源。建议应急处理人员戴自给正压式呼吸器，穿防毒服，不要直接接触泄漏物，尽可能切断泄漏源。防止流入下水道、排洪沟等限制性空间。小量泄漏：用活性炭或其他惰性材料吸收，也可以用大量水冲洗，洗水稀释后放入废水系统。大量泄漏：构筑围堤或挖坑收容。喷雾状水冷却和稀释蒸汽、保护现场人员、把泄漏物稀释成不燃物。用防爆泵转移至槽车或专用收集器内，回收或运至废物处理场所处置。

灭火方法及灭火剂：可用二氧化碳、砂土、干粉灭火。

（2）灭火注意事项

穿戴防护服，站在上风口，配隔离式防毒面具。用水灭火无效，禁用酸、碱灭火器。

8.1.6.6 硫酸

（1）泄漏紧急处理

迅速撤离污染区人员至安全区，并进行隔离，严格限制出入。建议应急处理人员戴自给正压式呼吸器，穿防酸碱工作服，不要直接接触泄漏物。尽可能切断泄漏源，防止流入下水道、排洪沟等限制性空间。小量泄漏：用砂土、干燥石灰或苏打水混合，也可以用大量水冲洗，洗水稀释后放入废水系统。大量泄漏：构筑围堤或挖坑收容，用泵转移至槽车或专用收集器内，回收或运至废物处理场所处理。

（2）灭火方法及灭火剂

本品不燃，可根据着火原因选择适当灭火剂灭火，可用干粉、二氧化碳、砂土扑救。避免水流冲击物品，以免遇水会放出大量热量发生喷溅而灼伤皮肤。

（3）灭火注意事项

消防抢险人员必须穿着全身耐酸碱消防服。在上风方向灭火。

（4）操作处置注意事项

密闭操作，操作人员必须经过专门培训，严格遵守操作规程。建议操作人员佩戴自吸过滤式防毒面具(全面罩)，穿橡胶耐酸碱服，戴橡胶耐酸碱手套。远离火种、热源，工作场所严禁吸烟，远离易燃、可燃物。防止蒸气泄漏到工作场所空气中。避免与还原剂、碱类、碱金属接触。配备相应品和数量的消防器材及泄漏应急处理设备。倒空的容器可能残留有害物。稀释或制备溶液时，应把酸加入水中，避免沸腾和沸溅。

8.1.6.7 氢氧化钠

（1）泄漏紧急处理

隔离泄漏污染区，限制出入。建议应急处理人员戴防尘面具(全面罩)，穿防酸碱工作服，不要直接接触泄漏物。小量泄漏：避免扬尘，用洁净的铲子收集于干燥、洁净、有盖的容器中，也可以用大量水冲洗，洗水稀释后放入废水系统。大量泄漏：收集回收或运至废物处理场所处置。

（2）灭火方法及灭火剂

用水、砂土扑救，但须防止物品遇水产生飞溅，造成灼伤。

8.1.6.8 醋酸

（1）泄漏紧急处理

迅速撤离泄漏污染区人员至安全区，并进行隔离，严格限制出入。切断火源。建议应急处理人员戴自给正压式呼吸器，穿防酸碱工作服，不要直接接触泄漏物。尽可能切断泄漏源。防止流入下水道、排洪沟等限制性空间。小量泄漏：用砂土、干燥石灰或苏打灰混合。大量泄漏：构筑围堤或挖坑收容，喷雾状水冷却和稀释蒸汽，保护现场人员，把泄漏物稀释成不燃物。用防爆泵转移至槽车或专用收集器内，回收或运至废物处理场所处置。

（2）灭火方法及灭火剂

用水喷射逸出液体，使其稀释成不燃性混合物，并用雾状水保护消防人员。灭火剂有雾状水、抗溶性泡沫、干粉、二氧化碳。

8.1.6.9 联氨

联氨蒸气极易燃烧爆炸，具有强还原性，与氧化剂能发生强烈反应，引起燃烧或爆炸。

（1）泄漏紧急处理

疏散泄漏污染区人员至安全区，禁止无关人员进入污染区，切断火源。应急处理人员戴自给式呼吸器，穿一般消防防护服，在确保安全情况下堵漏。喷水雾可减少蒸发。用活性炭或其他惰性材料吸收，然后收集运至废物处理场所。也可以用大量水冲洗，经稀释的洗液放入废水系统。如大量泄漏，利用围堤收容，然后收集、转移、回收或无害处理后废弃。

（2）操作处置注意事项

严加密闭。空气中浓度较高时，佩戴防毒面具，紧急事态抢救或撤离时，佩戴自给式呼吸器，戴化学品安全防护眼镜，穿防静电工作服，戴防化学品手套。工作场所严禁吸烟、进食和饮水。工作后，淋浴更衣。

8.1.6.10 甲醛

甲醛蒸气与空气可形成爆炸性混合物。遇明火、高热能引起燃烧爆炸。与氧化剂接触猛烈反应。

（1）泄漏紧急处理

迅速撤离泄漏污染区人员至安全区，并进行隔离，严格限制出入，切断火源。建议应急处理人员戴自给正压式呼吸器，穿防酸碱工作服，从上风处进入现场，尽可能切断泄漏源，防止流入下水道、排洪沟等限制性空间。小量泄漏：用砂土或其他不燃材料吸附或吸收，也可以用大量水冲洗，洗水稀释后放入废水系统。大量泄漏：构筑围堤或挖坑收容，用泡沫覆盖，降低蒸气灾害。喷雾状水冷却和稀释蒸汽，保护现场人员，把泄漏物稀释成不燃物。用泵转移至槽车或专用收集器内，回收或运至废物处理场所处置。

（2）操作处置注意事项密闭操作

操作人员必须经过专门培训，严格遵守操作规程。建议操作人员佩戴自吸过滤式防毒面具(全面罩)，穿橡胶耐酸碱服，戴橡胶手套。远离火种、热源，工作场所严禁吸烟。使用防爆型的通风系统和设备，防止蒸气泄漏到工作场所空气中，避免与氧化剂、酸类、碱类接触。配备相应品种和数量的消防器材及泄漏应急处理设备。倒空的容器可能残留有害物。

8.2 安　　全

8.2.1 安全生产规定

8.2.1.1 安全生产禁令

1）严禁违反操作规程擅自操作。

2）严禁未到现场安全确认签批作业。

3）严禁违章指挥他人冒险作业。

4）严禁未经培训合格独立顶岗。

5）严禁违反程序实变更。

8.2.1.2　保命条款

1）用火作业必须现场确认安全措施。

2）高处作业必须正确系挂安全带。

3）进入受限空间必须进行气体检测。

4）涉硫化氢介质的作业必须正确佩戴空气呼吸器。

5）吊装作业时人员必须离开吊装半径范围。

6）设备、管线打开前必须进行能量隔离。

7）电气设备检维修时必须停验电并上锁挂牌。

8）接触危险传动、转动部位前必须关停设备。

9）应急施救前必须做好自身防护。

10）临水作业必须穿救生衣。

8.2.1.3　防止中毒、窒息 10 条规定

1）对从事有毒作业、有窒危险作业人员，必须进行防毒急救安全知识教育。

2）工作环境（设备、容器、井下、地沟等）氧含量必须达到 20%（19.5%~23.5%）以上，毒害物质浓度符合国家规定（职业卫生标准）时，方能进行工作。

3）在有毒场所作业时，必须佩戴防护用具，必须有人监护。

4）进入缺氧或有毒气体设备内作业时，应将与其相通的管道盲板隔绝。

5）在有毒或有窒息危险的岗位，要制订防救措施和设置相应的防护用器具。

6）在有毒有害场所的有害物浓度，要定期检测，使之符合国家标准。

7）对各类有毒物品和防毒器具必须有专人管理，并定期检查。

8）涉及和监测毒害物质的设备、仪器要定期检查，保持完好。

9）发生人员中毒、窒息时，处理及救护要及时、正确。

10）健全有毒有害物质管理制度，并严格执行。长期达不到规定卫生标准的作业场所，应停止作业。

8.2.1.4　基层岗位员工安全行为负面清单

（1）生产操作方面安全行为负面清单

1）员工巡检时形式主义，发现不了明显的事故隐患。

2）危险化学品装卸人员装卸作业时擅离岗位。

3）未经许可开动、关停、移动机器或开动、关停机器时未给信号。

4）随意触摸不熟悉的机械、器具及控制开关。

5）擅自拆除安全装置或造成安全装置失效。

6）擦洗或拆卸正在运转中的转动部件。

7）操作带有旋转部件的设备时戴手套。

8）用汽油、易挥发溶剂擦洗设备、衣物、工具及地面等。

9）不用夹具固定、用手拿工件进行机加工。

10）与正在作业中的人长时间交谈。

11）在照明不足的情况下作业。

（2）施工作业方面安全行为负面清单

1）高风险作业不开作业票。

2）动火作业前不分析动火环境和部位。

3）在易燃易爆场所使用铁器敲击。

4）不妥善放置高处作业中使用的工具、工件。

5）以投掷方式接送工具、工件。

6）各级各类管理和监护人员不尽职，擅离职守、擅离现场。

（3）劳保穿戴方面安全行为负面清单

1）不按规定着装者进入生产岗位和施工现场。

2）穿戴易产生静电的服装进入易燃、易爆区，尤其是在该区穿、脱衣服或用化纤织物擦拭设备。

3）在有旋转零部件设备旁，穿着过大服装、佩戴过长悬挂物(如工作吊牌等)。

（4）应急处置方面安全行为负面清单

1）看见、听见现场报警不采取应急措施。

2）在高毒环境下不佩戴正压式空气呼吸器。

3）意外事件发生时，向事发地聚集“看热闹”。

（5）非生产过程安全行为负面清单

1）行走、上下楼梯和骑车时目视手机。

2）非机动车辆或行人在机动车临近时，突然横穿马路。

3）站在道路中间交谈。

4）作业时姿势动作不规范、不协调。

5）单手上下直爬梯。

6）携带违禁品进入厂区。

8.2.1.5　装置开车、停车的安全规定

（1）装置开车的安全规定

开车前对通风、通信、消防、梯子、平台栏杆、照明等一切安全设施，进行全面检查，并使其处于良好状态。在装置开车前，必须按工艺和设备、仪表、电气等变更情况及时修改系统图及操作规程，并对岗位工人进行严格培训，经考试合格，方可上岗操作。

装置开车前要做好系统的吹扫贯通试压工作。系统开车，由生产负责人按开车方案组织，由生产调度统一指挥，要防止多头指挥，其他人员不得直接向岗位操作工人下达操作令。各工序保持密切联系，按顺序开车。检修单位要组织保运人员，负责监护及抢修。

（2）装置停车的安全规定

1）制订停车方案。

装置停车方案的制订工作，一般地说，应根据停车检修的类型、动火范围等，由主管生产工艺的技术部门、生产部门会同生产车间以及主管设备部门，经过周密讨论后订出，报主管领导审批。装置根据停车方案绘制停车操作顺序图表，并组织全体职工学习。逐条逐项进行事故预想及对策的讨论。重要设备及管线停车除制订操作顺序图表外，还需制订确保安全的具体措施。

停车方案一经确定，应严格按照停车方案确定的时间、停车步骤、工艺变化幅度以及确认停车操作顺序图表，有次序地进行，一般情况下不应违反。停车过程中应注意下列问题：

① 降温降量的速度不宜过快。

② 停车阶段执行的各种操作应该准确无误，必要的情况下，应重复指示内容，克服麻痹思想。

③ 加热炉停车操作应注意按停车方案规定的降温曲线进行，设有空气预热器的加热炉，降温前应甩掉预热器。降量过程中相应调节燃料油量，调整火嘴数量，保持炉出口温度不变。

④ 装置停车时设备、管道中物料要送出装置外，严禁易燃易爆、有毒和腐蚀性介质就地排放。可燃、有毒气体应排至火炬烧掉，对残留的物料排放时，应采取相应的措施。

停车操作期间，装置周围须杜绝一切火源。

2）停车操作及注意事项。

停车方案一经确定，应严格按停车方案确定停车时间、停车程序以及各项安全措施有秩序地进行。停车操作应注意的问题如下：

① 卸压。系统卸压要缓慢由高压降至低压，但压力不能降到零，更不能造成负压，一般要求系统保持微正压。在未做好卸压前，不得拆动设备。

② 降温。降温应按规定的降温速率进行降温，需保证达到规定要求。高温设备不能急骤降温，避免造成设备损伤，以切断热源后强制通风或自然冷却为宜，一般要求设备内介质温度要低于 60℃。

③ 退料。退尽生产系统(设备、管道)内储存的物料。如物料确实不能完全退尽，应在安全检修交接书中详细记录，并进一步采取安全措施，排放残留物料必须严格按规定地点和方法进行，不得随意放空或排入下水道，以免污染环境或发生事故。

停车期间，装置周围应杜绝一切点火源。

停车过程中，对发生异常情况和处理方法，要随时做好记录；对关键装置和要害部位的关键操作，要采取监护制度。

3）停车后的安全处理。

主要处理步骤有：隔绝、置换、吹扫与清洗，以及检修前生产部门与检修部门严格办理安全检修交接手续等。

① 隔离。

由于隔绝不可靠，导致有毒、易燃、易爆、腐蚀、窒息或高温介质进入检修设备而造成重大事故时有发生，因素检修设备必须进行可靠隔离。

视具体情况，最安全可靠的隔离办法是拆除部分管线或插入盲板。拆除部分将与检修设备相连接的管道、阀门等可拆除的拆下，然后在管路侧的法兰上插入盲板。如果无法拆卸部分或拆卸十分困难，则应关严阀门，并且在与检修设备相连的管道法兰处插入盲板。抽插盲板属于特殊作业，应办理“抽插盲板作业许可证”，同时落实以下各项安全措施：

A. 绘制抽插盲板作业图，按图进行抽插作业，并做好记录和检查、确认。插入盲板的部位要有明显的挂牌标志，严防漏插。拆除法兰螺栓时要逐步缓慢松开，防止管道内残余物料喷出，发生意外事故。加盲板的位置一般在来料阀后部法兰处，盲板两侧均应加垫片并用螺栓坚固，做到无泄漏。

B. 盲板必须符合安全要求并进行编号。根据现场实际制作情况制作合适盲板；盲板的尺寸应符合阀门或管道的口径；盲板的厚度需要通过计算确定，原则上盲板厚度不得低于管壁厚度。盲板及垫片的材质，要根据介质特性、温度、压力选定。盲板应有大的突耳并涂上特别颜色，用于挂牌编号和识别。

C. 抽堵盲板现场安全措施。确认现场物料排尽、压力、温度降至规定要求；要注意防火、防爆，凡在禁火区或抽插易燃、易爆介质管道盲板时，应使用防爆工具，在规定范围内严禁用火，作业中应有专人巡回检查及监护；在室内抽插盲板时，必须打开窗户或采用符合要求的通风设备强制通风；抽插有毒介质管路盲板时，作业人员应按规定佩戴合适的个体防护用品，防止中毒；在高处抽插盲板作业时，应同时满足高处作业安全要求，并佩戴安全帽、安全带；危险性特别大的作业，应有抢救后备措施及气防站，医务人员、救护车应在现场；抽插盲板连续作业时间不宜过长，应轮换休息。

② 置换。

为保证检修动火和进入设备内作业安全，在检修范围内的所有设备和管线中易燃、易爆、有毒有害气体应进行置换。对易燃、有毒气体的置换，大多采用蒸汽、氢气等惰性气体作为置换介质，也可采用流水排气法，将易燃、有毒气体排出。设备经置换后，若需要进入其内部作业还必须再用空气置换惰性气体，以防止发生窒息。

置换作业安全注意事项：

A. 被置换的设备、管道等必须与系统进行可靠隔绝。

B. 置换前应根据停车处理方案确定的置换介质和介质入口、被置换介质排出口及采样部位，防止出现死角。若置换介质的密度大于被置换介质密度时，应由设备或管道的最低点输入置换介质，由最高点排出被置换介质，采样分析点宜设在顶部位置及宜产生死角的部位；反之，置换介质的密度比被置换介质小时，从设备最高点输入置换介质，由最低点排出被置换介质，采样分析点宜放在设备的询问位置和可能产生死角的位置，保证置换彻底。

C. 置换要求用水作为置换介质时，一定要保证设备内注满水，且在设备顶部最高处溢流口有水溢出，并持续一段时间，严禁流淌未满。用惰性气体作置换介质时，必须保证惰性气体用量(一般为置换介质容积的 3 倍以上)。但是，置换是否彻底，置换作业是否已符合安全要求，不能只根据置换时间的长短或置换介质的用量，而应根据采样分析是否合格为准。置换作业排出的气体应引入安全场所。如需检修动火，置换用惰性气体中氧含量一般小于 1.0%(体)。

D. 按停车处理方案规定取样点采样分析达到合格。

③ 吹扫。

对设备和管道内没有排净的易燃、有毒液体，一般采用以蒸汽或惰性气体进行吹扫的方法清除。

吹扫作业安全注意事项如下：

A. 吹扫作业应该根据停车方案中规定的吹扫流程，按设备、管道逐一进行，并消项，由吹扫负责人签字。

B. 吹扫结束时应先关闭物料阀再停气，以防管路系统介质倒流。

C. 吹扫结束应采样分析，合格后及时与运行系统隔绝。

④ 清洗和铲除。

对置换和吹扫都无法清除的黏结在设备内壁的易燃、有毒物质的沉积物及结垢等，还必须采用清洗和铲除的办法进行处理。以避免因为动火时沉积物或结垢遇高温迅速分解或挥发，使空气中可燃物质或有毒有害物质浓度大大增加而发生燃烧、爆炸或中毒事故。

清洗一般有蒸煮和化学清洗两种。

A. 蒸煮。一般来说，较大的设备和容器在清除物料后，都应用蒸汽、高压热水或用碱液(氢氧化钠溶液)通入蒸汽煮沸，采用蒸汽宜用低压饱和蒸汽；被喷扫设备应有静电接地，防止产生静电火花引起燃烧、爆炸事故，防止烫伤及碱液灼伤。

B. 化学清洗。常用碱洗法、酸洗法、碱洗与酸洗交替使用等方法。碱洗法和酸洗法适用于单纯对设备内氧化铁沉积物的清洗。若设备有油垢，应先用碱洗去油垢，然后清水洗涤，接着进行酸洗，氧化铁沉积物即溶解。若沉积物中除氧化铁还有铜、氧化铜等物质，仅用酸洗法不能清除，应先用氨溶液除去沉积物中的铜分，然后进行酸洗。因为铜和铜的氧化物污垢和铁的氧化物大多是呈现叠状积附，故交替使用氨水和酸类进行清洗；如果铜及铜的氧化物污垢附着较多，在酸洗时一定要添加铜离子封闭剂，以防因铜离子的电板沉积引起腐蚀。

采用化学清洗后的废液应予以处理后方可排放。一般将废液进行稀释沉淀、过滤等，或采用化学药品中和、氧化、还原、凝聚、吸附，以离子交换等方法处理，使之符合排放标准后排放。

对某些设备内的沉积物，也可用人工铲刮的方法予以清除。进行此项作业时，应符合进入设备作业安全规定，设备内氧化及可燃气体、有毒气体含量必须符合要求。特别要注意的是，对于可燃的沉积物的铲刮应使用不产生火花的防爆工具，并对铲刮下来的沉积物妥善处理。

⑤ 其他。

A. 清理检修现场和通道。设立相应的安全标志，并且检修现场应有专人负责监护；与检修无关人员禁止入内；在易燃、易爆和有毒物品输送管道附近不得设临时检修办公室、休息室、仓库、施工棚等建筑物，影响检修安全的坑、井、洼、沟、陡坡等均应填平或铺设与地面平齐的盖板，或设置围栏和危险标志，夜间应设危险信号灯；检修现场必须保持排水通畅，不得有积水，现场应保持道路通畅，路面平整，路基牢固及良好的照明措施；检修或施工需要占用道路，影响消防通道时，必须办理审批手续等。

B. 切断待检修设备的电源，并经启动复查确认无电后，在电源开关处上“禁止启动”安全标志并加锁。

C. 及时与公用工程系统(水、电、气、汽)联系并妥善安排。

D. 安全交接。生产与检修应严格办理安全检修交接手续，交接双方应按上述要求进行认真检查和确认，符合安全检修交接条件，双方负责人在安全交接书上签字认可。生产装置在不停车情况下进行检修或抢修，也应详细填写安全交接书。

(3) 检修中的安全规定

特别注意事项，系统性检修时，同一作业平台不得超过 9 人，同一受限空间内原则上不得超过 3 人，确需超过 3 人的，不得超过 9 人。临时检修，同一作业平台或同一受限空间内原则上不得超过 3 人。

停车检修现场的特点是：施工单位多，检修项目繁杂，工序交叉、上下平行作业多，工种多，检修人员多，作业面窄，工期短等。由于工艺、设备复杂，尽管检修前做过充分的吹扫置换措施，但是易燃易爆物质仍有可能存在，而且施工现场有大量的明火、电气焊作业，处理不当，较容易发生火灾、爆炸、中毒或化学灼伤等事故。

装置在检修前应做好各项停车检修的准备工作，成立检修指挥部，其成员要明确分工，各负其责。

(4) 用电安全规定

1) 在正式运行的电源上所接的一切临时用电，应办理“临时用电作业许可证”。

2) 在灌区和具有火灾爆炸危险场所内一般不允许接临时电源。确属检修施工需要时，应办理“临时用电作业许可证”。

3）作业前，针对作业内容应进行危害识别，指定相应的作业程序及安全措施，并将安全措施填入“临时用电作业许可证”内。

4）安装临时用电线路的电气作业人员，应持有电工作业证。

5）临时用电设备和线路应按供电电压等级和容量正确使用，所用的电气元件应符合国家规范标准要求，临时用电电源施工、安装应严格执行电气施工安装规范，并接地良好。

① 在防爆场所使用的临时电源，电气元件和线路应达到相应的防爆等级要求，并采取相应的防爆安全措施。

② 临时用电线路及设备的绝缘应良好。

③ 临时用电架空线应采用绝缘铜芯线。架空线最大弧度与地面距离，在施工现场不低于2.5m，穿越机动车道不低于5m。架空线应设在专用电杆上，严禁架设在树木和脚手架上。

④ 对需埋地敷设的电缆线线路应设有“走向标志”和“安全标志”。点看埋地深度不应小于0.7m，穿越公路时应加设防护套管。

⑤ 对现场临时用电配电盘、箱应有编号，应有防雨措施，盘、箱、门应能牢靠关闭。

⑥ 行灯电压不应超过36V，在特别潮湿的场所或塔、釜、槽、灌等金属设施作业装设的临时照明行灯电压不应超过12V。

⑦ 临时用电设施，应安装符合规范要求的漏电保护器，移动工具、手持式电动工具应一机一闸一保护。

⑧ 作业单位应使用指定的闸刀开关，不得随意接挂，每天收工时要拉开开关。

6）配送电单位应每天进行两次的巡回检查，建立检查记录和隐患问题处理通知单，确保临时供电设施完好。对存在重大隐患和发生威胁安全的紧急情况时，配送电单位有权紧急停电处理。

7）临时用电单位应严格遵守临时用电规定，不得变更地点和工作内容，禁止任意增加用电负荷或私自向其他单位转供电。

8）电气维修工作应遵照国家电气安全规程执行。

9）转动设备检修前，一定要采取防止突然来电的措施。在进行电气维修时应切断电源，并在开关上挂上“有人工作禁止合闸”的警告标志。

在运行的火灾爆炸危险性生产装置、罐区和具有火灾爆炸危险场所内不应接临时电源，确需时应对周围环境进行可燃气体检测分析，分析应符合动火作业的要求。

各类移动电源外部自备电源，不应接入电网。

在开关上接引、拆除临时用电线路时，其上级开关应断电、加锁，并挂安全警示标志牌，接、拆线路作业时，应有监护人在场。

临时用电应设置保护开关，使用前应检查电气装置和保护设施的可靠性。所有的临时用电均应设置接地保护。临时用电设备和线路应按供电电压等级和容量正确配置、使用，所用的电器元件应符合国家相关产品及作业现场环境要求，临时用电电源施工、安装应符合GB 50194的有关要求，并有良好的接地。

（5）临时用电安全

1）火灾爆炸危险场所应使用相应防爆等级的电气元件，并采取相应的防爆安全措施。

2）临时用电线路及设备应有良好的绝缘，所有的临时用电线路应采用耐压等级不低于500V的绝缘导线。

3）临时用电线路经过火灾爆炸危险场所以及有高温、振动、腐蚀、积水及产生机械损伤等区域，不应有接头，并应采取相应的保护措施。

4）临时用电架空线应采用绝缘铜芯线，并应架设在专用电杆上，其最大弧垂与地面距离在作业现场不低于2.5m，穿越机动车道不低于5m。

5）沿墙或地面敷设电缆线路应符合下列规定：

① 电缆线路敷设路径应有醒目的警告标志。

② 沿地面明敷设电缆线路应沿建筑物墙体根部敷设，穿越道路或其他易受机械损伤的区域，应采取防机械损伤的措施，周围环境应保持干燥。

③ 在电缆敷设路径附近，当有产生明火的作业时，应采取防止火花损伤电缆的措施。

6）对需埋地敷设的电缆线路应设有走向标志和安全标志。电缆埋地浓度不应小于0.7m，穿越道路时应加设防护套管。

7）现场临时用电配电盘、箱应有电压标志和危险标志，应有防雨措施，盘、箱、门应能牢靠关闭并上锁管理。

8）临时用电设施应安装符合规范要求的漏电保护器，移动工具、手持式电动工具应逐个配置漏电保护器和电源开关。

未经批准，临时用电单位不应向其他单位转供电或增加用电负荷，以及变更用电地点和用途。

临时用电时间一般不超过15天，特殊情况不应超过30天；用于动火、受限空间作业的临时用电时间应和相应作业时间一致；用电结束后，用电单位应及时通知供电单位拆除临时用电线路。

（6）防火安全规定

1）装置停车，按停车方案和工艺要求切断所有进出装置的物料，按规定退出装置区。易燃易爆、有毒、有腐蚀性物料的回收或排火炬，一级中和，解毒处理，排放化学污染水等，要严格执行国家工业卫生排放标准，不允许任意排放。无火炬设施的带压易燃易爆气体排空，要缓慢进行，逐渐减压，放空管线末端必须采取防火措施。

2）对盛装有毒、可燃、腐蚀性物料的设备、容器、管道应按规定的时间进行彻底蒸汽吹扫、热水蒸煮、酸碱中和，但其置换、空气置换，使其内部不含有残渣、余气，取样分析应符合安全技术要求。分析合格后，用符合其工艺压力等级要求的盲板堵上，使之与相应的设备、管道、系统隔绝。加盲板应按停车方案、盲板图(表)严格执行，并做好明显标志，指定专人统一编号管理，防止漏堵漏抽。

3）在停车检修中，灌、槽、塔、管线等设备存留易燃易爆、有毒、有害物质时，其出、入口或与设备系统连接处加上相同工艺等级的盲板，应挂上“有物料、注意防火或防毒”的警告牌，并指定专人看管。

4）打开设备人孔前，其内部温度、压力应降到安全条件以内，并从上而下依次打开。在打开底部人孔时，应先打开最底部放料排空阀门，待确认内部没有堵塞或残存物料时，方可进行。人孔盖在松动之前，切记不要把螺丝全部拆开，严防烫伤人员。

5）装置区内的明沟、地坑(包括其他下水井)、地面、平台及设备、管道外表油污、物料要吹扫干净，避免动火时发生着火爆炸。

6）生产与检修要有明确的交接程序和手续。所有工艺处理必须由有关人员联合检查确认后，方可进行检修。

7）检修作业中必须严格遵守安全生产禁令和规定，严格执行安全用火管理制度的规定。

8）在检修期间要保证装置区域内消防道路畅通无阻、消防水压充足、各种消防灭火器材完备好用。

（7）动设备安全规定

转动设备检修时，必须停运设备，切断电源，并挂牌警示。与设备相关的联锁，需办理联锁解除手续，并有仪表专业人员解除联锁。与设备相连的物料管线必须加装盲板，设备必须清洗合格后方可进行检修。

（8）静设备安全规定

静设备检修时，必须切断物料，加装盲板。设备内物料排尽，清洗、置换合格后，方可进行检修。

1）塔：在停车期间，将塔设备打开，检修其内部结构。注意在拆卸塔板时，每层塔板要作出标记，以便重新装配时不致出现差错。停车检修时，应取出塔板或填料，检查、清污垢或杂质。检测塔壁厚度，作出减薄预测曲线，评价腐蚀情况，判断塔设备使用寿命。检查塔板或填料磨损破坏情况。检查液面计、压力表、安全阀是否发生堵塞和规定压力下动作，必要时重新调整和校正。

2）槽类容器：槽类容器在停车检修时，对槽类容器本体与金属衬里应检查其腐蚀、侵蚀状况，是否有裂纹及变形。在检修时，对槽类容器进行清洗，其目的是清除槽类容器的污垢。在检修后的投入使用前，应对槽类容器进行耐压试验和气密性试验。

3）加热炉：加热炉在停车时，应进行清焦。清焦就是清除炉管（或称加热管）内的积炭。检修时，应对炉管（管弯曲、膨胀、锈皮剥落、色变程度、裂缝、管壁厚度等）、焊缝、管支持件（接头接合情况、表面状况、热膨胀部位的适应性、保护泥的损坏情况、部件损伤情况等）、炉内壁即耐火砖（砖脱落情况、裂纹、砖松动、剥落情况）、炉框、壳体、烟囱、燃料室等进行检查和维修。

4）配管：在大修停车时，应对管道进行全面检验，全面检验的项目如下：

① 用肉眼检查管道、管件、阀门和焊缝的表面腐蚀、各种损伤的深度和分布情况；用磁粉探伤或着色探伤检查管道、管件和管头螺纹表面有无裂纹、折选、结疤和腐蚀等缺陷，用灯光或内窥镜检查管道、管体内壁表面有无裂纹、折选、结疤和腐蚀等缺陷。对于全焊连接的高压工艺管道，可拆卸阀门，用内窥镜检查，对无法进行内壁表面检查的管道，可采用超声波射线探伤方法检查。

② 管道、管件的壁厚检查。测厚选点为弯管处和焊接管件。管道、管件、阀门的丝扣和连接螺栓螺纹的检查。检查管道支撑件有无松动、损伤或断裂。采用超声波能量法或测厚法检查判断工作温度大于180℃的碳钢和工作温度大于250℃的合金钢的临氢管道、管件和阀门的氢腐蚀程度。检查需修理或更新的部件质量是否合格，进行耐压试验和气密性试验。

8.2.1.6 丙烯腈催化剂装卸人身安全防护

丙烯腈催化剂主要成分是锰、钼、镍、钴、铊等，有使人致癌的危险性。

在日常操作中，应注意避免长时间或重复性与人体皮肤接触和吸入催化剂粉尘。

在进行与催化剂有关的操作过程中，应做好个人的防护，如：佩戴防护眼镜、防化防油手套、防化防油衣服和鞋子；另外，应在通风良好的状况下进行作业，必要时佩戴合适的防护面罩。

8.2.2 季节性安全生产

8.2.2.1 防暑降温防汛

（1）防暑降温

1）装置应认真贯彻“预防为主、防治结合”的方针，安全、职业卫生和工会等部门应制定计划，采取保障人身健康的措施，并对防暑降温工作进行监督检查。

2）防暑降温设备应有专人管理，按时检修维护，每年在暑季前检维修一次，并进行效果评价，制定切实可行的使用办法和管理制度。

3）对高温作业员工应进行上岗前和入暑前的职业健康检查。凡有心血管疾病、中枢神经系统疾病、消化系统疾病、严重的呼吸、内分泌、肝、肾疾病患者，均不宜从事高温作业。

4）发现有中暑症状患者，应立即到凉爽地方休息，除进行急救治疗和必要的处理外，还应到职业病诊断机构诊疗。

5）对热辐射强度较大的高温作业员工，应提供符合要求的防护用品，如防护手套、鞋、护腿、围裙、眼镜、隔热服、面罩等。

6）从事高温作业的员工应有合理的劳动休息制度，根据气温变化，适当调整作息时间，尽量避免加班加点。

7）高温作业场所应设有工间休息室。休息室应隔绝高温和辐射热，室内有良好的通风，休息室内气温应低于室外气温，设有空调的休息室内气温应保持在25~27℃。

（2）防汛

1）防汛防台工作实行“安全第一，常备不懈，以防为主，全力抢险”的方针，遵循团结协作和局部利益服从全局利益的原则。

2）装置内每位员工都有维护防汛防台设施完好和参加防汛防灾的义务。

3）装置应建立健全防汛防灾组织及岗位责任制，明确各级工作人员的任务和要求，并针对防汛防灾工作特点，建立健全各项工作制度，使防汛防灾工作做到正规化、规范化。

4）汛前预防工作坚持“以防为主、平汛结合、防重于抢”的原则，立足于防大汛、抗大灾，打有准备之仗。

5）装置应认真组织汛前检查，内容包括：

① 雨水排放系统，泄洪排涝设施。

② 防汛闸门、排水泵、电线、地下及半地下设施。

③ 生产要害部位、关键设备及各种物质储库。

④ 紧急撤退道路、救生、疏散地的准备。

⑤ 辖区范围内的道路、交通运输工具。

以上检查，如发现问题应立即解决，不应贻误时机。

6）装置辖区范围内阻碍排洪排涝的临时建筑物、工料棚舍、陈旧危房和设施，一律限期拆除。

7）汛前应认真组织防汛抗灾抢险演习，搞好宣传教育，使每个职工明确防汛防灾的重要意义和在防汛抗灾工作中的责任和义务。

8）在紧急防汛期，防汛抗灾人员应全部到岗，必须坚守岗位，尽职尽责。

9）在汛情紧急情况下，防汛组织有权在其管辖范围内，调用防汛抗灾急需物资、设备、交通运输工具和人力，保证安全生产的应急措施的实施，确保生产、建设系统顺利进行。

10）对要害部位、关键设备、化学危险品库和储罐要加强检查、监护。由于自然灾害造成化学危险品溢出和泄漏，应立即上报有关部门，同时，应采取积极抢护措施。每位员工若发现新的险情应及时主动报告，防汛抗灾组织有关人员应及时到现场实地查看，并采取相应措施。

11）遭灾时，生产岗位工人在没有接到停止生产指令情况下，应坚守生产岗位。根据灾情，采取相应的自救措施。

8.2.2.2 防冻保暖防凝

1）装置、工段、班组要组织员工认真做好防冻保暖工作。对应采取防冻保暖的项目，要定人定时限期解决。

2）要严格执行岗位责任制和“一岗一责”制，明确防冻保暖区域，建立健全检查制度，做到责任落实到人。

3）停用的设备、管线与生产系统的连接处，应在排放积水、吹扫干燥后加好盲板。露天的闲置设备和敞开设备要防止积水积雪而冻坏。

4）生产中的设备、管线、阀门，特别是设置在室外的，要有防冻保暖措施。冬季时，阀门井内要排除积水，并做好防冻措施。

5）各类气瓶应做好防冻工作，气瓶被冻结时，严禁用明火或金属工具敲打，应用热水缓慢解冻，防止发生危险。

6）仪表的一次导压系统原件等要认真做好保暖措施。电气部门要这种做好防雪、防小动物工作，确保安全供电。

7）施工现场用水管线应做好防冻工作，拌和机等停用后要排除积水。

8）冬季高处作业的脚手架、竹梯、跳板等如有冰雪一定要打扫干净，做好防滑工作，确保安全。

9）在做好防冻保暖工作同时，要做好冬季防火工作。严禁用火炉、电炉、大功率灯泡、木柴、液化气灶取暖，防止中毒和火灾事故发生。

8.3 安全设施及使用

8.3.1 丙烯腈装置安全设施

8.3.1.1 安全阀

为了防止装置设备管线超压，一般在压力容器上装有安全阀，当其超过设计压力时，安全阀就会及时起跳进行泄压，从而保证了设备的安全运行。安全阀需要定期校验，因此应会安全阀切出、卸压和投用的作业过程。

（1）安全阀的投用

1）先确认安全阀安装是否到位，螺栓、法兰连接是否严紧。通知内操作业人员即将投用此安全阀，并注意此系统的压力。

2）打开安全阀的下游阀，查看法兰有无漏点。

3）缓慢打开安全阀的上游阀，查看漏点，通知控制室作业人员安全阀已经投用，将安全阀的上下游阀打上铅封。

4）开上游阀投用安全阀时，可以通过介质流速声音，阀门振动、阀门外观等方法来初步判断投用后安全阀有无内漏。

5）上下游阀务必要全开，确保设备安全运行。

（2）安全阀的切除

1）在现场准备切出此安全阀前，应先与控制室确认，检查上游阀是否内漏。

2）首先取下安全阀上游阀和下游阀的铅封，告知内操后开始关上游手阀，随后关下游手阀。

3）安全阀的上下游阀关闭后，告知内操安全阀已经切出，联系作业人员来拆安全阀。

4）安全阀的副线阀在正常生产状态下严禁打开。

5）安全阀的上游阀和下游阀的管线设备的压力设计等级可能是不一样的，如果安全阀存在内漏的情况下，先关上游阀，若先关下游阀，可能发生超压危险。

6）一般安全阀是没有泄压点的，因此在阀门班拆安全阀脱连接法兰时会有介质流出，故岗位人员的监护极为重要。必须确认安全阀内的介质性质，如是有毒有害的介质，应要求作业人员及外操作业人员带好必备的防护用品。如是烃类气体，泄压时还要注意作业人员的方位。

7）脱安全阀连接法兰前，先告知控制室。作业人员缓慢松开连接法兰的各颗螺栓(如是烃类等易燃易爆介质，必须用防爆工具)，注意不能将螺栓卸下。等到有介质泄漏出来后，先暂停作业，等待其内部的介质放完。安全阀的两边连接法兰都用同样的方式泄压放尽介质后，再继续卸螺栓，拆连接法兰，将安全阀拆卸。

8.3.1.2　压力表

一般情况下，当压力表指针掉落或超量程、外壳严重腐蚀、表盘模糊不清、压力表指示不准，或发现的使用压力表用途有误(如高温介质处使用常温压力表，强腐蚀介质使用一般压力表，或压力表精度等级或量程不在规定范围以内)。此时应及时更换压力表。

1）关闭要更换的压力表的引出阀，应首先与内操联系，得到确认后方可关闭。

2）用两把活扳分别卡在活接头和压力表短丝处，按照螺纹旋向拧松压力表活接头。(注意：此时操作人员应在上风向处!)

3）当压力表指针读数开始下降时，防止由于引出线手阀内漏等原因使有毒有害、高温、有腐蚀性介质喷出溅射造成人员伤害等后果，应停止动作，等待压力表及引出管线内残存压力泄光，然后才能继续拆下压力表。

4）检查压力表引出线内部检查是否有堵塞现象，若有，用细铁丝探入管线内部疏通，待疏通后检查活接头密封面是否光洁，有无破损。

5）取下旧压力表垫片，检查活接头与压力表接口接触面是否光洁完好，有无破损，确认后换上新的压力表垫片(垫片一类密封元件为消耗品，只能压紧一次，不得二次使用)。

6）稍开压力表引出阀手阀，观察压力表活接头处是否泄漏，确认不漏后将手阀开至 2 扣、3 扣，观察压力表读数是否正常。

7）将红线安装在压力表的规定位置(红线是在压力表上表示的最高允许操作压力，一般为正常工作压力的 1.25~1.5 倍)。

8.3.1.3　液位计玻璃板

当出现液位计介质泄漏、玻璃板破碎或者玻璃板读数困难等情况时，需及时更换液位计的玻璃板。

1）关掉玻璃板(磁浮子)液位的上下引出阀门。

2）打开上端放空阀和下端导淋阀，排尽液位计中残留液体和气体。在排放过程中需上风操作，并使用接液桶接液，防止环境污染。在接触危险介质时，需佩戴好防护用品，以免介质造成人员中毒。

3）逐一拆掉玻璃板压盖的固定螺栓。卸掉螺栓应按照原配对妥善放置，备用。

4）在旋出最后一根螺栓后，小心卸下玻璃板压盖。取出垫片槽中的旧垫片。垫片与盘根的材质和作用相同，均为石墨材料。

5）为确保垫片的密封效果，在更换新的垫片前，应先用铲子清洁垫片槽。选择与原垫片规格相同的新垫片，确认清洁完整后，置入垫片槽内。

6）将清洁完整的垫片置入液位计压盖的垫片槽中，将玻璃板置入液位计主体的垫片内。在嵌入玻璃板时，一定要做好玻璃板的清洁工作，确保密封良好。

7）将装好垫片的压盖与螺栓孔吻合的液位计主体对接。在操作过程中要始终用手托住玻璃板及压盖，以防在重力作用下，玻璃板滑脱，造成玻璃板的损坏和安装不紧密。

8）用螺栓连接玻璃板压盖和液位计主体，稍紧。

9）螺栓固定玻璃板时，必须对角操作，以防发生玻璃板破裂、密封性差等情况。此时只需稍用力紧固螺栓。

10）用扳手逐一紧固螺栓。紧固时，仍需对角操作。另外，需分几次进行紧固，确保螺栓均匀受力。

11）关闭液位计的上端放空阀和下端导淋阀，稍开上引出阀。

12）用气密壶进行液位计玻璃板连接处的气密性检查。将装有肥皂液的液体喷在连接处，观察是否有气泡冒出，如有则说明螺栓紧固不佳或者垫片密封性不好，需重新进行处理。

13）确认液位计气密性良好后，打开上下引出阀，使液位计处于正常投用状态。观察液位计示数，并与控制室确认，保持一致。

8.3.2 个体防护器材

8.3.2.1 便携式氢氰酸气体检测仪(drager 牌)

(1) 使用准备

1）首次使用：新检测仪处于深度睡眠模式，必须在首次开机时激活。

2）激活。

按住“▼”按钮约 3s，气体检测仪被激活。

3）开机。

按住“OK”按钮约 3s，气体检测仪打开，下列元素被显示或启动。

显示元素、LED 灯、报警信号和振动报警。

自检。

软件版本和设备名称。

报警阈值 A1(1.9ppm)和 A2(3.8ppm)。

到下次标定的时段(可设置)。

到功能测试间隔时间结束的时段(可设置)。

4）关机。

同时按住“▼”和“OK”按钮约 3s，直到检测仪彻底关机。

(警告：切勿在爆炸危险区域开启气体检测仪！)；

(2) 工作场所使用

1) 切勿遮盖进气口。

2) 将设备置于嘴旁的衣服边。

3) 显示屏会显示当前测量值。

(3) 报警仪在运行期间

1) A2 报警。

2) STEL 或 TWA 报警。

3) 设备出错。

(出现以上报警时，如无合适的防护措施，请立即撤离危险区域！)

4) 检测仪每隔 60s 会发出一个声光运行信号，显示仪器正在连续运行。

① 如果超出仪器允许的测量范围或产生一个负的零点偏移，显示器会显示“┌┌┌(浓度太高)”或“└└└(负偏移)”。

② 如果仪器短时间(1h 以内)超出其测量范围，无须检查测量通道。

③ 如果存在警报，则相应的图标、光学警报、违章警报以及振动警报激活。

(4) 维护保养

1) 仪器每年定期检定一次。

2) 进口过滤膜应避免进入灰尘和水，污垢或损坏后就及时更换。

3) 设备无须其他特别保养。

4) 特别说明：

依据《氢氰酸气体检测报警仪》[JJG(皖)60—2016]，仪器的允许误差范围是 ±2μmol/mol(ppm)。

8.3.2.2 固定空气源

(1) 使用条件

当作业环境有毒有害介质浓度较高，氧含量低于 19.5%，而又要长时间作业时，使用固定空气源；既可以与全封闭防护配套使用，也可以单独使用。

(2) 使用步骤

1) 使用前准备工作：

① 检查固定气源设施的压力表、快装接口等是否完好。

② 检查气源设施的接口与长管的接口是否配套。

③ 打开空气源的给气阀门，调整压力到 0.3~0.5MPa。

④ 检查长管是否有老化、破损、裂纹、堵塞等现象。

⑤ 检查长管的长度是否满足要求，如果不能满足要求可以加长连接一根。

⑥ 检查面具的眼窗、颈带、头带，确保完好。

⑦ 检查面具的密封性，确保密封完好。

2) 使用期间：

① 将长管的一端拖到作业点，长管要顺直，不能弯折、缠绕、打结。

② 将长管接口插入固定气源的插口，当听到“咔嗒”声时，表示对接良好。

③ 将长管在作业点的一端接口与面具连接，或与全封闭防护服快装接口连接，当听到“咔嗒”声时，表示对接良好。

④ 打开面具的给气开关，确保空气通畅。

⑤ 作业过程中严禁人员或重物压在长管上，影响空气流通，导致人员伤害。

⑥ 作业过程中，一人严密观察固定气源压力表，防止作业过程中空气突然中断，一人监护作业人员，防止作业过程窜入其他气体导致人员伤害，随时救护。

⑦ 作业过程佩戴相应的报警仪，监测环境中有毒有害介质浓度的变化。

3）使用后：

① 作业结束，到安全区域摘下面罩，关闭面罩气源给气阀。

② 关闭固定气源的供气阀门，拆除长管与气源、面具、防护服的连接。

（3）维护保养

1）防止面具、长管受到各种物理或化学性损伤。

2）对受污染的部位用中性清洁剂清洁，然后用温水漂洗、干燥；面具部件必须在15~30℃进行干燥，防止任何热辐射源辐射。

3）长管保持清洁、干燥。

4）软管卷曲盘好，不要拉伸、挤压或扭曲，弯曲半径也不要过小。

5）软管储存期5年。

8.3.2.3 移动空气源

（1）使用条件

当作业环境有毒有害介质浓度较高，氧含量低于19.5%，周围无可以利用的固定的空气源而又要长时间作业时，使用可移动空气源，一次可供两人同时使用。

（2）使用步骤

1）使用前准备工作：

① 外观检察。确保所有组件及配件清洁、未损坏，尤其要注意气动组件、软管及接头，无碰撞、磨损、割痕、腐蚀及变色。

② 安装气瓶。

A. 垂直放置小车。

B. 检查气瓶高压输入接头，确保O形圈及过滤器清洁、未损坏。

C. 将气瓶放入气瓶绑带，气瓶底放在车架底座上。

D. 将高压软管输入接头与气瓶阀对齐，确保软管平顺，手动旋紧气瓶阀手轮（注意不要使用工具旋紧手轮，也不要过紧）。

E. 收紧气瓶绑带，固定魔术贴，扣紧锁扣。

F. 顺时针旋动气瓶泄压阀，将其完全关闭，重复上述步骤安装所有气瓶。

③ 执行小车功能测试。

A. 确保气瓶阀和泄压阀完全关闭。

B. 完全打开同一侧的两个气瓶阀。

C. 检查压力表上的压力指示：高压表的指示不得低于气瓶最大压力的80%，中压表的指示值必须在0.65~0.95MPa区间。

D. 完全打开备用气瓶的泄压阀，确保听不到漏气声，然后重新关闭泄压阀，完全关闭正在供气的气瓶阀。

E. 等待1min，然后查看高压表并重新打开气瓶阀，高压表上气压上升幅度不得超过1MPa，两次完全关闭气瓶阀。

F. 拉动泄压手柄给系统缓慢泄压，并观察高压表指示值，当压力在5~6MPa时，高压报警哨应开始报警。

G. 报警哨咯时立刻松开泄压手柄，通过报警哨使减压阀高压侧管路完全泄压。

H. 再次拉起泄压手柄，缓慢泄压并观察中压表指示值，压力在0.4~0.5MPa时，中压报警哨应开始报警。

I. 对另一侧气瓶执行同样的检查步骤。

J. 拉动泄压手柄给系统充分泄压。

④ 戴上腰带（可以调节，左右侧均可）。

⑤ 展开中压软管到所需的长度。

⑥ 将中压气路软管接到腰带套件的气源输入接头上，确保气动软管不会被衣物缠绕或挤压；根据使用人数，决定是否将延长管接到Y形三通入口。

⑦ 按需气阀上的复位按钮关掉需气阀；将需气阀连接到面罩上。

⑧ 将需气阀软管的公快接手头连到腰带套件的输出接头上。

⑨ 完全打开一侧的气瓶阀，戴上面罩。

⑩ 做几次深呼吸，确保吸气充足，然后再正常呼吸，检查面罩的气密性，确保完好。

2）使用期间：

① 正常呼吸步入作业区域，小心软管及配件。匀力拉拽软管，防止从轮毂拖出过长软管。

② 如需补充气源，短暂按下并释放需气阀前端圆钮，会向面罩输入一注补充气源。

③ 在设备使用过程中，高压和中压报警哨报警表示相应系统出现低压，按下述执行必要操作。

A. 高压报警哨报警，表示气瓶压力不足，执行如下操作：

确保备用气瓶泄压阀关闭；完全打开备用气瓶的气瓶阀；更换气瓶。

B. 中压报警哨报警，表示中压系统出现故障，此时，呼吸器佩戴者必须按照呼吸器使用说明书及本地流程执行。

④ 一旦收到撤离信号，立刻撤到安全区域。

⑤ 完成作业后，撤到安全区域后再拉扯呼吸器。

3）使用后：

① 一旦到达安全区域，立即摘下面罩。

② 立刻按复位开关判断流经需气阀的气流。

③ 完全关闭气瓶阀。

④ 拉动泄压阀手柄，给系统充分泄压。

⑤ 断开需气阀与腰带套件气源输出接头的连接。

⑥ 断开中压气路与腰带套件气源输入接头的连接。

⑦ 断开需气阀与面罩连接口的连接。

⑧ 打开腰带卡扣，取下腰带。

⑨ 从小车上断开全部气路，并盖上保护盖。

⑩ 拆下所有连接件、套件，放入储物箱，软管清洁盘插入软盘卷轴。

（3）维护保养

1）组件避免任何热辐射源。

2）防止面具、长管受到各种物理或化学性损伤。

3）对受污染的部位用中性清洁剂清洁，然后用温水漂洗、干燥。

4）对整机、软管、高压气源输入接头、减压阀定期检查。

5）储存期间避免胶管接触溶剂、燃料、油、油脂、挥发性化学混合物、酸、消毒剂等。

6）储存温度在-15~30℃；储存湿度小于70%。

7）小车垂直放置，软管不要拉伸、挤压或扭曲，弯曲半径也不要过小。

8）整机储存期：10年，软管5年。

8.3.2.4　空气呼吸器

（1）使用步骤

① 使用前快速检测。

A. 完全打开瓶阀，压力表显示不得低于24MPa，当压力低于24MPa时，不得现场使用。

B. 关闭瓶阀，观察压力表，在1min内压力的下降不得大于2MPa。

C. 报警器，在管路系统充满气体后，关闭瓶阀，打开控制阀上的按键，缓慢释放管路气体，同时观察压力表的读数变化，当压力表显示到4.5MPa±0.5MPa时，报警器必须报警。

警告：使用前必须按以上步骤检测呼吸器是否正常，否则将有可能导致使用者的生命危险！

② 佩戴。

A. 背架调节。

背上整体装置，双手扣住身体两侧的肩带D型环，身体前倾，身后下方拉紧D型环直到肩带及背架与身体充分贴合。扣上腰带，拉紧，当整套呼吸器被正确佩戴是不会发生松动和移位的现象，位置不会发生变化。打开气瓶阀一圈以上。

B. 面罩佩戴。

戴上全面罩，完全松开头带，如果空气呼吸器带有颈套，将颈套从头上套入。抓住下端头带，将下巴放入下巴托中并将带子拉到头上；将面罩入下脸部中间并合头带中心平整地紧贴在头后部；拉紧两条下端的带子，不要过紧；拉紧鬓角的带子，然后是头顶的带子，直至所有的头带都平贴在头上。

检查全面罩的气密性：

将手掌盖在面罩的供气接口上，使其紧贴；吸气并屏住呼吸几秒钟，应感觉面罩被微微吸瘪，且面部周围不漏气；如果面罩漏气，重新调整，检查带子；重复气密性测试，直到效果良好。

C. 完全打开瓶阀。

D. 通过压力表读数，再次查看气瓶压力。

E. 连接供气阀至面罩，听到咔嗒声，说明连接正常，此时呼吸器处于待用状态。

③ 使用过程中注意事项。

使用时，应两人一组，禁止一人单独使用空气呼吸器进入有毒区，在使用过程中，时刻关注压力变化，当报警器开始鸣叫时，必须立即撤离有毒有害工作环境到安全区域，否则将有生命危险。

④ 使用完毕后：

A. 同时按压供气阀双侧装卸扣按钮，即可卸下供气阀；

B. 取下呼吸面罩，关闭瓶阀；

C. 按压供气阀底部的按钮，排空系统管路气体；

D. 松开胸部、背板束带；

E. 身上拉动束带末端，松开肩部束带，卸下空气呼吸器。

（2）维护保养

1）气瓶必须根据国家有关规定定期检验，必须由专业的经过授权的机构和人员进行检测，并做好相关的记录。

2）不得将气瓶中的空气全部排净，至少保持0.5MPa的压力。

3）储存和搬运。在气瓶单独搬运过程中，必须有防震圈保护，航运过程中必须保持竖起放置（瓶阀向上）。

4）在操作过程中，须用双手握住气瓶。

5）在搬运中不要手握瓶阀手轮，应双手抱住瓶身操作，避免阀门被意外打开。

6）储存时，注意防滑及防摔，并留意储存环境的变化。（警告：瓶阀是脆弱部件，每次使用后需要对其进行目测，瓶阀可能出现以下损伤：外壳损坏、外壳变形、手轮歪斜、阀门漏气、阀门开关时异常压力等。）

7）清洁。

① 去污或消毒。依据受污染的情况，采取相应的去污或消毒方法，但不能损坏呼吸器，消毒液不能破坏不同部件的材料，束带、软管、背架、面罩等。

② 清洗。每次使用后受污的呼吸器必须用温水和pH值为中性的清洁剂进行清洗，注意清洁剂的浓度和使用时间。

③ 干燥。在消毒、清洗和漂洗后，呼吸器必须干燥，所有的部件必须在15~30℃的条件下晾干，避免任何热辐射源。

8）检测。每年进行一次所有的部件及产品性能的全面测试！

9）理想的储存条件：无尘、阴凉、无高温和低温、防潮、无化学物质、无腐蚀或者危险物质的场所。

8.3.2.5 全封闭重型防护服

（1）使用步骤

① 使用前的检查：

A. 防护服无变形、破损，如有变形、破损不得使用。

B. 头部双排气口单向阀畅通，无逆向进气。

C. 外部、内部快装接口完好，拆装灵活。

D. 防护服内部导气管路连接完好，无脱落、裂口、裂纹。

E. 封闭拉锁无断齿，保护纽扣无损坏。

F. 防护服面罩眼窗透视良好，无划痕、裂纹，不模糊。

② 穿戴：

A. 穿戴时应穿软底鞋，以免硬底鞋在使用过程中损坏防护服。

B. 由于防护服整体尺寸偏大，穿戴时一定要有人员配合，单人无法完成穿戴。

C. 抓住防护服的双肩向上提起，保持防护服顺直状态。

D. 解开肩背部保护拉锁纽扣，拉开封闭拉锁。

E. 两脚伸进裤子内，将防护服提至胸部。

F. 连接外部气源，确保气源畅通。

G. 连接内部防护面罩。

H. 戴上内部防护面罩，确保密封不漏气且呼吸畅通。

I. 双手插入防护服袖筒内，穿上防护服。

J. 示意配合人员拉好肩背部拉锁，扣好防护纽扣。

K. 穿戴正常的防护服整体呈太空人状。

③ 使用过程：

A. 使用过程中，要保持气源畅通。

B. 避免与尖锐性硬物而损坏防护服，使其失去防护效果。

C. 专门人员监护，一旦出现异常情况，立即救援，监护人员也必须落实个体防护措施。

D. 救护站车辆现场待命。

E. 禁止在非安全区域内部防护面罩。

（2）维护保养

1）每次使用后应用 0. 5%~1. 0%的碳酸钠水溶液洗涤，然后用清水冲洗。

2）将防护服挂在阴凉通风处晾干，折叠整齐。

3）保存期间严禁受热及阳光照射，不得接触活性化学物质及各种油类。

4）防护服有效期为 5 年，如有损坏不得私自维修，返回原厂家修理。

8. 3. 2. 6　唐人牌滤毒罐/防毒面具

（1）使用

1）使用方法：

① 按头型选择合适的面罩，并针对有害气体的种类，选择相适应的过滤件。请注意，只有综合性过滤件(原 L#滤毒罐)带有滤烟层，除能防毒气外，还有效地防护毒烟、毒雾、毒尘、病毒、细菌。

② 有毒环境中，若氧浓度 18%收下，有毒气体浓度 2%以上，自吸过滤式防毒面具各种类型的过滤件都不能直至防护作业，应改用长管呼吸器或其他防护器材。

③ 佩戴面具时，先停止呼吸，闭上眼睛，戴上后，深呼吸一口气，然后睁开眼睛正常呼吸。随后，用手或橡皮塞堵上过滤件的进气孔，深吸气，若很致密，防护可靠，松开进气孔正常呼吸；如不致密，就立即调整佩戴或更换。

④ 各种类型的过滤件有效防护时间，与空气温度、温度、有害气体浓度以及使用者的劳动强度、肺活量大小等因素有关，必须经过严格检测才能确定是否有效。佩戴时嗅到毒气的微弱气味，应立即离开毒区，更换新的过滤件。

⑤ 罐壁标明过滤件的总重量，过滤件内药剂极易吸潮，每次用后需称取重量与原重量比较，当超过原重量 15g 时，就停止使用。

⑥ 在有毒烟或毒雾的环境中作业，宜选用带滤烟层(编号中带“L”)的滤毒罐。

⑦ 应全套使用唐人牌产品，如将不同品牌的面具零部件拼装或盲目组合使用，很难保证使用者的安全。

（2）维护与保管

1）经常使用的面罩如脏污，可用肥皂水或 0. 5%的高锰酸钾溶液洗涤，切忌使用溶剂；先后只许阴干，严禁日晒火烤，以免损坏橡胶部件。

2）两次使用间隔时间若超过一天以上，应将过滤件的螺帽拧上，塞好底塞，保持过滤件密闭。

3）储存于干燥、清污、空气流通、无气味的库房或柜内，面罩严禁太阳光直射。

4）启用备用状态的面具，袋内禁放异物，以防止划伤眼镜片；同时避免磕碰敲击和生辰面增加呼吸阻力。

5）各种类型的过滤件储存有效期为五年。超过储存有效期未使用的过滤件，由厂家重新鉴定，严禁擅自使用。

8.3.2.7 自吸过滤式防毒面具(半面罩)

（1）使用方法

① 检查半面罩，确认无破损。

② 在将面罩狭窄部分与鼻子贴合的同时，尽量让面罩的底部与下巴贴合。

③ 将头带扣置于耳朵上，底部颈带绕于颈部。

④ 通过同时拉动头带调整上部，颈带调整方式略同。

⑤ 佩戴半面罩进入污染物区域前，进行正压、负压贴合程度检查，不合格不得进入污染物区域。

（2）滤毒盒更换方法

① 逆时针转动旧滤毒盒 1/4 圈，卸下滤毒盒。

② 将新滤毒盒凹槽对准面罩标记部分，并压合在一起。

③ 顺时针转动旧滤毒盒 1/4 圈至锁止位。

（3）使用注意事项

① 用于防护有机蒸汽、酸性气体。

② 环境中氧含量不低于 19.5%，有毒气体浓度不大于 0.1%时方可使用半面罩式防毒面具。

③ 出现下列情况需立即返回无污染区：

感觉到或者闻到了污染物，或者眼睛、鼻子、喉咙感觉到刺激；呼吸困难；吸入的空气温度高于忍受程度；感觉恶心或头晕；面罩移动、滑动或者泄漏。

④ 正常使用情况下，滤毒盒需定期更换。当在现场接触高浓度的毒物后，应返回新鲜区域立即更换滤毒盒。

⑤ 防毒面具使用后，面罩要及时用 75%的酒精做消毒处理。

8.3.2.8 防尘口罩(3M)

（1）使用方法

① 把手指放在防尘口罩外，弯曲鼻梁上的夹子来和自己的鼻子形状相匹配。

② 将防尘口罩罩住鼻子和嘴巴，将低的那要松紧带放置脑后脖子处。

③ 调整上部的松紧带到头部的后方并高于耳朵。

④ 用手指从鼻梁夹沿鼻子调整包括上下的两根松紧带。

⑤ 在进入作业前应检查口罩与脸部的密合性，具体方法是：用双手做杯状置于防尘口罩上并用力呼气，在防尘口罩里可以感觉到负压，则密合性好。

⑥ 如果空气在鼻子周围流动，则需勒紧鼻夹；如果空气在鼻子周围吸入，则需重新调整防尘口罩和松紧带。

（2）注意事项

① 防尘口罩不能在有毒或氧气含量低于 19%的场合使用。

② 不同的防尘口罩防护作用不同，本装置使用3M9001防尘口罩，适合各类一般粉尘和不含油性的不挥发雾。

③ 使用前应检查防尘口罩裂纹，与脸部贴合密封处不能弯曲变形，头带完整并有弹性。

④ 防尘口罩在不戴时应将其对折(朝脸的一面折在里面)，放在洁净的袋口。

⑤ 防尘口罩的一般更换周期为15天。

8.3.2.9 防化学溶液防护眼镜

(1) 使用方法

① 选择与自己头部大小合适的防护眼镜。

② 调整可伸缩镜架，将眼镜脚戴在头部合适的位置，戴好防护眼镜，眼镜四周要贴于脸上。

(2) 注意事项

① 选用防护眼镜时，要选用经产品检验机构检验合格的产品。

② 使用前检查镜片和镜架，确保完好无损坏。

③ 专人专用，防止传染眼病。

④ 不能在高于60℃的环境下长期放置。

⑤ 防止重摔重压，防止坚硬物体磨损镜片。

⑥ 镜片粘脏东西或灰尘时，应先用清水冲洗，再用纸巾吸干水分，后用专用眼镜布擦干，使用专用清洁的专用拭镜布时，注意务必用手托住拭镜一侧的镜框边丝，轻轻擦拭该镜片，避免用力过度造成镜片或镜框的损伤。

⑦ 若暂时放置眼镜，将眼镜的凸面朝上；不戴眼镜时，将眼镜用布包好放入眼镜盒中保存，避免与腐蚀性物质接触。

⑧ 防护眼镜的使用期限为2~3年。

8.3.2.10 3M1110子弹型带线耳塞

(1) 佩戴方法

① 取出耳塞，用食指和拇指将耳塞的圆头部分搓细。

② 用右手从头的后方向上向外拉左耳耳廓，使耳道变直，同时用左手将搓细的耳塞圆头部分尽量塞入耳道中。

③ 用手指堵在耳道外约30s，等耳塞慢慢膨胀，塞满耳道。

④ 同样方法将另一只耳塞塞入右耳道。

(2) 注意事项

① 使用耳塞前要洗干净双手。

② 确保耳塞塞入耳朵前被搓细，否则无法达到最佳的效果。

③ 切记塞入前将耳朵向上向外提起，耳塞膨胀后才能发挥最佳效果。

④ 在取出耳塞时，应轻微、缓慢、旋转拉出，不要用力过猛。

⑤ 使用后对于海绵耳塞用纸巾擦干净放入无污染的环境中，以免沾上灰尘。

⑥ 耳塞佩戴每天8h为宜，不能超过16h。

8.3.3 消防设施

8.3.3.1 火灾报警[JB-QG-GST5000火灾报警控制器(联动型)]

控制面板上主要控制键有报警消音键、自动/手动切换键、复位键。面板的操作需要输入密码，密码已设置为“000”，按确认键即可。正常情况下，为了防止发生误动作，所有的火灾报警控制器都处在“手动”状态。

（1）报警查看

① 控制器发生报警，显示器上自动显示报警点的位置信息。

② 安排外操双人戴好空气呼吸器和防火服前往现场确认和处理。

③ 根据现场反馈的信息做相应的应急处置。

④ 如果是误报，则消音和复位。

（2）键盘激活

① 按下任意面板按钮。

② 显示屏弹出“输入密码”对话框，按确认键即可。

③ 按“确认”键，键盘的各功能键处于可以发出指令的状态。

（3）报警复位

① 激活键盘。

② 按下“复位”键，系统复位。

③ 按下“自动/手动”按钮，投到手动状态。控制器一般保持“手动”状态。

（4）自动/手动切换

① 激活键盘。

② 按下“自动/手动”键，系统就会由当前的状态切换到另一个状态。

（5）消音

① 当控制器出现声音报警信号，可通过轻触面板上的“消音”键，消除报警声。

② 再次按下“消音”键或者有新的异常状态时，将取消消音状态，恢复发音。

8.3.3.2 可燃气体、有毒气体报警系统（GDS）

（1）报警确认

当主控制室GDS发出声光报警时，内操首先应到GDS报警系统查看报警点和报警区域，按确认键，进行确认、消除声光报警。

（2）通知班长

当内操在GDS系统确认后，通知班长报警点位与区域。

（3）现场确认

当班长接警后，安排外操两人，带对讲机，落实个体防护措施，并根据报警的介质，携带适应的便携式的检测仪进行场现检测确认。

（4）处理

经便携式检测仪现场检测确实存在泄漏点时，对讲联系班长，由班长根据现场情况，启动现场应急救援程序，进入应急状态。

如确认为误报警，则对讲联系仪表进行处理。

（5）系统的切除、投入

单击相应点位后的切除或投入，切除或投入字体的颜色发生变化，即表示相应的点位的切除或投入操作成功。

（6）系统故障的判断与处理

当某个点位出现频繁的报警，确为系统故障时，相应的点位后会显示故障类型。

当某个点位出现故障暂时不能解决，声光报警影响控制室人员正常工作时，经请示相应的管理人员，可以暂时将相应的点位切除，但不可将系统全部切除、停用。

8.3.3.3 泡沫站

(1) 日常检查维护

1) 固定泡沫站纳入班组日常巡查内容，管理人员不定期检查。

2) 每个白班由班长至少巡检一次，并记录在班长交接班记录本上。

3) 检查内容包括：设备(设施)外观、安全附件、泡沫贮罐液位、控制面板等内容。

4) 水轮机每周(二)试车一次，并记录在班长交接班记录本上。

5) 根据工作需要，可以提出临时试车安排，检查班组人员对泡沫站操作步骤的掌握情况。

6) 泵机油原则每年更换一次，如果发现机油浑浊、乳化，可随时更换。

(2) 试车(开车)

1) 试车(开车)前的准备。

① 检查消防泵齿轮箱油位，水轮机的润滑油脂余量。

② 检查各地脚螺栓是否紧固，有无松动。

③ 试手动阀门，是否开关灵活，阀门打开后各连接处密封无泄漏。

④ 检查泡沫贮罐液位。

⑤ 检查控制面板电压表指示灯是否正常。

⑥ 检查控制面板各电动阀状态指示信号是否正确。

⑦ 控制方式处于手动状态。

⑧ 确认到各贮罐的阀门关闭，末端导淋阀打开。

⑨ 联系调度人员，告知泡沫站试车。

⑩ 联系水务部人员说明试泡沫站水轮机，请求启动消防水稳高压系统。

2) 试车(开车)。

① 特别说明：试车前无须盘车，人工及借助工具均不能盘车，消防水压力达到0.7~1.2MPa才能驱动；试车过程中如有疑问，请询问安全管理人员，不要贸然操作。

② 试车时，先试主系统，再试副系统，主副系统各运行时间约1min。

③ 按控制面板上主进液阀门开按钮，打开主进液阀门。

④ 按控制面板上消防水主进水阀门开启按钮，至指示灯不闪烁，消防水主进水阀打开。

⑤ 当消防水进水管压力表显示有压力时，按控制面板上主水轮机进水阀门开启按钮，至指示灯不闪烁，主水轮机进水阀门打开。

⑥ 观察双针(红针、黑针)压力表读数，当两针读数差在0.1~0.2MPa时，表明装置运行正常。

⑦ 非首次试车，请不要打开泡沫液进泵入口手阀，避免泡沫液损失。

⑧ 按同样的步骤试副系统。

3) 停车。

① 停车时，先按控制面板上关闭主水轮机进水阀门按钮，关闭主水轮机进水阀。

② 按控制面板上主进液阀门关按钮，关闭主进液阀门。

③ 按控制面板上消防水主进水阀门关按钮，关闭消防水主进水阀门。

④ 联系水务部，停消防水稳高压系统。

⑤ 试车结束时将系统消防水排尽，避免寒冷冬季结冰，损坏系统。

⑥ 如果试车(开车)引进泡沫进入系统，则停车后应冲洗系统。

4）水轮机常见故障及处理方法见表 8-2。

表 8-2　水轮机常见故障及处理方法

故障现象	可能的原因	处理方法
水轮机不运转	水轮卡住	修理或更换轴承
	联轴器损坏或不对齐	重新调整或更换
	轴上的键损坏或丢失	更换键
	水轮被异物卡死	消除异物
振动过大	联轴器松动或不对齐	拧紧、对齐或更换联轴器
	轴承损坏	更换轴承
转速降低	喷嘴堵塞	清洁或更换喷嘴
	水压降低	增加动力水压和流量
	水轮的喷嘴位置改变	重新调整相对位置
	超负载	检查泵是否有故障

8.3.3.4　固定式消防水炮

（1）使用方法

1）开进水阀。

2）松开水平调节阀，控制操纵手柄，调整水平方向旋转到合适位置锁紧。

3）松开俯仰调节阀，控制操纵手柄，调整俯仰方向旋转到合适位置锁紧。

4）调节喷嘴处的水流调节，进行顺、逆时钟旋转，实现直流、喷雾状态的转换。

5）水炮调整完成以后，将水炮对准火焰喷射，直至将火扑灭。

（2）注意事项

1）应经常检查水炮的完好性和操作灵活性，发现紧固件松动，应及时处理，使水炮一直处于良好的使用状态。

2）应在使用压力范围内使用，供水压力不能低于工作压力，不能超过最大工作压力 1.6MPa。

3）喷射时炮口前绝对不能站人。

4）操作时尽量顺风，以增加射程。

5）射水操作时，先调整好炮的喷射方向和角度，再提高到所使用的压力。

6）每次使用后应喷射一段时间的清水，然后将炮内水放净，保持炮里干净。

7）水炮不能扑灭带电设备火灾，以免触电。

8）非工作状态下，炮应置于水平状态，锁紧俯仰手柄和水平手柄，并用防雨布盖好。

8.3.3.5　室外地上消火栓

（1）使用方法

1）一般至少由两人配合操作，当发生火灾时，两名操作员跑向室外消火栓箱设置点，一人按下消火栓箱门形状，打开箱门，取出水带和水枪，赶至消火栓附近。

2）将水带甩开，丢下一个水带接口，将另一个接口接上水枪，带着水枪跑向火灾现场。

3）另一人取出消火栓专用扳手，快速赶至消火栓前，用扳手打开出水口并闷盖，将水带另一接口与消火栓出水口连接，然后协助铺开并理直水带。

4）前方人员站在火焰上风向或斜上方向有效位置，一手把持水枪，另一手把持水枪与水带连接处握住水枪，前腿弓，后腿蹬，做好射水姿势。

5）另一人快速返回消火栓前，按逆时针旋动出水阀门进行供水。

6）出水后前方人员把牢水枪，对准火焰概况进行左右喷射，并由近及远缓缓向前推射灭火，另一人根据火势情形协助灭火或控制水压。

7）灭火完毕后，用把手顺时针旋动出水阀门，取下水带，上好出水阀盖。

（2）注意事项

1）出水后应把牢水枪，防止水枪脱落，水压过大时应两人一直配合灭火。

2）使用时切记带水枪和专用消防扳手。

3）水带应全部展开，不应出现中间弯折、拐死角或拧花打圈等现象。

4）前方人员水带接口未接上水枪，另一人不得开启消火栓出水阀门。

5）水带接口与消火栓出水口或水枪接口不能出现卡扣或脱扣现象。

6）灭火完毕后，应先关闭消火栓出水阀门停止供水，再把水带分解开。

7）由于系统为稳高压管网，水阀要缓慢开启，防止水压过大，瞬间冲击，造成意外。

8.3.3.6 消防水带

（1）使用方法

1）使用前应检查水带及接头是否良好，如有损坏，禁止使用。

2）使用时先向火场方向铺设，避免扭折。

3）将水带一头与消火栓连接，将连接扣插入滑槽，并按顺时针方向拧紧。

4）用两样的方法另一头与消防水枪相连。

（2）注意事项

1）消防水带适用于流体及不含腐蚀性粉料的输送，应避免与油、酸、碱等有腐蚀性化学物质接触。

2）消防水带使用后必须放在阴凉处晾干、收圈，从而延长使用寿命。

3）冬季寒冷季节室外使用时，应充分干后方可使用，防止水带冻结现象。

4）消防水带铺设时应避免骤然弯折。

5）严禁在锋利物上拖拉。

6）应避免硬的重物压在水带上，车辆需通过铺设中的水带时，应先在通过部位安置水带护桥。

7）水带接口与消火栓出水口或水枪接口不能出现卡扣或脱扣现象。

8.3.3.7 推车式干粉灭火器

（1）适用范围

1）可扑救一般固体物质的火灾。

2）可扑救水溶性、非水溶性可燃易燃液体的初起火灾。

3）可扑救天然气、液化石油气等可燃易燃气体的初起火灾。

4）可扑救一般带电设备的初起火灾，但不能扑救金属物质火灾。

（2）使用方法

推车式灭火器一般由两人同时操作，也可由单人操作。

1）两人操作方法：

① 两人将灭火器推或拉到燃烧现场，使用前，将灭火器上下晃动几次，使筒内干粉预先松动。

② 一人快速取下喷枪，顺势展开喷射胶管，拖动软管向前跑动，另一人协助展开，理直喷射软管。

③ 第一人跑至喷射有效位置，一只手把持喷枪开关，另一只手把持喷枪与软管连接处，握住喷枪，前腿弓，后腿蹬，做好喷射姿势，另一人快速除掉铅封，拔出保险销。

④ 向上提起阀门提把 90°，打开阀门，前方人员打开喷枪开关，站在火焰上风向或斜上风向 5m 处左右，对准火焰根据喷射，不断靠前左右摆动喷枪，使干粉覆盖整修燃烧区。

⑤ 另一人根据现场情形协助灭火或移动灭火器。

2）单人操作方法：

① 单人将灭火器推拉到燃烧现场，使用前，将灭火器上下颠倒几次，使筒内干粉预先松动。

② 快速取下喷枪，顺势展开喷射胶管，快速除掉铅封，拔出保险销。

③ 向上提起阀门提把 90°，打开阀门，打开喷枪开关，站在火焰上风向或斜上风向 5m 处左右，对准火焰根部喷射，不断靠前左右摆动喷枪，使干粉覆盖整修燃烧区。

（3）注意事项

1）使用前应观察压力表指针处在绿色区域时，方可使用；处在红色区域表示气压偏低，不得使用；处在黄色区域表示压力偏高，可以使用，但使用时要注意安全。

2）两推拉灭火器时方向要一致，防止原地打转。

3）喷粉软管应全部展开。

4）喷粉软管展开后，不应弯折及打圈。

5）灭火时，距离着火点不应超出灭火器有效射程，否则不能有效灭火。

6）室外灭火时，不能站在下风向灭火，否则会导致喷射的干粉遮挡视线及火焰热辐射对操作人员造成伤害。

7）扑灭容器内液体水灾时，在喷扫时应喷射容器器壁，使干粉覆盖整个容器开口表面，切不可将灭火剂直接冲击液面，以防将可燃液体冲出容器，而扩大火势，造成灭火困难。

8）扑救地面流淌火时，应由近及远向前平推，左右横扫，防止火焰回窜。

9）干粉灭火剂的冷却作用甚微，灭火后一定要防止复燃。

8.3.3.8 手提式干粉灭火器

（1）适用范围

1）可扑救一般固体物质的火灾。

2）可扑救水溶性、非水溶性可燃易燃液体的初起火灾。

3）可扑救天然气、液化石油气等可燃易燃气体的初起火灾。

4）可扑救一般带电设备的初起火灾，但不能扑救金属物质火灾。

（2）使用方法

1）一手握住干粉灭火器的提把，手提或肩扛快速赶赴火灾现场。

2）使用前，将灭火器上下颠倒几次，使筒内干粉预先松动。

3）除去铅封，拔掉保险销。

4）站在火焰上风向或斜上风向 2～3m 处，一只手握住胶管上的喷嘴，另一只手紧握压把用力下压，对准火焰根部进行左右摆动扫射，并且随着射程缩短应走近燃烧物或围绕火焰喷射，喷射干粉覆盖整个燃烧区。

（3）注意事项

1）使用前应观察压力表指针处在绿色区域时，方可使用；处在红色区域表示气压偏低，不得使用；处在黄色区域表示压力偏高，可以使用，但使用时要注意安全。

2）拔保险销时，不能紧握把手，否则保险销无法拔出。

3）灭火时，距离着火点不应超出灭火器有效射程，否则不能有效灭火。

4）室外灭火时，不能站在下风向灭火，否则会导致喷射的干粉遮挡视线及火焰热辐射对操作人员造成伤害。

5）灭火过程中，应始终压下压把不能放开，否则会中断喷射，影响灭火效果。

6）扑灭容器内液体水灾时，在喷扫时应喷射容器器壁，使干粉覆盖整个容器开口表面，切不可将灭火剂直接冲击液面，以防将可燃液体冲出容器，而扩大火势，造成灭火困难。

7）扑救地面流淌火时，应由近及远向前平推，左右横扫，防止火焰回窜。

8）干粉灭火剂的冷却作用甚微，灭火后一定要防止复燃。

8.3.3.9　手提式二氧化碳灭火器

（1）适用范围

1）可扑救600V以下带电电气设备的初起火灾。

2）可扑救图书档案资料、精密电子仪器仪表、贵重设备的初起火灾。

3）可扑救范围不大的各种可燃易燃液体、可燃易燃气体及不能用水扑救物质的初起火灾。

4）不能扑救金属物质火灾。

（2）使用方法

1）一手握住二氧化碳灭火器的提把，手提灭火器快速赶赴火灾现场。

2）除去铅封，拔掉保险销。

3）站在火焰上风向或斜上风向2m处左右，一只手握住喇叭喷筒根部的握柄，另一只手紧握压把用力下压，对准火焰根部左右摆动扫射。

4）喷流对准火焰最猛烈处，由近及远上下左右喷射灭火剂灭火，并且随着射程缩短应走近燃烧物。

（3）注意事项

1）拔保险销时，不能紧握把手，否则保险销无法拔出。

2）二氧化碳喷出时的温度较低，使用中应戴上手套，禁止操作人员裸手抓握喇叭喷筒外壁，以防止冻伤。

3）灭火时，距离着火点不应超出灭火器有效射程，否则不能有效灭火。

4）室外灭火时，不能站在下风向灭火，易导致烧伤或冻伤。

5）灭火过程中，应始终压下压把不能放开，否则会中断喷射，影响灭火效果。

6）在窄小密闭空间内使用二氧化碳灭火器时，喷射后应立即离开，防止窒息。

7）扑救电器火灾时，如果条件允许，应先断电后灭火。

8）手提式二氧化碳灭火器使用过程中要轻便轻放，防止撞击。

9）在空气不流通的火场使用二氧化碳灭火器后，必须及时通风。

8.3.4 自救互救设施

8.3.4.1 飞利浦自动体外除颤仪

(1) 操作步骤

1) 骤停特征：无反应、颈动脉无搏动、呼吸不正常等。注意事项：在心脏骤停情况下使用。

2) 机器右侧按钮介绍：(自下而上)

① 桔色按钮：心率分析后需电击时闪烁，按下按钮，实施电击。

② 三角形灯：心率分析时闪烁，实施电极时亮起，此时任何人不得触碰患者。

③ 蓝色信息按钮：心肺复苏语音辅助播报。

④ 绿色按钮：开关键(另一种开关模式：拉起电器盒把手，即机器自动打开)。

⑤ 自检指示灯：绿灯闪烁表明通过最近一次自检，可以使用；红色灯亮为故障状态。

3) 操作步骤：

① 开启：拉起仪器盒把手，机器即自动打开，语音播报开启。

② 解开病人胸部衣服。

③ 撕开密封膜，从黄色塑料背衬上撕下电极片。

④ 电极片张贴：按照图片示意位置紧贴肌肤。

⑤ 机器开始自动分析中，所有人员不能接触患者，等待直至三角形灯停止闪烁。

⑥ 实施电击：分析需要电击时桔色按钮闪烁，按下桔色按钮，实施电击，所有人员不能接触患者。如分析无须电击，请勿按桔色按钮。

⑦ 电击结束后，按照语音播报提示继续心肺复苏(CPR)。

⑧ 如需要再次电击，请按照语音播报提示继续后续操作。

8.3.4.2 紧急冲淋洗眼器

(1) 适用范围

1) 紧急冲淋洗眼器是专门为在现场操作、施工人员在生产作业时，眼睛或者身体接触有毒有害以及具有其他腐蚀性化学物质受到伤害时所设置的设施。

2) 一旦作业人员受到伤害，可以用该设备对眼睛和身体进行紧急冲洗、冲淋，紧急降低或避免化学物质对人体造成进一步伤害。

3) 洗眼器设备只是对眼睛和身体进行初步的处理，不能代替医学治疗，情况严重的，必须尽快进行进一步的医学治疗。

(2) 洗眼器操作方法

1) 打开洗眼器喷头水嘴盆子右手边的供水控制阀，水量大、小自我调节。

2) 如身体进行紧急全面冲淋，可以直接打开冲淋供水控制阀。

8.3.4.3 防爆扩音对讲系统

(1) 适用范围

扩音对讲用于现场呼叫。

(2) 使用方法

1) 取下话筒，连续按下 *、#键可进行全呼，操作人员在任何地方就近摘机，无须手动操作，系统自动关闭所摘电话机的扬声器。

2) 取下话筒，拨打相应位置电话站上两位数的号码可进行点对点单呼。

3) 通话完毕，双方将话筒挂回原处。

8.3.4.4 心肺复苏术和体外心脏按压术

（1）心肺复苏术

1）将中毒者移到空气新鲜处，解开衣扣。

2）保持呼吸道通畅，擦去痰液，取出假牙等异物。

3）中毒者仰卧，急救者于中毒者一侧，托住中毒者下颌并尽量使头部后仰，使下颌与颈部成一直线。

4）急救者用托下颌的手掰开中毒者的口，另一手捏紧伤员的鼻孔使不漏气，以便向口内吹气入肺。

5）急救者深吸一口气，对准中毒者口内吹气，直至胸部明显扩张为止，硫化氢中毒患者不准行口对口人工呼吸，以免造成施救者中毒。

6）吹气停止后，急救者头稍侧转，立即放开鼻孔，让气从中毒者肺内排出。口对口人工呼吸频率以每分钟 12~16 次为宜。

（2）体外心脏按压术

1）中毒者平卧，急救者一手掌压于中毒者胸骨下 1/2 处，另一手压在该手之上。

2）利用上肢和身体力量，垂直压迫胸骨下段，使之下陷 3~4cm，每次加压后应迅速放开，使胸部得到扩张。

3）体外心脏按压频率为每分钟 60~80 次。

4）体外心脏按压术应与口对口人工呼吸同时进行，密切配合，不间断抢救。心脏按压 5 次可吹气 1 次。吹气时防止吸入中毒者呼出的中毒气体，以免急救者中毒。心脏按压的有效体征为每次按压时中毒者颈动脉或股动脉处可摸到搏动，口唇、面色转红，瞳孔缩小，角膜湿润，眼睫毛反射阳性，自主呼吸恢复。

8.3.4.5 止血、包扎、固定、搬运四项基本技术的急救知识

（1）外出血的止血方法

1）指压止血法。

指压止血法是一种简单有效的临时性止血方法。它根据动脉的走向，在出血伤口的近心端，通过用手指压迫血管，使血管闭合而达到临时止血的目的，然后再选择其他的止血方法。指压止血法适用于头部、颈部和四肢的动脉出血。

2）加压包扎止血法。

加压包扎止血法是急救中最常用的止血方法之一，适用于小动脉、静脉及毛细血管出血。用消毒纱布或干净的手帕、毛巾、衣物等敷于伤口上，然后用三角巾或绷带加压包扎。压力以能止住血而又不影响伤肢的血液循环为合适。若伤处有骨折时，须另加夹板固定。关节脱位及伤口内有碎骨存在时不用此法。

3）加垫屈肢止血法。

适用于上肢和小腿出血，在没有骨折和关节伤时可采用。

4）止血带止血法。

当遇到四肢大动脉出血，使用上述方法止血无效时采用。常用的止血带有橡皮带、布条止血带等。不到万不得已时不要采用止血带止血。

注意事项：

上止血带时，皮肤与止血带之间不能直接接触，应加垫敷料、布垫或将止血带上在衣裤外面，以免损伤皮肤。

上止血带要松紧适宜，以能止住血为度，扎松了不能止血，扎得过紧容易损伤皮肤、神经、组织，引起肢体坏死。

上止血带时间过长，容易引起肢体坏死。因此，止血带上好后，要记录上止血带的时间，并每隔 40~50min 放松一次，每次放松 1~3min。为防止止血带放松后大量出血，放松期间应在伤口处加压止血。

运送伤者时，上止血带处要有明显标志，不要用衣物等遮盖伤口，以妨碍观察，并用标签注明上止血带的时间和放松止血带的时间。

（2）包扎

1）常用的包扎材料种类及适用范围。

绷带、三角巾、四头带及其他临时代用品(如干净的毛巾、衣物、腰带、领带等)。绷带包扎一般用于支持受伤的肢体和关节，固定敷料或夹板和加压止血等。三角巾包扎主要用于包扎、悬吊受伤肢体，固定敷料，固定骨折等。

2）常用的包扎法如下：

① 环形绷带包扎法：

此法是绷带包扎法中最基本的方法，多用于手腕、肢体、胸、腹等部位的包扎。

包扎注意事项：

缠绕绷带的方向应是从内向外，由下至上，从远端至近端。开始和结束时均要重复缠绕一圈以固定。打结、扣针固定应在伤口的上部，肢体的外侧。

包扎时应注意松紧度。不可过紧或过松，以不妨碍血液循环为宜。

包扎肢体时不得遮盖手指或脚趾尖，以便观察血液循环情况。

检查远端脉搏跳动，触摸手脚有否发凉等。

② 三角巾包扎法：

三角巾全巾：三角巾全幅打开，可用于包扎或悬吊上肢。

三角巾宽带：将三角巾顶角折向底边，然后再对折一次。可用于下肢骨折固定或加固上肢悬吊等。

三角巾窄带：将三角巾宽带再对折一次，可用于足、踝部的“8”字固定等。

（3）骨折固定

急救原则和注意事项：

① 要注意伤口和全身状况，如伤口出血，应先止血，包扎固定，如有休克或呼吸、心跳骤停者应立即进行抢救。

② 在处理开放性骨折时，局部要作清洁消毒处理，用纱布将伤口包好，严禁把暴露在伤口外的骨折端断送回伤口内，以免造成伤口污染和再度刺伤血管和神经。

③ 对于大腿、小腿、脊椎骨折的伤者，一般应就地固定，不要随便移动伤者，不要盲目复位，以免加重损伤程度。

④ 固定骨折所用的夹板的长度与宽度要与骨折肢体相称，其长度一般应超过骨折上下两个关节为宜。

⑤ 固定用的夹板不应直接接触皮肤。在固定时可用纱布、三角巾垫、毛巾、衣物等软材料垫在夹板和肢体之间，特别是夹板两端、关节骨头突起部位和间隙部位，可适当加厚垫，以免引起皮肤磨损或局部组织压迫坏死。

⑥ 固定、捆绑的松紧度要适宜，过松达不到固定的目的，过紧影响血液循环，导致肢

体坏死。固定四肢时，要将指(趾)端露出，以便随时观察肢体血液循环情况。如发现指(趾)苍白、发冷、麻木、疼痛、肿胀、甲床青紫时，说明固定、捆绑过紧，血液循环不畅，应立即松开，重新包扎固定。

⑦ 对四肢骨折固定时，应先捆绑骨折断处的上端，后捆绑骨折端处的下端。如捆绑次序颠倒，则会导致再度错位。上肢固定时，肢体要屈着绑(屈肘状)；下肢固定时，肢体要伸直绑。

(4) 搬运

1) 搬运的方法：常用的搬运有徒手搬运和担架搬运两种，可根据伤者的伤势轻重和运送的距离远近而选择合适的搬运方法。徒手搬运法适用于伤势较轻且运送距离较近的伤者，担架搬运适用于伤势较重，不宜徒手搬运，且需转运距离较远的伤者。

2) 注意事项：

① 移动伤者时，首先应检查伤者的头、颈、胸、腹和四肢是否有损伤，如果有损伤，应先作急救处理，再根据不同的伤势选择不同的搬运方法。

② 病(伤)情严重、路途遥远的伤病者，要做好途中护理，密切注意伤者的神志、呼吸、脉搏以及病(伤)势的变化。

③ 上止血带的伤者，要记录上止血带和放松止血带的时间。

④ 搬运脊椎骨折的伤者，要保持伤者身体的固定。颈椎骨折的伤者除了身体固定外，还要有专人牵引固定头部，避免移动。

⑤ 用担架搬运伤者时，一般头略高于脚，休克的伤者则脚略高于头。行进时伤者的脚在前，头在后，以便观察伤者情况。

⑥ 用汽车、大车运送时，床位要固定，防止起动、刹车时晃动使伤者再度受伤。

8.4 环　保

8.4.1 生态环境保护禁令

1) 严禁无证或不按证排污。
2) 严禁擅自停用环保设施。
3) 严禁违规处置危险废物。
4) 严禁违反环保“三同时”。
5) 严禁环境监测数据造假。

8.4.2 废水

8.4.2.1 丙烯腈废水的特性及处理

(1) 丙烯腈废水的特性

在丙烯腈生产过程中废水排放量大，废水水质复杂，有物含量高且含氰有毒物质，主要含硫酸铵、丙烯腈、聚丙烯胺、不饱和酮的聚合物，以及氰醇、乙腈和氢氰酸等有机化合物，COD 一般在几万至十几万 mg/L，如不经处理而直接排放，会污染生态环境。

(2) 丙烯腈废水的处理方法

目前，丙烯腈废水的处理方法主要有焚烧法、生物处理法、湿式空气氧化法等。

1) 焚烧法：

该法是将燃料油、含氰废水乳化后经喷嘴喷雾燃烧，废水中的有机物在高温条件下进行剧烈的氧化反应，不仅对废水中的可燃物，而且也对燃料烧却，要求燃烧速度快、热效率高。该法的优点是处理比较彻底；缺点是能源消耗大，仅适用于水量少、浓度高的含氰废水，并易造成二次污染。

2）生物处理法：

① 活性污泥法。

活性污泥法是以活性污泥为主体的废水处理法，利用污泥中的各种微生物具有很强吸附和氧化分解有机物的能力来处理有机废水的一种方法。此方法特点是工艺简单、易于管理，但对水质变化的适应能力不强，污泥负荷高。

② 生物膜法。

生物膜法是使细菌和菌类一类的微生物和原生动物、后生动物一类的微型生物附着在滤料或某些载体上生长繁育，并在其上形成生物污泥——生物膜。废水与生物膜接触，废水中有机污染物作为营养物质，被生物膜上的微生物抽摄取，废水得到净化，微生物自身也得到繁衍增殖。其特点是对水质、水量变化有较强的适应性，对有机污染物的去除率高，产生的剩余污泥少，不会发生污泥膨胀，沉降好，易于操作管理、节能。缺点是生物膜载体增加了系统的投资；载体材料的比表面积小，反应装置容积负荷有限、空间效率低，适用于中小水量污水的处理，目前，广泛应用于处理丙烯腈废水。

3）湿式空气氧化法：

湿式空气氧化是指在高温、高压力下，废水中的有机物或无机物与空气中的氧气发生液相反应，绝大多数复杂有机化合物被氧化为二氧化碳和水及生物可降解的较简单形式的化合物。其特点是去除率大，但需一定的压力和温度，设备投资大，运行条件苛刻。

4）加压水解法：

将丙烯腈废水一并进入混合器，向混合器内加入碱液，并调节 pH 值，再经过沉降、预热后送入水解塔，在一定的温度压力下，反应物冷却后稀释，送入曝气池进行生化处理。该方法投资少，处理效果好，但要消耗大量的新鲜水。

8.4.2.2 工业废水的常见处理方法

废水的处理技术按原理可分为物理处理法、化学处理法和生物化学处理法等。

物理处理法是利用物理作用分离废水中呈悬浮状态的固体污染物质。具体方法有：筛滤法、沉淀法、上浮法、气浮法、过滤法和反渗透法等。

化学处理法是利用化学反应的作用，分离回收废水中处于各种形态的污染物质(包括悬浮的、溶解的、胶体的等)。主要方法有中和、混凝、电解、氧化还原、萃取、吸附、离子交换和电渗析等。

生物化学处理法是利用微生物的代谢作用，使废水中呈溶解、胶体状态的有机污染物转化为稳定的无害物质。主要方法分两类，即利用好氧微生物作用的好氧法和厌氧微生物作用的厌氧法。方法有活性污泥法、生物膜法等。

由于废水中污染物是多样的，往往需要采用几种方法组合，才能处理不同性质的污染物，达到净化的目的与排放标准。

8.4.3 废气

8.4.3.1 丙烯腈装置的废气特性

丙烯腈装置是废气排放以连续排放为主，主要污染物有非甲烷总烃、丙烯腈、氢化氰等高毒物质，如不经净化直接排入大气，会对环境造成极大的危害。

8.4.3.2 丙烯腈装置的废气处理

（1）焚烧法

目前，采用多级分段焚烧，将丙烯腈生产过程中产生的废气引入焚烧炉中，以适宜燃烧的比例由多级喷咀喷射废气，以一定的过剩空气与被处理的废气在焚烧炉中进行氧化反应，废气中的有害物质在高温下氧化、分解，使有害物质转化成无害物质后放空，避免了环境污染，同时利用焚烧高温烟气的余热产生蒸汽。优点是能焚烧有机物含量低的废气；采用BHK多级分段焚烧，降低助燃重油的消耗量；利用 CN^- 的还原性，将焚烧过程中产生的 NO_x 还原成 N_2，减少 NO_x 的生成；回收余热，节约能源。缺点是易造成二次污染，焚烧过程产生 SO_x，只有降低废气、燃料中S含量，控制 SO_x 的排放量。

（2）洗涤吸收法

利用吸收液（水或有机溶剂）作为吸收剂，吸收废气中有毒、有害物质，使废气得以净化。此法处理效果较好，且无二次污染，但处理量较小。

（3）吸附-焚烧法

利用活性碳等吸附剂吸附废气中有机物，活性碳饱和后用热空气再生，脱附的含有机物的废气送入焚烧炉焚烧。此法成本偏高，但处理效果好。

（4）催化氧化处理法

丙烯腈吸收塔尾气处理装置（AOGC），将Ⅱ丙烯腈装置吸收塔排放尾气（AOG）引入AOGC系统，通过催化氧化及脱硝处理，将有害的挥发性有机物（VOC）无害化，同时控制尾气中的 NO_x 含量，处理后的尾气排放符合GB 31571—2015《石油化学工业污染物排放标准》的要求。

8.4.4 废渣

废渣，即固体废物，是指在生产过程中产生的固体、半固体或浆状废物，包括化工生产过程中进行化合、分解、合成等化学反应所产生的，或产品在精制、分离、洗涤时排出的工艺废物；还包括废水处理产生的污泥、设备检修和事故泄漏产生的固体废物以及报废的设备等。

8.4.4.1 丙烯腈装置的废渣特性

丙烯腈生产过程中产生的废渣较少，主要有废催化剂催化剂污泥、生产过程中产生的聚合物、废水处理产生的污泥、设备清洗产生的清洗液、设备检修和事故泄漏产生的固体废物，但由于丙烯腈装置绝大多数的废渣内含丙烯腈、氢氰酸等高毒性的物质和易腐蚀的酸碱物质，属危险废物，通过环境介质——大气、土壤、地表或地下水体，对自然环境、人体均有较大的危害。

8.4.4.2 丙烯腈装置的废渣处理

（1）焚烧法

焚烧法是一种高温热处理技术，即以一定的过剩空气量与被处理的有机废物在焚烧炉内进行氧化燃烧反应，废物中的有害物质在高温下氧化、热解而被破坏。其目的是尽可能焚毁废物，使被焚烧的物质变为无害和最大限度地减容，并尽量减少新的污染物质产生，避免二次污染。对于大、中型的废物焚烧装置，能同时实现废物减量、彻底焚毁废物中的毒性物质，以及回收利用焚烧产生的废热三个目的。其特点是可焚烧的废物类型广，可处理固体、液体和气体的废物；可处理一般的工业废物，还可处理危险废物；但适宜处理有机成分多热值高的废物，当处理有机成分很少的废物时，需补加大量的燃料，运行费用增加，但如果辅以废热回收装置，降低废物焚烧成本，将获得较好的经济效益。

（2）填埋法

此法适用于污泥处理，由于污泥来源、性质、产生的状态不同，可采用不同的方法；常用的污泥处理方法为浓缩、消化、脱水、干燥、焚烧、固化及填埋。但易造成对地表水、大气污染，需对废渣无害化处理后方可填埋。

8.4.5 噪声

噪声对人体有较大的危害，分散人的注意力，容易使人疲劳、反应迟钝，影响工作效率；长期在强噪声下工作，会引起听觉疲劳，听力下降；若长年累月在强噪声的反复作用下，耳器官会发生质性病变，出现噪声性耳聋。噪声可以使交感神经紧张，表现为心跳加快，心律不齐，血压波动，引起神经衰弱症候群，如头痛、头晕、失眠、多梦、记忆力减退等。此外噪声还能引起胃功能紊乱，视力降低，且当噪声超过生产控制系统报警信号时，容易导致事故发生。

8.4.5.1 噪声来源

丙烯腈装置的噪声主要来自各种机、泵运转时发生的连续噪声，以及蒸汽和压缩空气瞬时所发生的空气动力噪声，噪声最大的场所是丙烯腈装置的空压、制冷区。

8.4.5.2 噪声防护

（1）减小声源强度

用无声或低噪声的工艺和设备代替高噪声的工艺和设备，提高设备的加工精度和安装水平，使发声体变为不发声体等，装置在新增各类泵的选型方面尽量选用低噪声设备，例如选用低噪声的风机、电机、压缩机、机泵等。

（2）隔声

对噪声大的设备加装消音器，在噪声大的场所，采用一定的消音、隔声设施。设隔声操作室；一般机、泵区不设固定岗位，采用巡检操作。

（3）合理布局

把高噪声的设备和低噪声的设备分开；把操作室、休息室、办公室与嘈杂的生产环境分开；使噪声随着距离的增加自然衰减。

（4）吸声

用吸声材料装饰在房间表面上，或者在空间悬挂吸声体，降低噪声，吸声材料对高频噪声很有用，但对低频噪声就不太有效。

（5）个人防护

由于技术的经济原因，在用以上方法难以解决的高噪声场合，佩戴个人防护用品，以保护听觉不受损害。理想的防噪声用品应隔声值高、戴起来舒适、对皮肤无损害，最好不影响语言交谈。常用的防噪声用品有软橡胶(或软塑料)耳塞、防声棉耳塞、耳罩和头盔等。

8.4.6 挥发性有机物泄漏检测(LDAR)

8.4.6.1 仪器使用方法

（1）仪器准备

1）充电：将仪器充电，冲装足量的氢气，开机检查仪器，确保仪器运行正常。

2）外观和通电检查：仪器外观是否有外伤，仪器连接可靠，各旋钮或按键应能正常操作和控制，仪器通电后应能正常工作，显示部分应清晰、完整。

3）仪器设置：

① 一般时间设置：仪器系统时间的修改，在主菜单 MAIN MENU 1=Run 2=Setup 3=Info 4=Memory 界面按 2 = setup 键，进入界面 SETUP MENU 1=Calib 2=Alarm 3=Log 4=Passcode 5=Other 后，按 5 = Other 弹出 OTHER SETTINGS 1=User ID 2=Date 3=Time 4=User Options 界面，修改日期按 2 = Date 键，修改时间按 3 = Time 键，日期格式为月月/日日/年年，都为 2 位，按 ENTER 键修改为正确的日期后再次按 ENTER 键保存，修改时间同修改日期一样，时间格式为时时/分分/秒秒。

② 数据保存时间间隔设置：在主菜单 MAIN MENU 1=Run 2=Setup 3=Info 4=Memory 按 2 = Setup 键进入界面 SETUP MENU 1=Calib 2=Alarm 3=Log 4=Passcode 5=Other，按 3 = Log 键进入界面 LOG MODE None 1=None 2=Auto 3=VOC/FE 4=Custm，按 2 = Auto 进入界面 Enter log rate: Auto,rate=000sec Up/Dn=Sec<->Min Enter=Accept，设置想要的时间间隔，比如 10s，就分别依次按下 1、0 两个键，按后按 ENTER 保存即可。

（2）开机、预热

按 ⏻ 键两秒以上，仪器开机，开机后进入主菜单界面 MAIN MENU 1=Run 2=Setup 3=Info 4=Memory；仪器预热及运行，仪器预热至少 20min，然后在主菜单界面，按下 1 = run 键，仪器 FID 开始自动点火，同时 PID 也开始测量。仪器预热后，将仪器设置为自动读取最大值，报警阈值设置不高于泄漏预警浓度。（备注：若 FID 点火正常，仪器 FID 一栏浓度值后面的 F 报警会消除，若出现 F 闪烁，表示点火不正常，同时会出现 Flame out 警告，代表点火异常，按 EXIT 消除报警后可多次尝试返回主菜单，再次按 1 = run 点火运行，直到点火正常。或者如果点火不正常，也可以不返回主菜单，按仪器上 CONTROL 键进入界面 CONTROL MENU 1=Pump on 2=FID on 3=Ignt 4=PID on 5=More，再按 3 = Ignt 键也可以再次点火。）

（3）仪器检查

1）检查仪器采样管路：

① 气密性检查：应按说明书要求进行或采用手堵住采样探头，泵应发出明显的憋泵异常声音，甚至歇火；②通畅性检查：通入标准气体，测试仪器相应时间，相应时间应符合说明书给出的技术参数，取最小值。

2）仪器零点和示值检查：预热完成后，反复通入零气和最低泄漏定义浓度的标准气体 3 次（每次通气时间为仪器相应时间的 2 倍以上），零点读数平均值不应超过±10mg/kg，示值误差不应超过±25%。

（4）仪器校准

1）校零：在主菜单 MAIN MENU 1=Run 2=Setup 3=Info 4=Memory 按下 2 = Setup，进入界面 SETUP MENU 1=Calib 2=Alarm 3=Log 4=Passcode 5=Other，按下 1 =

Calib 进入界面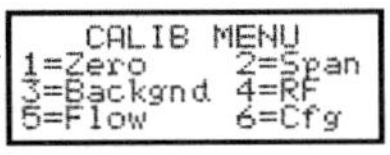

，首先校零，按 1 = Zero 进入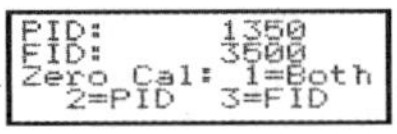

，可同时对 FID 进行标零，按

开始校零，稳定后按

，出现提醒后按 1 = Accept 完成校零。(注意：无论数值多少，只要数值稳定即可，零点标定时响应数值在 1000～7000。)

2）标气校准：

① 在主菜单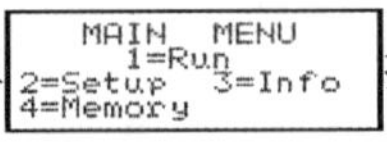

按下 2 = Setup，进入界面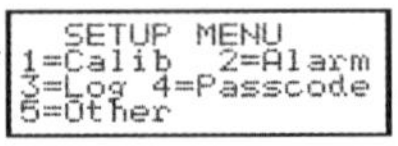

，按下 1 = Calib 进入界面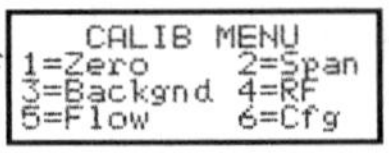

，按 6 = Cfg 可分别对 FID 浓度和 PID 浓度进行设定，设定好后通相应的标气。(注意：目前仪器标气使用浓度为 500mg/kg。)

② 在界面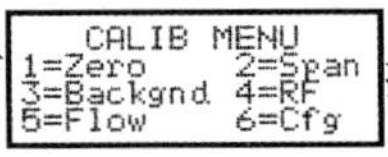

按 2 = Span 可分别对 FID 和 PID 进行标定。标定时可返回运行界面观察校准好后的响应值，当响应值稳定后按

，保存即可。(注意：500mg/kg 甲烷响应值在 10 万～16 万。)

③ 在主菜单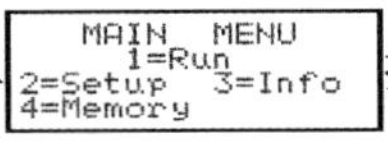

按 1 = Run，连接标气，测量标气数值，数值在 500%±10%，说明仪器校准完成，将校准值记录在仪器校准台账里，如果数值偏大或者偏小，重新返回第二步标气响应值校准，或者重新校零，直到数值在规定范围之内方可。(注意事项：①500mg/kg甲烷适合在被测气体范围为 0～3000mg/kg 使用，被测气体范围大时相应提高标气浓度，以保证仪器测试值的准确性。②标定后仪器在室内所测数值在-10～0 漂移属于正常情况。)

(5) 检测

1）检测环境条件：雨雪或大风天气(地面风速天气超过 10m/s)应禁止作业。

2）一般检测：

注意：一般检测前，将移动终端打开，首先检查终端的日期是否正确，在设置里可以更改时间，时间准确之后，点击 TVA2020 图标，点击左上角添加输入用户名和仪器序列号(202015010707)，进入之后，再点击添加，填写要检测的标签号、扩展号以及泄漏部位(填写法兰、接头、释压阀、采样口等)。填写完成之后点击完成，再点获取背景值，然后点开移动终端蓝牙，并打开仪器蓝牙，如果要输入密码(0000)，当仪器的蓝牙打开时，会显示 BTOFF，蓝牙未开启，将显示 BTON。此时，仪器与移动终端已连接成功，仪器的检测值就会在移动终端上显示出来。将仪器采样探头在密封点表面移动，采样探头与密封点边线垂直，采样探头移动速度不超过 10cm/s。如果发现指示值上升或仪器报警，放慢采样探头移动速度直至测得最大值，并将采样探头保持在出现最大读数的位置，在该位置的检出时间不少于 2 倍仪器的响应时间(15～20s)。

3）检测前，需检测背景浓度值，所有装置泄漏点检测完后，要对仪器进行零点漂移检测。如果仪器零点漂移检测符合要求，则当日检测数据有效，否则无效。

4）检测位置。

静密封检测：在确保人员安全和仪器不吸入油污、液体的前提下，采样探头尽可能靠近被测密封点表面；动密封(泵轴等)检测：采样探头距轴封不超过 1cm。采取保温措施的密封点：可通过保温材料接缝或密封点暴露在保温材料之外的部位进行检测。

5）读数或备份数据。

检测完后，立刻在记录本上记录检测点及其数据；或仪器导出数据，在主菜单 [MAIN MENU 1=Run 2=Setup 3=Info 4=Memory] 按下 4 = Memory 进入 [MEMORY 1=USB Mode 2=Clear Log Mem 3=UpdateFirmware]，按下 1 = USB Mode，仪器显示 [Creating Files Please Wait]，等待一会自动进入 [USB MODE Exit=Cancel] 界面，此时再将数据线插到仪器上，连接上数据转接盒，数据转接盒另一端插另外一根数据线，然后再插到电脑上，初次使用一台电脑会自动安装驱动，安装好驱动后电脑盘符会多出来一个盘，打开里面有几个文件，将 Log. txt 文件拷贝出来打开即可看到里面的数据。

注意：一定要在这个界面 [USB MODE Exit=Cancel] 出现后才可去连接数据线到电脑和仪器上。另外，导出数据后一定要在电脑右下角移除 U 盘后才可拔下数据线，不按以上操作很容易损伤甚至损坏仪器。

（6）关机

按

键 2s 以上，仪器即可关机。

8.5　应急处置原则及程序

8.5.1　应急处置原则

步骤	应急处置	执行人
发现异常	（1）发现 GDS 系统可燃气或有毒有害气体报警，向班长汇报，要求岗位人员现场确认	内操
	（2）发现外操室火灾报警或有毒有害气体系统报警信息，向班长汇报，到现场确认	外操
	（3）外操巡检发现异常情况，向班长汇报	外操
现场确认	（4）外操两人去现场确认（穿戴好劳保着装，佩戴空呼，带报警仪）	外操一、外操二
报告和报警	（5）分类报警：火警 119/报警 110 电话、人员中毒或救护报警电话	班长、内操一
	（6）向调度报警	班长、内操一
	（7）向相关领导、值班人员报告（值班电话：＊＊＊＊＊）当前情况	班长、内操一
	（8）接报告后立即赶赴现场，接替班组长成为现场指挥。根据事件变化情况，向应急指挥中心及时报告和反馈现场状况。通知区域安全、工艺、设备技术人员赶赴现场，参与应急处置	部领导

续表

步骤	应急处置	执行人
人员抢救和疏散	(9) 做好自身防护(如佩戴空呼、穿防护服等)转移受伤人员至安全地点，并实施现场急救	外操一、外操二
	(10) 出现不能移动的受伤人员，等待专业人员到场后，用专业的设施转移受伤人员	外操一、外操二
	(11) 人员中毒，采用人工呼吸、心肺复苏术抢救	外操一、外操二
	(12) 人员被危化品喷到，脱除受污染的衣物，迅速用抹布、水等清除体表物质	外操一、外操二
	(13) 组织现场无关人员(含施工人员)疏散	外操一、外操二
警戒	(14) 封锁事件现场各路口，禁止无关人员和车辆进入。打开消防通道，接应消防、气防、环境监测等车辆及外部应急增援力量	副班长
切断泄漏源	(15) 远程切断泄漏源前后的自控阀门，泄压或物料转移	内操二
	(16) 在保证人员安全条件下，切断泄漏点前后的手动阀门。利用现有条件进行掩护(如蒸汽、氮气、雾化水等)	外操三、外操四
	(17) 根据现场情况，及时调整装置各系统的操作，若火势太大，无法控制，装置紧急停车	内操、外操
消防系统保障	(18) 对于非可燃气体物质着火，用合适的灭火器材如干粉灭火器、蒸汽、干沙、二氧化碳灭火器等进行灭火	外操三、外操四
	(19) 若储罐可燃气体着火，启用雨喷淋、消防炮等用水冷却周围设备，压力不足则启动高压消防水泵	外操三、外操四
	(20) 启动高压消防水泵	水务部
	(21) 消防车赶到后向带队的消防指挥介绍现场情况，周边设备的介质，灭火的注意事项，由消防员进行灭火或冷却设备	现场指挥
污水管控	(22) 检查清污分流，将事故污水引入污水提升池，适时转运	外操
事故扩大	(23) 一旦火势太大，应报告应急指挥中心，由总指挥决定是否启动紧急救援预案，无关人员撤离现场，应急指挥中心根据事故采取相应救援措施	现场指挥
堵漏	(24) 具备堵漏条件时，组织人员进入现场堵漏	设备主管
应急终止	(25) 经应急处置后，指挥中心确认满足应急终止条件，方下达应急终止指令	现场指挥

8.5.2 应急处置程序

应急处置程序如图 8-1 所示。

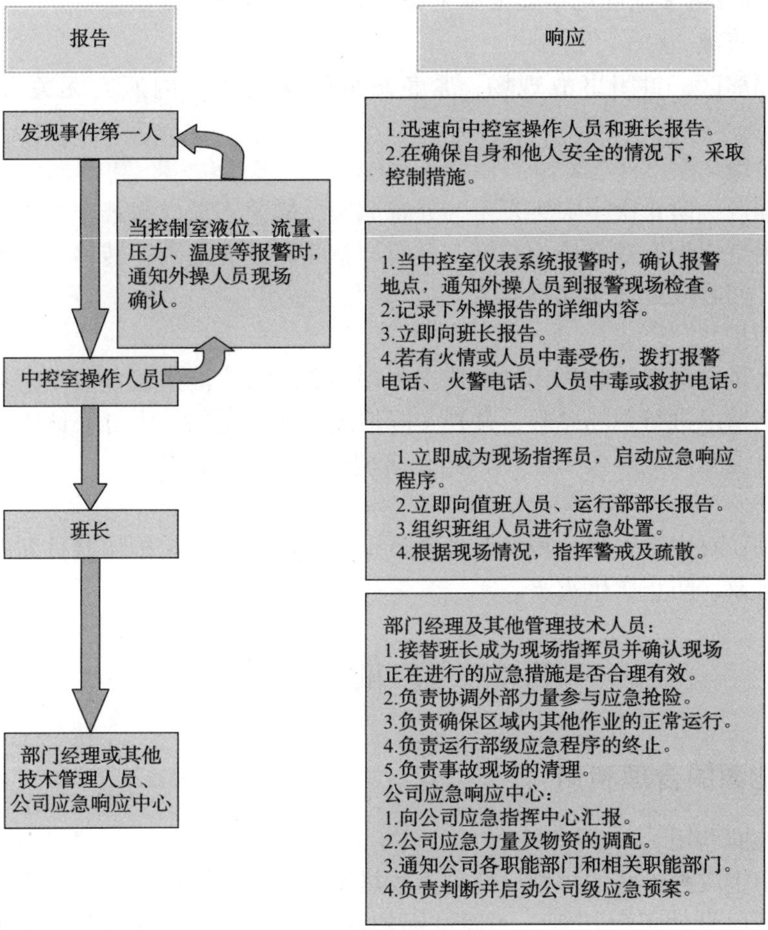

图 8-1　应急处置程序

8.5.3　各类处置卡编制原则

8.5.3.1　危险化学品泄漏着火应急处置卡编制原则

1）采取隔离和疏散措施，避免无关人员进入事件发生区域，并合理布置消防和救援力量。

2）存在有毒有害气体泄漏时，应进行有毒有害气体监测，加强救援人员的个人防护。

3）迅速将受伤、中毒人员送往医院抢救，并根据需要配备医疗救护人员、治疗药物和器材。

4）可燃物料存量较多时，应尽量采取工艺处理措施，转移可燃物料，切断危险区与外界装置、设施的连通，组织技术人员制定方案。

5）对灾区附近受威胁的危险化学品储存设施，应及时采取冷却、退料、泄压等措施，防止升温、升压而引起火灾爆炸。

6）在扑救火灾过程中，要有足够数量的灭火用水、泡沫液、消防车辆以应对沸溢和喷溅等突发情况。

7）当火灾失控时，当火灾失控，危及灭火人员生命安全时，应立即指挥现场全部人员撤离至安全区域。

8.5.3.2 有毒有害危险化学品泄漏中毒应急处置卡编制原则

（1）隔离、疏散

设定初始隔离区，封闭事故现场，紧急疏散转移隔离区内所有无关人员，实行交通管制。

（2）工程抢险

以控制泄漏源，防止次生灾害发生为处置原则，应急人员应佩戴个人防护用品进入事件现场，实时监测空气中有毒物质的浓度，及时调整隔离区的范围，转移受伤人员，控制泄漏源，实施堵漏，回收或处理泄漏物质。

（3）医疗救护

应急救援人员必须佩戴防护用品迅速进入现场危险区，沿逆风方向将患者转移至空气新鲜处，根据受伤情况进行现场急救，并视实际情况迅速将受伤、中毒人员送往指定定点医院抢救，组织有可能受到危险化学品(有毒)伤害周边群众进行体检。

（4）洗消

设立洗消站，对中毒人员、现场医务人员、抢险应急人员、抢险器材等进行洗消，严格控制洗消污水排放，防止次生灾害。

8.6 节能降耗

8.6.1 能源的合理利用

（1）反应热的利用

在反应器中生成丙烯腈的主副反应均为放热反应，为了维持反应器的热平衡及回收反应余热，在反应器内设计了冷却管，并通过锅炉给水产生 4.2MPa(表)、385℃的过热蒸汽，该蒸汽送入装置内的蒸汽管网，除了用于驱动空压机和制冷剂的蒸汽透平外，剩余部分与废气焚烧炉产生的蒸汽一起并入高压蒸汽管网。

（2）透平背压利用

空压机、制冷剂设计选用背压式蒸汽透平驱动，背压产生的低压蒸汽，供给工艺装置中低压用户使用，做到一能多用。

（3）四效蒸发工艺

为了减少装置废水量的排出，降低废水有机物的含量，在丙烯腈单元中设置处理工艺废水的四效蒸发系统。

（4）废水焚烧炉烟气的利用

废水焚烧炉产生的高温烟道气在废热锅炉内发生 4.2MPa(表)、385℃的过热蒸汽，该蒸汽并入装置内的高压蒸汽管网。

（5）AOGC 烟气的利用

AOGC 的高温烟道气在废热锅炉内发生 4.2MPa(表)、385℃的过热蒸汽，该蒸汽并入装置内的高压蒸汽管网。

（6）空压机、制冷机设计

选用背压式蒸汽透平驱动，背压产生的 0.3MPa(表)的低压蒸汽，供给工艺装置中低压蒸汽用户使用，做到一能多用。

8.6.2 丙烯腈废气焚烧及余热回收技术(AOGI)

8.6.2.1 节能原理

丙烯腈装置尾气组成主要是尾气吸收塔未吸收的一氧化碳、二氧化碳、氮气及未反应的氧和烃类，详细组成见表 8-3。

表 8-3 尾气吸收塔尾气组成情况表

组成	含量/%	组成	含量/%
丙烯腈	0.0005	丙烷	0.362
水	4.522	氧	0.7585
一氧化碳	1.176	氮	90.667
二氧化碳	2.379	氢氰酸	痕迹
丙烯	0.135	尾气总热值 597.9kJ/Nm³	

在正常情况下，吸收塔尾气热值为 597.9kJ/Nm³，按照排放量 74247.5Nm³/h 计算，排放的热值为 4.4~107kJ/h。因此，如果对尾气进行处理，回收其中部分的热量，可以产生节能的效果。

8.6.2.2 实施效果

以尾气焚烧炉标定期间的数据为例，数据见表 8-4、表 8-5。在数据采集期内累计产生 385℃、4.2MPa 高压蒸汽 14762.58t，折算标油为 1062.071t，其间消能源耗如下。

表 8-4 尾气焚烧炉尾气切入后能耗统计表

能耗名称	消耗量	折算标油/tEO
燃料油	596.88t	596.88
燃料气	4.262t	4.262
水	14860.0t	2.526
电	208896kW·h	40.614
蒸汽	291.721t	20.914
合计		665.196

注：1t 纯水 = 0.00017tEO；1kW·h = 0.0002828tEO；1t 蒸汽 = 0.0717tEO。

$$能量产出与能量消耗之比=\frac{产生蒸汽量}{消耗量}=\frac{1062.071}{665.196}=1.60$$

表 8-5 尾气焚烧炉尾气切入前后数据表

项目	燃料油消耗量/(t/h)	4.2MPa 蒸汽量/(t/h)	蒸汽发生率/(t 蒸汽/t 重油)
设计值	2.1	37.8	18
AOG 切入前	1.65	16.2	9.82
AOG 全负荷	1.46	36.18	22.19

从表 8-2、表 8-3 可以看出，在尾气切入尾气焚烧炉后每消耗 1tEO 能产生 1.60t 标油蒸汽，达到高温烟气余热回收、节能的目的。蒸汽发生率也从 9.82 提高至 22.19，明显高

于设计值。按照2007年尾气焚烧炉消耗燃料油12724t计算，可以多产出7634t标油蒸汽。

8.6.3 丙烯腈装置废水浓缩技术

丙烯腈装置正常运行时会产生一定数量的含有丙烯腈、乙腈、氢氰酸等有毒有机物的废水，这些废水经过处理后大部分回收利用，另有一部分送装置废水焚烧炉焚烧，经过高温分解转化成无毒物质排放至大气中。焚烧炉是丙烯腈装置的主要耗能大户，如何降低焚烧炉油耗是装置节能的重要途径，废水浓缩技术就是据此开发出的，简称节油技术。

(1) 技术简介

焚烧炉废水浓缩技术是采用美国美菱子有限公司丙烯腈焚烧炉节油专有技术，将丙烯腈装置中产生的含聚合物工艺废水进一步浓缩，送入焚烧炉用燃料油焚烧，以达到节油、改善环境质量并获得较大经济效益的目的。

(2) 节油节能原理

废水在蒸发器中由60℃加热至110℃，废水中聚合物浓度由20%～25%提高到40%～50%，蒸发、提浓后的废水再进入焚烧炉焚烧，蒸发出的蒸汽进入焚烧炉的烟气段和焚烧炉的高温烟气混合并焚烧后排入大气，部分利用了烟道余热。由于浓缩后废水量减少一半，则雾化蒸汽量相应减半，以此达到了燃料油耗量的下降。而且由于增加烟气在炉膛中的停留时间，更容易将聚合物烧净。另外，由于燃料油含有毒重金属，油耗下降有益于改善环境。

8.7 安全生产守则

8.7.1 一般守则

1) 禁止任何人将任何火种带入车间。

2) 禁止班前、上班饮酒。

3) 禁止外来人员随便进入车间。

4) 禁止不佩戴劳动护品及穿钉鞋、凉鞋、高跟鞋进入车间。

5) 禁止迟到、早退、随便脱离岗位。

6) 禁止在高温设备、管道上烘烤及放置易燃物。

7) 禁止上班睡觉、打闹、阅读报刊书籍及做与操作无关的事情。

8) 禁止破坏、撕毁生产记录及私自变更工艺条件。

9) 禁止无安全措施处理事故或高空作业。

8.7.2 防火防爆规则

1) 应设有消防设备和器材，每个操作人员都能熟练使用。

2) 各岗位的消防设备和器材，各班组都要有专人管理，定期检查，认真交接。

3) 电气设备及照明灯具，应符合甲级防爆要求。

4) 物料设备和管线都要有可靠的接地。

5) 禁止用铁器敲击设备、管线及阀门。

6) 易燃、易爆场所及设备管线、动用明火时须事先办理动火手续，采取安全措施，并经过气体分析(可燃气不大于0.5%)，生产过程中检修动火，须报安环处批准。

8.7.3 防止中毒及化学烧伤规则

1）消除跑、冒、滴、漏。

2）有毒物质在空气中及废水中的浓度，均不得超过国家标准，否则立即查清加以处理。

3）生产人员处理事故时，必须佩戴适宜的防毒面具(氰化物浓度不大于2%、环境中氧含量不大于18%时，可佩戴氧呼吸器)，并且必须会正确使用防毒面具和了解有关防毒知识，防毒面具要定期检查和更换。

4）室外操作人员应站在有毒气体的上风侧。

5）严禁在有毒环境中饮水、就餐、严禁将有毒护品带回宿舍、食堂等公用场所。

6）凡是处理苛性钠的人员，要戴橡皮手套和防护眼镜，如果溅到皮肤上，要用大量水冲洗，如溅到眼内除用大量水冲洗外，再用硼酸水洗涤，之后送医院治疗。

7）在车间的关键位置应设置安全淋浴器和冲洗设施。

8）操作人员在氢氰酸设备周围工作时，应携带氢氰酸个人报警器，在检修氢氰酸设备管线时，应穿戴整体气体防护服。

维修人员在进入设备内检修时，必须做到：

1）打开设备有关人孔、断开连接管线、冲洗干净，并用压缩空气进行置换至合格。

2）戴长管面具，并在腰间系有安全救护绳索。

3）在设备外设专人监护，并有规定的联络方法。

4）采用低压安全照明灯。

8.7.4 化工投料前必须具备的安全条件

所有设备、管道、阀门、电气、仪表等必须经过严格的质量检查，确保设备、管件、材料、制造安装质量符合设计要求，设计满足工艺要求。

1）设备、管道水压强度试验合格。

2）系统气密试验和泄漏量符合规范标准。

3）安全阀调试动作在三次以上，确保起跳灵敏，并要核对相应工艺系统的压力，试后应有安全部门铅封、防爆膜、阻火器、呼吸阀、水封、分子封、真空破坏器等必须符合工艺要求，安装质量优良。

4）工艺各报警联锁系统调试合乎要求，并应经静态调试三次以上，确定动作无误好用。

5）自控仪表(温度、压力、流量、液位、分析)，经过调试灵敏好用，就地安装的表计，应有最高、最低极限标志。

6）高压消防水泵房、消防水池、泡沫装置、水、自动消防、消防通信报警，可燃气体探测等，都应经过安全消防部门与生产单位共同进行实际试验，证明好用，要配备足够消灭初期火灾所需数量的灭火器。

7）防雷、防静电设施和所有设备、管架的接地线要安装完善，测试合格。

8）电话、信号灯、报话机、鸣笛、喇叭等安装通信系统，均应符合设计要求，好用。

9）通风换气设备良好，达到设计的换气次数。

10）凡设计要求防爆的电器设备和照明灯具均应符合防爆标准，不经批准，不得使用临时电线和灯具。

11）安全防护措施、走梯、护栏、安全罩要坚固齐全，现场洗眼与淋浴器要保证四季畅通好用。

12）沟坑、阴井盖板齐全完整，楼板穿孔要有盖板，地面平整无障碍，道路编号清晰而且畅通无阻。

13）装置区内清扫完毕，不准堆放杂和物，尤其是易燃物品，对日常使用的油品和化学药品要堆放在安全部门指定的地点。

14）生产指挥人员、操作人员经技术考核，安全考试合格，方准任职上岗。

15）各种规章制度齐备，人人有章可循。

16）设备标志、管线流向标志齐全，厂区消火栓、地下电缆沟、交通禁令、安全井等标志齐全醒目。

17）开车必备的工器具及劳保用品齐全，并符合防爆要求。

18）群众性安全、消防、救护组织建立健全，并经过训练，能够掌握灭火救护本领，都有明确的责任分工，做到平时有责守，急时能用上，临危不乱。

19）紧急救护器具齐全，包括防毒面具、氧气呼吸器、安全带、担架、急救箱等，并且都会使用。

8.7.5 设备卫生规则

1）各岗位所管设备要彻底消除跑、冒、滴、漏，保持清洁。

2）机泵润滑要良好，发生异常现象及时处理。

3）需面卫生要班班打扫、清洗。

8.8 清洁生产基础知识

8.8.1 清洁生产概述

清洁生产是实施可持续发展战略的重要组成部分，是实现经济和环境协调发展的一项重要措施，它以提高资源能源利用率、减少污染物产生量为目标，从源头抓起，实行生产全过程的污染控制，把污染物最大限度地消灭在生产过程中，既有环境效益，又有经济效益，是工业污染防治的最佳模式。近年来，许多工业企业积极推行清洁生产，在节能、降耗、减污、增效方面取得了很好的效果。但如何评定一个企业的清洁生产水平，使企业了解差距，正确制定自己的清洁生产目标，尚没有一个相对准确、具有时段性的统一评价标准。

8.8.2 清洁生产的定义

清洁生产是指不断采取改进设计、使用清洁的能源和原料、采用先进的工艺技术与设备、改善管理、综合利用等措施，从源头削减污染，提高资源利用效率，减少或者避免生产、服务和产品使用过程中污染物的产生和排放，以减轻或者消除对人类健康和环境的危害。在生产过程中、产品寿命和服务领域持续地应用整体的环境保护战略，提高生态效率，减少对人类和环境的危害。清洁生产体现了污染预防为主的方针，实现经济、环境效益统一，对产品生产过程采用预防污染，减少废物产生。清洁生产的核心是源头治理。

8.8.3 清洁生产的目的、重点环节及措施

清洁生产的目的是提高资源利用效率，减少和避免污染物的产生，保护和改善环境，保障人体健康。清洁生产的内容包括清洁的能源、清洁的生产过程、清洁的产品、清洁的服务。

清洁生产的重点环节是节能降耗减污。清洁生产停车源头治理污染来实现。

清洁生产的措施是采用无毒、无害或者低毒、低害的原料，替代毒性大、危害严重的原料；停车技术改造和工艺改良降低能耗。

8.8.4 清洁生产审核的实施方法

企业实施清洁生产的方法有清洁生产审核；开发长期的企业清洁生产战略计划，有步骤地实施清洁生产方案以实现清洁生产的目标；对职工进行清洁生产的教育和培训；进行产品全生命周期分析；进行产品生态设计；研究清洁生产的替代技术。进行企业清洁生产审核是推进企业清洁生产的关键和核心。

清洁生产审核的阶段包括：①筹划与组织；②预评估；③评估；④方案产生和筛选；⑤可行性分析；⑥方案实施；⑦持续清洁生产。

清洁生产方案和筛选是针对废弃物产生原因，产生相应的方案并进行筛选，编制企业清洁生产中期审核报告的阶段。

参 考 文 献

[1] 张旭之．丙烯衍生物工学[M]．北京：化学工业出版社，1995.
[2] 周邦荣．国外 Sohio 丙烯腈制法发展概况[J]．金山油化纤，1987，12(4)：12-22.
[3] 关兴亚．Sohio 氨氧化法丙烯腈新工艺的探讨[J]．合成纤维工业，1983(3)：15-22.
[4] 关兴亚．中国丙烯腈生产技术国产化发展过程[J]．合成纤维工业，1992，15(1)43-48.
[5] 杨杏生．制备丙烯腈的新工艺-丙烷氨氧化[J]．合成纤维工业，1994，17(3)：41-48.
[6] 全国丙烯腈行业协作组．丙烯腈行业月度信息报告(2023 年).2023.
[7] 陈欣．丙烯腈生产技术进展[J]．金山油化纤，1999(3)：34-38.
[8] 安炜．丙烯氨氧化合成丙烯腈[J]．石油化工，1998，27(2)：139-146.
[9] 上海石化总厂化工二厂．丙烯氨氧化法制丙烯腈[J]．合成纤维工业，1980(3)：31-40.